Die
Pflanzenzucht im Walde.

Ein Handbuch

für

Forstwirte, Waldbesitzer und Studierende

von

Dr. Hermann von Fürst,

k. bayr. Oberforstrat,
Direktor der Forstlehranstalt Aschaffenburg.

Vierte, vermehrte und verbesserte Auflage.

Mit 66 in den Text gedruckten Holzschnitten.

Berlin.
Verlag von Julius Springer.
1907.

ISBN-13:978-3-642-89729-0   e-ISBN-13:978-3-642-91586-4
DOI: 10.1007/978-3-642-91586-4

Softcover reprint of the hardcover 4th edition 1907

Vorwort zur erſten Auflage.

Zu den wichtigſten Aufgaben eines Revierverwalters gehört wohl allenthalben die Erziehung des zahlreichen und mannigfaltigen Pflanz= materials, deſſen unſer Forſtbetrieb in ſeiner gegenwärtigen Geſtaltung bedarf. Sie gehört aber auch zu deſſen dankbarſten Aufgaben, da der Erfolg einer richtigen Löſung alsbald in die Augen ſpringt; ein tüchtiger Pflanzenzüchter genannt zu werden iſt mit Recht ein Stolz des Forſtmannes, und der Zuſtand der Saatkämpe und Forſtgärten eines Forſtbezirkes liefert einen nicht unwichtigen Betrag zur Bemeſſung der Tüchtigkeit und Tätigkeit des einſchlägigen Verwaltungs= und Schutzbeamten.

So wird denn heutzutage viel Geld, viel Zeit und Arbeitskraft auf Saat= und Pflanzgärten verwendet; zahlreiche tüchtige Praktiker ſuchen gemeinſam mit den Männern der Wiſſenſchaft nach den Mitteln und Wegen, die Pflanzenerziehung möglichſt einfach, billig und zweck= mäßig zu geſtalten, und wir werden wenige Hefte unſerer (leider allzu zahlreichen!) forſtlichen Zeitſchriften zur Hand nehmen, ohne irgend= welche auf die Pflanzenerziehung bezügliche Mitteilung zu finden. Aber dieſe oft wertvollen Mitteilungen und Fingerzeige kommen, eben infolge der Zerſplitterung unſerer Tagesliteratur, häufig nur einem kleinen Teil unſerer Praktiker in die Hand, oder ſie werden zwar von denſelben geleſen, verſchwinden aber mit der meiſt nur zirkulierenden Zeitſchrift dem Leſer aus der Erinnerung, ſo daß ihre Wirkung und Anwendung nur beſchränkt ſind.

Der Verfaſſer hat ſich nun die Aufgabe geſtellt, jenes reiche Material unſerer Journalliteratur in Verbindung mit jenem, welches in unſern Lehrbüchern des Waldbaues wie in Spezialwerken über einzelne Holzarten niedergelegt iſt, zu ſammeln und an der Hand einer zwanzigjährigen Praxis und Tätigkeit im Forſtdienſt ſowie der im akademiſchen Forſtgarten dahier gemachten Erfahrungen, Verſuche und

*

Beobachtungen zu sichten und systematisch geordnet zu einem Werke zusammenzustellen, welches als Handbuch der Pflanzenerziehung sowohl dem Anfänger und Privatwaldbesitzer zur Belehrung und Anleitung, wie dem Mann der Praxis zum Nachschlagen bei so manchen sich aufdrängenden Fragen dienen soll. Durch möglichst reichlichen Literaturnachweis soll dabei auch die Gelegenheit geboten werden, sich durch Benutzung der Quellen über so manchen Gegenstand noch eingehender zu informieren, als sich dies durch das vorliegende Buch ohne übergroßen Umfang desselben ermöglichen läßt.

Letzteren so weit tunlich zu beschränken und hierdurch das Werkchen auch dem minder bemittelten Fachgenossen zugänglich zu machen, war das weitere Bestreben des Verfassers.

Das Buch selbst aber sei hiermit der freundlichen Aufnahme aller Fachgenossen empfohlen! Möge es imstande sein, eine unzweifelhaft bestehende Lücke in unserer Fachliteratur entsprechend auszufüllen, möge es dem Anfänger Belehrung, dem Manne der Praxis Rat in zweifelhaften Fällen bieten, Anregung zur Prüfung, zu vergleichenden Versuchen geben und dadurch unserm Wald, unserer Wissenschaft von Nutzen sein.

Für Mitteilung von Erfahrungen jeder Art, für Berichtigungen und Belehrungen — sei es durch unsere Tagesliteratur, sei es direkt an seine Adresse — wird der Verfasser allen Fachgenossen in hohem Grade dankbar sein und dieselben, wenn es dem Büchlein gelingen sollte, sich eine bleibendere Stätte zu erringen, entsprechend zu verwerten suchen.

Aschaffenburg, im Mai 1882.

Vorwort zur vierten Auflage.

Zehn Jahre sind seit dem Erscheinen der dritten Auflage meines Buches verflossen, und ich freue mich, daß es mir vergönnt ist, dasselbe nochmals zu bearbeiten und auf den Stand der Gegenwart zu bringen.

Ich habe mich bemüht, hierbei alles zu verwerten, was Wissenschaft und Praxis im verflossenen Jahrzehnt Neues auf dem Gebiet der Pflanzenzucht gebracht haben. Beide haben sich namentlich mit der Frage der Düngung der Forstgärten eingehend beschäftigt, und ich habe den betreffenden Abschnitt im Anhalt an die hierbei erzielten Ergebnisse einer vollständigen Umarbeitung unterzogen. Auch die Bedeutung der Provenienz des Samens, insbesondere für Fichte und Föhre, ist Gegenstand wissenschaftlicher Forschung und praktischer Versuche gewesen und hat meinerseits die nötige Beachtung gefunden.

Was die eigentliche Pflanzenerziehung betrifft, so haben die letzten zehn Jahre bez. der Laubhölzer außerordentlich wenig Mitteilungen und noch weniger Neues gebracht — die Nadelhölzer, und von diesen vor allem die Fichte, stehen im Mittelpunkt des Interesses, und neue Säe- und Verschulapparate haben fast nur die Nadelhölzer im Auge! Manches Neue und Gute ist hier geschaffen und bei der Neubearbeitung berücksichtigt worden; dagegen wurden eine Anzahl veralteter Kulturgeräte ausgeschaltet.

Zwei bisher nicht berücksichtigten Holzarten glaubte ich eine kurze Besprechung widmen zu sollen: den Pappeln, die in der Neuzeit in und außerhalb dem Walde vielfach Gegenstand der Nachzucht geworden sind, und einem leider zu wenig beachteten Hochgebirgsbaum: der Arve. Die beiden Abschnitte sind vielleicht dem einen oder andern Fachgenossen willkommen.

Ich übergebe das Buch den Fachgenossen und Waldbesitzern mit dem Wunsche, daß es auch an seinem Teile zur Förderung der Forstkultur und damit zum Wohle des Waldes beitragen und sich freundlicher Aufnahme wie bisher erfreuen möge.

Aschaffenburg, im Juli 1907.

Der Verfasser.

Inhalt.

II. Schutz und Pflege der Saatbeete.

Vierter Abschnitt.
Die Pflanzenerziehung im Pflanzbeet.

I. Die Verschulung der Pflanzen.

II. Schutz und Pflege der Pflanzbeete.

Fünfter Abschnitt.
Die Gewinnung und Erziehung von Ballen= und Büschelpflanzen.

Sechster Abschnitt.
Die Kosten der Pflanzenerziehung.

Anhang.

Zweiter Teil.
Spezielle Regeln für Erziehung der einzelnen Holzarten im Saat- und Pflanzbeet.

Erster Abschnitt.
Die Laubhölzer.

Zweiter Abschnitt.
Die Nadelhölzer.

Übersicht

der vorzugsweise benützten Literatur

(nebst Angabe der gebrauchten Abkürzungen).

A. Zeitschriften.

1. **Allgemeine Forst- und Jagdzeitung** (Allgem. F.- u. J.-Z.), herausgegeben von Prof. Dr. Wimmenauer in Gießen.
2. **Aus dem Walde** (A. b. Walde), Mitteilungen in zwanglosen Heften von Forstdirektor Dr. Burckhardt. Bd. I—X.
3. **Zentralblatt für das gesamte Forstwesen** (Zentralbl. f. b. F.-W.), herausgegeben von Oberforstrat Friedrich in Mariabrunn.
4. **Forstliche Blätter** (Forstl. Bl.), herausgegeben von Oberforstmeister Dr. Borggreve in Münden. (Haben seit 1892 aufgehört zu erscheinen.)
5. **Forstliche Mitteilungen** (Forstl. Mitt.), herausgegeben vom K. Bayrischen Ministerialforstbureau.
6. **Forstlich-naturwissenschaftliche Zeitschrift** (Forstl. naturw. Z.-Schr.), herausgegeben von Dr. v. Tubeuf in München. (Hat 1906 aufgehört zu erscheinen.)
7. **Forstwissenschaftliches Zentralblatt** (Forstw. Zentralbl.), bis 1879 unter dem Titel „Monatsschrift für das Forst- und Jagdwesen", herausgegeben von Prof. Dr. Baur in München, seit 1897 von Oberforstrat Dr. v. Fürst in Aschaffenburg.
8. **Kritische Blätter für Forst- und Jagdwissenschaft** (Krit. Bl.), herausgegeben von Oberforstmeister Dr. Pfeil, fortgesetzt von Prof. Dr. Nördlinger. (Erscheinen seit 1870 nicht mehr.)
9. **Mündener forstliche Hefte** (Münd. forstl. H.), herausgegeben von Oberforstmeister Weise in Münden. (Erscheinen seit 1902 nicht mehr.)
10. **Mitteilungen aus dem forstlichen Versuchswesen Österreichs** (Seckendorff, Mitt.), herausgegeben von Prof. Dr. v. Seckendorff, nun von Oberforstrat Friedrich in Mariabrunn.
11. **Mitteilungen der schweizerischen Zentralanstalt für das forstliche Versuchswesen** (Bühler, Mitt.), herausgegeben von Prof. Dr. Bühler in Zürich, nun Prof. Engler dortselbst.
12. **Naturwissenschaftliche Zeitschrift für Land- und Forstwirtschaft** (seit 1903), herausgegeben von Prof. Dr. v. Tubeuf in München.

13. Österreichische Forst- und Jagbzeitung (Österr. Fz.), herausgegeben von Güterdirektor Eisenmenger in Wien.
14. Tharandter forstliches Jahrbuch (Thar. Jahrb.), herausgegeben von Prof. Dr. Kunze in Tharandt.
14. Zeitschrift für das Forst- und Jagbwesen (Zeitschr. f. F.- u. J.-W.), herausgegeben von Oberforstmeister Riebel in Münden und Dr. Möller in Eberswalde.

B. Selbständige Werke.

v. Alemann, Über Forstkulturwesen. 3. Aufl. 1884.
Borggreve, Holzzucht. 2. Aufl. 1891.
Burckhardt, Säen und Pflanzen. 5. Aufl. 1880.
Demontzey, Studien über die Arbeiten der Wiederbewaldung und Berasung der Gebirge (übersetzt von Prof. v. Seckendorff). 1880.
Dreßler, Die Weißtanne. 1878.
Fischbach, Lehrbuch der Forstwissenschaft. 3. Aufl. 1877.
Fischbach, H., Über Lockerung des Waldbodens. 1858.
Fischbach, Praktische Forstwirtschaft. 1879.
Gayer, Waldbau. 4. Aufl. 1898.
Genth, Doppelte Riesen. 1874.
Gerwig, Die Weißtanne im Schwarzwald. 1868.
Geyer, Die Erziehung der Eiche zum Hochstamm. 1870.
Grebe, Der Buchenhochwaldbetrieb. 1856.
Hartig, R., Lehrbuch der Pflanzenkrankheiten. 3. Aufl. 1900.
Helbig, Über Düngung im forstlichen Betrieb. 1906.
Heß, Der Forstschutz. 3. Aufl. 1898.
Heß, Eigenschaften und Verhalten der in Deutschland vorkommenden Holzarten. 3. Aufl. 1905.
Heyer, Waldbau. 5. Aufl. 1906.
Kaysing, Der Kastanienniederwald. 1884.
v. Manteuffel, Die Eiche. 2. Aufl. 1874.
v. Manteuffel, Die Hügelpflanzung der Laub- und Nadelhölzer. 4. Aufl. 1874.
v. Pannewitz, Anbau der Lärche, echten Kastanie und Akazie. 1855.
Pfeil, Die deutsche Holzzucht. 1860.
Reuß, Die Lärchenkrankheit. 1870.
Schmitt, Anlage und Pflege der Fichtenpflanzschulen. 1875.
v. Schütz, Die Pflege der Eiche. 1870.
v. Tubeuf, Samen, Früchte und Keimlinge der in Deutschland heimischen und eingeführten forstlichen Kulturpflanzen. 1891.

Erster Teil.

Allgemeine Grundsätze und Regeln der Pflanzenzucht.

Erster Abschnitt.

Die Pflanzenzucht überhaupt.

---

§ 1. Bedeutung der Pflanzenzucht im Forsthaushalt.

Wie bekannt, hat die Forstkultur seit Jahrzehnten an Wichtig=
keit und Ausdehnung stetig zugenommen, und mancherlei Gründe
lassen sich hierfür angeben.

Die nächste Veranlassung hierzu ist jedenfalls in der großen Ver=
breitung der künstlichen Verjüngung an Stelle der natürlichen zu
suchen, zunächst eine Folge des massenhaften Anbaues des Nadelholzes
an Stelle des Laubholzes, sei es, weil auf dem durch Streunutzung
heruntergekommenen Boden eine Nachzucht des Laubholzes überhaupt
nicht mehr möglich war, sei es, weil man mit Hilfe der raschwüchsigen,
nutzholzreichen Nadelhölzer eine höhere Rentabilität der Waldungen zu
erzielen hoffte. Aber auch bei der Verjüngung der Nadelholzbestände,
der Fichte und bisweilen selbst der Tanne, gab man um des einfachen,
sicheren Verfahrens willen an vielen Orten dem künstlichen Anbau
den Vorzug von der früher geübten natürlichen Verjüngung; und
auch bei der Buchenwirtschaft hat die Absicht, dem Buchenwald nutz=
holzliefernde Laub= und Nadelhölzer beizumischen, der Forstkultur
ausgedehnten Eingang verschafft. Endlich aber hat das Bestreben,
Ödländereien überhaupt durch Anbau mit Holz nutzbar zu machen,
wie intensive Bestandspflege durch den sich mehr und mehr ver=
breitenden Unterbau der Lichthölzer der Forstkultur eine stets wachsende
Ausdehnung gegeben.

Mit der zunehmenden Bedeutung des Forstkulturwesens und dessen
intensiverem und rationellerem Betrieb ist aber die ursprünglich vor=
herrschende Saat mehr und mehr zurück und dafür die Pflanzung
in den Vordergrund getreten. Noch im Jahre 1854 konnte Carl

Heyer[1] sagen, die Zahl der Forstwirte, welche die Saat vorzögen,
sei die überwiegende, während im Jahre 1876 Wagener[2] bereits
die Anwendung der Saat als Zeichen einer zurückgebliebenen Wirt=
schaft charakterisieren zu sollen glaubte. Letzteres Urteil geht in dieser
Allgemeinheit entschieden zu weit; es gibt eine nicht geringe Anzahl
von Fällen, in denen die Saat ihre volle Berechtigung hat: Vor=
saaten in Bestandslücken und gelichteten Bestandspartien, Unterstützung
der natürlichen Verjüngung, Nachzucht empfindlicher Holzarten unter
Schutzbestand, Begründung von Eichenhorsten im Buchenwald
u. dgl. m.[3]), und insbesondere ist bei Nachzucht der Föhre die Saat
an vielen Orten wieder in den Vordergrund getreten. Gleichwohl
behauptet die Pflanzung gegenwärtig fast allenthalben die erste
und wichtigste Stelle im Kulturbetrieb und mit ihr auch die
Pflanzenerziehung. Die Beschaffung eines guten, zweck=
entsprechenden und billigen Pflanzenmaterials in hinreichender Menge
gehört an den meisten Orten, wie wir dies schon im Vorwort betont
haben, zu den wichtigsten Aufgaben des Revierverwalters; ja vielfach,
so z. B. in Bayern, wünscht man von ihm die Erziehung einer über
den eigenen Bedarf hinausgehenden Pflanzenmenge zur Deckung
des Bedarfes der Privatwaldbesitzer und erwartet hiervon nicht mit
Unrecht eine Hebung des vielfach heruntergekommenen Zustandes der
Privatwaldungen.

§ 2. Verschiedene Arten der zur Verwendung kommenden Pflanzen.

Das Pflanzenmaterial, dessen unser heutiger Kulturbetrieb bedarf,
ist nach den örtlichen Verhältnissen ein außerordentlich verschiedenes,
wie nach Holzart, so nach Alter und Stärke. Von der einjährigen
Föhrenpflanze mit nur wenige Zentimeter hohem Stämmchen bis zum
kräftigen, 2 und 3 m hohen Eichenheister finden wir Pflanzen jeder
Größe und Stärke in Verwendung, wobei allerdings der beim Pflanz=
betrieb gültige Grundsatz, mit Rücksicht auf die Kosten Pflanzen stets
nur in der unbedingt nötigen Stärke und also je kleiner, je lieber zu
benützen, eine rasche Abnahme in der Zahl der zur Verwendung
kommenden stärkeren Pflanzen zur Folge hat[4]).

---

[1]) Waldbau, 1. Aufl. S. 49.

[2]) Regelung des Forstbetriebs, S. 398.

[3]) Vergl. auch Nehrings Ausführungen über Nachzucht der Fichte (Bericht
über die Forstversammlung in Braunschweig, 1897).

[4]) In den Jahren 1880 und 1881 kamen in den bayrischen Staatswaldungen
1 663 000 Laubholzpflanzen zur Verwendung, darunter nur 114 000 Heister.

Fassen wir unser Pflanzenmaterial also näher ins Auge, so haben wir dasselbe zunächst zu unterscheiden nach dem Alter und der dadurch bedingten Größe.

Von Nadelholzpflanzen, deren Zahl jene der zur Verwendung kommenden Laubholzpflanzen ums Vielfache[1]) übersteigt, deren Erziehung auf vielen Revieren fast ausschließlich in Anwendung kommt und selbst auf keinem Laubholzrevier heutzutage gänzlich mehr entbehrt werden kann, kommen vorzugsweise nur zwei Sortimente in Verwendung: 1—3jährige unverschulte Pflanzen, wie sie im Saatbeet oder seltner aus natürlichem Anflug gewonnen werden, und stärkere 3—6jährige Pflanzen, durch Verschulung im Pflanzbeet erzogen oder etwa mit Ballen gewonnen. Noch stärkere Pflanzen werden nur ausnahmsweise und vereinzelt da und dort zur Ausfüllung einzelner kleiner Lücken als starke Ballenpflanzen aus natürlichen Anflügen oder Saaten ausgehoben und in unmittelbarer Nähe verwendet; auch der bisweilen benutzte Lärchenheister gehört zu diesen Ausnahmen!

Mannigfacher sind die zur Verwendung kommenden Laubholzpflanzen. Auch hier kommen 1—3jährige Saatschulpflanzen zur Verwendung, doch in verhältnismäßig geringerer Zahl; ein großer Teil derselben wird ein-, ja selbst zweimal verschult und liefert die bis zu 1 m hohe Lodenpflanze, den bis 2 m hohen Halbheister, den starken 3, ja 4 m hohen Heister, wie sie die Nachbesserung in den Schlägen des Hoch- und Niederwaldes, die Oberholz-Nachzucht des Mittelwaldes, Kulturen im Wildpark, die Bepflanzung von Hutweiden, die Anlage von Alleen, Parkanlagen u. dgl. verlangen. — Wird das Stämmchen bei der Verpflanzung unmittelbar über dem Boden abgeschnitten, so entsteht die Stummel- oder Stutzpflanze, wie sie (namentlich von Eiche und Edelkastanie) zur Anlage und Vervollständigung von Niederwaldungen mit gutem Erfolg angewendet wird. Ja selbst die kaum aufgegangene Keimpflanze findet bisweilen, wenn auch nur zur Einschulung ins Pflanzbeet, Anwendung mit gutem Erfolg. Der Steckling endlich, wie er bei Weichhölzern (Weiden und Pappeln) verwendet wird, ist als Pflanze überhaupt kaum zu betrachten und wird erst durch seine Anwurzelung zu einer solchen;

---

[1]) In den neun Jahren 1890—1898 kamen in den bayrischen Staatswaldungen durchschnittlich jährlich 6,1 Millionen Laubholzpflanzen und 46,1 Mill. Nadelholzpflanzen zur Verwendung. — Heck (Forstw. Zentralblatt 1903, S. 310) gibt für Württemberg die Zahl der im Jahre 1900 verwendeten Pflanzen auf 2,1 Mill. Laubholz- und 12,6 Mill. Nadelholzpflanzen an.

im Pflanzbeet erzieht man wohl aus Stecklingen kräftige und be=
wurzelte **Setzlinge** oder stärkere (Pappel=)Heister.

In weiterem werden wir **ballenlose** und **Ballenpflanze**,
Einzel= und **Büschelpflanze** zu unterscheiden haben.

Die weitaus größte Zahl von Pflanzen wird jetzt aus Saatbeeten
oder nach vorheriger Verschulung aus Pflanzbeeten gewonnen und
ohne Ballen, also mit **nackten Wurzeln** als **Einzelpflanze**
verwendet. Diesen ballenlosen[1]) Pflanzen steht gegenüber die
Ballenpflanze, deren Wurzeln mit einem je nach der Größe der
Pflanzen und nach deren Bewurzelung größeren oder kleineren Erd=
ballen umgeben sind; den Gegensatz zur Einzelpflanze aber bilden die
Büschelpflanzen, bei welchen eine kleinere oder größere Zahl von
Pflanzen in einem **gemeinsamen Ballen** dicht beisammen stehend
verwendet werden.

Auf einen weiteren Unterschied je nach der Erziehung oder Ge=
winnung — **künstlich erzogene Pflanzen** und **Wildlinge** —
wird uns der folgende Paragraph führen.

§ 3. Gewinnung des nötigen Pflanzenmaterials.

Die ursprünglichste und naheliegendste Methode der Pflanzen=
beschaffung war jedenfalls die Entnahme der Pflanzen aus natürlichem
Anflug, die Verwendung von **Wildlingen**[2]), später die Entnahme
aus **Saaten**; doch ist auch die künstliche Erziehung von Pflanzen in
eigens dazu bestimmten und zugerichteten Saatkämpen eine sehr alte,
wie denn schon eine Forstordnung von 1651 die Anlage von Eichen=,
Buchen= und Tannenkämpen durch Pflügen und Ansäen vorschreibt[3]).
Immerhin aber sind diese letzteren bis in das 19. Jahrhundert die
Ausnahme und die erstgenannten Pflanzengewinnungsarten die Regel
gewesen, mit welcher sich bei der ausgedehnten Anwendung der Saat
gegenüber der seltener geübten Pflanzung auskommen ließ. Die all=
gemeinere Anwendung dieser letzteren aber, der dadurch bedingte außer=
ordentlich große Pflanzenbedarf, die gesteigerten Anforderungen an die

---

[1]) Den Ausdruck „ballenlos" oder „nacktwurzelig" halte ich für richtiger als
den da und dort gebrauchten „wurzelfrei"; nach Analogie von schuldenfrei, tadel=
frei würden wurzelfreie Pflanzen solche ohne Wurzeln (Stecklinge) sein! Besser
wäre etwa der Ausdruck „freiwurzelig".

[2]) In dem Arbeitsplan des Vereins der forstlichen Versuchsanstalten Deutsch=
lands für Kulturversuche werden die Wildlinge als „Schlagpflanzen" im Gegensatz
zu den künstlich erzogenen „Zuchtpflanzen" bezeichnet.

[3]) Bernhard, Forstgeschichte. I. Teil. S. 241.

Qualität der Pflanzen einerseits, die fehlenden natürlichen Anflüge und Saatkulturen anderseits haben jene früheren Arten der Pflanzen= gewinnung sehr in den Hintergrund treten lassen, die künstliche Erziehung der Pflanzen vielfach zur ausschließlichen Regel gemacht.

Bei Beantwortung der Frage: wie gewinnen wir gegenwärtig unser Pflanzenmaterial? werden wir zunächst unterscheiden müssen zwischen der Ballenpflanze und der ballenlosen Pflanze.

Die Ballen= (und Büschel=) Pflanze wird entweder aus natür= lichen Anflügen und Verjüngungen oder dicht stehenden Saatkulturen entnommen, bisweilen auf besonders dazu bestimmten, leicht bearbeiteten und ziemlich dicht besäten Flächen gewonnen, endlich, wenn auch um des größeren Kostenaufwandes willen nur seltener, in Pflanzschulen eigens erzogen.

Die ballenlose Pflanze dagegen gewinnen wir nur ausnahms= weise aus natürlichen Verjüngungen (so Buchen zu Unterpflanzungen), öfter aus dicht stehenden Riesensaaten, denen das entbehrliche Material entnommen wird. Auch durch Ansaat von Stocklöchern und Graben= aufwürfen sucht man wohl da und dort auf einfache und billige Weise Pflanzen zu erziehen; ein lockerer oder gelockerter Boden, welcher das Ausheben der Pflanzen ohne Verlust der feinen Saugwurzeln gestattet, ist hier ebenso Bedingung, wie für die Ballenpflanze ein etwas bin= dender Boden. Weitaus die überwiegende Menge ballenloser Pflanzen aber wird unverschult oder verschult in Saat= und Pflanzkämpen und Forstgärten erzogen, und es behaupten diese Pflanzen vielfach selbst der Billigkeit, noch mehr aber der Qualität nach den entschie= denen Vorrang vor Wildlingen und Pflanzen aus Saatkulturen.

Bisweilen werden wohl auch schwache Wildlinge ohne Ballen aus= gehoben und in Pflanzschulen eingeschult. (Vergl. im zweiten Teil die Abschnitte über Esche, Weißbuche, Tanne.)

§ 4. Verwendung der Ballen= und ballenlosen Pflanzen im Kulturbetrieb.

Welchen Wert, welche Bedeutung hat nun die Ballenpflanze, welchen die ballenlose für unsern Kulturbetrieb, und in welchem Maß finden hiernach beide Verwendung?

Die Versetzung einer Pflanze mit der die Wurzeln allseitig um= gebenden Erde, mit dem Ballen, erscheint jedenfalls als das schonendste und sicherste Verfahren, und in der Tat läßt, wenn die Größe des Ballens mit der Größe der Pflanze und resp. deren Wurzelbau in richtigem Verhältnis steht, das Gedeihen von Ballenpflanzen nichts zu

wünschen übrig; die versetzte Pflanze wächst, zweckentsprechende Be=
handlung bei der Verpflanzung vorausgesetzt, meist ohne jedes Stocken
und Kümmern fort. So war denn auch die Ballenpflanzung die ur=
sprünglichste und lange Zeit die beliebteste Pflanzmethode, die auch
heutzutage noch da und dort ihre Berechtigung hat, in manchen Fällen
das letzte Mittel zur Aufforstung einer mißlichen Blöße ist; sie ist
namentlich noch dann von Bedeutung, wenn stärkere Nadelholz=
pflanzen (Föhren und Fichten) zur Verwendung kommen sollen, welche
gegen Wurzelverlust und Wurzelbeschädigung viel empfindlicher
sind als Laubholzpflanzen — wir erinnern hier beispielsweise an die
Behandlung (richtiger Mißhandlung!), welche sich Obstbäume vielfach
gefallen lassen müssen!

Die Verwendung der Büschelpflanze, für die Fichte noch
gegenwärtig im Harz in ziemlicher Ausdehnung üblich, hat so mancherlei
Schattenseiten gezeigt, daß sie keine größere Verbreitung gewinnen
konnte — im Gegenteil, die Büschelpflanze hat zumeist der stufigen
Einzelpflanze das Feld räumen müssen und ist überhaupt nur unter
besonders mißlichen Verhältnissen, so bei unbeschränktem Weidegang,
starkem Wildstand u. dgl., noch am Platz und in Anwendung [1]).

Der ausgedehnteren Anwendung der so manche Vorteile bietenden
Ballenpflanzung aber stehen zahlreiche Hindernisse im Weg: in erster
Linie die viel höheren Kosten, welche Stechen, Transport, Ein=
pflanzen erheischen, ferner ungünstige Bodenbeschaffenheit,
welche entweder das Stechen oder den weiteren Transport erschwert,
ja selbst unmöglich macht (steiniger, verwurzelter oder zu lockerer
Boden). Tiefgehende oder weitausstreichende Wurzelbildungen
treten insbesondere auf ärmerem Boden der Gewinnung insofern
hindernd in den Weg, als entweder übergroße Ballen nötig werden
oder bedeutender Wurzelverlust für die Pflanzen nicht zu vermeiden
ist. Das Ausstechen von Ballen in größerer Zahl aus Anflügen oder
Ansaaten wird diesen nicht selten geradezu verderblich, die Erziehung
von Ballenpflanzen durch Verschulung aber, für die Fichte früher
namentlich in Thüringen sehr in Anwendung [2]), ist immerhin etwas
kostspielig.

Alle diese Verhältnisse haben in Verbindung mit dem großen
Pflanzenbedarf der Gegenwart die Ballenpflanze mehr und mehr in

---

[1]) Bericht über die Forstversammlung in Braunschweig 1897.
[2]) Allg. F.= u. J.=Z. 1862, S. 285.

den Hintergrund gedrängt[1]), und die ballenlose Pflanze, unverschult oder verschult im Saat- und Pflanzbeet erzogen, behauptet unbedingt den ersten Platz, um so mehr, als die Fortschritte
im Gebiete des Forstkulturwesens innerhalb der letzten Jahrzehnte die
Erziehung guten und billigen Pflanzmaterials und dessen Verwendung
mit sehr gesichertem Erfolg gelehrt haben.

Die Erziehung ballenloser Pflanzen in Saat- und Pflanzgärten wird es daher vor allem sein, welche uns hier zu beschäftigen
hat, wenn auch der Gewinnung und Erziehung von Ballenpflanzen
die entsprechende Rücksicht geschenkt werden soll. (S. Abschn. V.)

§ 5. Saatkamp, Pflanzkamp, Forstgarten.

Die Erziehung der nötigen Pflanzen kann nun erfolgen auf
kleineren, in der Regel auf den Kulturobjekten oder in deren nächster
Nähe gelegenen Flächen, die lediglich zur Anzucht 1—3jähriger unverschulter Pflanzen (vorwiegend Nadelholzpflanzen) bestimmt sind,
meist nur kürzere Zeit benutzt werden und den Namen Saatkämpe oder Saatschulen führen. Dienen dieselben auch zur Erziehung verschulter Pflanzen, so nennt man die dazu bestimmten Beete
Pflanzbeete im Gegensatz zu den Saatbeeten, und die ganze,
aus Saat- und Pflanzbeeten bestehende Anlage Pflanzkamp oder
Pflanzschule, und zwar spricht man bei nur ein- oder zweimaliger
Benutzung von wandernden Saat- und Pflanzkämpen.

Größere zur dauernden Pflanzenzucht bestimmte Flächen nennt
man dagegen Pflanzgärten oder Forstgärten; dieselben enthalten dann angesäte Saatbeete und fast immer auch Pflanzbeete voll
verschulter Pflanzen, meist verschiedener Art und Stärke, sind fest
eingefriedigt und haben den Bedarf eines größeren Bezirks — Reviers
oder Schutzbezirks — zu decken.

§ 6. Wandernde Saat- und Pflanzkämpe oder ständige Forstgärten?

Die Frage, ob es zweckmäßiger sei, die nötigen Pflanzen in zahlreichen kleineren Saat- und Pflanzkämpen, die nur wenige Jahre benutzt werden sollen, oder in größeren, dauernd benutzten Forstgärten

---

[1]) Sehr warm tritt für Anwendung der Ballenpflanzung Forstmeister Thiemann in einem längeren Artikel „Hohlbohrer und Kegelbohrer“ (Allg. F.- u. J.-Z.
1900, S. 144) ein.

zu erziehen, ist schon vielfach erörtert worden, und jede Seite dieser Frage hat ihre Vertreter und Verteidiger gefunden; es dürfte sich also wohl lohnen, ihr etwas näher zu treten[1]).

Eine absolut und für alle Fälle richtige Antwort auf jene Frage gibt es nun wohl nicht, und sowohl kleinere, wandernde Saat- und Pflanzkämpe wie größere und ständige Forstgärten haben je nach der Holzart, wie nach lokalen Verhältnissen ihre entschiedene Berechtigung.

Wenn es sich um die Erziehung von Pflanzen handelt, welche, wie Föhren, Fichten, Erlen, eines Schutzes durch Einfriedigung unter günstigen Verhältnissen entbehren können; wenn die erstmalige Bodenbearbeitung leicht und billig auszuführen ist, also auf mehr sandigem oder wenig lehmigem, stein- und wurzelfreiem Boden; wenn infolge günstiger Boden- und Terrainverhältnisse passende Örtlichkeiten allenthalben zur Verfügung stehen: dann wird die Anlage kleiner Saat- und Pflanzkämpe direkt auf den größeren Kulturflächen oder in deren nächster Nähe am Platze sein. Es ist jederzeit von Vorteil, die nötigen Pflanzen in unmittelbarer Nähe der Kulturflächen zu haben. Unter steter, spezieller Aufsicht des die Kultur überwachenden Forstbediensteten werden die Pflanzen, stets nur in der gerade nötigen, sofort zu verwendenden Menge ausgehoben, die Arbeit des Verpackens, wie die Gefahr des Vertrocknens infolge mangelhafter Verpackung fallen weg; verschulten Pflanzen kann man beim Ausheben möglichst viel Muttererde an den Wurzeln hängen lassen, während dieselbe bei weiterem Transport abgeschüttelt wird oder zur Erleichterung desselben abgeschüttelt werden muß, und die Kosten des Transports (die für kleinere Pflanzen allerdings gering sind) werden erspart. Von wesentlicher Bedeutung sind letztere aber bei Ballen- und Büschelpflanzen, und Pflanzbeete, in welchen solche Pflanzen erzogen werden sollen, legt man unter allen Umständen in möglichster Nähe des Verwendungsortes an.

Noch manche weitere Gründe werden für Wanderkämpe und gegen große Forstgärten, gegen zu große Konzentrierung der Pflanzenerziehung ins Feld geführt: die Kosten der Einfriedigung, welche bei ersteren vielfach erspart werden können, der Düngung, welche ganz oder teilweise erspart werden soll[1]); die stärkere Verunkrautung, welcher ständige Pflanzgärten gegenüber den Wanderkämpen auf frischem Boden allmählich unterliegen, und ebenso die

---

[1]) Forstw. Zentralblatt 1868, S. 343.

allmähliche Vermehrung der unterirdischen Feinde[1]) — so der Enger=
linge, der Drahtwürmer (Elaterlarven), Werren in ersteren —, welch
letzteren Mißstände wir nach unsern eigenen Erfahrungen zugeben müssen.

Es wird betont, daß es Aufgabe jedes Försters sein soll, das für
seinen Aufsichtsbezirk nötige Pflanzmaterial möglichst selbst erziehen
zu helfen, dann werde er auch das größte Interesse an sorgfältiger
Verwendung haben. — Ebenso dürfte zu erwähnen sein, daß passende
Plätze für kleine Pflanzkämpe leichter zu finden sind als für größere
Pflanzgärten, daß sich für erstere der so wohltätige Seitenschutz durch
vorliegende Bestände in höherem Grade beschaffen und erhalten läßt
als für letztere; daß endlich Schädigungen durch Insekten, Krankheiten
(Schütte) u. dergl. bei einer größeren Anzahl kleinerer Pflanzschulen
voraussichtlich doch nicht so verderblich auftreten und wenigstens einen
Teil der letzteren verschonen werden!

Als eine Schattenseite der Wanderkämpe hebt Kammerrat Horn[2])
hervor, daß nach seinen Wahrnehmungen in Fichtenrevieren die früheren
Kampflächen selbst nach kurzer Benutzung einen entschieden schlechteren
Holzwuchs zeigen als ihre Umgebung, und daß die Zahl der solcher=
weise verschlechterten Flächen dort, wo man die Kulturen vorwiegend
mit verschulten Fichten vornehme, also zahlreiche Kämpe bedürfe, keine
geringe sei. (Nach unsern Erfahrungen rührt diese Erscheinung nicht
selten daher, daß beim Verlassen eines ausgebauten Kampes einfach
eine große Zahl schlechter, zum Verpflanzen nicht mehr geeigneter
Pflanzen als Bestockung derselben belassen wird. Vergl. auch § 102.)

Nicht wenige Stimmen dagegen sprechen für tunlichst kon=
zentrierten Betrieb der Pflanzenerziehung, welche dann, auf die
passendsten Plätze verlegt, vom Revierverwalter am leichtesten über=
wacht werden könne[3]). Am weitesten geht hierin wohl E. Heyer[4]),
der zunächst die Gründe gegen ständige Forstgärten unter Hinweis
auf die Billigkeit guter Düngung, auf die geringen Transportkosten
für ballenlose Pflanzen, auf die Leichtigkeit guter Verpackung für nicht
stichhaltig erklärt und der Verschiedenheit des Standortes zwischen
Forstgarten und Kulturplatz jede Bedeutung abspricht, wenn ersterer
nicht etwa in entschieden milderem Klima liegt als letzterer; sodann
die Vorteile ständiger Forstgärten hervorhebt: die nur einmal auf=
zuwendenden Kosten für Rodung, Planierung oder Terrassierung der

---

[1]) Verhandlung des Hils=Solling=Vereins 1882, S. 42.
[2]) Verhandlungen des Hils=Solling=Vereins 1882, S. 53.
[3]) Zeitschr. f. F.= u. J.=W. 1875, S. 404.
[4]) Allg. F.= u. J.=Z. 1866, S. 205.

betreffenden Fläche, für Verbesserung der physikalischen Eigenschaften, für Einfriedigung und Hütte, dann die leichtere Überwachung. Heyer will die Konzentration so weit als möglich treiben, förmliche Holzpflanzenmagazine anlegen, e i n e n großen Forstgarten für ganze Waldkomplexe, für eine ganze Provinz; unter Hinweis auf die Erfolge großer Handelsgärtnereien glaubt er, daß auf solche Weise die besten und billigsten Pflanzen erzogen, viel Lehrgeld erspart, die besten Geräte angewendet würden, das Lokalpersonal Entlastung fände u. s. f. Neuerdings ist S c h w a r z für größere Konzentrierung des Pflanzgartenbetriebs eingetreten[1]).

Wenn nun auch zugegeben werden muß, daß von diesen Anschauungen manche als richtig anzuerkennen sind — auch Burkhardt stimmt teilweise zu, betont auch noch, daß größere Forstgärten mehr Gelegenheit zu wissenschaftlichen und praktischen Versuchen und Beobachtungen geben[2]) —, so werden doch nur wenige so weit gehen wollen wie H e y e r! Es wäre allerdings sehr bequem, wenn der Revierverwalter im Frühjahr einfach seinen Bestellzettel an das „Pflanzenmagazin" sendete — aber schon die g e n a u e Bestimmung der Zahl der nötigen Pflanzen jeder Gattung würde manche Schwierigkeit bieten, ebenso die gute Verpackung, der oft weite Transport in entlegene Waldungen, das rechtzeitige Eintreffen, ganz abgesehen davon, daß mit der Pflanzenerziehung dem tätigen Wirtschafter eines der dankbarsten Arbeitsgebiete entzogen würde[3]). Und so ist jener Gedanke H e y e r s wohl kaum irgendwo ausgeführt worden; die Erziehung des nötigen Pflanzenbedarfs i n j e d e m R e v i e r b e z i r k wird die Regel bleiben, der a u s h i l f s w e i s e Bezug von Pflanzen aus einem andern Revier oder durch Ankauf (s. § 7) dadurch jedoch nicht ausgeschlossen sein.

Daß größere und ständige, eine längere Reihe von Jahren benutzte Forstgärten manche Vorzüge bieten und vielfach sehr am Platz, ja unbedingt nötig sind, unterliegt keinem Zweifel, und wir haben oben deren Vorzüge schon kennen gelernt. Insbesondere werden dieselben zur Laubholzzucht und bei stärkeren Wildständen um der nötigen festen Einfriedigung willen nicht entbehrt werden können, und ebenso

---

[1]) Forstw. Zentralblatt 1903, S. 472 ff.

[2]) Säen und Pflanzen, S. 71.

[3]) Auch die Verantwortlichkeit für das Gelingen bzw. Mißlingen der Kulturen wird in bedenklicher Weise geteilt: trägt an letzterem das gelieferte Pflanzmaterial, dessen mangelhafte Verpackung oder die schlechte Ausführung der Kultur die Schuld? Vergl. auch H ö r m a n n im Forstw. Zentralblatt 1904, S. 141.

macht kostspieliger Bodenumbruch längere Benutzung wünschenswert. Düngemittel verschiedener Art werden gegen die sonst unvermeidliche Vermagerung des Bodens helfen und, in rechter Quantität und Art angewendet, den erwünschten Erfolg haben — benutzt ja auch der Handelsgärtner fort und fort denselben Platz zur Erziehung seiner Gewächse[1]).

So werden denn Saatkamp wie Forstgarten ihre Stelle in der Pflanzenzucht behaupten, und jeder von beiden unter gewissen Verhältnissen und Bedingungen seine entschiedene Berechtigung haben.

§ 7. Selbsterziehung oder Ankauf von Pflanzen.

Die stetig steigende Erkenntnis von dem Wert des Waldes, die hohen Holzpreise, die ungünstige Lage der Landwirtschaft zumal dort, wo sie mit schlechten Bodenverhältnissen zu kämpfen hat, haben in den letzten Jahrzehnten die Aufforstungstätigkeit der Privaten mächtig gesteigert, zur Anpflanzung vieler Ödländereien und geringer Felder geführt, und dadurch eine Industrie außerordentlich gefördert: die Erziehung von Waldpflanzen seitens der Handelsgärtnereien. Im großartigsten Maßstab wird dieselbe bekanntlich in Halstenbek in Holstein betrieben[2]); doch sind infolge des günstigen Erfolges, den jene Geschäfte hatten, und der stetig sich steigernden Nachfrage allenthalben in Deutschland ähnliche Geschäfte entstanden.

Es unterliegt nun wohl keinem Zweifel, daß der Privatwald= besitzer mit nur geringem Bedarf sich seine Pflanzen am zweckmäßigsten in einer solchen Handelsgärtnerei kaufen wird, zumal ihm vielfach doch auch die nötigen Kenntnisse zur eigenen Pflanzenerziehung nicht zur Seite stehen. Aber auch der Großwaldbesitzer und bzw. der Staat wird von solchem Ankauf unbedingt dann mit Vorteil Gebrauch machen, wenn es sich um kleinere Quantitäten einer bestimmten Holz= art, um Exoten u. dgl. handelt; ebenso dann, wenn infolge ein= getretener Schäden (Schütte der 1jährigen Kiefern im Saatbeet) oder plötzlich gesteigerten Bedarfes die eigenen Pflanzenvorräte nicht aus=

----

[1]) Ein 2 ha großer fiskalischer Pflanzgarten bei Hannover, im Jahre 1865 angelegt, zur Laubholzzucht benutzt und mit Straßenkehricht, Rohhumus und un= gelöschtem Kalk gedüngt, hat sich vollständig produktionsfähig erhalten. (Verhandl. des Hils=Solling=Vereins 1882, S. 48.) Ich selbst benutze die hiesigen Forst= gärten nun seit 28 Jahren, ohne daß sich ein Nachlassen in der Entwicklung auch anspruchsvoller Holzarten (Eichen) zeigt, dank ausreichender Düngung.

[2]) Forstw. Zentralblatt 1903, S. 472.

reichen. Erfahrungsgemäß ist denn auch der Absatz der Handels=
gärtnereien an die Forstverwaltungen des Staates und der Groß=
grundbesitzer ein ganz namhafter[1]) und nicht nur auf die eben ge=
nannten Fälle beschränkter, und es ist angesichts der Sicherheit des
Bezuges und der mäßigen Preise, welche jene mit allen Hilfsmitteln
arbeitenden Geschäfte stellen können, wohl die Frage erörtert worden,
ob denn nicht unter ungünstigeren Verhältnissen der Ankauf der
nötigen Pflanzen überhaupt der eigenen Erziehung vorzuziehen sei[2]).

Wir möchten unter Hinweis auf das, was oben gegen die Kon=
zentrierung des Pflanzgartenbetriebs auf große, für ganze Wald=
bezirke bestimmte Forstgärten geltend gemacht wurde, im allgemeinen
daran festhalten, daß jeder Verwaltungsbeamte zunächst die Aufgabe
habe, seinen Pflanzenbedarf selbst zu erziehen; daß jedoch, abgesehen
von den im vorigen Absatz berührten Fällen, unter besonders un=
günstigen Verhältnissen auch ein regelmäßiger Bezug gewisser
Sortimente aus Pflanzenhandlungen zweckmäßig sein könne: so
z. B. von einjährigen Kiefern dort, wo sie in den eigenen Pflanz=
gärten erfahrungsgemäß an Schütte leiden, von einjährigen Fichten
dann, wenn sie infolge ungünstigen Bodens und Klimas zu schwach
zur Verschulung bleiben u. a. m. Es wäre Torheit, um des Prinzips
willen in solchen Fällen vom Ankauf der nötigen Pflanzen abzusehen!

<hr>

Zweiter Abschnitt.
Die Vorbereitungen zur Pflanzenzucht.

<hr>

I. Auswahl des Platzes.

§ 8. Allgemeine Erörterungen.

Die Auswahl eines passenden Platzes zur Anlage eines Saat=
kampes, eines Forstgartens, kann unter günstigen Verhältnissen mit
sehr wenig Schwierigkeiten verbunden sein, unter ungünstigen dem
Wirtschafter viel Sorgen und Zweifel erregen. Eine ganze Reihe

---

[1]) Forstw. Zentralblatt 1904, S. 634.
[2]) Vgl. hierüber die Artikel von Schwarz (Forstw. Zentralbl. 1903, S. 472
u. 1904, S. 629) und Hörmann (Forstw. Zentralbl. 1904, S. 141).

von Faktoren sind es, die der Würdigung bedürfen, und die Nicht=
beachtung des einen oder andern rächt sich oft schwer durch Erziehung
mangelhaften Pflanzmaterials, durch vergeblichen Aufwand von Geld,
Zeit und Mühe. Insbesondere ist es die Auswahl eines (meist größeren)
Platzes für Anlage eines ständigen Forstgartens, welche ganz besonders
erwogen sein will, da sich Fehler hier viel schwerer rächen als der
Mißgriff, der etwa bei Auswahl der Örtlichkeit für einen kleinen
Wanderkamp gemacht wurde. Zudem soll ein solch ständiger Pflanz=
garten oft zur Erziehung mehrerer, in ihren Ansprüchen an Boden,
Schutz usw. sehr verschiedener Holzarten dienen, wodurch die Auswahl
wesentlich erschwert werden kann.

Die Faktoren aber, welche bei Auswahl des Platzes zu beachten
sind, und die wir nun näher ins Auge fassen wollen, sind: Lage,
Boden, Terraingestaltung, bisherige Benutzung, Um=
gebung; auch die Gestalt, welche der neuen Anlage gegeben werden
soll, wie deren Größe spielt schon bei der Auswahl des Platzes,
zumal in bergigem Terrain, eine Rolle.

Nicht selten wird es schwer fallen, einen Platz ausfindig zu
machen, der alle wünschenswerten Eigenschaften zeigt, allen An=
sprüchen genügt[1]): dann heißt es eben Licht= und Schattenseiten gegen=
einander abwägen, wobei wieder die Rücksicht auf die vorzugsweise
anzuziehende Holzart in den Vordergrund tritt. So wird man für
Tannen der geschützten Lage des Saatbeets besonderen Wert beilegen,
für Föhren dem tiefgründigen und lockeren Boden u. s. f.

§ 9. Lage.

Die zweckmäßige Lage einer Pflanzschule ist von großer Bedeutung,
und Schmitt[2]) sagt mit Recht, daß derselben vielfach höherer Wert
beizulegen sei als der Güte des Bodens. Letzterer läßt sich bezüglich
seiner physikalischen und chemischen Eigenschaften wohl zumeist in
genügender Weise verbessern, während ungünstigen Einflüssen infolge
der Lage viel schwieriger zu begegnen ist.

Mancherlei Rücksichten sind es nun, die hierbei ins Auge zu fassen
sind und denen, soweit sie sich eben unter den gegebenen Verhältnissen
vereinen lassen, Rechnung zu tragen ist.

---

[1]) Über die Anforderungen bei Anlage eines ständigen Forstgartens s. auch
Demontzey, Studien über die Wiederbewaldung und Berasung der Gebirge
(übersetzt von v. Seckendorff), S. 202.

[2]) Fichtenpflanzschulen, S. 22.

So erscheint es zunächst wünschenswert, daß der Pflanzgarten nicht allzu entfernt liege vom Wohnsitz des ihn beaufsichtigenden Forstbediensteten, des Försters oder Oberförsters — derselbe kann nie zu oft in seine Saatschule, seinen Forstgarten kommen! Die Überwachung ist erleichtert, Schäden und Gefährdungen werden sofort im Entstehen und ersten Auftreten bemerkt, mancherlei Arbeiten des Schutzes und der Pflege (so z. B. Auflegen und Entfernen von Schutzgittern usf.) mit leichter Mühe im rechten Augenblick vorgenommen. — Auch große Entfernung von den Ortschaften, welche die nötigen Arbeiter stellen, ist aus naheliegenden Gründen unerwünscht.

Ebenso wünschenswert ist namentlich für den größeren und ständig benutzten Forstgarten die leichte Zugänglichkeit für Fuhrwerk, die Nähe also eines guten Weges. Die Beifuhr von Düngematerial jeder Art, die Abfuhr von Pflanzen verursachen andernfalls Schwierigkeiten und erhöhte Kosten, und es wird dieser Punkt ganz besonders auch bei jenen Gärten zu beachten sein, welche Pflanzen in großer Menge und zum Verkauf an Private liefern sollen.

Die Nähe der Kulturorte ist nur dann von hervorragender Wichtigkeit, wenn es sich um Erziehung von Ballenpflanzen handelt; bei ballenlosen Pflanzen ist der Transport so billig, daß diese Rücksicht gegen andere, wichtigere Erwägungen zurücktritt. Daß übrigens diese Nähe unter allen Umständen manche Vorteile bietet, haben wir oben (§ 6) bereits hervorgehoben.

Von großer Bedeutung ist bei der Lage eines Forstgartens die möglichste Abhaltung schädlicher atmosphärischer Einflüsse, der Wirkungen von Hitze und Frost.

Um den Einwirkungen der Hitze und der dadurch hervorgerufenen Trocknis zu begegnen, werden wir keine gegen Süd und West geneigte Lage wählen, sondern der nördlichen, nordöstlichen oder nordwestlichen Neigung den Vorzug geben. Das in solchen Lagen etwas später als an der Südseite eintretende Erwachen der Vegetation bringt zugleich einigen Schutz gegen Spätfröste mit sich, und auch für den Kulturbetrieb überhaupt hat dies spätere Regewerden der Vegetation um des größeren Zeitraums willen, der dadurch für die beste Kulturzeit gegeben ist, seine Vorteile.

Dem Spätfrost aber, diesem gefährlichen Feind so vieler unserer Holzgewächse, beugen wir, abgesehen von dem Schutz, welchen ein umgebender Holzbestand gewährt (s. § 13), und von den später zu erörternden künstlichen Schutzmitteln, vor allem auch durch richtige Auswahl des Platzes für unsere Pflanzschule vor. Sogenannte Frostlagen, Mulden, Einbeugungen, enge Täler sind absolut zu vermeiden, überhaupt die Lage lieber etwas hoch als zu tief zu wählen. Lokale Erfahrungen hinsichtlich der den Spätfrösten ausgesetzten Örtlichkeiten werden hier den besten Fingerzeig geben.

In einem Verwaltungsbezirk, dessen Waldungen sehr verschiedene Höhenlagen haben, kann bei konzentriertem Betrieb der Pflanzenzucht auch die Frage herantreten, ob man die Pflanzen für die Hochlagen in einem in tieferer, milderer Lage befindlichen Forstgarten erziehen könne, nachdem hier die Pflanzen oft schon zu treiben beginnen, ehe in jenen Hochlagen mit der Kultur begonnen werden kann. Durch frühzeitiges Ausheben der Pflanzen und Einschlagen an kühlem, schattigem Ort läßt sich allerdings diesem, namentlich bei Laubhölzern und der Lärche bedenklichen früheren Treiben vorbeugen; doch dürfte es vielfach angezeigt sein, diesem Faktor bei Anlage der Pflanzschule etwas Rechnung zu tragen, etwa zwei Pflanzschulen, in höherer und tieferer Lage, anzulegen [1]).

§ 10. Boden.

Daß neben der Lage der Boden von größter Wichtigkeit für den Erfolg der Pflanzenzucht sein müsse, bedarf wohl keiner weiteren Erörterung, und zwar sind es die chemische Zusammensetzung, der Gehalt desselben an Pflanzennährstoffen, wie seine physikalische Beschaffenheit: Lockerheitsgrad, Frische, Tiefgründigkeit, welche hierbei in Betracht kommen; durch das Zusammenwirken dieser beiden Faktoren ist die größere oder geringere Güte des Bodens bedingt.

Man war nun früher vielfach der Ansicht, der Boden, auf welchem man die Pflanzen erziehe, müsse möglichst jenem des künftigen Verwendungsortes gleichen, und eine in gutem Boden erzogene Pflanze werde bei ihrer Versetzung auf schlechteren Boden kümmern [2]), in höherem Grade wenigstens kümmern, als eine auf nur mittelgutem Boden erzogene. Dieser Ansicht entsprechend vermied man, wo es sich um Erziehung von Pflanzen für geringe Standorte handelte, bei Auswahl des Platzes für die Pflanzschule absichtlich den guten Boden und wählte geringeren.

---

[1]) Professor Engler hat durch seine Versuche nachgewiesen (Mitteilungen der Schweiz. Zentralanstalt für das forstliche Versuchswesen, 7. Bd.), daß in Tieflagen erzogene und dann in Hochlagen des Gebirges gebrachte Pflanzen sich ungünstiger verhalten als in Hochlagen erzogene, und von diesen in der Entwicklung übertroffen werden.

[2]) Cotta, Waldbau, 6. Aufl., S. 294. v. Lips, Waldbau, S. 344.

Von dieser Ansicht ist man jetzt wohl allgemein abgekommen und hat die Überzeugung gewonnen, daß auf gutem Boden erzogene, möglichst normal beastete und bewurzelte Pflanzen unter allen Verhält= nissen die beste Sicherheit für das Gedeihen einer Kultur bieten [1]. „Der beste Kiefernboden ist nicht zu gut dazu," sagt Burckhardt [2] bei Besprechung der Erziehung von Kiefernpflanzen — und keiner Pflanze muten wir ja bez. des Bodens mehr zu, keine muß sich mit schlechterem Boden noch begnügen als die Kiefer. — Es ist insbesondere ins Auge zu fassen, daß geringer Boden die Pflanzen nötigt, sich durch tiefgehende und weit ausgreifende Wurzeln die nötige Nahrung zu verschaffen [3], die beim Ausheben teilweise verloren gehen müssen — solcher Wurzelverlust tut aber dem freudigen Gedeihen der Pflanzen stets Eintrag.

Wir werden daher bei der Wahl eines Platzes zur Pflanzen= erziehung stets möglichst nach einem guten Boden greifen, einem Boden, der hinreichend kräftig ist und dabei günstige physikalische Eigenschaften — entsprechenden Grad von Bindigkeit, Gründigkeit und Feuchtigkeit — zeigt, Eigenschaften, die ja wieder mit dem mineralischen Ursprung und der chemischen Zusammensetzung des Bodens in engem Zusammenhang stehen. Dabei ist aber günstigen physikalischen Eigenschaften jedenfalls eine größere Bedeutung beizulegen als dem derzeitigen Gehalt an Pflanzennährstoffen; einem Mangel an letzteren läßt sich durch entsprechende Düngung jederzeit leichter ab= helfen als ungünstiger physikalischer Beschaffenheit des Bodens.

Was die Bindigkeit des Bodens betrifft, so wird ein lehmiger Sand= oder sandiger Lehmboden stets den strengeren Lehm= oder Tonböden vorzuziehen sein. Letztere sind schwerer zu bearbeiten und zu lockern, trocknen im Frühjahr zur Zeit des Säens und Verschulens nur langsam ab und stellen dadurch der Arbeit manche Hindernisse in den Weg, leiden auch infolge der in den oberen Schichten sich haltenden Feuchtigkeit mehr durch Auffrieren. Im Sommer dagegen leidet solch schwerer Boden durch Hartwerden und Aufreißen, ist meist stark zur Verunkrautung geneigt und stellt doch wieder dem Ausjäten größere Schwierigkeiten in den Weg, indem die Unkrautwurzeln, statt sich mit

---

[1] v. Manteuffel, Die Eiche, S. 79. Hallbauer, Allg. F.= u. J.=Z. 1899, S. 321.

[2] Säen und Pflanzen, S. 293.

[3] Fichtenpflanzen auf ärmerem Boden erzogen zeigen dies weite Ausgreifen der Wurzeln oft in sehr bedeutendem Maße; ebenso Birken.

ausziehen zu lassen, abreißen und alsbald aufs neue ausschlagen [1]). — Ebenso aber werden wir zu leichten Sandboden um des allzuraschen Austrocknens wie des geringen Nährstoffgehaltes willen zu vermeiden suchen; am ersten ist derselbe wohl noch für die Erziehung einjähriger Föhren zulässig.

Die Forderungen an die Tiefgründigkeit des Bodens werden verschieden sein je nach den Holzarten, um deren Anzucht es sich handelt, nach der Stärke, die wir unsere Pflanzen erreichen lassen wollen; ein zur Erziehung von Eichen, vielleicht gar von Heistern, bestimmter Pflanzkamp bedarf selbstverständlich eines tiefgründigeren Bodens als eine Fichtenpflanzschule. Flachgründigen Boden wird man unter allen Umständen zu vermeiden suchen, da derselbe durch Austrocknen, Auffrieren, baldige Erschöpfung an Nährstoffen leidet, eine große Tiefgründigkeit aber ebensowenig fordern, da zu tiefgehende Wurzeln für die künftige Verpflanzung ungünstig sind. — Undurchlassender Untergrund gibt im Frühjahr infolge der stagnierenden Feuchtigkeit leicht Veranlassung zum Auffrieren des Bodens, zumal wenn die undurchlassende Schichte seicht liegt.

Die Frage nach der Tiefe der Bodenbearbeitung (s. § 17) wird uns übrigens auf dieses Thema nochmals zurückführen.

Der natürliche Feuchtigkeitsgrad des Bodens endlich sei ein mäßiger; eigentlich trockne Böden sind wenigstens für manche Holzart fast ebenso ungünstig, wie dies im allgemeinen feuchter Boden ist, der durch starken Gras- und Unkrautwuchs viele Reinigungskosten verursacht, durch Auffrieren den Pflanzen Nachteil bringt. Ein frischer Waldboden wird allen Holzarten am zuträglichsten sein, und nur zu Erlen-Saat- und Pflanzschulen wählt man gerne Örtlichkeiten mit höherem Feuchtigkeitsgrad, während wir bei Föhrensaatbeeten in Sandgegenden allerdings auch bisweilen mit geringwertigem, trocknem Sandboden vorlieb nehmen müssen.

§ 11. Bodenneigung.

Hat man in der Auswahl des Platzes freie Hand, so wählt man gerne ebenes oder besser sanft geneigtes Terrain für die Pflanzschule und gibt letzterem bei einer Neigung gegen Nord, Nordost, Nordwest sogar den Vorzug vor der ganz ebenen Lage, indem hier,

---

[1]) Mit der Aufforderung E. Heyers (Allg. F.- u. J.-Z. 1866, S. 208), dort, wo Engerlingsschaden droht, auf starken Tongehalt zu sehen, ja selbst plastischen Ton zu wählen, wird man sich kaum einverstanden erklären können; die anderweiten Nachteile überwiegen doch wohl jenen einzigen Vorteil!

abgesehen von den in § 9 erwähnten Vorzügen (Schutz gegen Aus=
trocknen durch Einwirkung der Sonne), auch ein leichteres Austrocknen
nach anhaltendem Regen, nach Schneeabgang stattfindet, die Feuchtig=
keit nicht stagniert. — Stärkere Neigung des Bodens sucht man
jedoch zu vermeiden, da hier einerseits Beschädigungen durch Ab=
schwemmen des Bodens bei heftigeren Regengüssen zu fürchten sind,
anderseits auch die Bodenbearbeitung durch das nötige Terrassieren
teurer, die Tiefe der Bodenbearbeitung in den Terrassen auch eine sehr
verschiedene wird[1]). Auch Schutzgräben zum Auffangen des Wassers
sind hier meist nicht zu umgehen und verursachen Kosten. Am ersten
erscheint solch stärker geneigtes Terrain noch für Verschulungsbeete
zulässig, in minderem Maße für die durch Abschwemmen gefährdeteren
Saatbeete; größere Quartiere (Länder) sind hier nicht zulässig.

Ist man genötigt, stärker geneigtes Terrain zu wählen, so gibt
man der Anlage wenigstens in der Richtung der Wasserlinie mit
Rücksicht auf die sonst steigende Gefahr der Beschädigung durch Ab=
schwemmen keine zu große Ausdehnung. Burckhardt[2]) empfiehlt in
solchem Falle auch Zwischenstreifen unbearbeiteten Bodens, welche die
Gewalt des Wassers brechen (vergl. § 20).

§ 12. Bisherige Benutzung.

Auch die bisherige Bestockung oder Benutzung der be=
treffenden Fläche ist wohl ins Auge zu fassen. Alte, durch langes
Bloßliegen vermagerte oder verunkrautete Blößen vermeidet man gerne,
und ebenso hat bisheriges Ackerland manches gegen sich; zur Be=
nutzung des letzteren wird man namentlich bei Aufforstung angekaufter
größerer Ackerflächen gerne veranlaßt, da die erstmalige Bearbeitung
des Bodens eine sehr leichte und billige ist — allein einerseits pflegen
solche verlassene Felder sehr ausgebaut zu sein, anderseits hat man
auf denselben in der Regel einen harten Kampf mit massenhaftem
Unkraut, namentlich auch der ebenso lästigen als schwer zu vertilgenden
Quecke zu bestehen, und es vergehen meist mehrere Jahre, bis man
den Boden etwas rein von Unkraut bringt. Dagegen sagt Burck=
hardt[3]), daß bisheriges Weideland mit guter Grasnarbe nicht zu ver=
schmähen sei.

Am besten werden neu ausgestockte Flächen inmitten älterer

---

[1]) Allg. F.= u. J.=Z. 1860, S. 217.
[2]) Säen und Pflanzen, S. 557.
[3]) Daf. S. 72.

Bestände ihren Zweck zu erfüllen, da hier der Boden seine volle Frucht=
barkeit besitzt und vollkommen unkrautrein zu sein pflegt, so daß wenig=
stens in den ersten Jahren Düngung und Reinigung sehr geringe
Kosten verursachen. — Frische oder doch durch längeres Bloßliegen
noch nicht vermagerte Windbruchlöcher inmitten eines Bestandes, durch
Wegnahme einzelner Stämme nötigenfalls vergrößert oder reguliert,
werden vielfach mit gutem Erfolg benutzt und bieten dabei den weiteren
Vorteil allseitigen Schutzes (s. § 13).

§ 13. Umgebung.

Endlich werden wir auch der Umgebung unserer neuen Pflanz=
schule einige Rücksicht bei Auswahl des Platzes schenken. E. Heyer[1]
warnt um der Mäuse willen vor der Nähe der Felder, um der Enger=
linge willen vor jener von Eichenstockschlägen. Pflanzschulen auf der
Grenze von Feld und Wald führen den weiteren Nachteil mit sich, daß
die Feinde beider Kulturarten an Unkräutern und Insekten hier zu=
sammentreffen. Saatkämpe, in alten Beständen gelegen, leiden weniger
durch Angriffe der Engerlinge als solche in freierer Lage[2]. Pflanz=
gärten in Mitte junger Schläge wird man um des massenhaft ein=
fliegenden Unkrautsamens wie um des fehlenden Seitenschutzes
willen vermeiden. Letzterem aber möchten wir eine ganz besondere
Bedeutung beilegen[3] — dem Schutz durch einen auf der Süd= und
Westseite vorstehenden alten Bestand gegen die austrocknende Sonne,
wie auf der Nord= und Ostseite durch, wenn auch jüngere Bestände
gegen kalte und austrocknende Windströmungen. Namentlich bei Holz=
arten, welche gegen Frost und Hitze empfindlicher sind — Tannen,
Fichten — springt die Wirkung dieses Seitenschutzes oft in augen=
fälligster Weise hervor.

Am vollkommensten genießen diesen allseitigen Schutz Pflanzgärten
inmitten von Beständen, auf Windbruch= oder eigens gerodeten
Flächen, denen wir im vorigen Paragraphen bereits das Wort geredet
haben. Gayer[4] will zwar Vorstände von hohem Holz auf der Nord=
und Ostseite um der oft empfindlichen Folgen der Reflexion (des
Brennens) willen entfernt wissen, doch haben wir solche Folgen weder
früher in eigener Praxis; noch in neuerer Zeit bei Beobachtung zahl=

---

[1] Allg. F.= u. J.=Z. 1866, S. 207.
[2] Altum, Waldbeschädigungen durch Tiere, S. 147.
[3] Forstl. Mitt. XI, 119.
[4] Waldbau, S. 337.

reicher, inmitten alter glattrindiger Buchenbestände des Spessarts ge=
legener Forstgärten wahrnehmen können. — Jüngere Bestände,
Mittelhölzer, erfüllen übrigens den Schutz gegen austrocknende Winde
in vollkommenster Weise, ohne die von Gayer (auch Nördlinger)
erwähnte, also doch wohl vorgekommene obige Gefährdung im Gefolge
zu haben.

Selbstverständlich darf dieser Seitenschutz nicht in einen Seiten=
druck übergehen, der Schutzbestand darf nicht zu nahe an das Pflanz=
beet heranrücken, seine Traufe darf nicht auf dasselbe fallen; nament=
lich bei Lichthölzern, Lärchen, Föhren macht sich zu starker Seiten=
schatten sofort bemerklich. Gegen das Stehenlassen einiger Stämme
auf der Fläche selbst als eine Art Schutzbestand, wie man dies
wohl da und dort namentlich in Tannen= und Buchenpflanzkämpen
sieht, möchten wir uns jedoch aussprechen! Seitenschutz ist jeder
Pflanze wohltätiger als direkte Überschirmung, durch welche zuviel
Licht sowie die schwächeren atmosphärischen Niederschläge abgehalten
werden, und das freudige Gedeihen obiger Schattenhölzer auf kleinen
Blößen, ihr kümmerlicher Wuchs, ja ihr gänzliches Fehlen unter der
Schirmfläche starker Bäume ist hierfür der deutlichste Beweis[1]).
Solche übergehaltene Bäume beeinträchtigen auch die Bearbeitung
und regelmäßige Einteilung der Pflanzgärten in lästiger Weise,
und daß sie durch ihren größeren Nahrungs= und namentlich Wasser=
bedarf die innerhalb ihres Wurzelraumes befindlichen Pflanzen in nicht
geringer Weise beeinträchtigen, erscheint ebenfalls kaum zweifelhaft[2]). —
Jenem Fingerzeig der Natur dürfen wir ja bei Auswahl des Platzes
nur folgen, unsere Pflanzbeete unter entsprechendem Seitenschutz an=
legen, so werden wir die Vorteile des Schutzes ohne die Nachteile der
Überschirmung und der Traufe erlangen. —

Die unmittelbare Nähe von Wasser beim Pflanzgarten wird
in den meisten Lehrbüchern als wünschenswert oder selbst durchaus
nötig bezeichnet. Man wird hier aber wohl unterscheiden müssen
zwischen kleineren (Nadelholz=) Saat= und Pflanzkämpen und größeren

---

[1]) Vergl. Fischbach, Lehrbuch der Forstw., S. 111, welcher für,
    und Burckhardt, Säen und Pflanzen, S. 399, dann Heyer, Waldbau,
    S. 399, welche gegen solchen Schutzbestand sich aussprechen.
[2]) Vergl. Borggreve, Holzzucht, S. 141. Es sei hier übrigens auf die in
§ 104 geschilderte Methode der Erziehung von Buchenpflanzen (zum Unterbau)
durch Vollsaat in entsprechend durchforsteten Föhrenstangenhölzern hingewiesen;
die Sache liegt hier wesentlich anders als bei dem Überhalt von Stämmen in
Saatbeeten!

Forstgärten. Erstere können des Wassers in der Nähe wohl entbehren, da man das Gießen der Saaten oder Pflanzen so viel als möglich vermeidet und die geringe Menge von Wasser, die man vielleicht zum Anschlämmen u. dgl. bedarf, doch überall beigeschafft werden kann. Für große Pflanzgärten dagegen, wo dieser Wasserbedarf ein bedeutender sein kann, das Gießen zur Erhaltung wertvoller Holzarten auch wohl eher Platz greift, ist die Nähe von Wasser allerdings sehr wünschenswert, und man wird daher auch finden, daß solche größere Anlagen meist fließendes Wasser in der Nähe, außerdem Brunnen oder Zisternen haben.

Eine eigentliche Bewässerung der Gärten, wie sie Karl Heyer[1] und Vonhausen empfehlen, gehört übrigens nach unsern Erfahrungen zu den selteneren Fällen.

§ 14. Gestalt.

Bei der Erwägung, welche Gestalt wir unserm Saatkamp oder Forstgarten geben wollen, wird zunächst die Notwendigkeit oder Entbehrlichkeit einer festen, also kostspieligen Einfriedigung eine wesentliche Rolle spielen.

Ist eine Einfriedigung entbehrlich, wie dies ja namentlich für Nadelholzpflanzen nicht selten der Fall, so sind wir bezüglich der Gestalt, die wir unserer Anlage geben wollen, nicht gebunden, können uns ganz nach Terrain, Seitenschutz usw. richten und wählen dann nicht selten die Form eines langgestreckten Rechtecks; so also namentlich in stärker geneigtem Terrain, in welchem dann die lange Seite des Rechtecks horizontal am Berge hin gelegt wird, oder längs einer Bestandswand, welche Seitenschutz gegen die Sonne geben soll. Ebenso wird man durch geringe Breite des Pflanzbeetes im Innern der Bestände, auf Lücken, für empfindliche Holzarten — Tannen, Buchen — die wohltätige Wirkung allseitigen Seitenschutzes am vollständigsten erreichen.

Ist aber eine feste Einfriedigung nötig, so werden wir trachten müssen, dieselben mit tunlichst geringen Kosten herzustellen, ihr eine im Verhältnis zur eingefriedigten Fläche möglichst geringe Länge zu geben. Den kleinsten Umfang hat bei gleicher Fläche der Kreis, dann das regelmäßige Polygon, die aber beide sehr erklärlicherweise unverwendbar für die Gestalt eines Pflanzgartens sind, und man wird für letztere daher die nächst günstige geometrische Figur — das Quadrat,

---

[1] Waldbau, 5. Aufl., S. 251.

nach diesem das Rechteck mit nicht zu großem Unterschied in der Länge der beiden zusammenstoßenden Seiten wählen. In diesem Fall ist die Differenz in der Länge des einzufriedigenden Umfanges gegenüber dem Quadrat eine geringe; so würde z. B. ein Hektar in Quadratform einen Umfang von 400 m, in Rechtecksform mit Seiten von 125 und 80 m Länge einen solchen von 410 m haben. Ein solches Opfer kann man anderweiten Vorteilen (Seitenschutz!) wohl bringen!

Unter allen Umständen aber stecke man die Figur genau rechtwinkelig ab — selbst ein kleiner Fehler in dieser Beziehung macht sich in unangenehmer Weise bei der Einteilung bemerklich.

§ 15. Größe.

Die Größe eines anzulegenden Saatkamps oder Forstgartens hängt von mancherlei Verhältnissen ab.

In erster Linie ist die Gesamtfläche der in einem Verwaltungsbezirk anzulegenden Pflanzschulen abhängig von Betriebsart und Verjüngungsmethode. Im allgemeinen wird der Plenterwald weniger künstliche Nachhilfe erfordern als der schlagweise Hochwaldbetrieb, ebenso der Mittel= und Niederwald; die natürliche Verjüngung bedarf zu den allerdings nie fehlenden Nachbesserungen geringere Pflanzenmengen als der Kahlschlagbetrieb mit nachfolgender Pflanzung, welch letztere, wie eingangs schon berührt, überwiegend an Stelle der Saat getreten ist. Durch Betriebsart, Umtriebszeit, Verjüngungsweise im Zusammenhalt mit der Größe des Verwaltungsbezirkes wird die Größe der durchschnittlich alljährlich zu kultivierenden Fläche und damit die nötige Pflanzenmenge bestimmt werden.

In weiterem wird auf die Gesamtgröße der Pflanzschulen eines Reviers von wesentlichem Einfluß sein das Alter und die Stärke der zu verwendenden Pflanzen, ob man 1=, 2=, 3jährige Saatschulpflanzen, oder ob man verschulte Pflanzen und in welchem Alter verwendet. Mit jedem Jahr, welches die Pflanzen länger in der Saat= oder Pflanzschule stehen, wächst die Fläche der letzteren um ein beträchtliches (wenn auch nicht in direktem Verhältnis, da man kleinere Pflanzen stets in viel engerem Verband pflanzt als stärkere), und starke Heister, die etwa alljährlich in gewisser Zahl zur Verfügung stehen sollen, erfordern verhältnismäßig sehr große Pflanzschulen.

Auch der Umstand, ob die im Frühjahr von Pflanzen geräumte Fläche sofort wieder benutzt wird oder bis zum nächsten Frühjahr brach liegen bleibt, wie dies Schmitt[1]) sehr befürwortet, oder —

---

[1]) Fichtenpflanzschulen, S. 29, 118.

wie dies zweckmäßiger jetzt geschieht — der Gründüngung überwiesen
wird, ist von nicht unwesentlichem Einfluß auf die Größe der Fläche
der Forstgärten.

Verhältnisse besonderer Art: Aufforstung von erworbenen Öd=
ländereien, von Windbruchflächen u. dgl. machen eine zeitweise Ver=
größerung der Pflanzschulen über das gewöhnliche Maß nötig. —
Ebenso ist der Umstand, ob man auch Pflanzen zum Verkauf erziehen
will und soll, ob zu letzterem entsprechende Gelegenheit gegeben ist,
von Einfluß.

Erfahrungszahlen endlich über die auf einer Flächeneinheit zu er=
ziehende Pflanzenmenge, je nach Holzart, Alter, Erziehungsweise
wesentlich verschieden, bestimmen unter Berücksichtigung des stets auch
stattfindenden Abgangs an unbrauchbarem Material im Zusammenhalt
mit obigen Verhältnissen und Erwägungen die Größe der zur Pflanzen=
zucht nötigen Gesamtfläche[1]).

Bezüglich der Größe der einzelnen Pflanzschulen eines Reviers
werden jene Erwägungen maßgebend sein, die wir gelegentlich der
Frage: ständige oder wandernde Pflanzkämpe (§ 6) erörtert
haben; die ersteren pflegen stets größer zu sein als letztere.

Nicht aus dem Auge dürfte aber zu verlieren sein, daß der für
die Pflanzen so wohltätige Seitenschutz mit zunehmender Größe der
Pflanzschule abnimmt, ja teilweise ganz verloren geht, und wir
würden stets lieber zwei Forstgärten zu je ½ ha, durch einen ge=
nügend breiten Streifen Wald getrennt, anlegen, als einen einzigen
1 ha großen Garten, trotz der durch diese Trennung verursachten
höheren Einfriedigungskosten.

Schließlich möge noch auf die Forderung hingewiesen sein, die
Dr. Köhler[2]) stellt, zu Kulturen nur möglichst wuchskräftige Pflanzen
zu verwenden und demgemäß in Saat= und Pflanzbeeten eine gewisse
Zuchtwahl zu treiben in der Weise, daß alle minder gut entwickelten
Saatpflanzen wie verschulte Pflanzen von der Verwendung aus=
geschlossen werden. — Auch hierdurch würde die Größe der Saat=
und Pflanzgärten beeinflußt werden.

---

[1]) Gayer (Waldbau, S. 337) gibt an, daß bei Verwendung von Saatpflanzen
auf 1 ha Kulturfläche etwa 0,25—0,50 a Forstgartenfläche zu rechnen sei, bei
Schulpflanzen dagegen 5 a. Heß (Heyers Waldbau, 5. Aufl., S. 233) rechnet bei
Verwendung 2jähr. Saatfichten auf 200 ha Kulturfläche 1 ha Saatkamp, also
0,5 % der Fläche, bei Verwendung 4jähr. verschulter Fichten dagegen 4,75 % an
Saat= und Pflanzkamp. 1 ha Eichensaatkamp liefert 1 Million 1jähr. Eichen.

[2]) Allg. F.= u. J.=Z. 1903, S. 41.

II. Bearbeitung des Bodens.

§ 16. Entfernung des Bodenüberzuges.

Die Beseitigung des hinderlichen Bodenüberzuges wird der Bearbeitung des Bodens jederzeit vorauszugehen haben.

Nach dem, was wir in § 12 über die Auswahl des Platzes gesagt haben, werden wir es bei unserer Pflanzschulfläche zu tun haben mit einer Bodendecke von Laub, Nadeln oder Moos, wenn es sich um eine zu rodende bestockte Fläche handelt, oder etwa mit einem Rasenüberzug bei Auswahl einer Ödfläche, nur ausnahmsweise aber mit einem Überzug von Heidelbeer= oder Heidekraut. Jede Bedeckung des Bodens aber muß, da sie der späteren Bearbeitung und Zurichtung der Beete hinderlich sein würde, beseitigt werden.

Wird ein Stück eines Bestandes für die neue Anlage gerodet, so läßt man die vorhandene Laub=, Nadel= oder Moosdecke zusammenrechen und setzt dieselbe nicht selten, eventuell mit Kalk zum Zweck rascherer Zersetzung, zu sog. Komposthaufen an. Erst dann erfolgt die Entfernung des Bestandes unter möglichst gründlicher Rodung sämtlicher Stöcke und Wurzeln, welche außerdem bei der späteren Bearbeitung des Bodens hinderlich werden. Bei der Rodung ist übrigens das Obenaufbringen rohen, noch nicht genügend zersetzten Bodens zu vermeiden, bzw. derselbe sofort wieder zum Ausfüllen der Stocklöcher zu benutzen und mit guter Erde zu überdecken.

Eine Rasendecke wird flach abgeschält und entweder nach vorherigem Trocknen der Plaggen zu Rasenasche verbrannt oder zum Zweck der Verwesung, der Gewinnung sog. Rasenerde, in Haufen gesetzt (s. § 24); wo, wie später beschrieben, der Boden rajolt wird, da bringt man wohl auch den Rasen auf die Sohle der Rajolgräben in der Absicht, durch seine Verwesung den Boden zu düngen.

Stärkere Bodenüberzüge von Heidelbeer= oder Heidekraut werden mit ihrem ganzen Wurzelfilz abgeschält und ebenfalls, etwa in Verbindung mit Rasenplaggen, nach genügendem Austrocknen zu Asche zum Zweck der Düngung verbrannt.

§ 17. Tiefe der Bodenbearbeitung.

Von nicht geringer Wichtigkeit ist die richtige Beantwortung der Frage, wie tief der Boden zu bearbeiten sei. Jede über das Maß der Notwendigkeit und Zweckmäßigkeit hinausgehende Tiefe der Be=

arbeitung ist eine unter Umständen nicht unbedeutende Geldver=
schwendung, während anderseits eine zu seichte Bodenbearbeitung sich
durch minder günstige Wurzelbildung und Pflanzenentwicklung, durch
leichteres Austrocknen des Bodens und Ausfrieren der Pflanzen
rächen kann.

Absolute Zahlen über die notwendige Tiefe der Bodenbearbeitung
lassen sich unserer Ansicht nach nicht geben; die Beschaffenheit des
Bodens, des Untergrundes, vor allem auch die anzuziehende Holzart,
die Stärke, welche die Pflanzen erreichen sollen, sprechen ein gewichtiges
Wort mit. Wie weit die Ansichten über die notwendige Bodentiefe
auseinandergehen, mögen die Angaben E. Heyers und Fischbachs
beweisen, von denen ersterer[1]) ganz allgemein für ständige Forstgärten
eine 75—100 cm tiefe Bodenlockerung durch Rajolung verlangt,
während der letztere[2]) sich für Saatschulen mit einer 10—20, für
Pflanzschulen mit einer 15—30 cm tiefen Bodenbearbeitung (nur für
Kiefern verlangt er größere Tiefe) begnügt! Das Richtige dürfte
für die weitaus meisten Fälle in der Mitte liegen, eine Boden=
bearbeitung, wie sie Heyer fordert, viel zu kostspielig und auch für
die stärksten Eichenheister überflüssig sein, dagegen die von Fischbach
angegebene untere Grenze von nur 10 bezw. 15 cm sich doch in den
meisten Fällen als zu gering erweisen und mancherlei Nachteile nach
sich ziehen. Eine einigermaßen tiefe, durchschnittlich etwa 25 bis
30 cm betragende Bodenlockerung gewährt den Vorteil, daß Regen=
und Schneewasser leichter und tiefer in den Boden einsinken; dadurch
wird einerseits dem oft so nachteiligen Auffrieren des Bodens einiger=
maßen vorgebeugt, da dieses bei größerem Feuchtigkeitsgehalt der
oberen Bodenschichten auftritt, wie anderseits dem allzu raschen
Austrocknen im Sommer. Das tiefer eingedrungene Wasser verdunstet
langsamer, steigt beim Austrocknen der oberen Schichten wieder in die
Höhe und kommt so den Pflanzen zugute. — Schwerer Boden wird
eine tiefere Lockerung wünschenswert machen, als an sich leichter und
lockerer; ebenso ist bei festerem Untergrund flachgründigen Bodens
eine entsprechende Lockerung des ersteren aus obigen Gründen am
Platz und bietet den weiteren Vorteil, daß die Verwitterung desselben
befördert, also Nährstoffe aufgeschlossen werden, die bei wiederholter
Benutzung der Fläche durch Mischung mit den oberen Schichten den
Boden kräftigen.

---

[1]) Allg. F.= u. J.=Z. 1866, S. 208.
[2]) Lehrb. der Forstwissensch., S. 111, 116.

Es leuchtet ferner ein, daß die Tiefe der Bodenbearbeitung durch das Pflanzmaterial, welches man erziehen will, bis zu gewissem Grade bedingt ist: für die flachwurzelnde Fichte wird eine geringere Bodentiefe genügen als für Eiche und Föhre, und ein Heisterkamp wird stets tiefere Bodenbearbeitung erfordern als ein Saatbeet für Nadelholzpflanzen irgendwelcher Art. — Ebenso aber, wie die Wurzelbildung der anzuziehenden Pflanzen von Einfluß auf die nötige Tiefe der Bodenlockerung ist, so wird anderseits durch letztere auch wieder die Bildung der Wurzeln mehr oder weniger beeinflußt. In tiefer Bodenlockerung, bei der etwa noch der bessere Boden oder die verwendeten Düngemittel in die unteren Schichten gebracht wurden, hat man ein Mittel gefunden, Pflanzen mit sehr tiefgehender Bewurzelung — einjährige Föhren zur Bepflanzung trockner Sandböden — zu erziehen; auch bei Eichen macht sich zu tiefe Bodenbearbeitung namentlich auf geringerem Boden durch eine zu lange Pfahlwurzel in lästiger Weise fühlbar[1]). In minder tiefer Bodenlockerung wird man daher auch ein Mittel haben, dieser bei der Verpflanzung oft geradezu hinderlichen, allzu tiefgehenden Wurzelbildung entgegenzuwirken, und durch gründliche Lockerung der oberen Bodenschichten in Verbindung mit guter Düngung ein minder tiefgehendes, aber um so reicher verzweigtes Saug- und Seitenwurzelsystem hervorrufen[2]).

Die Besprechung der einzelnen Holzarten im zweiten Teile dieses Werkchens wird uns auf diese Frage wiederholt zurückführen.

§ 18. Zeit der Bodenbearbeitung.

Jede zu einer neuen Pflanzschule bestimmte Fläche pflegt man zweckmäßiger Weise einer wiederholten Bearbeitung zu unterziehen, und ganz besonders notwendig erscheint dies, wenn man es mit bindenderem Boden zu tun hat.

Die erstmalige gröbere Bearbeitung wird im Sommer oder Herbst durch rauhes Umhacken, bisweilen auch durch Pflügen (f. § 19), vorgenommen und hiermit zwar die in § 20 näher besprochene Arbeit des Planierens oder Terrassierens verbunden, die Oberfläche dagegen absichtlich grobschollig belassen, damit dieselbe während des Winters den atmosphärischen Einflüssen und insbesondere den Einwirkungen des Frostes möglichst ausgesetzt sei. Durch letzteren wird der Boden

---

[1]) Burckhardt, Säen und Pflanzen, S. 73.
[2]) v. Seckendorff, Mitteilungen, 2. Bd., S. 345.

so mürbe, daß er im Frühjahr mit Leichtigkeit zerfällt, weshalb, wie oben berührt, bei bindendem Boden diese Bodenbearbeitung v o r W i n t e r von besonderer Bedeutung ist; außerdem aber vermag die Winterfeuchtigkeit in den gelockerten Boden viel reichlicher nnd t i e f e r einzudringen als in den ungelockerten.

Ist der Boden stark verunkrautet, so soll die erste Bearbeitung schon im V o r s o m m e r geschehen, damit das untergearbeitete Unkraut verwese — im Winter findet bei der geringen Temperatur eine Verwesung nicht statt und das Unkraut kommt bei der zweiten Bearbeitung im Frühjahr nahezu in demselben Zustand wieder herauf, in welchem es untergebracht wurde[1]).

Die z w e i t e, f e i n e r e, gartenmäßige Bearbeitung (mit dem Spaten) findet im Frühjahr statt und soll womöglich der Benutzung einige Zeit vorausgehen, damit der Boden sich wieder hinreichend setzen kann, da stärkeres Setzen desselben n a c h d e r S a a t o d e r V e r s c h u l u n g manchen Mißstand nach sich zieht.

Wird eine Fläche w i e d e r h o l t benutzt, so ist es zwar ebenfalls wünschenswert, wenn auch minder notwendig, daß dieselbe gleichfalls schon im Herbst grob umgehackt werde, was aber durch die auf derselben. stehenden und erst im Frühjahr zur Verwendung kommenden Pflanzen häufig unmöglich gemacht wird, so daß man sich mit einer einmaligen Bearbeitung im Frühjahr begnügen muß. Die von S c h m i t t[2]) empfohlene e i n j ä h r i g e B r a c h e solcher Flächen ermöglicht deren doppelte Bearbeitung, im Herbst und im Frühjahr, wird aber um der intensiveren Ausnützung der Pflanzschulfläche willen nur seltener mehr angewendet.

§ 19. Art und Weise der Bodenbearbeitung.

Die doppelte Bearbeitung des Bodens pflegt in verschiedener Weise zu geschehen.

Die e r s t m a l i g e Bearbeitung im Sommer oder Herbst kann durch Pflügen, Umhacken oder eigentliches Rajolen (Riolen) stattfinden und wird man jene Methode wählen, bei welcher der Zweck hinreichend tiefer Lockerung und gleichzeitiger möglichster Säuberung des Bodens von Steinen, Wurzeln, Unkraut mit den geringsten Kosten erreicht werden kann.

Am billigsten wird bei völlig ebenem und einer Planierung nicht

---

[1]) Allg. F.- u. J.-Z. 1880, S. 41.
[2]) Fichtenpflanzschulen, S. 26.

bedürftigem, von Wurzeln und Steinen freiem Boden das Pflügen sein, jedoch vorzugsweise nur bei Verwendung von bisherigem Weide=land nach vorherigem Abschälen der Grasnarbe, von Ackerland oder von steinfreiem Sandboden der Ebene Anwendung finden können. Auch setzt das Pflügen eine nicht zu geringe Größe der betreffenden Fläche, sowie genügend tiefes Eingreifen des Pfluges voraus.

Viel häufiger wird das Umhacken des ausgewählten und von seinem etwaigen Überzug befreiten Platzes mit der Rodehacke statt=finden, wobei alle Steine und Wurzeln sorgfältig entfernt werden. Ein eigentliches Wenden des Bodens in der Weise, daß die bis=herige obere Bodenschichte in die Tiefe käme, findet hierbei nicht statt, wäre bei guter oberer Bodenschichte sogar ein Fehler, wohl aber er=folgt ein meist vorteilhaftes Mengen der oberen und unteren Boden=schichten. Die Tiefe, bis zu welcher der Boden auf solche Weise gut bearbeitet werden kann, beträgt 30 bis höchstens 40 cm; soll der Boden in besonderen Fällen noch tiefer gelockert werden oder will man ein völliges Stürzen desselben vornehmen, so muß man zu dem eigent=lichen Rajolen greifen.

Diese sehr gründliche, aber auch teuerste Bodenbearbeitung erfolgt nun in der Weise[1]), daß man längs einer Seite des umzuarbeitenden Platzes einen Graben von vielleicht 30 cm Tiefe zieht, die Erde bei=seite wirft und nun die Grabensohle entsprechend tief lockert; auf dieselbe wird nun das Erdreich aus dem nächsten, neben dem ersten zu ziehenden Graben geworfen, sodann dessen Sohle gelockert und so fortgefahren. Ist der Boden in den verschiedenen Schichten von durchaus gleicher Güte oder gar die untere Bodenschichte die bessere (Sandboden), so stürzt man auch wohl den Boden vollständig, indem man den ersten Graben gleich in der vollen Tiefe, in welcher der Boden gelockert werden soll — 40 bis 50 cm — aushebt, in denselben die Erde des nächsten Grabens wirft und so bis zum Ende fortfährt. — Will man den etwa aus Rasen bestehenden Bodenüberzug nicht zu Asche brennen, so wird er tief untergegraben, und wirkt derselbe bei seiner Verwesung düngend. Seichtes Untergraben von Rasen ist streng zu meiden, da seicht liegende Rasenschwarten beim Säen und Ver=schulen lästig werden und durchwachsend zur Verunkrautung des Saat=beetes beitragen.

Zur Erziehung lang bewurzelter Föhrenjährlinge hat man bei tiefer Bodenlockerung wohl auch den guten oberen Boden absichtlich

---

[1]) E. Heyer in d. Allg. F.= u. J.=Z. 1866, S. 208. Forstl. Mitt. XI, 121.

in die Tiefe gebracht, um hierdurch gleichsam die Wurzeln in die Tiefe
zu locken, lang bewurzelte Pflanzen zu erziehen. Solche Jährlinge mit
langen, fadenförmigen Wurzeln haben sich aber nicht sonderlich be=
währt, sind auch schwer ohne Krümmung der Wurzeln zu verpflanzen [1);
in dem mageren Oberboden aber kümmert nicht selten der Keimling
und erwächst dann nie zur kräftigen Pflanze [2).

Eine billige Bearbeitung des Bodens dadurch erzielen zu wollen,
daß man die betr. Fläche ein oder zwei Jahre lang zur landwirt=
schaftlichen Benutzung, namentlich zum Hackfrüchtebau, abgibt, ist
um der Schwächung der Bodenkraft willen wohl stets zu wider=
raten [3).

Bei größeren Flächen steckt man zweckmäßig die dann nötigen
breiteren Hauptwege vor der erstmaligen Bearbeitung des Bodens
ab und schließt sie von derselben aus, indem man lediglich die obere
Bodenschichte in der den Wegen zu gebenden Tiefe abhebt und zur
Planierung des übrigen Terrains verwendet.

Die zweite Bodenbearbeitung im Frühjahr erfolgt mit dem
Spaten in gartenmäßiger Weise unter nochmaliger Reinigung von
Steinen, Wurzeln, Unkraut usw. und Zerkleinern aller größeren Erd=
schollen, wobei ein 20—25 cm tiefes Umstechen in der Regel voll=
ständig genügen wird.

Hand in Hand mit der ersten, häufiger mit der zweiten Bear=
beitung des Bodens pflegt die Verbesserung der chemischen und
physikalischen Eigenschaften des Bodens durch Beimengung von
düngenden Stoffen oder von solchen zu geschehen, welche lockernd oder
bindend wirken sollen. Das Kapitel über die Düngung und ins=
besondere der von der Ausführung der Düngung handelnde § 29 ent=
hält hierüber das Nähere.

§ 20. Planieren und Terrassieren.

Gleichzeitig mit der erstmaligen Bearbeitung des Bodens geschieht
das Einebnen der Fläche, das Planieren, und wo nötig das Ter=
rassieren.

Bei ebenen oder sanft geneigten Flächen sucht man die Oberfläche
des Kamps möglichst in eine, horizontal oder gleichmäßig geneigte
Ebene zu legen, vorhandene Vertiefungen oder Erhöhungen also zu be=

[1) Burckhardt, Säen und Pflanzen, S. 293.
[2) Kritische Blätter L. a., S. 121.
[3) Allg. F.= u. J.=Z. 1872, S. 228.

seitigen. Dadurch, daß man beim Umhacken stets von den tiefer ge=
legenen Punkten ausgehend die Erde auf diese zuzieht, wird schon viel
geschehen können; bei größeren Erhebungen und Vertiefungen wird
aber ein umständliches Abgraben und Auffüllen nicht zu vermeiden
sein. Dabei hüte man sich aber, rohen Boden obenauf zu bringen,
sondern räume erst die gute Erde beiseite, grabe soweit nötig ab
und benutze den abgegrabenen rohen Boden nur zum Ausfüllen
g r ö ß e r e r Vertiefungen; dann aber bringe man da wie dort g u t e
Erde obenauf, wie solche namentlich auch bei dem Ausheben der
breiteren Wege oft in ziemlicher Menge gewonnen werden kann. —
Nicht selten sieht man diese Vorsicht versäumt, und die Folgen treten
in der Entwicklung der Pflanzen (bei Fichten auch sehr deutlich in
der gelblichen Färbung der Nadeln) zutage; auf den abgehobenen
Stellen, wo nur roher Boden obenauf liegt, kümmern die Pflanzen,
in den mit gutem Boden aufgefüllten Vertiefungen nebenan zeigen sie
vorzügliche Entwicklung!

An s t e i l e r e n Gehängen, zu deren Benutzung man im Berg=
lande wohl hier und da genötigt ist, wird zur Vermeidung des Ab=
schwemmens eine t e r r a s s e n artige Bearbeitung und Zurichtung des
Terrains nötig. Die einzelnen Beete werden staffelförmig horizontal
gelegt, selbst mit leichter Neigung gegen die an der Bergseite gelegenen
schmalen Zwischenwege zu, nach welchen dann das Regenwasser abfließt,
um dort in den Boden einzusinken. — Auch bei dem Terrassieren hat
man sich, namentlich in stärker geneigtem Terrain, vor dem Obenauf=
bringen des rohen Untergrundes bei starkem Abgraben zu hüten.

Nach B u r c k h a r d t [1]) läßt man bei solch stärkerer Neigung des Ge=
hänges, die allerdings bei Auswahl des Platzes tunlichst zu vermeiden
ist, zweckmäßig die bearbeiteten Streifen mit unbearbeiteten wechseln [2]),
auf welch letztere Steine, Wurzeln, später das ausgejätete Unkraut
geworfen werden; diese unbearbeiteten Streifen mit ihrer Decke bieten
guten Schutz gegen das Abschwemmen [3]).

---

[1]) Säen und Pflanzen, S. 357.

[2]) In dem 3 ha großen, auf ziemlich stark geneigtem Terrain liegenden
Zentralforstgarten zu Royet in der Auvergne sind die Beete talwärts durch 60
bis 80 cm hohe, mit Rasen bekleidete Böschungen gestützt und durch horizontal
am Hang hin in entsprechenden Abständen laufende 2 m breite, mit G r a s b e =
w a c h s e n e Wege gegen das Abschwemmen geschützt. (Schweiz. Zeitschr. 1903, S. 145.)

[3]) Unter besonders ungünstigen Verhältnissen, so bei Aufforstung großer Öb=
flächen im Gebirge, wie sie im südlichen Frankreich stattfinden, verzichtet man auch

III. Verbesserung des Bodens, Düngung.

§ 21. Allgemeine Erörterungen.

Trotz aller Sorgfalt, mit welcher wir den Platz für unsern Saatkamp, unsern Forstgarten auswählen, hat der Boden daselbst nicht
immer alle jene physikalischen und chemischen Eigenschaften, welche zur
gedeihlichen Pflanzenerziehung notwendig sind, oder er hat sie wenigstens
nicht im wünschenswerten Maße. Es können die Verhältnisse eines
Waldes so gestaltet sein, daß eine Örtlichkeit, deren Boden allen
Anforderungen entspricht, beispielsweise nicht zu bindend oder zu locker
ist, überhaupt nicht zur Verfügung steht, oder es können die Vorzüge
der Lage eines Platzes, deren Wichtigkeit wir oben besonders hervorgehoben haben, so bedeutende sein, daß wir über den einen oder
andern Mangel in der Qualität des Bodens hinwegsehen. Es wird
ferner ein ursprünglich nahrungsreicher Boden durch die auf ihm erzogenen Pflanzen naturgemäß seiner löslichen Nährstoffe nach und
nach beraubt und dadurch zur Erziehung gesunder, kräftiger Pflanzen
untauglich werden, wenn wir ihm nicht zu Hilfe kommen.

Eine solche Hilfe aber geben wir dem seiner Nährstoffe beraubten
oder auch dem von Natur minder nahrungskräftigen Boden durch
eine entsprechende Düngung, durch Beimischung von Stoffen, welche
die nötigen Pflanzennährmittel enthalten. Wir mischen aber unter
Umständen dem Boden auch Stoffe bei, welche vorwiegend nur dessen
physikalische Eigenschaften verbessern sollen — so z. B. seine
Bindigkeit oder zu große Lockerheit, sein Verhalten gegen Feuchtigkeit —, und sprechen dann nur von einer Melioration des Bodens.
In vielen Fällen aber werden die zweckmäßig gewählten Stoffe, welche
wir dem Boden als Düngemittel zuführen, auch günstig auf die physikalische Eigenschaft wirken, so z. B. die Beigabe von Humus auf
zu lockerem oder zu bindendem Boden.

Die zweckmäßige Düngung unserer Forstgärten ist eine
Frage von großer Wichtigkeit, der sich deshalb die Aufmerksamkeit
unserer Forstwirte in der Neuzeit in erhöhtem Maße zugewendet hat.
Sie ermöglicht uns, das gute, kräftige Pflanzmaterial zu liefern,
welches unser intensiver Kulturbetrieb erfordert; sie gestattet uns aber
auch, gut gelegene und mit oft nicht geringen Kosten angelegte Forstgärten dauernd zu benützen, wie dies das Beispiel der zahlreichen

---

auf Anlage eigentlicher Saatkämpe und benutzt kleinere, über die ganze Fläche
zerstreute Plätze oder Streifen, welche einigermaßen eben und geschützt liegen, zur
Pflanzenerziehung. (Demontzey, Studien, S. 218.)

Handelsgärtnereien beweist, welche sich gegenwärtig mit der Anzucht von Waldpflanzen befassen. Der „ausgebaute" Forstgarten ist eben fast jederzeit nur ein nicht genügend gedüngter Forstgarten!

§ 22. Verbesserung der physikalischen Eigenschaften des Bodens — Melioration.

Wir haben in § 9 die Anforderungen, welche wir an die physikalischen Eigenschaften eines Bodens, an Bindigkeit, Tiefgründigkeit und Feuchtigkeitsgrad stellen, eingehend besprochen und betont, daß denselben bei Auswahl des Platzes größere Wichtigkeit beizulegen sei als dem momentanen Gehalt des Bodens an Pflanzennährstoffen, aus dem einfachen Grunde, weil einem Mangel an letzteren viel leichter abzuhelfen ist als ungünstiger physikalischer Beschaffenheit.

Mangelnder Tiefgründigkeit wird sich überhaupt schwer abhelfen lassen, am ersten vielleicht durch Ausheben breiterer und tieferer Wege und Steige und Erhöhung der Beete mittelst des aus ersteren gehobenen Materials; übrigens wird dies der vielleicht seltenste Mangel sein, an dem unsere Forstgärten leiden.

Überflüssiger Feuchtigkeit wird man durch Gräben, eventuell selbst durch Drainage abhelfen, feuchte Plätze aber um des Unkrautes und der Frostgefahr willen an sich vermeiden. Zu große Trockenheit des Bodens hängt in der Regel mit zu großer Lockerheit zusammen und wird durch Verminderung der letzteren auch ersterer einigermaßen abgeholfen; ist sie freilich durch die Lage (zu starke Einwirkung der Sonne) bedingt, so läßt sich kaum abhelfen.

Der Bindigkeitsgrad pflegt es unter den physikalischen Eigenschaften des Bodens am öftesten zu sein, der uns bei sonst günstigen Verhältnissen der Lage und des Bodens unseres neu anzulegenden Pflanzgartens am wenigsten entspricht, sei es, daß der Boden zu schwer, zu bindig und infolgedessen zur Krustenbildung, zum Auffrieren im Frühjahr, zum Aufreißen im Sommer geneigt ist, sich schwerer lockern und reinigen läßt, sei es, daß er zu leichter Sandboden ist und infolgedessen zu rasch austrocknet.

Im ersten Falle, bei zu großer Bindigkeit, wenden wir zunächst mechanische Hilfsmittel an: wiederholte Bearbeitung und Lockerung, dann aber das so wirksame Ausfrieren des im Herbst grobschollig umgearbeiteten Bodens (s. § 18). Die wohl auch als Lockerungsmittel empfohlene Überlassung des Bodens zum ein- oder zweijährigen Bau von Hackfrüchten haben wir schon oben (§ 19) als minder zweckmäßig und nicht empfehlenswert bezeichnet.

Dagegen empfiehlt Lorey[1]) als ein Mittel zur Lockerung des Bodens, das zugleich düngend wirkt, den Anbau mit Lupinen, die in grünem Zustand untergehackt werden, und es ist dies ein weiterer Vorteil der später (§ 25) zu besprechenden Gründüngung.

Wollen und können wir aber zur Beimengung lockernder Stoffe greifen, so wählen wir hierzu Sand, der natürlich nur lockernd wirkt, oder Sägespäne, Gerberlohe, leichten Torf, während Humus oder mit vielen humosen Stoffen gemengte Walderde zugleich auch düngende Wirkung hat, und beiden ähnlich wirken Rasenasche und Kompost. Auch gebrannter Kalkstaub, von nahe gelegenen Kalköfen oft sehr billig zu beziehen, wird als Lockerungsmittel empfohlen[2]), und ebenso ist die Steinkohlenasche mit ihren zahlreichen grusigen Beimengungen nach unsern eigenen Erfahrungen ein günstiges Mittel zur Lockerung schweren Bodens.

Ist dagegen der Boden zu locker, ein Fall, der in den ausgedehnten Kiefernrevieren sandiger Ebenen nicht selten vorkommt, so wirkt abermals der Humus, gute Walderde günstig auf die Bindigkeit und damit auch auf die Fähigkeit des Bodens, die Feuchtigkeit länger zu halten, ein; auch Stalldünger, Kompost, Mergel, Rasenerde wirken in ähnlicher Weise, sämtliche Substanzen aber zugleich düngend, die Zufuhr von Düngemitteln wird sich aber bei solch lockerem Sandboden ohnehin nötig erweisen.

Es geht sonach die Verbesserung der physikalischen Eigenschaften des Bodens in vielen Fällen mit einer eigentlichen Düngung Hand in Hand; eine ausschließliche Melioration durch Beiführen anderer Stoffe, also z. B. von Sand, sucht man um der Kostspieligkeit willen stets zu vermeiden.

§ 23. Verbesserung der chemischen Eigenschaften des Bodens — eigentliche Düngung.

Darüber, daß eine Düngung der wiederholt benutzten Saatbeete, der ständigen Forstgärten, stattfinden müsse, wenn beide ihren Zweck: die Lieferung kräftiger Pflanzen — erfüllen sollen, besteht gegenwärtig wohl nirgends mehr ein Zweifel. Dem einfachsten Praktiker sagen dies die kümmernden Pflanzen in seinem ausgebauten Saatbeet, und schon ehe uns die Wissenschaft zu Hilfe kam und uns nähere Belehrung über den Grund dieser Erscheinung und die anzuwendenden

---

[1]) Allg. F.- u. J.-Z. 1894, S. 232.
[2]) Forstw. Zentralbl. 1883, S. 245.

3*

Gegenmittel gab, hatte der Praktiker durch Düngung dem Übel abzuhelfen gesucht und bei Wahl der richtigen Mittel auch abgeholfen [1]).

Insbesondere sind es die ständigen Forstgärten, welche ohne entsprechende Düngung nicht bestehen können; aber auch Wanderkämpe bedürfen auf geringwertigerem Boden gleich vor der ersten Benutzung eine Düngung, wenn kräftige Pflanzen erzogen werden sollen.

Der Grund, weshalb in Pflanzschulen und Saatkämpen rasch eine Bodenerschöpfung erfolgt und sonach eine Düngung notwendig wird, während der Wald einer solchen nicht bedarf, ist leicht einzusehen, wenn wir einerseits die große Menge von Mineralstoffen, welche in jungen Baumteilen enthalten sind und sonach gerade durch Pflanzen dem Boden entzogen werden müssen, und anderseits den geringen Wurzelraum ins Auge fassen, dem hier, im Gegensatz zum älteren Bestand, diese Stoffe entzogen werden. Dazu fehlt noch die natürliche Düngung, welche im Bestand die abfallenden Blätter und Nadeln gewähren. Es ist beispielsweise nach v. Schröders Angaben (s. u.) die Menge von Stickstoff, Kali und Phosphorsäure, welche ein- bis dreijährige Fichten in einem Jahre bedürfen, nicht geringer als jene, welche durch eine Ernte von Halmfrüchten, Kartoffeln, Wiesenheu dem Boden entzogen wird.

Die Frage nun, mit welchen Stoffen eine Düngung am erfolgreichsten und billigsten vorgenommen werde, lag nahe, und Wissenschaft wie Praxis haben sich eingehend mit derselben beschäftigt. Eine ausführliche Behandlung dieses wichtigen Themas dürfte daher auch hier am Platze sein [2]).

---

[1]) Es ist (Forstl. Bl. 1884, S. 377) die Frage aufgetaucht, ob nicht auch ein Holzartenwechsel in unsern Forstgärten in ähnlicher Weise wie bei der Fruchtfolge in der Landwirtschaft angezeigt — notwendig oder doch vorteilhaft — sei? Nach unsern Erfahrungen in den hiesigen Forstgärten ist bei ausreichender Düngung ein solcher Wechsel mindestens nicht geboten, und selbst eine Ersparung an Düngemitteln will uns zweifelhaft erscheinen. Sagt doch der Verfasser jenes Artikels selbst, daß er Fichtensaatbeete auf Kalkboden noch längere Jahre zur Erziehung von Eichen und Eschen nach vorausgegangener Düngung mit Erfolg benützt habe! — Bei der Versammlung des Hils-Solling-Vereins im Jahre 1882 (s. die Verhandlungen S. 48) sprachen sich übrigens mehrere Stimmen im Sinne der Zweckmäßigkeit eines Holzartenwechsels aus.

[2]) Die Literatur über Düngung im forstlichen Betrieb ist in den letzten Jahrzehnten eine sehr umfangreiche gewesen, und findet sich in fast allen Zeitschriften sowie Verhandlungen von Forstvereinen hierüber ein reiches Material. Es mögen hier genannt sein: Selbständige Schriften: Dr. M. Helbig, über Düngung im

Zunächst galt es wohl zu ermitteln, welche Nährstoffe und in welchen Mengen dem Boden durch die Pflanzen entzogen werden; die Beantwortung dieser Frage mußte ja maßgebend sein für die Wahl der anzuwendenden Dungstoffe. Die Agrikulturchemie, die ihre Kräfte in erster Linie der Landwirtschaft zugewendet hatte, nahm sich allmählich auch mehr und mehr der Forstwirtschaft an, und die für letztere wichtigen Untersuchungen wurden vorwiegend von den an den Forstakademien tätigen Chemikern vorgenommen; ihnen verdanken wir denn auch in erster Linie die Antwort auf obige Fragen.

Diese geht nun auf Grund vorgenommener Analysen dahin, daß es vor allem Kalium, Phosphor und Stickstoff, dann Calcium, Magnesium, Eisen und Schwefel sind, welche durch die Pflanzen dem Boden entzogen werden, Stoffe, von denen namentlich die drei erstgenannten hochwichtigen Nährmittel sich im Boden fast stets nur in geringerer Menge zu finden pflegen, deren Vorrat sich daher bei fortgesetztem Entzug rasch erschöpfen muß. Diese Erschöpfung wird um so früher eintreten müssen, je geringere Tiefe die von den Wurzeln durchzogene Erdschichte hat, je weniger von den obengenannten Stoffen und also je weniger mineralische Kraft der Boden überhaupt besitzt; sie wird später erfolgen, wenn durch Mischung der unteren mineralisch noch kräftigen Schichten des Bodens mit den oberen bereits ausgesogenen den Wurzeln neue Nahrung zugeführt werden kann.

Was nun die Menge, in welcher die obengenannten Stoffe durch Pflanzen verschiedener Art und verschiedenen Alters dem Boden entzogen werden, betrifft, so liegen auch hierüber eine Anzahl von Untersuchungen unserer Chemiker vor, insbesondere über die Hauptholzarten unserer Pflanzgärten, die Fichte und die Föhre. Die seitens verschiedener Forscher ermittelten Zahlen zeigen allerdings nicht

forstl. Betriebe, 1906 (Neudamm, Neumann). Dr. Giersberg, Künstliche Düngung im forstl. Betriebe (Berlin, Paß & Garleb). Ramm, Anwendbarkeit von Düngung im forstl. Betriebe, 1893 (Stuttgart, Ulmer). — In Zeitschriften: v. Schröder, Thar. Jahrb. 1893. Schmitz-Dumont, Thar. Jahrb. 1894. Schwappach, Zeitschr. f. F.- u. J.-W. 1891, S. 410. Walther, Zeitschr. f. F.- u. J.-W. 1893, S. 237. Dr. Heck, Ein Düngungs- u. Verschulversuch. Forstl. Naturw. Zeitschr. 1896, S. 293. Dr. Henze, Entwicklung der forstl. Düngungsfrage. Thar. Jahrb. 1904. Kammerrat Dr. Grunbner, Verhandlungen des Harzer Forstv. 1898. Zeitschr. f. F.- u. J.-W. 1897, S. 617. Ramm, Zeitschr. f. F.- u. J.-W. 1900, S. 625; A. d. Walde, 1900. Forstrat Mathes, Verf. Thüringer Forstwirte, 1900. Schalk, Forstw. Zentralbl. 1905, S. 561, 1906, S. 569. Dr. Kienitz, Zeitschr. f. F.- u. J.-W. 1897. Fricke, Zeitschr. f. F.- u. J.-W. 1900, S. 690. Prof. Engler, Mitt. der Schweiz. Versuchsanstalt, Bd. VII. Hallbauer, Allg. F.- u. J.-Z. 1891, S. 401, 1899 S. 320. Wein, Naturw. Z. f. F. u. L. 1906.

unwesentliche Abweichungen, und Schröder[1]) erklärt uns auch, warum
sich solche Abweichungen ergeben müssen: es gründen sich die betreffenden
Angaben naturgemäß auf die Annahme einer bestimmten Pflanzenzahl
pro Ar oder Hektar, bezüglich welcher Zahlen jedoch nachweislich sehr
wesentliche Abweichungen in der Praxis bestehen; es kommt neben
der Zahl der Pflanzen aber noch deren Qualität, deren geringere
oder bessere Entwicklung in Betracht, und in dieser Richtung sind die
Unterschiede nicht minder groß. Dulk[2]) erklärt diese abweichenden
Resultate der Analyse auch noch dadurch, daß der Aschengehalt der
Pflanzen in ziemlich weiten Grenzen abhängig sei von der Zusammen=
setzung des Bodens, und daß es den Anschein habe, als ob die Pflanzen
bei dem Mangel eines Nährstoffes im Boden genötigt seien, um so
größere Mengen eines andern, in reicherem Maße vorhandenen auf=
zunehmen. Helbig[3]) gibt an, daß die Pflanze, wenn ihr viel Nähr=
stoffe zur Verfügung stehen, über den Bedarf hinaus aufnimmt, sog.
Luxuskonsum treibt.

Einige Angaben über die Resultate solcher Untersuchungen mögen
hier folgen:

Nach Dulk[2]) werden dem Boden jährlich pro Hektar entzogen an:

	durch 1jähr. Buchen	1jähr. Kiefern	1jähr. Fichten	4jähr. versch. Fichten
Phosphorsäure	18,7	11,1	8,0	8,9 kg
Kali	30,5	23,5	15,6	10,6 „
Magnesia	9,9	3,4	2,1	3,0 „
Kalk	52,1	19,5	33,5	17,0 „

Prof. v. Schröder[4]) gibt bei der auf Erhebungen in den Tha=
rander Pflanzgärten gestützten Annahme, daß pro Hektar 13,3 Millionen
Stück einjähriger, 10,35 Millionen zweijähriger und 7,3 Mill. drei=
jähriger Fichtenpflanzen von guter Entwicklung erzogen werden können,
folgende Tabelle über den Nährstoffbedarf ein= bis dreijähriger Fichten,
wobei die im Samen enthaltenen Nährstoffe in Abzug gebracht sind:

(Siehe die Tabelle S. 39 oben.)

Ähnliche Untersuchungen hat Schmitz=Dumont[5]) für Kiefern
ausgeführt, und sind deren Resultate, denen die in den Tharander
Pflanzgärten ermittelten Zahlen von 7,15 Millionen Stück einjährige

----

[1]) Thar. Jahrb. 1893, S. 129 ff.
[2]) Forstw. Zentralbl. 1874, S. 289.
[3]) Düngung im forstl. Betrieb, S. 102.
[4]) Thar. Jahrb. 1893, S. 139.
[5]) Thar. Jahrb. 1894, S. 203.

Nährstoffbedarf junger Fichten in Kilogramm für 1 Jahr und Hektar.

	im 1. Jahr	im 2. Jahr	im 3. Jahr	im Mittel der beiden ersten Jahre	im Mittel der drei Jahre
Kali	13,70	65,44	70,32	39,57	49,82
Natron	1,18	5,12	0,08	3,15	2,12
Kalk	13,93	79,63	66,21	46,78	53,26
Magnesia	3,36	20,61	17,82	11,99	13,93
Eisenoxyd	7,40	22,60	24,36	15,00	18,12
Phosphorsäure	7,95	54,93	30,05	31,44	30,98
Schwefelsäure	5,05	27,05	4,28	16,05	12,12
Kieselsäure	7,34	16,52	60,01	11,93	27,96
Reinasche	59,91	291,90	273,13	175,91	208,31
Stickstoff	26,71	131,88	62,07	79,30	73,55

und 5,70 Millionen Stück zweijähriger Pflanzen zugrunde gelegt sind, in nachstehender Tabelle enthalten:

Nährstoffbedarf junger Kiefern in Kilogramm für 1 Jahr und Hektar.

	im 1. Jahr	im 2. Jahr	im Mittel
Kali	22,38	79,50	50,94
Natron	1,24	6,46	3,85
Kalk	11,97	61,44	36,70
Magnesia	7,08	29,11	18,09
Maganoxydoxydul	0,69	8,12	4,40
Eisenoxyd	9,66	34,95	22,31
Phosphorsäure	9,76	36,24	23,00
Schwefelsäure	6,31	20,22	13,26
Chlor	1,99	1,10	1,54
Kieselsäure	6,15	21,04	13,59
Reinasche	77,23	298,18	187,71
Stickstoff	39,97	147,36	93,67

Es möge außerdem noch auf die Untersuchungen von Schütze[1] und Councler[2] hingewiesen sein.

Ein Blick auf diese Zahlen, insbesondere auf die bedeutenden

---

[1] Zeitschr. f. F.- u. J.-W. 1872, S. 38.
[2] Zeitschr. f. F.- u. J.-W. 1882, S. 381.

Mengen von Kali, Phosphorsäure und Stickstoff, welche durch die Pflanzen dem Boden entzogen werden, belehrt uns jedenfalls über die Notwendigkeit einer kräftigen Düngung der benutzten Pflanzbeete!

§ 24. Hilfsmittel zur Düngung.

Die Zahl der Stoffe, welche zur Düngung Verwendung finden und bzw. empfohlen werden, ist eine sehr große; Helbig[1]) führt deren nicht weniger als 34 auf!

Wir teilen dieselben zunächst in zwei Gruppen: vollständige Düngemittel, welche alle den Pflanzen nötigen Stoffe enthalten, und unvollständige, welche nur einen oder einige dieser Stoffe dem Boden zuführen.

A. Vollständige Düngemittel.

1. Stallbünger, bestehend aus tierischen Exkrementen und dem Streumaterial, das diesen als Träger dient. Der Stallbünger erweist sich im allgemeinen als ein sehr wirksames Düngemittel, das neben Zuführung aller Pflanzennährstoffe — so insbesondere von Stickstoff, Kali, Phosphorsäure — auch die physikalischen Eigenschaften des Bodens durch die in ihm enthaltenen organischen Substanzen in günstiger Weise beeinflußt, und durch die zahlreichen Mikroorganismen die Tätigkeit des Bodens, dessen Gare, wesentlich fördert. Am nähr=stoffreichsten sind die Exkremente der Schafe und Pferde, bei denen eine rasche Umsetzung stattfindet, und die man daher als „hitzige" Dünger bezeichnet, während Rindviehdünger sich langsamer umsetzt und daher „kalt" genannt wird; ersterer ist mehr für bindenden, letzterer für lockeren Boden zu empfehlen. Am geringwertigsten ist Schweinemist.

Der Stallbünger findet seltener rein, öfter bei Kompostbereitung Anwendung; er ist vielfach nur schwer käuflich, auch steht seiner An=wendung wohl häufig der schwierige und teuere Transport in die Forstgärten im Wege. Die von den Dungstätten abfließende Jauche ist, wenn nicht zu stark verdünnt, ebenfalls ein gutes Düngemittel, die Nährstoffe in löslichster Form enthaltend; sie wird bisweilen zur Verstärkung des Kompostes verwendet, indem sie auf die oben ver=tieften Komposthaufen gegossen wird.

2. Die menschlichen Exkremente kommen in der Neuzeit auch im Forstgartenbetriebe in Gestalt der sog. Poudrette in An=

---

[1]) Über Düngung im forstlichen Betriebe, 1906.

wendung. Diese enthält 7—9 % Stickstoff, 2,5—3,5 % Phosphor=
säure und ebensoviel Kali nebst 60—65 % organischer Subſtanz und
hat sich durch ihre rasche Wirksamkeit namentlich als Mittel zur
Zwischendüngung etwas kümmernder Pflanzenbeete bewährt.

3. Der Humus wirkt nicht nur düngend durch die in ihm ent=
haltenen Nährstoffe, deren Löslichkeit durch die bei weiterer Zersetzung
der organischen Bestandteile gebildete Kohlensäure bei Gegenwart von
Wasser erhöht wird, sondern er wirkt auch günstig auf die physikalische
Beschaffenheit des Bodens ein, macht bindenden Boden lockerer,
lockeren bindender und steigert dessen Absorptionsfähigkeit für Wasser=
dampf und Ammoniak. Der ausgebreiteten Anwendung des Humus als
Düngemittel stehen die mißlichen Folgen für jene Bestände entgegen,
welchen er entzogen wird, und man sucht ihn daher aus Boden=
einsenkungen, in denen der Regen humose Stoffe zusammengeschwemmt
hat, aus den Seitengräben der Wege, von Flächen, welche zu Weg=
anlagen ausgestockt werden müssen u. dgl., in waldunschädlicher Weise
zu gewinnen, setzt wohl auch die so gewonnenen Stoffe, die vielfach un=
zersetztes Laub und Moos enthalten, in Komposthaufen, denen man
noch Ätzkalk beigibt. Vorzügliche Erfolge hat Kienitz[1] mit der
Moorerde erzielt, die er aus kleinen Waldmooren gewonnen hat, auf
deren Grund das hineingewehte Laub mit den Resten von Wasser=
pflanzen eine mehr oder weniger zersetzte Masse bildet. Diese im
Hochsommer bei niedrigem Wasserstand gewonnene Moorerde bleibt
in Haufen gebracht über Winter dem Frost ausgesetzt und wird hier=
durch krümlig; befördert wird Krümelstruktur durch Beigabe von
Mergel zu den Haufen, und wirkt auch letzterer düngend. Für Nach=
zucht einjähriger Kiefern auf Sandboden hat sich dieser Dünger vor=
züglich bewährt, und auch Möllers Versuche[2] mit Rohhumusdüngung
gaben ein sehr günstiges Resultat.

4. Kompost (Mengedünger) ist ein im Pflanzgartenbetriebe schon
seit langer Zeit und in mannigfachster Form angewendetes Dünge=
mittel, dessen Wirksamkeit durch die verwendeten Stoffe und deren
zweckmäßige Behandlung innerhalb der Komposthaufen bedingt ist.
Es finden hierbei Verwendung organische Stoffe jeder Art: Unkraut,
insbesondere das im Garten selbst ausgejätete, Grabenaushub, Roh=
humus und selbst Torf, Straßenkehricht u. dgl., welchem Material zur

---

[1] Bericht über die III. Hauptversammlung des Deutschen Forstvereins in
Leipzig 1902, S. 191 ff.
[2] Zeitschr. f. F.= u. J.=W. 1903, S. 257, 321.

rascheren Zersetzung Ätzkalk, dann auch der hitzige Roßmist schichten=
weise beigefügt wird. Zur Verstärkung des fertigen Kompostes werden
dann wohl noch Mineraldünger, Asche u. a. beigegeben.

Der Rezepte für Herstellung guten Kompostes gibt es viele, und
spielt hierbei das zur Verfügung stehende Material eine wichtige Rolle.

Sehr häufig wird das aus den Forstgärten ausgejätete Unkraut
zur Herstellung von Kompost verwendet; in diesem Falle ist nötig,
dasselbe schichtenweise mit Ätzkalk zu durchmischen, längere Zeit in
Haufen sitzen zu lassen und wiederholt durchzuarbeiten — erst nach
vollständiger Zersetzung ist seine Verwendung zulässig, da man andern=
falls eine Menge von Unkrautsamen und reproduktionsfähigen Wurzeln
mit in den Garten bringt.

Forstmeister Meier in Uslar gibt folgende Anweisung zur Her=
stellung guten Kompostes[1]: Die erste, etwa 15 cm hohe Schichte organischer
Stoffe, als Rasen, Heidelbeerfilz, Unkraut, Sägespäne u. dgl. wird
mit einer dünnen Lage ungelöschten Kalkes überstreut, hierauf eine
zweite eben so starke Lage der erstgenannten organischen Substanzen
geschichtet, der wieder eine Kalkschichte folgt u. s. f. Auf diese Weise
wird ein meilerförmiger, oben jedoch nicht zugespitzter, sondern breiter
und zur Aufnahme des Regenwassers vertiefter Haufen angesetzt und
allenthalben mit sorgfältig angeklopfter Erde bedeckt. Die Löschung
des Kalkes beginnt nach wenig Tagen und ist in einigen (zwei bis
vier) Tagen beendigt. Während dieser Zeit soll der Haufen täglich
ein paarmal kontrolliert und sollen alle in der Erddecke entstehenden
Risse sorgfältig zugedeckt werden, damit Wärme, Wasserdampf und
Ammoniak nicht entweichen. Nach vier bis sechs Wochen zum ersten
Male und dann in entsprechenden Zwischenräumen noch einige Male
wird der im Frühjahr angesetzte Haufen umgelegt und liefert dann
bis zum kommenden Frühjahr einen sehr guten Dünger. —

Im bayrischen Forstamt Freising wurden Komposthaufen in der
Weise angesetzt[2], daß eine etwa 30 cm hohe Schichte von vege=
tabilischen Stoffen jeder Art mit einer 4—6 cm hohen Schicht Torf=
mulle bedeckt, letztere stark mit Kalkstaub überstreut, dann Rasenasche
etwa 8 cm hoch aufgebracht und diese mit Staßfurter Salz (Kainit?)
in dünner Schicht überdeckt wurde. Eine Schichte guter Walderde
machte den Schluß; im Nachsommer wird der Haufen umgestochen,
im Frühjahr durchgeworfen und verwendet. Durch solchen Kompost

---

[1] Krit. Blätter L. 1, S. 134.
[2] Forstw. Zentralbl. 1881, S. 75.

würden sowohl der verbrauchte Humusgehalt des Bodens wie dessen mineralische Bestandteile ersetzt, dessen Frische und Feuchtigkeit erhalten.

Die großen Waldpflanzengeschäfte in Halstenbek[1]) verwenden als Düngemittel Komposte, die aus Straßenkehricht (von Hamburg und Altona in Waggonladungen bezogen und vor der Auflagerung von den unzersetzbaren groben Beimengungen gereinigt), Torfmulle und Unkrautresten in 10 cm hohen Schichten mit doppelt so hohen Lagen von Pferdebung wechselnd angesetzt werden; der sich stark erhitzende Pferdemist tötet alle Unkrautkeime. Die Lagerungsdauer währt vier Wochen bis ein halbes Jahr, ein Umstechen findet nicht statt, die Mengung des Materials erfolgt erst bei der Verwendung, die durch senkrechtes Abstechen geschieht; pro Ar wird $2/3$—1 cbm dieses Kompostes verwendet, und wird derselbe allen künstlichen Düngern bezüglich der Kosten wie der Wirkung vorgezogen.

5. Die Rasenasche war ein früher zur Düngung von Forstgärten, ja selbst von Kulturen auf geringem Boden viel verwendetes Düngemittel. Es war bekanntlich der Oberförster Biermans zu Höven, welcher sie zuerst in größerem Maßstabe in beiden Fällen zur Anwendung brachte, diese Anwendung und deren Erfolge im Jahre 1845 auf der Versammlung süddeutscher Forstwirte zu Frankfurt a. M. veröffentlichte und ihr dadurch eine ausgedehnte Anwendung im Forstbetriebe verschaffte.

Diese Rasenasche wird nun gewonnen durch Verbrennen des flach abgeschälten Bodenüberzuges samt anhängender dünner Bodenschwarte nach vorheriger guter Trocknung. Biermans[2]) benützte in erster Linie abgeschälte Rasen und erklärte die aus Rasen von mineralisch kräftigem Boden gewonnene Asche als die beste, jene aus Heidelbeerüberzug gemischt mit Gräsern noch als gute, die Asche aus Heidelbeerkraut und Heide als die mindestkräftige.

Die Gewinnung der Rasenasche[3]) geschieht durch Abschälung von 30—40 cm im Quadrat großen Plaggen im Sommer; diese werden, nachdem die Erde durch Klopfen von den vorher zum Trocknen paarweise auf die schmale Kante mit der Erdseite nach außen gestellten Plaggen möglichst beseitigt worden ist, in kleineren oder größeren

---

[1]) S. Forstw. Zentralbl. 1903, S. 472.
[2]) Darstellung des Biermansschen Kulturverfahrens in Forstl. Mitt. I, 1.
[3]) Forstl. Mitt. I, 1; Heyer, Waldbau, 5. Aufl., S. 259. Allg. F.- u. J.-Z. 1864, S. 219.

Meilern mit Hilfe von etwas dürrem Holz und Reisig verbrannt. Die auf solche Weise gewonnene Asche besteht nun aus einer Mischung von Asche der verbrannten vegetabilischen Stoffe mit der an den Plaggen hängengebliebenen Erde, kleinen Steinen und nur halb verkohlten Pflanzenresten, welche letzteren Beimengungen durch Sieben der Masse beseitigt werden können. — Die Wirkung dieser Rasenasche beruht nicht nur auf den in der eigentlichen Pflanzenasche enthaltenen löslichen Nährstoffen, sondern auch darauf, daß die Bestandteile des geglühten Mineralbodens in löslichere Form gebracht werden[1]) — und darin liegt wohl auch vor allem der Grund, weshalb sich die Rasenasche von gutem, tonigem Boden kräftiger erweist als solche von ärmerem Sandboden. Bei dem oben empfohlenen gründlichen Abklopfen der Erde von den Plaggen handelt es sich um Entfernung des Übermaßes derselben, da sonst die eigentliche Asche einen zu geringen Bruchteil der Rasenasche bilden würde.

Die abgekühlte Asche bringt man auf Haufen und bedeckt sie zum Schutze gegen Abschwemmen und Auslaugen durch Regen mit Rasenplaggen oder bewahrt sie in Gruben gut gedeckt auf; es wird davor gewarnt, sie sofort zu verwenden, da sie dann ätzende Wirkungen zeigt, man läßt sie vielmehr mindestens bis zum nächsten Frühjahr lagern[2]).

Die früher viel verbreitete Verwendung der Rasenasche hat sehr nachgelassen, da die Neuzeit dem Forstmann zahlreiche andere, leichter und billiger zu beschaffende und mindestens ebenso wirksame Düngemittel zur Verfügung gestellt hat. Grundner[3]) bezeichnet die Düngung mit Rasenasche geradezu als die teuerste! Als eine Schattenseite der Rasenaschegewinnung erscheint insbesondere der Nachteil, der den zum Abschälen der Plaggen benutzten Flächen durch die Bloßlegung und die Entnahme der humosen obersten Bodenschichte zugeht, ein Nachteil, der zumal auf ärmerem Boden sehr in die Wagschale fällt.

Die ebenfalls von Biermans empfohlene Rasenerde, durch Verfaulen flach abgeschälter und in Haufen gesetzter Rasenplaggen erzeugt, findet wohl selten mehr Verwendung.

6. Die Holzasche gehört eigentlich schon nicht mehr zu den vollständigen Düngemitteln, da sie einen wichtigen Pflanzennährstoff, den Stickstoff, nicht enthält; derselbe verflüchtigt sich bei der Ver-

---

[1]) Helbig, Düngung im forstlichen Betrieb, S. 37.
[2]) Zeitschr. f. F.- u. J.-W. 1870, S. 337.
[3]) Verhandlungen des Harzer Forstvereins 1898, S. 10. Die dort angegebene Verwendung von ¹/₆—1 hl Rasenasche pro Quadratmeter Saatfläche dürfte allerdings hoch gegriffen sein!

brennung und muß durch ein anderes Düngemittel beigefügt werden. Dagegen sind die andern Pflanzennährstoffe: Kali, Kalk, Phosphorsäure, dann Magnesia und Schwefelsäure in löslicher Form und reicher Menge in ihr enthalten, und die Asche möge daher hier noch angeführt werden. Die Menge der in der Asche enthaltenen Nährstoffe, speziell der wichtigen Phosphorsäure und des Kali, sind je nach Holzart verschieden, und sind die Laubholzaschen wesentlich reicher an diesen Stoffen[1] als die Nadelholzaschen. Holzasche ist jederzeit als ein gutes Düngemittel zu erachten, doch ist bei deren Anwendung zu beachten, daß ihre Wirkung auf den minder absorptionsfähigen Sandböden bei stärkerer Düngung leicht eine ungünstige wird infolge des den Wurzeln in zu großer Menge zugeführten alkalisch wirkenden Kalikarbonates; dagegen ist die Wirkung auf tonigen, kalten oder etwas humussauren Böden eine sehr günstige.

Die Holzasche wird selten rein, sondern meist gemischt mit andern Düngemitteln, namentlich mit Kompost, dessen Wirkung sie sehr verstärkt, angewendet und verdient um so mehr Beachtung, als sie durch Verbrennung von wertlosem Reisigholz[2] (Schlagreinigungen!) oder Sammeln der Asche von Holzhauerfeuern leicht und billig gewonnen werden kann.

Auch die Steinkohlenasche wird wohl als Düngemittel angewendet, doch ist ihre Wirkung als solches eine geringe, etwa durch das mitverbrannte Holz bedingte. Dagegen ist sie für schwere Böden ein günstiges Lockerungsmittel und wird vor der Verwendung zweckmäßig durch Siebe bzw. Durchwerfen von den gröberen Brocken gereinigt. Wenig dungkräftig ist auch die an Phosphorsäure und Alkalien arme Torfasche, und ist ihre Anwendung aus naheliegenden Gründen eine seltenere. Auch Torf selbst dient wohl als Düngemittel, jedoch nicht allein, sondern als Bestandteil von Kompost, wie schon oben erwähnt.

B. Unvollständige Düngemittel.

Stickstoff, Kali, Phosphorsäure und Kalk sind jene Pflanzennährstoffe, auf deren Zuführung bzw. Ersatz bei der Düngung Bedacht zu nehmen ist, und nach diesen vier Stoffen, von denen selten

---

[1] Grundner (Verhandlungen des Harzer Forstvereins 1898) gibt an: Laubholzasche 3,5 % Phosphorsäure, 10 % Kali, Nadelholzasche 2,5 % Phosphorsäure, 6 % Kali.

[2] Dr. Heck in Forstl. Naturw. Zeitschr. 1896, S. 310 empfiehlt sie, gemischt mit Asche des verbrannten Unkrautes.

nur einer, meist aber zwei in einem Düngemittel enthalten sind, werden wir letztere am zweckmäßigsten gliedern[1]).   Die übrigen in den Holz=pflanzen enthaltenen Stoffe: Magnesia, Eisen, Schwefel, Chlor pflegen wohl in allen Böden in der nötigen (geringen) Menge vorhanden zu sein.

1. Stickstoffdünger.

Der verbreitetste Dünger dieser Art ist der Chilisalpeter, der Hauptsache nach aus salpetersaurem Natron bestehend und 15 bis 16 % Stickstoff enthaltend.   Er ist in Wasser leicht löslich und bleibt im Boden löslich, wird nicht absorbiert, von der Bodenlösung rasch verbreitet und ist daher auch rasch und intensiv wirkend; dagegen fällt der nicht sofort von den Pflanzen aufgenommene Teil leicht der Aus=waschung, dem Versinken in tiefere Bodenschichten anheim, was bei seiner Verwendung wohl zu beachten ist.   Eine zu starke Düngung hat sog. geilen Wuchs, zu starke Längenentwicklung der Pflanzen zur Folge. — Der Chilisalpeter findet vielfach in der Landwirtschaft, weniger in den Forstgärten Anwendung, in welchen mehr die schwerer umsetzbaren Stickstoffdünger verwendet werden.

Zu diesen gehört das schwefelsaure Ammoniak, das man bei der Leuchtgasfabrikation als Abfallprodukt gewinnt, indem das sich bildende Ammoniak durch Schwefelsäure gebunden wird; das weiße Salz enthält etwa 21 % Stickstoff, der erst nach Umwandlung in Salpetersäure wirksam wird.   Eine gleichzeitige Düngung mit Ätzkalk oder kohlensaurem Kalk ist zu vermeiden, da in diesem Fall unter Zersetzung des Salzes das Ammoniak unwirksam entweicht.

Als stickstoffreiche Düngemittel, die jedoch außerdem bald mehr, bald weniger Phosphorsäure enthalten, sind noch zu nennen:

Blutmehl oder Blutguano, aus dem Blut geschlachteter Tiere mit gepulvertem Kalk gemischt bestehend und 10—12 % Stickstoff nebst 1—2 % Phosphorsäure enthaltend.

Hornmehl, durch Dämpfen und Mahlen von Hornabfällen jeder Art, von Hufen, Haaren usw. hergestellt, enthält 10—12 % Stickstoff und 5—6 % Phosphorsäure.

Beide Mittel äußern rasche Wirkung, langsamere Ledermehl und Wollstaub; doch finden diese Stoffe sämtlich wohl nur in ge=ringem Maße Verwendung. — Auch die oben schon genannte Pou=drette ist reich an Stickstoff.

---

[1]) Es erscheint mir diese Gliederung zweckmäßiger als die früher gewählte: Tierischer Dünger, Pflanzendünger, Mineraldünger, Mengedünger. Ich lehne mich hierbei an den Vortrag Dr. Grundners im Harzer Forstverein 1898: „Die Düngung im Forstbetriebe" an.

Am zweckmäßigsten und billigsten wird wohl zumeist die nötige Zufuhr an Stickstoff durch die später zu besprechende **Gründüngung** erreicht.

2. Kalidünger.

Das den Pflanzen nötige Kali wird vorzugsweise durch zwei insbesondere in den bekannten Staßfurter Salzwerken vorkommende Abraumsalze, den **Kainit** und **Karnallit** — weniger durch Sylvinit und Bergkieserit — dem Boden zugeführt; ersterer ist ein Doppelsalz von Chlorkalium und Magnesiumsulfat, und reicher an Kali als der Karnallit, der aus Chlorkalium und Chlormagnesium besteht. Beide Salze werden teils als natürliche Bergprodukte, teils als Fabrikate — schwefelsaures Kali, schwefelsaure Kalimagnesia, Kalidüngesalz —, die viel kalireicher und dementsprechend teurer sind, verwendet[1]).

Diese Kalidünger wirken nicht nur ernährend durch ihren Kali- und Schwefelsäuregehalt, sondern auch aufschließend auf die übrigen Bodennährstoffe, insbesondere auf Phosphorsäure und Kalk. Ihre Anwendung, insbesondere jene des viel angewendeten Kainits, hat jedoch mit Vorsicht zu geschehen, weil die in dem Salz enthaltenen Chlorverbindungen leicht ätzend wirken, und ist daher jede zu starke Düngung zu vermeiden, ebenso jede der Ansaat oder Verschulung unmittelbar vorhergehende Düngung — sie soll womöglich schon im Herbst vor der Benutzung erfolgen[2]). Die Nichtbeachtung dieser Vorsichtsmaßregeln hat bisweilen schon zur vollständigen Vernichtung der Pflanzen geführt. Zweckmäßigerweise mischt man den Kainit dem Komposthaufen zu, gibt aber dann auch Kalk bei, durch welchen das nicht absorbierbare Chlor neutralisiert wird.

Da sich der Kainit bei längerem Lagern zusammenballt, so kommt er auch mit Torfmull gemischt, wodurch dies Zusammenballen verhindert wird, mit geringer Preiserhöhung in den Handel. Karnallit zieht leicht Feuchtigkeit an und ist deshalb bald zu streuen; auch er kommt mit Torfmull gemischt zum Verkauf.

---

[1]) Dr. **Giersberg** (Die Düngung im forstlichen Betrieb) empfiehlt die 40 %igen Kalidüngesalze mehr als den nur 12 % Kali enthaltenden Kainit, da letzterer eine größere Menge chlorhaltiger und den zarten Pflanzenwurzeln unzuträglicher Nebensalze enthält; ⅓ des Quantums der ersteren hat daher die gleiche Wirkung, läßt jene Nebenwirkung des Kainits vermeiden und ist billiger zu transportieren.

[2]) Dr. **Felber**, Ratgeber für zweckmäßige Kalidüngung, 1902, S. 17.

3. Phosphorsäuredünger.

Als solche dienen Knochenmehl und Thomasmehl.

Das Knochenmehl, aus phosphorsaurem Kalk nebst einem stickstoffhaltigen, leimgebenden Gewebe bestehend, ist schwer löslich, und sucht man dessen Löslichkeit durch feine Mahlung sowie durch Entzug der Leim= und Fettsubstanz zu heben. Rohes Knochenmehl enthält 20—22 % Phosphorsäure und 4—5 % Stickstoff, gedämpftes Knochenmehl 20—24 % Phosphorsäure und $2^{1}/_{2}$—$3^{1}/_{2}$ % Stickstoff.

In viel höherem Grade findet das Thomasmehl (Thomas= schlacke)[1] Verwendung, das bei der Entphosphorung des Eisens als Nebenprodukt gewonnen wird, neben 11—23 % Phosphorsäure 38 bis 59 % Kalk, dann Eisen, Mangan, Kieselsäure, Magnesia, Schwefelsäure usw. enthält und als möglichst fein gepulvertes Staub= mehl in den Handel kommt. Grundner[2] empfiehlt, dasselbe schon im Herbst vor der Benutzung der Saatbeete oder doch wenigstens einige Wochen vorher zu streuen, damit sich das dem Thomasmehl oft in höherem Grade beigemischte Schwefelcalcium oxydiere und da= durch unschädlich werde.

4. Phosphorsäure= und Stickstoff= oder Kalidünger.

Eine Anzahl von Düngemitteln enthalten von den eingangs dieses Abschnittes erwähnten wichtigen Düngestoffen mehrere; dies ist speziell bei den verschiedenen Guanosorten und Superphosphaten der Fall.

Der Peruguano entstammt bekanntlich mächtigen Ablagerungen von Vogelexkrementen, die sich an der Küste von Peru finden, von denen jedoch der ältere und wertvollere Teil schon ziemlich ausgenutzt ist. Der jetzt als gemahlener Peruguano in den Handel kommende Guano enthält etwa 7 % Stickstoff und 14 % Phosphorsäure, außer= dem noch etwas Kali, Schwefelsäure und ziemliche Mengen Kalk. Da diese Stoffe zumeist in leicht löslicher Form vorhanden sind, so ist der Guano ein sehr rasch wirkendes Düngemittel, namentlich für Zwischen= düngung, doch ist er mit Vorsicht bez. der Menge anzuwenden und findet, wohl auch wegen seines höheren Preises, im Forstgartenbetrieb nur in beschränktem Maße Verwendung.

Das gleiche gilt wohl von dem Fischguano, den pulverisierten Abfällen des Stockfisches und Walfisches, der ähnlichen Gehalt an Stickstoff und Phosphorsäure zeigt.

---

[1] Wagner, Die Thomasschlacke und ihre Bedeutung, 1887. Hallbauer in Allg. F.= u. J.=Z. 1891, S. 401.

[2] Grundner a. a. O.

Viel Verwendung, zumal in der Landwirtschaft, finden die Superphosphate, von denen das Ammoniaksuperphosphat durch Mischung des Knochenmehlsuperphosphates mit schwefelsaurem Ammoniak die drei wichtigen Nährstoffe Stickstoff, Phosphorsäure und Kalk, das durch Mischung ersteren Stoffes mit schwefelsaurem Kali hergestellte Kalisuperphosphat Stickstoff, Phosphorsäure und Kali enthält. Die fabrikmäßig hergestellten Superphosphate haben verschiedenen Gehalt an diesen Stoffen, und bestimmt sich hiernach Preis und Verwendung.

5. Kalkdünger.

Der Kalk ist nicht nur ein außerordentlich wichtiges Pflanzennährmittel, das sich in jeder Pflanzenasche, und zwar oft in großer Menge findet, sondern er hat für den Boden noch eine viel weiter gehende Bedeutung: er beschleunigt die Verwitterung des Bodens sowie die Zersetzung der organischen Substanzen im Boden, neutralisiert vorhandene freie, den Pflanzen schädliche Säuren, wie Humussäure und Schwefelsäure, macht den Boden krümelig und locker und wirkt also auch in physikalischer Beziehung günstig. Wo der Boden sonach seiner geologischen Abstammung nach nicht genügend Kalk enthält, wird eine entsprechende Zuführung desselben nötig sein.

Dies geschieht nun teilweise bereits mit den schon genannten Düngemitteln wie Knochenmehl, Thomasmehl, Guano, Superphosphaten, die alle Kalk enthalten, ebenso bei Anwendung von Aschedüngung. Dagegen wird sich bei kalkärmerem Boden eine besondere Zuführung von Kalk empfehlen, um so mehr, als eine Mehrzufuhr über das Vegetationsbedürfnis die Vegetation sehr begünstigt[1]).

Als Materialien zur Kalkdüngung kommen gebrannter oder kohlensaurer Kalk, dann Mergel und Gips sowie einige Kalkabfälle zur Verwendung.

Der gebrannte oder Ätzkalk ist die wirksamste Form, enthält 90—95 % Kalk und wird in der Regel in Mischung mit Kompost, dem er sofort bei Ansetzung der Haufen beigegeben wird, verwendet; in diesen beschleunigt er zudem noch die Zersetzung der organischen Stoffe. Außerdem wird er aber auch in gelöschtem Zustand direkt auf die zu düngende Fläche gebracht: man verteilt ihn auf diese in kleinen Haufen, übergießt sie mit beiläufig $1/3$ ihres Gewichts mit Wasser und deckt sie mit einer etwa 10 cm starken Erdschichte; nach Verlauf

---

[1]) Helbig, S. 94.

eines Tages ist der Kalk zu feinem Pulver zerfallen und wird nun ausgebreitet und untergebracht[1]).

Der kohlensaure Kalk kommt als Naturprodukt in ziemlich reinem Zustand vor und findet in gut gemahlenem Zustand Verwendung. In Mischung mit Ton und Sand bildet er den Mergel, der vielfach in ausgedehnten Lagern vorkommt und direkt als Düngemittel verwendet werden kann, sich als solches insbesondere für leichte Sandböden auch in physikalischer Beziehung durch seinen Tongehalt vorteilhaft erweist.

Der Gips, aus wasserhaltigem schwefelsaurem Kalk bestehend, findet in fein gemahlenem Zustand in der Landwirtschaft vielfach Verwendung, selten bei der forstlichen Düngung.

§ 25. Die Gründüngung.

Die Gründüngung, früher im forstlichen Betriebe nur wenig bekannt und geübt, hat in neuerer Zeit sowohl beim Kulturbetriebe wie insbesondere in Forstgärten so vielfach Anwendung gefunden, daß eine eingehendere Besprechung derselben wohl angezeigt erscheint[2]).

Dieselbe, in der Landwirtschaft schon in alten Zeiten bekannt und angewendet, besteht darin, daß gewisse schnell wachsende Pflanzen ausgesät und nach erlangter vollständiger Entwicklung noch grün untergepflügt oder untergegraben werden. Die Vorteile, die man hiervon erwartet, sind chemischer wie physikalischer Natur: Zufuhr von Stickstoff und von humosen Stoffen, Aufschließung des Untergrundes, Reinhaltung von Unkraut. In chemischer Beziehung ist von Bedeutung die Bereicherung des Bodens mit dem teuersten Pflanzendüngemittel, mit Stickstoff, welche durch die richtige Auswahl der zur Gründüngung verwendeten Pflanzen erreicht wird: durch Verwendung der Papilionaceen, deren Eigenschaft als „bodenbereichernde" Pflanzen den Landwirten zwar längst bekannt war, ihre Erklärung jedoch erst durch die Entdeckung Hellriegels (1886) erhalten hat, daß dieselben, und insbesondere die Leguminosen, die Fähigkeit besitzen, unter Mitwirkung im Boden befindlicher Mikroorganismen den freien Stickstoff der Luft zu assimilieren und in sog. Wurzelknöllchen aufzuspeichern.

Nicht minder wichtig aber in chemischer wie physikalischer Beziehung ist die durch die Gründüngung erfolgende Zuführung

---

1) Helbig, S. 96.
2) S. Ramm, Anwendbarkeit der Düngung im forstl. Betriebe, 1893.

humofer Stoffe. Wir haben bereits oben auf die Bedeutung und Wirkung des Humus als Düngemittel hingewiesen, ebenfo auf die Schwierigfeit, die feiner Benutzung vielfach im Wege fteht; in der Grünbüngung fteht uns in vielen Fällen das befte und billigfte Mittel zur Verfügung, um dem Boden die allmählich verloren gegangenen Humusftoffe wieder zu erfetzen, und damit auch das Mittel zu dauernder Benutzung der Forftgärten.

Die Pflanzen, welche zur Grünbüngung Anwendung finden, find nun: Lupinen, von denen die gelbe Lupine wohl weitaus am meiften von allen Grünbüngungspflanzen Verwendung findet, ver= fchiedene Arten von Wicken, die Ackererbfe, die Sau= oder Bufbohne, die Zwergbohne, die Serradella. Über die Frage, welche diefer Leguminofen nach Erfolg und Koften am emp= fehlenswerteften feien, hat Engler[1]) eine große Reihe fehr genauer Verfuche ausgeführt, deren Ergebniffe hier angeführt fein mögen:

1. Auf allen kalkreichen Böden geben Ackererbfe und Sau= bohne die kräftigfte Düngung, während auf kalkarmen, aber genügend frifchen Böden die gelbe Lupine am beften fich eignet. Die Futterwicke paßt nur für fchwere und bindige Böden, liefert eine weniger kräftige, aber fehr billige Grünbüngung; in hohen Lagen, bei rauhem Klima und fpäter Saat ift die Ackererbfe zu empfehlen.

2. Eine mäßige Düngung mit Thomasmehl wird fich auf er= fchöpften und kalkarmen Böden vor der Grünbüngung empfehlen (3—8 kg pro Ar); Kainit gebe man nur in kleinen Mengen (1,5 bis 4 kg pro Ar), doch dürfen Lupinen nie eine frifche Kainit= büngung erhalten. Das Ausftreuen der Düngemittel möglichft lange vor der Saat ift ftets zu empfehlen[2]).

Als Samenmengen empfiehlt Engler auf Grund feiner Er= fahrungen folgende Quantitäten pro Ar gut hergerichteten Bodens:

Wicken . . . 2—2½ kg (Preis pro Kilogr. 25 Pf.)
Lupinen . . . 2½—3 „ „ „ „ 50 „
Ackererbfen . . 3—6 „ „ „ „ 40 „
Saubohnen . . 6—10 „ „ „ „ 80 „

---

[1]) Grünbüngungsverfuche in Pflanzfchulen, von Profeffor Engler und Affiftent Glatz (Mitt. der Schweiz. Zentralanftalt für das forftliche Verfuchswefen, 7. Band, 1903).

[2]) Dr. Giersberg (Düngung im forftlichen Betriebe) empfiehlt eine fehr kräftige Düngung vor der Beftellung mit Grünbüngungspflanzen, mindeftens 8—10 kg Thomasmehl und ebenfoviel Kainit pro Ar!

Hiernach ist die Düngung mit Saubohnen allerdings die teuerste; sie erzeugt jedoch die größten Massen und wirkt durch ihre starke Wurzelentwicklung besonders günstig auf lange brach gelegenen, rohen und verhärteten Böden.

Bezüglich der gelben Lupine, welche wohl in Forstgärten am meisten Anwendung findet, möchte ich auf Grund eigener Erfahrungen wie der Mitteilungen Grundners[1] noch folgendes anfügen:

Die Aussaat erfolgt Mitte bis Ende Mai auf gut umgegrabene und eventuell etwas gedüngte Beete als Vollsaat[2] mit oben angegebener Samenmenge, welche Grundner selbst bis 4 kg erhöht; die Bedeckung des Samens erfolgt durch tüchtiges Einkratzen mit dem Rechen, 2—3 cm tief. Das Untergraben geschieht nach erfolgtem Abblühen, da durch den Fruchtansatz die Menge von Stickstoff, Phosphorsäure, Kali noch erhöht wird[3], in der Weise, daß die meist sehr üppigen Pflanzen abgemäht und mittelst Umstechen in den Boden gebracht werden; bis zum Frühjahr pflegen sie nahezu völlig verfault zu sein.

Eine solche Gründüngung sollte sich für dieselbe Fläche etwa alle 4—5 Jahre wiederholen.

Auch über die sog. Impfung des Bodens vor Ausführung der Gründüngung mögen noch einige Worte angefügt sein.

Wie schon oben erwähnt, erfolgt die Assimilation des freien Stickstoffs der Luft seitens der Papilionaceen unter Mitwirkung im Boden befindlicher Mikroorganismen, Pilze, die mit den Pflanzen in einer Art Symbiose leben, in deren Wurzeln eindringen und an diesen die unter dem Namen Wurzelknöllchen bekannten Wucherungen bilden; das in diesen enthaltene Eiweiß wird durch die Pflanze resorbiert und stets durch neue Stickstoffsammlung ersetzt. Bedingung aber ist das Vorhandensein der entsprechenden Pilzbakterien im Boden — wo sie bei erstmaligem Anbau einer Leguminose nicht vorhanden, ist die Entwicklung dieser letzteren eine geringe, und eine künstliche Zuführung

---

[1] Verhandlungen des Harzer Forstvereins 1898, S. 12 ff.

[2] Ramm (Aus dem Walde, 1901, Nr. 34) empfiehlt Drillsaat in 25 cm entfernten, 4 cm tiefen Rillen, die ein Behacken und eine Säuberung vom Unkraut ermöglicht, nicht teurer kommt und etwas an Samen (bei Lupine $^1/_2$—1 kg pro Ar) sparen läßt.

[3] Im direkten Gegensatz hierzu empfiehlt O. Mattirolo, die verwendeten Leguminosen nicht zum Blühen kommen zu lassen, die Blütenknospen rechtzeitig wegzusicheln, da hierdurch eine außerordentliche Entwicklung der Stengel, Blätter, Wurzeln und Wurzelknöllchen erreicht werde. (Zentralbl. f. d. ges. F.=W. 1901, S. 189.)

der Bakterien, eine **Impfung** des Bodens, erſcheint daher nötig. Dieſe kann durch Zuführung von Erde aus einem Felde, auf dem Leguminoſen gebaut waren, erfolgen, und genügen ſchon 100 kg ſolcher Erde für 1 ha, doch wird man zweckmäßig größere Mengen verwenden. Man kann aber auch durch eine von Prof. Hiltner[1]) erfundene Impfflüſſigkeit (Nitragin), mit der die Samen benetzt werden, den gewünſchten Erfolg erreichen, und ſind Impfflüſſigkeit nebſt Anweiſung durch die Kgl. Bayr. Agrikulturbotaniſche Anſtalt in München zu beziehen.

§ 26. Wahl der Düngemittel.

Bei Beantwortung der Frage, welche von den vielen vorgenannten Düngemitteln in einem beſtimmten Falle am zweckmäßigſten zur Anwendung kommen, werden wir die Eigenſchaften unſeres Bodens ins Auge zu faſſen und uns klar zu machen haben, ob derſelbe nur eine Verbeſſerung ſeiner chemiſchen oder zugleich eine ſolche ſeiner phyſikaliſchen Eigenſchaften bedürfe. In vielen Fällen wird nur erſtere nötig ſein und die Zuführung von Pflanzennährſtoffen genügen; bei längerer Benutzung eines Saat= oder Pflanzbeetes aber wird auch eine Verbeſſerung der phyſikaliſchen Eigenſchaften durch Zuführung humoſer Stoffe in irgendwelcher Form erforderlich ſein.

Humus, Raſenaſche, Kompoſt, Stallbünger ſind nun jene Düngemittel, welche neben der Zuführung der nötigen Pflanzennährſtoffe günſtig auf die fehlenden oder durch längere Benutzung verloren gegangenen phyſikaliſchen Eigenſchaften des Bodens einwirken, und von denen namentlich Humus und Kompoſte jeder Art ausgedehnte Verwendung finden. Ihre Wirkung kann durch Beifügung von chemiſch kräftig wirkenden Düngemitteln — Aſche, Knochenmehl, Kalk u. dgl. — verſtärkt werden, und gilt dies namentlich für Humus (Dammerde) und Kompoſt. — In ähnlicher Weiſe wirkt die oben eingehender beſprochene **Gründüngung,** die zugleich dem Boden ein wichtiges Pflanzennährmittel, Stickſtoff, zuführt.

Handelt es ſich aber lediglich um Zuführung von Pflanzennährſtoffen, dann würde auf die Frage, welche zuzuführen ſeien, am ſicherſten wohl eine Bodenanalyſe antworten. Vonhauſen verwirft[2]) jedoch, und ſicherlich mit Recht, eine ſolche als viel zu um-

---

[1]) Forſtl. Naturw. Zeitſchr. 1897, S. 35.

[2]) Allg. F.= u. J.=Z. 1872, S. 228; 1880, S. 44. Helbig, Düngung im forſtl. Betriebe, S. 19.

ständlich und kostspielig, um so mehr, als ihre Gültigkeit doch nur von geringer Dauer sein, der Gehalt des Bodens an Pflanzennähr=stoffen sich doch mit jeder Pflanzenernte ändern würde, und gibt dem auf wissenschaftliche Grundlage gestützten praktischen Versuch den Vorzug[1]). Diese wissenschaftliche Grundlage aber müssen dem gebildeten Forstmann seine chemischen und mineralogischen Kennt=nisse geben, die ihm sagen, welche Pflanzennährstoffe der betreffende Boden infolge seines Ursprunges in reicher, welche in nur geringer Menge enthält; und während er dem durch Verwitterung des Bunt=sandsteines, des Gneises, entstandenen Boden eine reichliche Kalk=beimischung im Mengedünger gibt, weiß er, daß solche in stark kalk=haltigem Boden entbehrlich ist, weiß, daß der durch Verwitterung von Kalksteinen entstandene Boden eine Düngung mit kalireichen Stoffen viel nötiger bedarf als der Verwitterungsboden des Basaltes oder Diorites. Die Wissenschaft ist's, die ihn bei seinen Düngungs=versuchen vor direkten Mißgriffen und Fehlern schützt!

Stets wird es zu empfehlen sein[2]), nicht unvollständige, nur einzelne Nährstoffe enthaltende Düngemittel, sondern stets Menge=dünger von verschiedener Zusammensetzung anzuwenden und dadurch dem Boden die wichtigsten Pflanzennährstoffe: Stickstoff, Phos=phorsäure und Kali, dann Kalk in genügender Menge zuzu=führen.

Den Stickstoff führt man dem Boden wohl am billigsten durch Gründüngung zu. Hat solche Zuführung vor dem sofort nötigen Bestellen der Beete zu geschehen, so wird man schwefelsaures Ammo=niak oder, insbesondere als Zwischendüngung, den leicht löslichen und rasch wirkenden Chilisalpeter verwenden.

Als Phosphorsäure lieferndes Düngemittel findet wohl die ausgedehnteste Anwendung das Thomasmehl, das ebenso wie das gleichfalls zur Verwendung gelangende Knochenmehl dem Boden zu=gleich den so wichtigen Kalk zuführt. Auch die Superphosphate finden mehrfach Verwendung, namentlich dann, wenn zu rasche Wir=kung erstrebt wird.

Die billigste und darum am meisten zur Anwendung kommende Kaliquelle sind die Abraumsalze, insbesondere der Kainit, an dessen Stelle neuerdings (s. o.) vielfach das teurere, aber wirksamere, aus

---

[1]) Über Düngungsversuche s. Henze im Thar. Jahrb. 1904, dann Helbig, S. 112.
[2]) Helbig, S. 99.

dem Kainit hergeftellte Kalidüngefalz tritt, durch deffen Anwendung die nachteiligen Wirkungen des im Kainit enthaltenen Chlors ver= mieden werden.

Rückficht bei Wahl des Düngemittels ift auch auf die Abforptions= fähigkeit des Bodens zu nehmen[1]), die bei feinerbigen und tonreicheren Bodenarten wefentlich größer ift als bei fandigen; bei letzteren befteht daher eine größere Gefahr der Auswafchung leicht löslicher Stoffe, fo des Salpeters und Calciums, und wird hier die Stickftoff= düngung beffer durch Grünbüngung, Stallmift, die Kalkbüngung durch kohlenfauren Kalk an Stelle des Ätzkalks gegeben.

Ins Auge ift ferner zu faffen, ob die Wirkung der Düngemittel eine fofortige fein foll, wie bei der Zwifchenbüngung kümmernber Pflanzbeete, oder ob eine mehr nachhaltige und darum langfamere Wirkung erwünfcht ift, wie bei Verfchulungsbeeten und Heifterkämpen. In erfterem Falle wird die Anwendung leicht löslicher Düngemittel — Afche, Superphosphat, Chilifalpeter, Poudrette — zu empfehlen fein; in letzterem gute Komposterbe, deren Nährftoffe zum Teil erft mit fortfchreitender Zerfetzung frei werden.

Endlich wird bei der Wahl der Düngemittel deren Preis und bzw. die durch deren Ankauf, Transport, Unterbringung entftehende Ausgabe eine Rolle fpielen. Der Forftwirt wird zweckmäßigerweife jene Düngemittel, welche ihm fein Wald liefert — Materialien zur Herftellung guter Komposte, wie Humus, Moorerbe, Moofe und Farn= kräuter, felbft Torf —, als billigftes Material unter Mitbenutzung künftlicher Düngemittel verwenden.

§ 27. Zeitpunkt, in welchem die Düngung einzutreten hat.

Durch die Düngung follen der betreffenden Fläche nicht nur jene Stoffe erfetzt werden, welche ihr durch die Pflanzenzucht entzogen wurden, fondern es foll auch der Boden überhaupt fo reich an lös= lichen Pflanzennährftoffen gemacht werden, daß wir möglichft kräftige Pflanzen erziehen. Es ift dabei wohl ins Auge zu faffen, daß die von der oft außerordentlich großen Zahl der Pflanzen dem Boden entzogene Nährftoffmenge überhaupt keine geringe ift, wie wir oben (§ 23) nachgewiefen haben, und daß diefe Nährftoffe einer meift nur wenig tiefen Bodenfchichte entzogen werden.

Entfprechende Düngung zu rechter Zeit ift alfo von großer

---

[1]) Bonhaufen in Allg. F.= u. J.=Z. 1872, S. 228; Schütze in Zeitfchr. f. F.= u. J.=W. IV, S. 37.

Bedeutung, und wir dürfen mit der Düngung nicht etwa warten, bis die Pflanzen durch gelbliche Farbe der Nadeln und Blätter, kleine Knospen und kümmernden Wuchs uns den Nahrungsmangel augenscheinlich zeigen. Jeder wiederholten Benutzung eines Saat- oder Pflanzbeetes hat unbedingt eine Düngung voranzugehen, und wenn auch ein auf frischem, kräftigem Boden neu angelegtes Saatbeet das erstemal der Düngung vielleicht entbehren könnte — und darin findet man ja einen nicht unwesentlichen Vorteil der Wanderkämpe (vergl. § 6) —, so wird sich doch auch in diesem Falle eine mäßige Düngung, etwa mit der auf der betr. Fläche gewonnenen Rasenasche, als nützlich erweisen. Minder kräftige Böden aber bedürfen jedenfalls schon vor der ersten Benutzung eine hinreichende Düngung, wenn das Resultat ein günstiges sein soll, und diese Düngung muß erklärlicherweise um so kräftiger ausfallen, zu je schwächerem Boden wir uns bei der Auswahl des Platzes bequemen mußten.

Rechtzeitige Düngung vor der Benutzung des Beetes, vor dessen Ansaat oder Besetzung mit verschulten Pflanzen ist sonach Regel — doch kommt es infolge eines Übersehens in dieser Richtung oder bei längerem Stehen der Pflanzen in den Saat- oder Pflanzbeeten (so z. B. bei der Erziehung dreijähriger unverschulter Fichten) wohl vor, daß in dem mit Pflanzen besetzten Beet Nahrungsmangel eintritt, der sich in der äußeren Erscheinung der Pflanzen, gelblicher Färbung, geringen Höhentrieben der Pflanzen zeigt. In diesem Falle hat auch auf dem bestockten Beet eine Düngung, Zwischendüngung, da und dort wohl auch Kopfdüngung genannt, einzutreten und erweist sich, mit den rechten (leicht löslichen) Düngemitteln in richtiger Weise ausgeführt, von gutem und raschem Erfolg.

Über die Jahreszeit, in welcher im einen oder andern Falle die Düngung zur Ausführung gelangt, werden wir weiter unten (§ 29) zu sprechen haben.

§ 28. Nötige Düngermenge.

Welche Mengen von den verschiedenen Düngemitteln für 1 Ar anzuwenden sind, darüber lassen sich nur annähernde Zahlen, für solche Dünger aber, deren Zusammensetzung eine sehr verschiedene ist, wie Rasenasche, Kompost u. a., nicht einmal solche geben. Die natürliche Beschaffenheit des Bodens, seine größere oder geringere Erschöpfung an Nährstoffen und humosen Bestandteilen, der Zeitraum, für welchen die Düngung ausreichen soll, sind hierbei erklärlicherweise

beſtimmend, und der Praktiker muß hier eben auf dem Wege des ver=
gleichenden Verſuches das Richtige zu finden ſuchen. Solche Verſuche
ſind denn auch, zumal im letzten Jahrzehnt, in großer Zahl gemacht
und in unſern Zeitſchriften mitgeteilt worden, und handelt es ſich
hierbei darum, ſowohl die untere wie die obere noch zweckmäßige
Grenze für die Menge der anzuwendenden Düngemittel zu beſtimmen.

Wir haben als die drei wichtigſten, durch Düngung zuzuführenden
Pflanzennährſtoffe Phosphorſäure, Kali und Stickſtoff kennen gelernt.
Man hat nun die nötige Menge an P h o s p h o r ſ ä u r e und K a l i
annähernd feſtzuſtellen geſucht durch Ermittelung jener Mengen, welche
durch die Pflanzen laut Analyſe dem Boden entzogen wurden im
Gegenhalt zu dem Gehalt der angewendeten Düngemittel an lös=
licher Phosphorſäure und löslichem Kali. Es iſt aber dabei wohl zu
beachten, daß letztere durchaus nicht alle von den Pflanzen auf=
genommen werden, ſondern weſentliche Mengen durch Auswaſchung
und Umſetzung für dieſe verloren gehen, daß daher ſtets weſentlich
größere Mengen, als auf obige Weiſe berechnet, zu geben ſind; eine
nicht zu knapp bemeſſene Düngung wird ſich ſtets lohnend erweiſen. —
Schwieriger liegt die Frage der nötigen Düngermenge bez. des S t i c k =
ſt o f f s, welcher durch die atmoſphäriſchen Niederſchläge dem Boden
in Geſtalt von Ammoniak und Salpeterſäure in nicht geringer
Menge zugeführt, im Falle der Gründüngung durch die ſog. Stickſtoff=
ſammler im Boden angeſammelt wird, ſo daß hier nur teilweiſer
Erſatz nötig iſt[1]), der nach gutachtlichem Ermeſſen und etwa in An=
lehnung an die in der Landwirtſchaft erprobte Düngung gegeben wird.

So ſehr nun auch eine hinreichend kräftige Düngung zu empfehlen
iſt, ſo kann ſich doch, abgeſehen von dem unnützen Koſtenaufwand,
eine zu ſtarke Düngung auch als nachteilig erweiſen. Schon E. Heyer[2]
warnt vor einer ſolchen, da ſie übertriebene, ſchwammig gewachſene
und empfindliche Pflanzen erzeuge, die durch Froſt, Hitze und Wild
zu leiden hätten, und ebenſo weiſt Booth[3]) darauf hin, daß die zu
ſtark gedüngten Pflanzen bis in den Herbſt treiben, nicht genügend
verholzen und durch Frühfröſte beſchädigt werden. — Namentlich aber
vermag ein Übermaß ſtark wirkender mineraliſcher Dünger ſchädlich
auf die Vegetation einzuwirken; die ätzende Wirkung des Kainits iſt

---

[1]) Dr. Giersberg (Düngung im forſtl. Betriebe) weiſt S. 16 darauf hin,
daß der Bedarf junger Forſtpflanzen an Stickſtoff ein großer und Fürſorge für
deſſen nötige Zufuhr daher geboten iſt!
[2]) Allg. F.= u. J.=Z. 1866, S. 209.
[3]) Naturaliſation ausländiſcher Waldbäume, 1882.

bekannt[1]), und ebenso vermag eine zu starke Düngung mit Super= phosphaten infolge hohen Schwefelsäuregehaltes nachteilig einzu= wirken[2]).

Von Einfluß auf die zu verwendende Düngermenge wird aber auch das Pflanzenmaterial sein, das man erziehen will; so wird die Erziehung dreijähriger unverschulter Fichten eine größere Düngermenge beanspruchen als jene einjähriger Föhren.

Einigen Anhalt über die zur Verwendung zu bringenden Dünger= mengen mögen nachstehende Mitteilungen geben:

Schmitt[3]) erklärt 200 Zentner Stalldünger (von Rindvieh) gleich 20 Wagenladungen pro Hektar für eine ausreichende Düngung für Fichtensaat= und Pflanzbeete, fordert aber um der nachhaltigen Wirkung und der nötigen reichlichen Nährstoffmenge willen das doppelte Quantum, wenn die Pflanzen drei Jahre im Pflanzbeet stehen bleiben sollen.

Dankelmann[4]) bezeichnet 32 Fuder Roßmist als eine aus= reichende Düngung pro Hektar, bemerkt jedoch, daß bei längerer der= artiger Düngung sich der Mangel an Phosphorsäure bemerklich ge= macht habe, dem durch Beigabe von Knochenmehl abgeholfen werden könne.

Kienitz[5]) wendet von seinem Moordünger 1—1½ cbm pro Ar an.

Nach Schwarz'[6]) Mitteilung wird in Halstenbeck von dem dort aus Straßenkehricht und Pferdedung hergestellten Kompost 1 cbm pro Ar als stärkste Düngung angewendet, für einjährige Kiefern nur die Hälfte.

Bezüglich der Anwendung künstlicher Dünger empfiehlt Oberförster Ramm[7]) pro Ar:

		ober	
5 kg Kainit		6 kg Guano und
4 „ Thomasmehl		3 „ Kalk
4 „ Salpeter		
4 „ Kalk		

---

[1]) Bericht über die Versammlung des Sächf. Forstvereins 1899, S. 117.
[2]) Zeitschr. f. F.= u. J.=W. 1893, S. 237.
[3]) Fichtenpflanzschulen, S. 41.
[4]) Zeitschr. f. F.= u. J.=W. 1893, S. 237.
[5]) Bericht der D. Forstversammlung in Leipzig 1902, S. 193.
[6]) Forstw. Zentralbl. 1903, S. 475.
[7]) Aus dem Walde 1900, S. 261.

Hallbauer[1] empfiehlt 5—6 kg Thomasmehl, ebensoviel Kainit und 1—1,5 kg schwefelsaures Ammoniak; Schalk[2] 6 kg Thomasmehl, 3 kg Kainit und 2 kg Chilisalpeter (diesen in zwei Raten).

Die von Professor Schwappach in Eberswalde eingeleiteten Versuche bewegen sich zwischen je 4—10 kg Kainit und ebensoviel Thomasmehl, während der Stickstoff teils durch Grünbüngung beschafft, teils in Form von 2—3 kg Chilisalpeter pro Ar gegeben wird.

Dr. Giersberg[3] tritt für wesentlich stärkere Düngung ein, stützt sich hierbei insbesondere auf die Versuche des dänischen Heidekulturvereins sowie verschiedener in der Lüneburger Heide und den Niederlanden vorgenommener Düngungsversuche. Er will den Grünbüngungspflanzen vor deren Anbau eine kräftige Düngung mit je 8—10 kg Thomasmehl und Kainit geben, nach Unterbringung der Lupinen eine zweite folgen lassen. Er erwähnt, daß der dänische Heidekulturverein in dieser Weise bis zu 22 kg Kainit und 15 kg Thomasmehl pro Ar verwende! Ebenso wird trotz der Lupinengrünbüngung dort noch eine Stickstoffbüngung von 2 kg gegeben.

Wir möchten aber doch glauben, daß damit das Maß des Notwendigen entschieden überschritten wird!

Wiederholt möge noch sein, daß Dr. Giersberg das 40 %oige Kalisalz an Stelle des Kainit sehr empfiehlt; der höhere Preis wird dadurch ausgeglichen, daß nur der dritte Teil nötig ist, der Transport erleichtert wird, vor allem aber die nachteiligen Nebenwirkungen des im Kainit enthaltenen Chlors wegfallen.

Von den mannigfachen Düngermengungen, welche Anwendung bei dem Forstgartenbetriebe gefunden haben, sei noch jene erwähnt, welche Professor Schwappach[4] im Eberswalder Forstgarten mit gutem Erfolg für Kiefernjährlinge angewendet hat; sie bestand aus:

0,5 kg aufgeschlossenem Knochenmehl,

0,5 „ Thomasmehl,

1,0 „ Blutmehl,

0,5 „ Ammoniumsulfat,

1,5 „ Karnallit

pro Ar und hat nach seiner Angabe auf dem dortigen leichten Sandboden guten Erfolg gehabt.

---

[1] Allg. F.- u. J.-Z. 1899, S. 320.
[2] Forstw. Zentralbl. 1906, S. 579.
[3] Düngung im forstl. Betriebe.
[4] Zeitschr. f. F.- u. J.-W. 1891, S. 412.

§ 29. Ausführung der Düngung.

Die nötige Düngung geht, wie in § 27 erörtert wurde, in den meisten Fällen der Ansaat oder Verschulung voraus, findet aber unter gewissen Umständen auch als Zwischendüngung statt und hat dementsprechend sowie auch nach den zur Anwendung kommenden Düngemitteln in verschiedener Weise zu erfolgen.

Im ersten Falle, bei der vorausgehenden Düngung, wird man sich zunächst darüber entscheiden müssen, ob man den Dünger in die oberste Bodenschichte oder in die Tiefe bringen oder endlich den als Wurzelraum dienenen Boden mehr gleichmäßig damit durchmengen will. Die zu erziehende Holzart, die Benutzung der Fläche als Saat= oder Pflanzbeet werden hierfür zunächst maßgebend sein. Handelt es sich um Erziehung der schon im ersten Jahr tiefgehende Wurzeln treibenden Eiche oder Föhre, so wird man den Boden jedenfalls auf größere Tiefe zu düngen haben, als wenn man bloß einjährige Fichten zum Zwecke der Verschulung erziehen will, in welchem Falle eine sehr seichte Düngung genügt. Saatbeete werden stets in der oberen, dem Keimling und der jungen Pflanze den ersten Wurzelraum bieten= den Schichte entsprechend zu düngen sein — auch bei Eiche und Föhre nicht bloß in der Tiefe —, Verschulungsbeete eine tiefer gehende Düngung verlangen, um so tiefer, je stärker die Pflanzen im Pflanzbeet werden sollen.

Im allgemeinen ist es bekanntlich erwünscht, wenn die Pflanzen im Saat= und Pflanzbeet keine zu tief gehenden Wurzeln erlangen, da durch solche das spätere Verpflanzen erschwert wird, und man düngt daher den Boden nicht zu tief, um dadurch eine reiche Seiten= und Saugwurzelbildung in den nährstoffreichen oberen Bodenschichten hervorzurufen. — Eine Ausnahme besteht hinsichtlich der einjährigen Föhren, bei denen man zur Sicherung des Gedeihens der auf leichtem, rasch austrocknendem Sandboden zu verwendenden Pflanzen gerne die Entwicklung der Pfahlwurzel befördert; dies geschieht neben tiefer Bodenlockerung durch tiefgehende Düngung, selbst durch vorzugs= weise Düngung der unteren Bodenschichten, in welche man hierdurch die Wurzeln gleichsam hinabzulocken sucht. (Vergl. § 17.) Jedes Übermaß in dieser Richtung ist jedoch ebenfalls von Übel, da zu lange Wurzeln beim Einpflanzen Schwierigkeiten bereiten, verkrümmt oder umgestülpt werden [1]).

---

[1]) Burckhardt, Säen und Pflanzen, S. 293.

Auch die Art des zur Anwendung kommenden Düngemittels wird für die Art und Weise des Unterbringens von Einfluß sein. Stalldünger soll etwas tiefer untergegraben werden, damit die Pflanzenwurzeln mit ihm nicht in unmittelbare Berührung kommen[1]), während Kompost, Humus, Rasenasche, ebenso Kainit und Thomasmehl mit der ganzen, den Wurzelraum bildenden Erdschichte tüchtig gemengt werden. Leicht lösliche Düngemittel: Chilisalpeter, Guano, Asche dagegen sollen minder tief untergebracht werden — der Regen führt sie doch alsbald in die Wurzelregion.

Die Düngung der meisten Saat= und Pflanzbeete wird im Frühjahr unmittelbar nach dem Ausheben der Pflanzen geschehen, unmittelbar vor der alsbaldigen Wiederbenutzung. Besondere Rücksicht aber erheischt die Düngung mit zwei jetzt viel verwendeten Düngemitteln, mit Kainit und Chilisalpeter.

Der Kainit besitzt, wie schon erwähnt worden, durch das in ihm enthaltene Chlor ätzende Wirkungen und darf daher nie unmittelbar vor der Ansaat oder Verschulung (auch nicht der Ansaat mit Lupinen) verwendet werden, sondern soll mehrere Monate vorher schon behufs Zersetzung in den Boden gebracht werden. Die Düngung mit Kainit muß daher im Herbst oder Winter auf den dann leeren Beeten, etwa nach Untergraben der Lupinen, erfolgen; eine Kalidüngung im Frühjahr wird man mit Kalisalz geben[2]).

Die Düngung mit Thomasmehl kann sowohl im Herbst wie im Frühjahr gegeben werden.

Der Chilisalpeter ist sehr leicht löslich und wird durch das Regenwasser rasch in die Tiefe geführt; deshalb soll derselbe nur obenauf gebracht, noch besser aber nach bereits erfolgtem Aufkeimen zwischen die Saatrillen gestreut werden. Zweckmäßig teilt man für zwei Jahre im Saatbeet stehende Pflanzen das zu gebende Quantum, gibt die zweite Hälfte im zweiten Frühjahr als Zwischendüngung[3]).

---

[1]) Zeitschr. f. F.= u. J.=W. 1870, S. 332.

[2]) Forstmeister Hallbauer gibt an (Allg. F.= u. J.=Z. 1899, S. 320), daß bei sofortiger Wiederbestellung im Frühjahr eine Kainitdüngung durch Einstreuen des Kainits in schmale Rillen zwischen die Saat= oder Verschulreihen in unschädlicher Weise erfolgen kann.

[3]) Für die Ausführung der Düngung mit Kainit, Thomasmehl, Chilisalpeter möchten wir noch folgenden Fingerzeig geben. Die Menge des zu verwendenden Düngers pro Ar wird nach dem Gewicht bestimmt, das Abwiegen für jedes Beet oder Land ist eine umständliche Arbeit — einfach das Abmessen, wozu am zweckmäßigsten ein Literkrug benutzt wird. Es wiegt nun 1 Liter Kainit 1,20 kg,

Die Unterbringung des Düngers selbst erfolgt beim Stallmist durch Untergraben mit dem Spaten, wie in der Gärtnerei, während die übrigen oben genannten Düngemittel gleichmäßig über die zu düngende Fläche ausgebreitet und beim Untergraben tüchtig mit dem Boden vermischt werden. Die leicht löslichen Düngemittel dagegen wird man erst nach erfolgtem Umgraben obenauf streuen und mit Rechen oder Häckchen mit den oberen Bodenschichten mischen.

Eine Zwischendüngung, wie sie bei ursprünglich nicht oder mangelhaft gedüngten Pflanzbeeten oder bei Anwendung leicht löslicher Düngemittel (s. o.) sich nötig oder zweckmäßig erweisen kann, führt man durch Einstreuen der entsprechenden leicht löslichen und also rasch wirkenden Düngemittel zwischen die Pflanzenreihen und nicht zu nahe an diese hin aus und mischt sie durch leichtes Einhäckeln mit dem Boden. Selbstverständlich ist diese Düngung, zu der Chilisalpeter, Asche, Poudrette, auch Thomasmehl benutzt werden, zeitig im Frühjahr auszuführen, so daß die zugeführten Nährstoffe den Pflanzen sofort mit beginnender Wachstumsperiode zugute kommen, eine rasche Lösung derselben durch die Frühjahrsfeuchtigkeit erfolgt. Die Wirkung pflegt sich dann auch rasch — so durch frische, grüne Färbung der vorher gelblichen Fichten und stärkere Höhentriebe — bemerkbar zu machen[1]). Daß ätzende Düngemittel — Kainit — nicht verwendet werden dürfen, liegt nahe.

§ 30. Kosten der Düngung.

So wenig als sich über die Quantität der anzuwendenden Düngemittel bestimmte, für alle Fälle passende Zahlen geben lassen, ebensowenig erklärlicherweise über die neben der verwendeten Quantität noch durch mancherlei lokale Verhältnisse bedingten Kosten der Düngung. So werden z. B. bei der Rasenasche die durch die ortsübliche Höhe des Tagelohns bedingten Kosten der

---

Thomasmehl 1,40 kg, und kann hiernach die gewünschte Quantität leicht berechnet und abgemessen werden.

[1]) Bei der Versammlung des Hils-Solling-Vereins im Jahre 1882 wurde eine Zwischendüngung mit Laub und Erde für die Fichtensaatbeete sehr empfohlen. Zwischen die Pflanzenreihen wird 2—4 cm hoch Buchenlaub geschüttet und dieses dann etwa 2 cm hoch mit guter, lockerer Erde bedeckt. Das Verfahren bietet zugleich den Vorteil, daß an Reinigungskosten sehr gespart, anderseits aber insbesondere auch die Bodenfrische erhalten wird. (Verhandl. S. 63.)

Gewinnung, beim Stallbünger die Kosten des Ankaufs und des oft weiten Transportes zu den Pflanzgärten, bei Anwendung von Mergel, Straßenkot fast nur die Transportkosten ausschlaggebend sein, während die Kosten der chemischen Düngemittel fast lediglich durch den allenthalben nahezu gleichen Ankaufspreis bedingt sind.

Im allgemeinen aber kann man wohl sagen, daß die Kosten der Düngung unserer Forstgärten und Saatbeete im Verhältnis zum Erfolg sehr niedrig sind. Es ist ins Auge zu fassen, daß es sich doch meist nur um relativ kleine Flächen handelt, daß die Düngung einer bestimmten Fläche sich meist auf zwei und selbst drei Jahre wirksam erweisen muß; rechnet man die Kosten, welche auf das Tausend der erzogenen Pflanzen kommen, so wird man zu sehr niedrigen Zahlen kommen.

Was zunächst die Kosten für Düngung mit Stallbünger und Kompost betrifft, so haben solche Angaben — wie oben berührt — nur lokalen Wert; gleichwohl fügen wir einige an.

Schmitt[1]) gibt den Preis einer Wagenladung (10 Zentner) Stallbünger inkl. Transport zum Saatbeet im Schwarzwald zu 7 bis 8 Mk. an, und da er hiermit 5 Ar düngt, so käme die Düngung pro Ar auf 1,40—1,60 Mk. Oberförster Müller[2]) berechnet nach vierjährigem Durchschnitt die Kosten der Düngung mit Kompost auf rund 2,50 Mk. pro Ar.

Kienitz wendet von seinem früher erwähnten Moorbünger 1½ cbm pro Ar an und berechnet dessen Kosten inkl. Beischaffung auf 3,40 Mk. einschließlich des Aufkarrens auf die Beete. Schwarz gibt die Kosten des in Halstenbeck verwendeten Kompostes auf 5 Mk. pro Kubikmeter an; von demselben wird (s. § 24) für einjährige Pflanzen nur ½, für mehrjährige 1 cbm pro Ar verwendet.

Genauer lassen sich selbstverständlich die Kosten bei Anwendung der sog. Kunstbünger angeben, deren Preise an verschiedenen Orten nur geringen Schwankungen unterliegen. Es sei hier eine Berechnung angefügt, wie sie Ramm gibt:

Zur Düngung eines Ar, auf das 5000 verschulte Fichten kommen sollen, wurden verwendet:

---

[1]) Fichtenpflanzschulen, S. 41.
[2]) Verhandlungen des Hils-Solling-Vereins 1882, S. 44.

$$4 \text{ kg Thomasmehl à } 3,8 \text{ Pf.} = 15 \text{ Pf.}$$
$$5 \text{ „ Kainit . . à } 3 \text{ „} = 15 \text{ „}$$
$$4 \text{ „ Salpeter . à } 20 \text{ „} = 80 \text{ „}$$
$$15 \text{ „ Kalk . . à } 2,4 \text{ „} = 36 \text{ „}$$
$$\text{Beifuhrkosten . . . . } 40 \text{ „}$$
$$\text{Ausstreuen, 1 Tag Frauenarbeit } 1,20 \text{ „}$$
$$\text{Summa rund } 3,00 \text{ Mk.}$$

Sonach Düngungskosten für 1000 Pflanzen 60 Pfennige.

Wird Gründüngung angewendet, so sind deren Kosten mit in Berechnung zu ziehen, jedoch ist zu beachten, daß dann einerseits die Düngung mit dem relativ teueren Chilisalpeter wenigstens teilweise erspart werden kann, anderseits die Wirkung der Gründüngung sich auf zweimalige Benutzung des Pflanzbeets erstreckt. Die Kosten be=stehen hier in dem Ankauf des Samens (bei Verwendung von Lupinen für 2—3 kg Lupinen à 50 Pf. = 1,25 Mk. pro Ar), in jenen des erstmaligen Umgrabens, der Einsaat und dann des Mähens und Untergrabens im Herbste, Kosten, deren Höhe durch die örtlichen Tag=löhne bedingt sind und 1 Mk. pro Ar durchschnittlich kaum über=steigen werden.

Schröder[1] berechnete an der Hand der in Tharandt aus=geführten und in § 23 mitgeteilten Analysen folgende Düngermengen und Kosten zur Erziehung zweijähriger Fichten, wobei die allerdings große Zahl von rund 10 Millionen guter Pflanzen pro Hektar zu=grunde gelegt ist:

1. Düngung ohne Stickstoff:

$$6,3 \text{ Zentner Thomasmehl à } 3,40 \text{ Mk.} = 21,42 \text{ Mk.}$$
$$12,7 \text{ „ Kainit . . à } 1,51 \text{ „} = 19,18 \text{ „}$$
$$\text{Summa } 40,60 \text{ Mk.}$$

2. Düngung mit Stickstoff:

$$8 \text{ Zentner Walfischguano à } 7,20 \text{ Mk.} = 57,60 \text{ Mk.}$$
$$1,7 \text{ „ Thomasmehl à } 3,40 \text{ „} = 5,78 \text{ „}$$
$$12,7 \text{ „ Kainit . . à } 1,51 \text{ „} = 19,18 \text{ „}$$
$$\text{Summa } 82,56 \text{ Mk.}$$

Für Erziehung einjähriger Föhrenpflanzen, 7 Millionen pro Hektar, berechnet Schmitz=Dumont[2] folgende Düngermengen und Kosten:

---

[1] Thar. Jahrb. 1893, S. 153.
[2] Thar. Jahrb. 1894, S. 215.

1. Düngung ohne Stickstoff:

4 Zentner Kainit . . à 1,51 Mk. = 6,04 Mk.
1 „ Thomasmehl à 3,40 „ = 3,40 „

Summa 9,44 Mk.

2. Düngung mit Stickstoff:

20 Zentner Kalk . . . à 1,00 Mk. = 20,00 Mk.
4 „ Kainit . . à 1,51 „ = 6,04 „
4 „ Walfischguano. à 7,20 „ = 28,80 „

Summa 54,84 Mk.

Diese Beträge sind jedoch insofern als **Minimal**kosten anzusehen, als bei der Berechnung die Engrospreise zugrunde gelegt, Transport- und Arbeitskosten aber nicht in Ansatz gebracht sind.

Wir lassen noch einige Angaben über die Preise von Düngemitteln folgen. Nach einer Preisliste von C. W. Abam & Sohn in Staßfurt-Leopoldshall kostet:

Kainit, fein gemahlen, garant. Minimalgehalt 12,4 % Kali	0,75	Mk.	pro	Ztr.
Kainit mit Torfmull (als Mittel gegen Zusammenbacken)	0,80	„	„	„
Karnallit und Kieserit	0,45	„	„	„
Kalidüngesalz gemahlen, 20 % reines Kali .	1,65	„	„	„
„ „ 30 % „ „ .	2,40	„	„	„
„ „ 40 % „ „ .	3,20	„	„	„
(alles frei ab Werk, exkl. Sack)				
Thomasphosphatmehl	3,40	„	„	„
Chilisalpeter	11,60	„	„	„
Ammoniaksuperphosphat	8,50	„	„	„

IV. Einfriedigung der Forstgärten und Kämpe.

§ 31. Notwendigkeit und Entbehrlichkeit.

Die Beantwortung der Frage, ob ein Saatkamp, ein Pflanzbeet einzufriedigen sei, oder ob die meist nicht unbedeutenden Kosten einer Umzäunung erspart werden können, wird in erster Linie von örtlichen Verhältnissen im Zusammenhalt mit den zu erziehenden Holzarten abhängen. — Einfriedigungen sollen unsere Anlagen vor allem gegen die vierfüßige Tierwelt schützen, gegen Weidevieh, Hochwild, Sauen, Rehe, Hasen, Kaninchen, während ein Schutz gegen Menschen nur in minderem Maße nötig ist — gegen eine beabsichtigte boshafte Beschädigung schützt keinerlei Zaun! Es wird sonach in jedem Einzelfalle zu erwägen sein, inwieweit eine Gefährdung des Saat- und Pflanzkampes durch Weidevieh oder durch den vorhandenen Wildstand besteht, und inwieweit insbesondere wieder die zu erziehenden Holzarten durch Wild bedroht erscheinen.

Weidevieh sollte zwar nur unter guter Aufsicht im Walde weiden; allein eine einzige sich verlaufende Kuh kann insbesondere durch Zertreten in unsern Saatbeten so unangenehme Zerstörungen anrichten, daß wir da, wo Waldweide noch stattfindet, wenigstens durch eine einfache Verlanderung, einen sogenannten Weidhag (§ 34), uns gegen solche Gefahr schützen werden — so namentlich unsere etwa in der Nähe von der Hut geöffneten Beständen gelegenen Pflanzkämpe.

Am gefährlichsten für jede Kampanlage sind Hochwild und Sauen, erstere im Winter fast jede Holzart annehmend, die aus dem Schnee hervorragenden Gipfeltriebe verbeißend, letztere durch ihr Brechen im gelockerten Boden gefährlich —, so daß, wo die eine oder andere dieser Wildarten als Standwild vorhanden ist, eine feste Einfriedigung sich stets als nötig erweisen wird. Minder gefährlich sind Rehe und Hasen, bei welchen die anzubauenden Holzarten maßgebend sind für den nötigen oder entbehrlichen Schutz; dagegen machen Kaninchen, die etwa in der Nähe eines Pflanzkamps ihre Baue haben, eine sehr dichte Einfriedigung nötig, gefährden andernfalls fast sämtliche Holzarten in strengen Wintern in hohem Grade.

Laubhölzer bedürfen nun eines solchen Schutzes zumeist, und nur etwa Erlen können desselben entbehren, dagegen unterliegen die übrigen Laubhölzer dem Verbeißen durch Rehe und Hasen; am meisten aber ist die Akazie gefährdet, deren Rinde offenbar eine Lieblingsspeise der Hasen (und Kaninchen) ist. Von den Nadelhölzern sind die Tannen bekanntlich am meisten bedroht, ihre kräftigen Endknospen bilden eine Lieblingsäsung der Rehe, während die übrigen Nadelhölzer in minderem Grade gefährdet sind.

Die Frage der Einfriedigung steht mit jener über die Zweckmäßigkeit bleibender Forstgärten oder wandernder Saat- und Pflanzkämpe in engem Zusammenhang. Wo man durch die eben besprochenen Verhältnisse genötigt ist, die Pflanzen durch dichte Einfriedigungen gegen das Wild zu schützen, da wird man in den hohen Kosten, welche solche Einfriedigungen verursachen, einen Grund zur Anlage bleibender Forstgärten finden; und ebenso wird man da, wo man ständigen Forstgärten überhaupt den Vorzug gibt, dieselben zum Schutze gegen Mensch und Tier selbst bei minder bedrohten Holzarten einfriedigen. Die Entbehrlichkeit einer solchen Schutzvorrichtung gibt nicht selten den Ausschlag für die Wahl kleinerer, wandernder Kämpe; diese letzteren, vorzugsweise für die Fichte und Föhre im Gebrauch, erhalten in der Regel keine oder nur eine höchst einfache Einfriedigung. Wo besondere Verhältnisse, wie stärkerer Hochwildstand, auch für sie besseren Schutz nötig machen, greift man wohl zu den transportablen Kulturgattern (§ 37), die nach Ausnutzung eines Kamps bei seinem Nachfolger aufgestellt werden.

§ 32. Verschiedene Arten der Einfriedigung.

Die Einfriedigung der Pflanzgärten kann nun in sehr mannig=facher Weise erfolgen und wird je nach den Tiergattungen, gegen welche ein Schutz nötig ist, wie nach der Dauer, welche sie haben soll, eine bald einfachere, bald solidere, ebenso aber auch nicht selten eine nach dem im gegebenen Falle zur Verfügung stehenden oder billig zu beschaffenden Material verschiedene sein.

Was die Tiere betrifft, gegen welche unsere Saatkämpe zu schützen sind, so genügt gegen Weidevieh die einfachste Art der Einfriedigung, da dasselbe weder durch solche kriechen, noch sie überfliehen kann; Graben und Wall oder einfache Verlanderung erweisen sich hier meist schon als ausreichend. Gegen Hasen und Kaninchen ist eine dichte, aber wenig hohe Einfriedigung geboten, gegen Rehe und Hochwild eine hinreichend hohe, gegen Schwarzwild eine genügend feste Einfriedigung nötig. — Je nach dem zur Verwendung kommenden Material unterscheiden wir außer den Gräben, die da und dort genügen, noch Trockenmauern aus Plaggen oder Steinen, hölzerne Einfriedigungen der verschiedensten Konstruktion, in neuerer Zeit vielfach auch Drahtzäune, Einfriedigungen durch lebende Hecken, und in direktem Gegensatz zu diesem fest mit dem Boden verbundenen Material die oben schon genannten transportabeln Gatter — eine reiche Auswahl von Einfriedigungsmitteln steht uns zur Ver=fügung und soll nachstehend kurze Besprechung finden.

Eine sehr wesentliche Rolle wird bei der Wahl der Einfriedigungs=art in den meisten Fällen neben der Zweckmäßigkeit der Kosten=punkt spielen, und jene Umzäunung, durch welche der angestrebte

Zweck in billigster Weise erreicht wird, den Vorzug verdienen. Daß hierbei nicht allein die erstmaligen Kosten, sondern auch die Rücksicht auf die Dauer und die Unterhaltungskosten sehr in die Wag=schale fallen, ist selbstverständlich, und werden wir daher neben dem Kostenpunkt auch die Frage der Dauer in den Kreis unserer Be=sprechungen zu ziehen haben.

Ausnahmsweise — in vielbesuchten Waldungen, in der Nähe größerer Städte, Badeorte u. s. f. — bringt man wohl auch der Ästhetik ein Opfer und sucht dem Zaun, unbeschadet seiner Solidität, auch ein gefälliges Ansehen zu geben, so durch Anwendung des Rauten=zaunes, der Drahtgitter und dergleichen.

§ 33. Gräben und Mauern.

Gräben von geringen Dimensionen, aber mit möglichst senkrecht abgestochenen Wänden dienen als Schutz gegen die Einwanderung von Mäusen und Werren und werden in dem Kapitel über den Schutz unserer Saat= und Pflanzbeete Erwähnung finden. Dagegen werden namentlich in Heidegegenden, wo der Boden von geringem Wert, die Arbeit im leichten Sandboden eine billige, Gräben von größerer Breite und Tiefe — bis zu 1,2 m breit und 0,7 m tief — insbesondere zum Schutz gegen Weidevieh und Schafherden hergestellt[1]). Die Grabenerde, auf die Seite des zu schützenden Grundstücks geworfen, bildet zugleich einen den Schutz verstärkenden Wall. Ein solcher Wall wird aber auch noch hergestellt durch abgestochene Plaggen (Soden), die nach Art von Bausteinen aufeinander gelegt werden; mit solchen Plaggen wird der Wall entweder nur auf einer, besser auf beiden Seiten versehen und dann zwischen die beiden Wände der Graben=aushub geworfen, wobei man die Stärke des Walles nach oben ab=nehmen läßt, demselben also eine entsprechende Böschung gibt. Burckhardt gibt die Sohlenbreite eines solchen Walles auf 1,2 m, die Kronenbreite auf 0,6 m bei 1,2 m Höhe an.

Zum Schutz gegen Rehe und Hasen wendet man auch einen Be=satz des Grabenauswurfes mit Dornenbunden an[2]), welche in schräger Stellung, halb liegend, halb stehend, auf den Aufwurf gestellt und mittelst leichter, senkrecht eingeschlagener Pfähle befestigt werden, wobei ein Pfahl jedesmal zwei Bunde faßt.

Wo Steinmaterial in reicher Menge zur Verfügung steht, in

---

[1]) Burckhardt, Säen und Pflanzen, S. 504.
[2]) Burckhardt, Säen und Pflanzen, S. 504.

Gestalt sogenannter Lesesteine kostenlos zur Hand liegt oder bei Rodung der Kampfläche angefallen ist, da setzt man bisweilen auch Trocken=mauern an, denen man aber wohl nie eine das Saatbeet hinreichend schützende Höhe geben kann. Durch Säulen, welche zwischen die Steine eingesetzt werden, und Querlatten läßt sich letzterem Mangel dann abhelfen.

§ 34. Hölzerne Einfriedigungen.

Weitaus am häufigsten finden wir in unsern Waldungen hölzerne Einfriedigungen in Anwendung, zu welchen ja der Wald selbst das Material in billigster und bequem zu beziehender Weise darbietet; ist es doch nicht selten sehr geringwertiges, ja da und dort überhaupt schwer verwertbares Durchforstungsmaterial, welches bei den Einfriedigungen Verwendung findet.

Die einfachste Art der hölzernen Einfriedigung ist die nur zum Schutzwerk gegen Weidevieh, Fuhrwerk usw. dienende sogenannte Ver=landerung, — bestehend aus längeren Stangen, welche in etwa 1 m Höhe zwischen je zwei schwachen Pfosten mit hölzernen Nägeln befestigt sind. — Etwas solider ist schon der Weibhag[1] (Fig. 1),

Fig. 1. Weibhag.

Fig. 2. Pallisadenzaun.

aus 16—20 cm starken, in 3—4 m Abstand in den Boden ein=gerammten meterhohen Pfosten bestehend, an welchen zwei parallel=laufende Querstangen mittelst hölzerner Nägel befestigt oder durch Löcher in die Pfosten geschoben sind. Auch er dient nur zum Schutze gegen Weidevieh.

Der Pallisadenzaun, Pfahlzaun (Fig. 2), besteht aus hin=reichend langen und starken, im Durchforstungsweg gewonnenen Nadel=holzstangen, zum Schutze gegen Rehe 1,5 m, gegen Hochwild bis 2 m über dem Boden lang, welche so dicht nebeneinander, daß kein Hase durchschlüpfen kann, in den Boden eingelassen und in 1—1,3 m

---

[1] Heyer, Waldbau, 5. Aufl., S. 238.

Höhe durch eine aufgenagelte Latte fest verbunden werden. Bei der Anfertigung dieses Zaunes, welcher allerdings da, wo jenes Stangenmaterial gut verwertbar ist, in seiner Anlage ziemlich teuer kommen kann, empfiehlt G. Heyer[1]) das Einsetzen der also auf 2—2,5 m abgelängten Pallisaden in einen etwa 0,5 m tiefen Graben, der dann wieder eingefüllt wird, wobei man die Stangen durch festes Einstampfen der Erde befestigt. — Früher sah man wohl wie um Wildparke, so auch um Forstgärten solche Pallisadenzäune von gerissenem Eichenholz; jetzt werden solche aus naheliegenden Gründen wohl nirgends mehr hergestellt.

Die gebräuchlichsten Holzzäune um unsere Forstgärten sind wohl die Flechtzäune, und zwar jene mit senkrechter Stellung der Flechtruten, an vielen Orten auch Spriegelzäune genannt (Fig. 3). Bei deren Anfertigung werden in Entfernungen von 3—4 m hinreichend starke, runde oder leicht beschlagene, zur Erhöhung der Dauer etwa unten angekohlte Säulen von 2—2,5 m Höhe fest in den Boden eingesetzt, nachdem ʼdieselben vorher an drei Stellen zum Einziehen der Querstangen durchlocht wurden. Sind diese Querstangen, Durchforstungsstangen von Hopfenstangenstärke, nach vorheriger Entrindung eingezogen, so werden die Flechtruten (Spriegel, Etterruten, Hannichel), Stängchen in der Stärke von Bohnenstecken und in Fichten=, Föhren=

Fig. 3. Flechtzaun.

ober Tannen = Junghölzern bei der ersten Durchforstung als noch grünes Material gewonnen (bereits abgestorbene Stangen besitzen nicht mehr die nötige Biegsamkeit), eingeflochten und dicht aneinander gerückt, so daß kein Hase durchschlüpfen oder unten durchkriechen kann. Die Flechtruten werden entweder alle in gleicher Höhe abgeschnitten oder, wenn sie an sich etwas kurz sind oder das Überfliehen von Hochwild zu fürchten ist, in voller Länge belassen, allerdings auf Kosten des gefälligeren Aussehens.

Da diese Zaunart dem Wind viel Fläche darbietet, Beschädigungen durch Stürme ausgesetzt ist, zumal wenn die Säulen nach längerem Stehen anfangen, am Fuße schadhaft zu werden, so bringt man in ungeschützteren Lagen auf der dem Wind entgegengesetzten Seite ein=

____

[1]) Heyer, Waldbau, 5. Aufl., S. 238.

zelne Streben an, verstärkt auch die schadhaft werdenden Säulen durch nebeneingerammte starke Pfosten.

Auch horizontale Flechtung läßt sich anwenden; bei derselben erspart man die stärkeren Säulen und kann geringwertigeres und schwächeres Flechtmaterial, Reisig jeder Art und Länge, in Anwendung bringen, bedarf aber einer größeren Anzahl von Pfählen. Die Abbildung (Fig. 4) versinnlicht wohl am einfachsten die Anfertigung dieser Zäune. Sie sind billiger herzustellen als die vorigen, aber auch minder haltbar, und finden vorzugsweise Anwendung bei Saatkämpen, deren Benutzung sich nur auf kürzere Zeit erstrecken soll, dann im Buchenwald, wo das geringe Material der ersten Durchforstungen hierzu verwendet werden kann, während die zur senkrechten Flechtung nötigen Nadelholzstängchen fehlen.

Fig. 4. Flechtzaun.

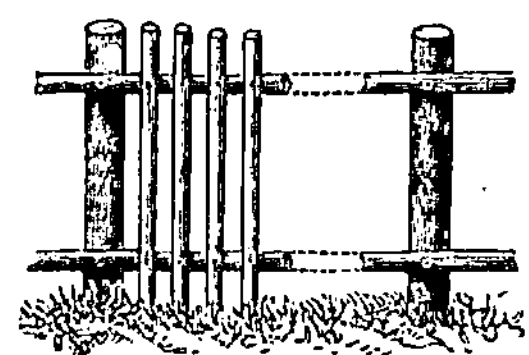

Fig. 5. Stangenzaun.

Statt die Bohnenstecken einzuflechten, nagelt man sie auch mit entsprechend langen Stiften auf zwei durch die vertikalen Säulen gezogenen oder an denselben mit starken Holznägeln befestigten Querstangen (Brusthölzer) in einer das Durchschlüpfen von Hasen hindernden Entfernung senkrecht fest (Fig. 5) und stellt dadurch den senkrechten Stangenzaun her; oder man läßt die Stängchen sich unter entsprechendem Winkel kreuzen, die einen auf der inneren, die andern

Fig. 6. Rautenzaun.

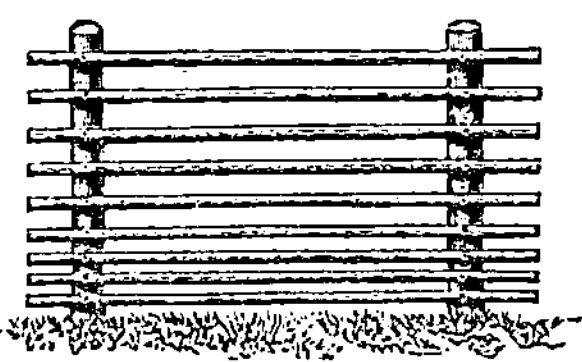

Fig. 7. Stangenzaun.

auf der äußeren Seite der Brusthölzer annagelnd, und erhält so den gefälligeren, aber auch kostspieligeren Rautenzaun (Fig. 6).

Stangenzäune mit horizontal liegenden Stangen (Fig. 7), welche unten etwas enger zusammengerückt werden, um das Durch-

kriechen zu verhindern, dienen nur zum Schutze gegen größeres Wild
und werden seltener angewendet. Durch eine Verbindung des hori=
zontalen und vertikalen Stangenzaunes — Herstellung eines nur 1 m
hohen senkrechten Zaunes (Fig. 5) mit höheren Säulen, an welche
sog. Sprunglatten genagelt oder zwischen welchen 2—3 starke Drähte
gezogen werden — kann man Schutz gegen jede Wildart geben und
die Kosten des senkrechten Stangenzaunes nicht unwesentlich vermindern.

§ 35. Drahtzäune.

An Stelle hölzerner Zäune werden in steigendem Maße Draht=
einfriedigungen mit Vorteil angewendet, sowohl zum Schutze ganzer
Kulturflächen wie unserer Forstgärten.

Die zuerst angewendeten Drahtzäune mit h o r i z o n t a l gespannten
Drähten, deren für Forstgärten zum Schutze auch gegen Hasen eine
große Zahl verwendet werden müßten[1]), kamen hierdurch teuer und
gewährten infolge der bei wechselnder Temperatur sich ändernden
Spannung auch nur minder sicheren Schutz gegen das Durchkriechen;
sie sind wohl für Forstgärten nirgends mehr im Gebrauch.

Sehr zweckmäßig sind dagegen die netzartig oder sechseckig ge=
flochtenen Drahteinfriedigungen um ihrer Billigkeit, Haltbarkeit und
des vollständigen Schutzes auch gegen kleineres Wild (Kaninchen)
willen. Diese D r a h t g i t t e r , aus verzinktem Eisendraht bestehend,
werden von den betreffenden Fabriken in verschiedener Maschenweite
und Drahtstärke hergestellt: für Forstgärten wird man die Maschen=

Fig. 8.
Klammernagel.

weite so wählen, daß Hasen (event. Kaninchen) nicht
durchschlüpfen können. Sie können in einer Höhe von
½—1½ m und in Rollen von beliebiger Länge bezogen
werden und werden an nur 10—12 cm starken Pfählen —
nur die Ecksäulen müssen stärker sein —, deren Höhe über
dem Boden 1,5 m und deren Entfernung 4—5 m beträgt,
mittelst einfacher Klammernägel (Fig. 8) befestigt. Zum
Schutze gegen Rot= und Rehwild wird das nur 1 m hohe
Drahtgeflecht dann noch mit zwei starken Drähten (altem
Telegraphendraht oder mit dem bekannten Stacheldraht),
die an den Pfosten mit ebensolchen Nägeln befestigt werden, über=
spannt (Fig. 9). Die Anwendung einer solchen Einfriedigung emp=
fiehlt sich besonders dann, wenn die allmähliche Vergrößerung eines

---

[1]) Heß (Suppl. zur Allg. F.= u. J.=Z., Heft IX, S. 64) wandte bei dem
akademischen Forstgarten in Gießen 14 Drähte von 3—4 mm Stärke an.

neu angelegten Forstgartens oder ein Schutz für Wanderkämpe be=
absichtigt ist. In ersterem Falle bringt man — während man den
übrigen Teil des Forstgartens etwa mit einem Flechtzaun versieht —
die Drahtgitter auf jener oder jenen Seiten an, nach welchen hin
man den Garten vergrößern will,
und kann sie dann seinerzeit mit
sehr geringen Kosten wegnehmen
und hinausrücken[1]). Ebenso läßt
sich mit der Verlegung der aus=
genützten Wanderkämpe die Draht=
einfriedigung leicht weiter trans=
portieren. Die Drahtzäune sind

Fig. 9. Drahtzaun.

nach unserer eigenen Erfahrung sowohl durch Haltbarkeit wie Billig=
keit (vergl. § 40) sehr empfehlenswert; deren Bezugsquellen sind
namentlich Jagdzeitungen jederzeit zu entnehmen.

Der von Oberförster Sachse in Großschönebeck empfohlene
Drahtspriegelzaun[2]) — ein Flechtzaun ähnlich Fig. 3, bei welchem
die Querstangen durch vier starke Drähte ersetzt sind, in welche
die Flechtruten vertikal eingeflochten werden — scheint eine weitere
Verbreitung nicht gefunden zu haben.

§ 36. Lebende Einfriedigungen (Hecken).

Lebende Zäune, Hecken, werden wohl am wenigsten zur
Umfriedigung von Forstgärten verwendet. Sie bedürfen geraumer Zeit,
bis sie den entsprechenden Schutz gewähren, verlangen stete, sachver=
ständige Pflege, wenn sie dieser Anforderung dauernd entsprechen,
nicht durch Absterben der unteren Zweige lückig werden sollen, und
zeigen trotz aller Sorgfalt nicht selten doch solche den Hasen Zugang
gestattende Lücken.

Da es sich bei Anlage eines Forstgartens stets um Herstellung
sofortigen Schutzes handeln wird, so ist man genötigt, zunächst einen
Holzzaun herzustellen und neben demselben die Hecke anzulegen, die
nach Schadhaftwerden des ersteren den Schutz des Gartens übernehmen
soll. Schon hieraus geht hervor, daß man lebende Einfriedigungen
nur bei jenen Forstgärten überhaupt in Anwendung bringen wird,

---

[1]) An dem im Jahre 1878 dahier neu angelegten akademischen Forstgarten
wurde dieser Drahtzaun in angegebener Weise verwendet und sehr zweckmäßig
befunden.

[2]) Zeitschr. f. F.= u. J.=W. 1879, S. 93.

deren Benutzung voraussichtlich eine se hr lang anbauernde ist, da nur in diesem Falle sich die Anlage und Pflege einer Hecke rentieren wird — und da solche bestimmte Voraussicht doch vielfach fehlt, so ergibt sich hierdurch auch die Beschränkung der Anwendbarkeit von Hecken überhaupt.

Wir glauben uns deshalb bezüglich derselben hier auch kurz fassen zu dürfen[1]).

Als Material für Hecken dienen Weißdorn, Fichte und Hainbuche. Bei Weißdorn werden die Pflanzen 12—15 cm weit gesetzt, tief am Boden abgeschnitten und von den erscheinenden Ausschlägen nur zwei belassen, die mit jenen der links und rechts stehenden Pflanzen gitterartig verbunden oder an einen lichten Lattenzaun angebunden werden; dies gitterartige Verbinden wird alljährlich fortgesetzt. Ähnlich werden Hainbuchenzäune behandelt. Bei Fichten verwendet man kleine, recht „rauhfüßige“ Pflanzen, die auf 12 cm Entfernung gesetzt werden,

und schneidet rechtzeitig Höhen= und Seitentriebe zurück, damit die Hecke an der Erde dicht und buschig bleibt, die Stämmchen sich nicht infolge der Beschattung der unteren Äste durch die oberen am Fuße reinigen. Das wichtigste Mittel für die Pflege der Hecken, für die Erhaltung. eines dichten, das Durchkriechen kleiner Tiere (Hasen) verhindernden Fußes liegt in dem alljährlichen Scheren derselben mittelst der Heckenschere (Fig. 10), in der entsprechenden Beschränkung der Breite derselben

Fig. 10.　Heckenschere.

 da eine zu große Breite neben dem Einnehmen eines zu großen Raumes auch das Auslichten des Fußes zur Folge hat. Nach Heyers Angabe hält eine rationell angelegte und behandelte Fichtenhecke über fünfzig Jahre lang aus; infolge der nötigen Pflege kommen die Hecken aber trotzdem nicht so billig zu stehen, als man zu glauben geneigt ist.

Fichtenhecken schatten übrigens ziemlich stark, und die Pflanzen zeigen in deren unmittelbarer Nähe nicht selten ein Zurückbleiben im Wuchs; jedenfalls wird man unmittelbar an dieselben nur. Saat= und Pflanzbeete von Schattenholzarten legen, denen jener Schutz allerdings sogar wohltätig sein kann.

---

[1]) Vergl. Heyer, Waldbau, 5. Aufl., S. 246, sobann v. Lengerke, Dr., Anleitung zur Anlage, Pflege und Benutzung lebender Hecken, 1896, Neubamm.

§ 37. Transportable Einfriedigungen.

Die transportabeln Kulturgatter, Hürbengatter, Horbenzäune dienen in erster Linie zum längere oder kürzere Zeit notwendigen Schutz der Kulturen wie des Feldes da, wo ein stärkerer Wildstand solchen Schutz nötig macht; sie werden aber auch mit Vorteil zum Schutz wandernder Saat- und Pflanzbeete verwendet und sind daher hier zu erwähnen.

Ein solches Hürbengatter (Fig. 11) besteht nach Forstmeister Beurmanns Beschreibung[1]) aus drei vertikalen stärkeren Rahmstücken von ca. 2—2,3 m Höhe; dieselben werden durch eine Anzahl schwächerer Stangen, welche 3,5 — 4,5 m lang sind, verbunden, und um ein seitliches Verschieben zu verhindern, dem Gatter einen größeren Halt zu geben, wird schräg von einem

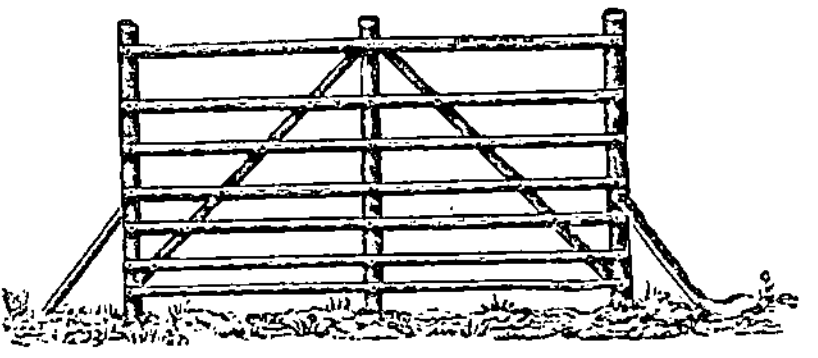

Fig. 11. Hürbengatter.

Rahmstück zum andern die sogenannte Winblatte aufgenagelt. Bei ebenem Terrain rechtwinklig zusammengefügt, muß dagegen bei geneigtem Terrain das Gatter verschoben werden, da die Rahmstücke stets senkrecht stehen, die Querhölzer stets parallel dem Boden laufen. Die Zahl der Querstangen und deren Entfernung ist je nach der Wildart verschieden; für Hochwild genügen etwa acht, soll aber auch Schutz gegen das Durchkriechen von Rehen und Sauen gegeben werden, so mehrt man ihre Zahl bis elf und rückt die unteren näher zusammen. — Die um Saatkämpe gestellten Hürden werden dadurch aufrecht- und zusammengehalten, daß man dicht vor die Verbindungsstelle je zweier Hürden einen Pfahl schlägt, durch je zwei Wieden die Hürden mit demselben und gleichzeitig miteinander zusammenbindet und den Hürden zugleich wechselständig schräge Stützen gibt.

Ähnlich sind die von Heß[2]) beschriebenen Horbenzäune (Fig. 12), wie sie in Thüringen zum Schutze der Wanderkämpe angewendet wurden. Derselbe hebt als besonders praktisch, weil die leichte Zerlegbarkeit und Transportierung ermöglichend, jene Konstruktion hervor, bei welcher die Querhölzer mit den Vertikalhölzern nicht durch Nägel fest verbunden, sondern lediglich mit den zugespitzten

---

[1]) Burckhardt, Aus dem Walde I, S. 131. S. auch Säen und Pflanzen, S. 510.

[2]) Allg. F.- u. J.-Z. 1862, S. 295.

Enden in eingebohrte Löcher eingelassen sind. Das oberste Querholz aber geht durch das Vertikalholz und wird durch beiderseits vorgesteckte Pflöckchen gehalten; zieht man letztere heraus, so zerfällt die Horde in ihre einzelnen Stücke und wird nun mit Leichtigkeit an den Ort der Verwendung transportiert.

Beim Aufstellen werden die Pfähle mit ihren zugespitzten Enden in den Boden getrieben, und wird entweder zur Vermehrung der Haltbarkeit ein weiterer Pfahl in der Mitte der ca. 4 m langen Horde eingeschlagen, an den man einige Querhölzer mit Wieden anbindet, oder man schlägt, wenn die Gatter keine stärkeren und zugespitzten Vertikalsäulen haben, an der Verbindungsstelle einen hinreichend starken Pfahl in den Boden, an den die Horden gebunden werden. Durch Streben erhalten dieselben eine weitere Befestigung und Schutz gegen das Umwerfen durch Wild und Wind.

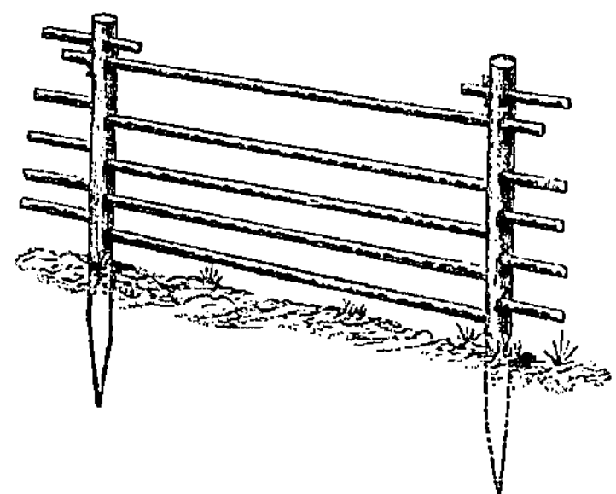

Fig. 12. Hordenzaun.

Sollen diese Horden auch Schutz gegen Hasen geben, so würde man am besten auf deren Innenseite ein [meterhohes billiges Drahtgitter spannen.

§ 38. Verschluß der Forstgärten.

Der Verschluß der um die Saatbeete und Forstgärten hergestellten Einfriedigungen richtet sich nach der Art der letzteren wie nach lokalen Verhältnissen — in letzterer Beziehung insbesondere darnach, ob er auch hinreichende Sicherung gegen das unbefugte Eindringen von Menschen bieten soll. In den meisten Fällen wird letztere Sicherung nicht nötig sein, denn beabsichtigte boshafte Beschädigungen eines Forstgartens werden durch solchen Verschluß nicht verhindert; will man aber doch einen solchen, so ist eine mit eisernen Angeln und einem Vorlegeschloß versehene Türe nicht zu umgehen. In den meisten Fällen aber begnügt man sich mit Angeln von zähen Fichtenwieden und einem einfachen hölzernen Riegel oder richtet die Türe so ein, daß sie in hölzernen Haken hängt und leicht ausgehoben werden kann; die Abbildung auf S. 77 (Fig. 13) stellt eine von Schütz[1]) beschriebene einfache und zweckmäßige solche Türe dar. —

____
[1]) Die Pflege der Eiche, S. 73.

Auch eine Art hölzernen Schlosses — weniger dem Verderben und der Entwendung ausgesetzt als ein eisernes — ist da und dort im Gebrauch, und wurde ein solches von Lorey[1] beschrieben. Zweckmäßig ist es, in Angeln laufende Türen so zu richten, daß sie geöffnet von selbst zufallen.

Bei der einfachsten Art der Einfriedigung, dem Weidhag, werden lediglich an einer Stelle ein paar Stangen zum Zurückschieben in den durchlochten Säulen eingerichtet und auf diese Weise der Eingang hergestellt. Bei transportabeln Gattern wird letzterer durch seitliches Verschieben einer nur durch Binden an einen Pfahl befestigten Horde gewonnen.

Bei nur einigermaßen größeren Forstgärten ist die Anbringung mehrerer Türen, mindestens von zwei sich gegen-

Fig. 13. Gartentür.

überliegenden, zu empfehlen. Die Arbeiter, welche Unkraut hinaus-, Kompost, Humus usw. hereinzuschaffen haben, ersparen hierdurch unter Umständen viel Zeit; für Fuhrwerke wird die Möglichkeit, den Garten ohne Umkehren zu verlassen, gewonnen.

§ 39. Dauer der verschiedenen Einfriedigungen.

Bei der Wahl der einen oder andern Einfriedigungsart wird, wie schon oben berührt, die Frage nach deren Dauerhaftigkeit eine sehr wichtige und nicht selten entscheidende Rolle spielen, da mit ihr jene bez. des Kostenpunktes aufs innigste zusammenhängt. Eine anscheinend sehr billige Einfriedigung kann bei kurzer Dauer eine in Wirklichkeit teurere werden, wie umgekehrt eine ursprünglich kostspieligere infolge langer Dauer, geringer Reparaturkosten zu einer verhältnismäßig billigen.

In den meisten Fällen verlangen wir von unsern Einfriedigungen möglichst lange Dauer — jedoch nicht immer; legt man z. B. behufs Aufforstung größerer neu angekaufter Felder usw. einen Forstgarten an, der nach vollzogener Kultur wieder eingehen soll, so wird der oft nur kürzere Zeitraum, innerhalb dessen letztere bewerkstelligt werden soll, ins Auge zu fassen und die Solidität des Zaunes dieser Zeit

---

[1] Allg. F.- u. J.-Z. 1873, S. 362.

einigermaßen anzupaffen fein. Man wird dann keine zu ftarken Säulen und Querhölzer wählen, das Imprägnieren unterlaffen, transportable Einfriedigungen wählen u. dgl. m.

In erfter Linie wird das verwendete Material die Dauer der Einfriedigung bedingen. Wir haben oben der fehr langen Dauer gut gepflegter Hecken Erwähnung getan, und ebenfolche werden gut konstruierte Trockenmauern zeigen; ihnen fchließen fich wohl die Drahtzäune an, wenn zu denfelben gut verzinktes oder auf andere Weife gegen den Roft gefchütztes Material verwendet wurde. Bei den hölzernen Zäunen ift von größter Bedeutung die Art des verwendeten Materials — die Holzart, die Verhältniffe, unter denen das Holz aufgewachfen ift (Stangen aus Durchforftungsmaterial werden ftets jenem von Schneebruchflächen vorzuziehen fein), das Alter ufw.; man verwende insbefondere zu den Säulen ftets nur dauerhaftes Material, Eichen, harzreiche Föhren, Lärchen, Akazien. Für die Säulen und Pfoften ift neben diefen Momenten und neben deren Stärke der Boden, in welchen fie gefetzt wurden, ob feucht oder trocken, bindend oder locker, von wefentlichem Einfluß auf die Dauer[1]). Der über die Erde kommende Teil der Säulen und Pfoften wird meift fcharfkantig befchlagen, das obere Ende f c h r ä g abgefchnitten und tüchtig mit Steinkohlenteer beftrichen, der untere, in die Erde kommende Teil dagegen bleibt unbefchlagen und dadurch möglichft ftark, was fowohl bezüglich des fefteren Standes wie der längeren Dauer von Vorteil ift. Durch Ankohlen diefer unteren, in und unmittelbar an den Boden kommenden Teile, durch Beftreichen mit Teer, Imprägnieren mit antifeptifchen Stoffen läßt fich diefe Dauer fehr erhöhen; in Württemberg wird eine Mifchung von 25 Pfund Teer, zu welchem in heißem Zuftande 1 Pfund Kalk und 1 Pfund Kohlenpulver gefetzt und durch Umrühren tüchtig eingemifcht werden, zum Anftrich der Säulenfüße mit gutem Erfolg verwendet[2]). Für f t ä n d i g e Forftgärten ift die Auswahl guten Materials zu den Säulen und Anwendung folcher konfervierender Mittel von wefentlicher Bedeutung.

Beftimmte Zahlen über die Dauer der einen oder andern Art der oben befchriebenen hölzernen Einfriedigungen laffen fich nach dem eben Gefagten nicht wohl geben — fehen wir doch, wie in einem und demfelben Zaune die eine Säule noch vollkommen gut ift, während

---

[1]) Heß, Dr., über die Dauer der Zaunpfoften, in: Allg. F.- u. J.-Z. 1879, S. 407.

[2]) Öfterr. F.-Z. 1887, S. 137.

die nächste, einem zweiten oder dritten Abschnitte des nämlichen Baumes entstammend, schon abgefault ist! Im allgemeinen läßt sich nur etwa sagen, daß Pallisadenzäune mit ihrem stärkeren Material größere Dauer zeigen, daß Flechtzäune (Spriegelzäune) mit senkrechter Flechtung sich infolge des leichteren Austrocknens (nach Regenwetter) länger zu halten pflegen als solche mit horizontaler Flechtung[1]), bei welchen namentlich die untersten Lagen rasch faulen, und daß Zäune mit senkrecht oder rautenförmig aufgenagelten Stangen aus dem gleichen Grunde die dichteren Flechtzäune an Haltbarkeit übertreffen werden; daß endlich die Dauer eines hölzernen Zaunes 8—12 Jahre nicht übersteigen und derselbe auch während dieser Zeit manche Reparatur erheischen wird[2]). Für transportable Gatter gibt Burckhardt sogar die Dauer nur auf 5—6 Jahre an[3]), eine Folge wohl des Umstandes, daß behufs leichteren Transportes auch zu den Rahmenstücken vorwiegend schwächeres Material Verwendung findet.

§ 40. Kosten der Einfriedigung.

Obwohl dieselben, streng genommen, in Abschnitt VI, „Kosten der Pflanzenerziehung", zu besprechen wären, so haben wir es doch für zweckmäßiger gehalten, alles, was auf die Einfriedigungen Bezug hat, im Zusammenhange abzuhandeln, und reihen daher die Besprechung der Kosten für dieselben schon hier an.

Die Kosten für die Einfriedigungen sind bisweilen reine Arbeitslöhne, so bei der Anwendung von Gräben, von Wällen aus Plaggen, von Trockenmauern — ja selbst bei hölzernen Zäunen kann der Wert des Holzes da, wo in waldreichen, gebirgigen Gegenden die schwächeren Sortimente schwer oder gar nicht absetzbar sind, ein so unbedeutender werden, daß er neben den Arbeitslöhnen verschwindet. Dagegen wird in Gegenden, wo jede Stange, jeder Bohnenstecken gut verwertbar ist, der Holzpreis neben jenen Löhnen eine ziemlich bedeutende Rolle spielen; bei den geflochtenen Drahtzäunen endlich wird der Preis des anzukaufenden Flechtwerkes in erster Linie stehen, der Arbeitslohn neben demselben zurücktreten. Auch die Transportkosten für das Holz können da und dort ins Gewicht fallen.

Solchen Verhältnissen wird der denkende Revierverwalter Rechnung

---

[1]) Heyers Waldbau, 5. Aufl., S. 239.
[2]) Heß (Suppl. z. Allg. F.- u. J.-Z. IX, S. 71); Zeitschr. f. F.- u. J.-W. 1879, S. 93.
[3]) Säen und Pflanzen, S. 510.

tragen, wenn es sich um die Wahl der einen oder andern Ein=
friedigungsart handelt; er wird da, wo das schwache Holz nahezu
wertlos ist, stets den dann billigen Holzzaun wählen, bei hohem
Preise der Kleinnutzhölzer, hohen Tagelöhnen dagegen den Draht=
zaun meist vorteilhafter finden. — Es ergibt sich aber auch aus dem
oben Gesagten, daß bei Vergleichung der Herstellungskosten von Ein=
friedigungen ganz gleicher, wie verschiedener Art stets zwei Faktoren
— Arbeitslohn und Materialkosten — auseinandergehalten
werden müssen, wenn diese Vergleichung einen Wert haben soll, daß
Angaben über die Herstellungskosten eines Zaunes ohne Angabe der
ortsüblichen Tagelöhne, der lokalen Holzpreise für weitere Kreise ohne
Wert sein müssen.

Bei der Entscheidung über die zweckmäßigere, weil billigere An=
wendung der einen oder andern Einfriedigungsart spricht aber noch
ein dritter, sehr gewichtiger Faktor mit: die Dauer der hergestellten
Einfriedigung, die Höhe der alljährlich oder periodisch nötigen Re=
paraturkosten. Auch dieser Faktor ist ein höchst schwierig festzustellender,
da die Güte des zu Pfosten, Querhölzern, Flechtruten verwendeten
Holzmaterials, die Örtlichkeit, in welcher sich der eine oder andere
Zaun befindet, auf die Dauer der Einfriedigung wie auf die Höhe
der Reparaturkosten von größtem Einfluß sind, letztere auch noch durch
die Angriffe, denen der Zaun durch Menschen, Tiere, Wind u. s. f.
ausgesetzt ist, bedingt werden. Wir verweisen bezüglich der für die
Kostenfrage so wichtigen Dauer auf das im vorigen Paragraphen
Gesagte und wiederholen nur, wie schwierig es angesichts aller dieser
Verhältnisse ist, vergleichende Angaben von Wert für weitere
Kreise über die Anlagekosten der einen oder andern Zaunart und
den Vorzug, den etwa die eine um ihrer Billigkeit willen vor der
andern verdient, zu machen.

Im allgemeinen wird unter gleichen Verhältnissen der
stärkeres Holz erfordernde Pallisadenzaun kostspieliger sein als die
übrigen Holzzäune — auch die Transportkosten des Materials können
bedeutend sein —, der Flechtzaun billiger als der Zaun mit senkrecht
aufgenagelten Stangen oder als der Rautenzaun, welcher der teuerste
unter den hölzernen Zäunen letzterer Art sein dürfte. Drahtzäune
ersetzen die größeren erstmaligen Kosten durch lange Haltbarkeit und
geringe Reparaturkosten; die in § 35 erwähnten Drahtspriegelzäune
gehören den Angaben des Oberförsters Sachse nach zu den nach
Anfertigung und Dauer billigeren Zaunarten.

Einige poſitive, der deßfallſigen Literatur entnommene Angaben mögen folgen:

Von einem in der Oberförſterei Groß‑Schönebeck hergeſtellten Drahtſpriegelzaun[1]) kam der laufende Meter mit Holzwert (4,50 Mk. pro Feſtmeter Säulenholz, 0,20 Mk. pro Hundert Spriegel) auf nur 0,53 Mk. pro Meter zu ſtehen. (Die Höhe des ortsüblichen Tage‑ lohnes iſt nicht angegeben.)

Nach **Burckhardts** Mitteilungen[2]) koſtet bei einem Tagelohn von 2 Mk. der laufende Meter

Spriegelzaun . . . zirka 40 Pfennige Arbeitslohn,
Rautenzaun . . . „ 53 „ „
Transportable Gatter „ 13—24 „ „

Nach **Heß'**[3]) Angaben kamen bewegliche Hordenzäune von 4,5 m Länge bei dem allerdings ſehr niedrigen Tagelohn von 1 Mk. durchſchnittlich auf 42 Pfennige per Stück einſchließlich des (jedenfalls auch ſehr niedrigen) Holzwertes.

Verhältnismäßig billig ſind die aus **Drahtgeflecht** hergeſtellten, eine vollſtändig haſendichte Einfriedigung bildenden Zäune; der Preis der Gitter iſt gegen früher weſentlich billiger geworden und koſtet der Quadratmeter je nach Maſchenweite und Drahtſtärke etwa 30 bis 40 Pfennige, der zum Schutze gegen Rehe, auch Menſchen darüber geſpannte Stacheldraht pro Meter 3—4 Pfennige. Faßt man noch die große Haltbarkeit und lange Dauer ſolcher Drahtzäune ins Auge[4]), dazu die Möglichkeit, ſie bei Verlegung eines Forſtgartens, einer Kampanlage wieder zu benutzen, ſo kann deren Verwendung bei hohen Holzpreiſen oder Arbeitslöhnen nur empfohlen werden[5]).

---

[1]) Zeitſchr. f. F.‑ u. J.‑W. 1879, S. 93.

[2]) Säen und Pflanzen, S. 508 u. 510.

[3]) Allg. F.‑ u. J.‑Z. 1862, S. 295.

[4]) Der im Jahre 1879 im akademiſchen Forſtgarten dahier längs e i n e r Seite in Anwendung gekommene Drahtzaun iſt noch jetzt, nach 28 Jahren, in brauchbarem Zuſtande, während die Holzzäune bereits zweimal erneuert wurden.

[5]) Vergl. auch **Grieb** (Allg. F.‑ u. J.‑Z. 1897, S. 74): Über die Herſtellung und Koſten einer Forſtgarteneinfriedigung.

V. Einteilung und innere Einrichtung des Forstgartens oder Pflanzkamps.

§ 41. Einteilung durch Wege.

Jede Anlage zur Erziehung von Pflanzen bedarf einer gewissen, durch Wege herzustellenden Einteilung, die aber wieder je nach der Größe der betreffenden Fläche in verschiedener Weise gegeben wird.

Kleinere, nur zu vorübergehender Benutzung bestimmte Saat- und Pflanzkämpe, oft nur wenige Ar groß, wie wir sie namentlich zur Erziehung von Fichten- und Föhrenpflanzen nicht selten finden, werden in sehr einfacher Weise durch schmale Wege in eine Anzahl von Beeten oder Ländern von entsprechender Größe geteilt und können, wenn ohne Einfriedigung und also von allen Seiten leicht zugänglich, jeden breiteren Weg entbehren. Eingefriedigte oder etwas größere Kämpe erhalten einen breiteren, für Handkarren benutzbaren Mittelweg oder werden durch zwei solche, sich rechtwinklig kreuzende Wege geviertelt. Größere ständige Pflanzgärten dagegen bedürfen einer entsprechenden und systematischen Einteilung durch eine Anzahl breiterer und schmaler Wege.

Die Mitte des Gartens durchschneidet ein Hauptweg, breit genug für ein Fuhrwerk, um hierdurch die Beifuhr von Erde und Dünger, die Abfuhr von Pflanzen möglichst zu erleichtern. Eine Anzahl von Seitenwegen, hinreichend breit etwa für einen zweirädrigen Handkarren oder doch einen gewöhnlichen Schubkarren, zerlegt den Garten in weitere Hauptteile, Quartiere, und ebensolche Wege läßt man wohl ringsum längs der Einfriedigung laufen; durch weitere, tunlichst schmale Wege, gerade breit genug, um von ihnen aus einer Person das Säen, Reinigen, Behacken usw. zu gestatten, werden die Quartiere endlich in Beete oder Länder zerlegt.

Bei ebenem Terrain ist diese Zerlegung des Gartens eine ohne Schwierigkeit zu bewerkstelligende Arbeit: man sorge, daß die Wege sich gehörig rechtwinkelig schneiden, denn jede auch nur geringe Abweichung vom rechten Winkel wird bei den späteren Arbeiten (dem Ansäen mit Hilfe von Saatbrettern, dem Verschulen) sehr lästig, und vermeide jedes Übermaß von Wegen, insbesondere auch durch überflüssige Breite derselben, da hierdurch die bearbeitete und eingefriedigte Fläche zu stark vermindert wird, die Kosten sich also verhältnismäßig steigern. — Die breiten Wege steckt man zweckmäßig schon v o r· dem Umarbeiten der Fläche — also nach Abräumung des Bodenüberzuges — ab und schließt dieselben von jeder tieferen Bearbeitung aus, hebt nur die obere bessere Bodenschicht in entsprechender Tiefe ab und benutzt dieselbe beim Einebnen der übrigen Fläche (s. § 20). Kann man diese Wege zur Zurückhaltung des Unkrautes mit Kies oder Sand überfahren, so ist dies zu empfehlen. Die s ch m a l e n Wege, insbesondere jene, welche die einzelnen Beete trennen, werden entweder nach vollständig gartenmäßiger Bearbeitung der betreffenden Fläche einfach nach der Schnur abgetreten, wie dies der Gärtner tut, oder sie werden (bei etwas bindendem oder feuchterem Boden) mit der Schaufel mehr oder minder tief ausgehoben und die ausgehobene Erde auf die anstoßenden Beete verteilt; diese ausgehobenen Wege wirken dann als seichte Entwässerungsgräben namentlich vorbeugend gegen das Auffrieren des Bodens. Man behalte aber hierbei wohl im Auge, daß mit der Tiefe des Weges auch jederzeit dessen obere Breite wächst.

In g e n e i g t e m Terrain lege man möglichst alle Wege h o r i ² z o n t a l, namentlich alle breiteren und tieferen Wege, und vermeide längere oder tiefere Wege in der Richtung der Wasserlinie, da dieselben bei starkem oder anhaltendem Regen nur zu gern zu Wassergräben werden und Schaden bringen. Wo sich solche Wege nicht ganz vermeiden lassen, bringt man in entsprechenden kleineren Zwischenräumen Wasserableitungen (durch schräg eingelegte Schwellen) und kleine Fanggruben an.

Als Breite für einen Hauptweg mag etwa 1,8 m, für Seitenwege 1 m genügen, während die Wege zwischen den Beeten etwa 30—40 cm breit werden sollten, — letztere Zahl als Maximum bei auszuhebenden Wegen[1]).

§ 42. Beete und Länder (Gewannen).

Die Frage, ob man die von breiteren Wegen umschlossenen Quartiere in schmale B e e t e von 1—1,2 m Breite oder in größere, 4—6 m breite L ä n d e r oder G e w a n n e n, wie man sie wohl manchen Orts nennt, teilen soll, ist für die S a a t beete wohl allenthalben entschieden, für die Pflanzbeete aber findet sie verschiedene Beantwortung.

Seit man für S a a t beete beinahe durchaus die Rillensaat in Anwendung bringt, die früher (namentlich nach B i e r m a n s) übliche breitwürfige Ansaat derselben nur seltener angewendet wird, sind

---

[1]) 45—60 cm (Krit. Bl. L. 1, S. 136) ist entschieden zu viel!

größere Saatländer nur für einzelne Holzarten mehr im Gebrauch, und man sät auf Beete, deren Breite nicht größer sein soll, als daß man vom Seitenweg her bequem bis zur Mitte reichen — also ansäen, ausgrasen, durchrupfen kann. Diese Breite beträgt nun 1—1,2 m; Beete von geringerer Breite sind infolge der dadurch verhältnismäßig größeren Wegfläche, welche nötig wird, eine Raumverschwendung, Beete von größerer Breite unbequem und unpraktisch.

Nur für Eichensaatbeete, bei welchen, um der schon im ersten und zweiten Lebensjahre raschen Entwicklung der Pflanzen willen, die Saatrillen in größerer Entfernung voneinander gezogen werden — bis zu 30 cm —, bei welchen also ein Betreten der Beete zum Zwecke der Reinigung und Lockerung ohne Beschädigung der jungen Pflanzen wohl möglich ist, wendet man meist größere zusammenhängende Saatbeetflächen ohne Unterbrechung durch Steige an; gleiches gilt für Edelkastanien-Saatbeete.

Zur Erziehung verschulter Pflanzen dagegen findet man vielfach solche größere Länder in Verwendung, andernorts aber wieder nur Beete, und beide Verfahren habe ihre Verteidiger, beide unter Umständen ihre entschiedene Berechtigung.

Für die größeren Länder wird die beträchtliche Raumersparnis geltend gemacht[1]), welche infolge des Wegfalles der zahlreichen Wege zwischen den Beeten möglich ist, der Wege, welche, ursprünglich vielleicht schmal angelegt, allmählich, insbesondere gelegentlich des Ausgrasens, immer breiter zu werden pflegen. Diese Raumersparnis, mit welcher die Kosten für die Bodenbearbeitung und Einfriedigung in engem Zusammenhange stehen, ist allerdings nicht unbedeutend, da z. B. bei 1,2 m breiten Beeten und 30 cm breiten Steigen schon $^1/_5$ der ganzen Fläche durch letztere für die Pflanzenzucht verloren geht, bei schmäleren Beeten und breiteren Zwischenwegen aber, wie man sie nicht selten trifft, der Verlust an nutzbarer Fläche noch größer ist.

Dagegen tritt Schmitt[2]) entschieden für die Einteilung in Beete bei der langsamer sich entwickelnden Fichte ein, bei der Holzart also, die zurzeit wohl am meisten verschult wird, und erklärt hier die Ansicht von der Raumersparnis für irrig. Wo keine Steige sind, erscheint eine weitläufigere Verschulung, als sonst wohl notwendig wäre, geboten, damit die Arbeiten des Ausgrasens, Bodenlockerns usw. von den zwischen die Pflanzenreihen tretenden, in den Beeten sich

---

[1]) Fischbach, Lehrbuch der Forstwissenschaft, S. 116.
[2]) Fichtenpflanzschulen, S. 31.

bewegenden Arbeitern ohne Beschädigung der Pflanzen vorgenommen werden können; eine solche größere Entfernung der Pflanzreihen von= einander, und betrage sie nur statt 15 cm deren 20, macht aber jene Ersparnis an Raum völlig illusorisch, ja letztere kann selbst ins Gegen= teil umschlagen.

Wir möchten der Hauptsache nach letzterer Ansicht beistimmen, namentlich also für kleine, langsam sich entwickelnde und daher engere Verschulung zulassende Pflanzen, dann auf unkrautwüchsigem und bindendem Boden, dessen öfteres Betreten um des Festtretens willen zu vermeiden ist; schon bei der Arbeit des Verschulens selbst läßt sich bei den größeren Ländern dieses Zusammentreten des vorher sorgfältig gelockerten Bodens nicht vermeiden, während bei der Beet= einteilung diese Arbeit von den Wegen aus geschehen kann. — Die neueren Verschulungsapparate setzen ebenfalls zumeist Beete voraus. Die Anbringung von Schutzvorrichtungen, Schutzgittern, wie sie für die meisten Holzarten vorteilhaft, ist bei beetweiser Einteilung er= leichtert; auch der Wert, den die schmalen Wege als Entwässerungs= gräbchen und Vorbeugungsmittel gegen das Auffrieren (s. § 62) haben können, dürfte ins Auge zu fassen sein. Auf geneigtem Terrain ist die Anwendung größerer Länder geradezu ein Fehler — hier erscheinen nur horizontal gelegte Beete als zweckmäßig, da die geneigt liegenden Länder dem Abschwemmen ausgesetzt sein würden.

Dagegen ist die Anwendung größerer Länder zulässig und zweck= mäßig auf minder bindendem Boden und bei Holzarten, welche — wie die Mehrzahl unserer Laubhölzer — mit Rücksicht auf ihre rasche Entwicklung ohnehin in weiterem Verband zu verschulen sind (s. § 82). Für stärkere, zum Zwecke der Erziehung von Heistern zum zweiten Male verschulte Pflanzen wählt man stets größere Länder ohne Beet= einteilung: alle Gründe für letztere und gegen erstere fallen hier weg und tritt die Raumersparnis in ihr volles Recht.

§ 43. Sonstige Einrichtungen: Hütten, Brunnen u. dgl.

In jedem größeren und ständigen Forstgarten sollte un= bedingt eine einfach gebaute, verschließbare Hütte stehen, die einerseits zur Aufbewahrung der nötigen Kulturwerkzeuge, Saat= bretter, Häckchen usw., anderseits den Arbeitern wie dem die Aufsicht führenden Personal als Unterschlupf bei plötzlich eintretendem Regen dient. Eine solche einfache Hütte erscheint wohl in keiner Weise als Luxus; der Transport jener Geräte, jede Unterbrechung der Arbeit durch das augenblickliche Fehlen des einen oder andern Instrumentes wird vermieden, ebenso aber das sonst oft nötige Beenden der Arbeit, wenn die Arbeiter durch einen Regenguß bis auf die Haut durch= näßt sind, während beim Vorhandensein eines schützenden Obdaches oft schon nach kurzer Pause die Arbeit wieder aufgenommen werden kann.

Ein solches, wenn auch noch so einfaches Obdach wird man aber zweckmäßig selbst bei kleineren oder nur kürzer benutzten Pflanz= kämpen anbringen: das Material von geringen Stangen und etwa von Fichtenrinde zur Dachung läßt sich ja meist mit sehr geringen Kosten beischaffen, und von der Forderung der Verschließbarkeit, der Verschalung mit Brettern u. dgl. kann man absehen, so daß der Auf= wand für eine solche Hütte ein sehr unbedeutender sein wird.

Über die Zweckmäßigkeit, ja selbst Notwendigkeit, Wasser in einem größeren Forstgarten oder wenigstens in dessen nächster Nähe zu haben, wurde bereits früher (§ 13) gesprochen. Fehlt fließendes Wasser, so legt man wohl im Forstgarten einen Brunnen oder eine Zisterne an, welch letzterer man durch Gräben das Regenwasser zuzuführen sucht. Heyer[1] und Vonhausen[2] empfehlen sogar Vorrichtungen zur Bewässerung der Forstgärten aus nahegelegenen Bächen oder mit Hilfe von Sammelteichen — doch wird sich die Mög= lichkeit der Anwendung des allerdings sehr günstig wirkenden und dem Begießen in jeder Art vorzuziehenden Bewässerns immerhin an verhältnismäßig wenig Orten ergeben, vielfach auch an den Kosten scheitern. — Für kleinere Saat= und Pflanzkämpe sind aber Brunnen und Zisternen wohl entbehrlich.

Außerhalb des Forstgartens, manchmal auch innerhalb desselben, findet man endlich Plätze reserviert zur Aufbewahrung von Dünge= mitteln, Rasenasche, Komposterde, oder zum Ansetzen sogenannter Komposthaufen aus dem im Garten anfallenden Unkraut. Solche Lagerplätze (auch für die Schutzgitter während der Zeit ihrer Nichtbenutzung, für diese an einem trocknen, luftigen Ort, noch besser in einer einfachen gedeckten Halle) legt man gerne etwas abseits in einem minder in die Augen fallenden Winkel, zweckmäßiger aber noch außerhalb der Einfriedigung, um den Raum im Innern des Gartens und dessen regelmäßige Einteilung nicht zu beeinträchtigen, zunächst des Ausganges an.

Früher fand man wohl auch Anlagen, Ziergesträuche, selbst

---

[1] Waldbau, 5. Aufl., S. 251.
[2] Zentralbl. f. d. F.=W. 1877, S. 17.

Blumenbeete in den Forstgärten, was jetzt wohl selten mehr vor=
kommen dürfte; ebenso vermeidet man Rondelle inmitten des Gartens,
die sonst als Zierde nicht selten angelegt und mit irgend fremden
Holzarten besetzt waren. Dieselben erschweren aber die regelmäßige
Einteilung und den Verkehr im Garten und bleiben besser weg. Die
Kulturmittel pflegen heutzutage dem Forstmann so knapp zugemessen
zu sein, daß sich ohnehin jeder Luxus verbietet — gut gehaltene und
gepflegte Pflanzbeete werden auch ohne solch überflüssige Zutaten das
Auge des Sachverständigen erfreuen!

Dritter Abschnitt.

Die Pflanzenzucht im Saatbeet.

I. Die Ansaat der Saatbeete.

§ 44. Allgemeine Erörterungen.

Die Bestellung der Saatbeete erfolgt entweder in der Absicht, die
erzogenen Pflanzen in ein= bis höchstens dreijährigem Alter sofort zu
Kulturen zu verwenden, oder sie in einem Alter von 1—2 Jahren
— ein höheres Alter wird nur ausnahmsweise vorkommen — zur
Erziehung kräftiger, gut bewurzelter Pflanzen zu verschulen. In
der Art und Weise der Aussaat wird aber hierdurch ein Unter=
schied nicht begründet, nur etwa in der Stärke der Aussaat, der
Menge des verwendeten Samens, indem man in ersterem Falle
wohl etwas dünner sät; das Nachstehende gilt daher für beide Fälle.
Bezüglich der Regeln über die zu verwendenden Samenmengen enthält
der § 55 die nötigen Erörterungen.

Die bei der Ansaat zu beobachtenden Grundsätze und Maßregeln
lassen sich nun als solche unterscheiden, welche für die Ansaat im
allgemeinen, für alle Holzarten oder doch für eine Anzahl
derselben Gültigkeit haben, und als spezielle Regeln für die ein=
zelnen Holzarten, auf deren Eigentümlichkeiten sich gründend. Wir
werden nun hier zunächst diese allgemeinen Grundsätze und Regeln
besprechen, wobei sich allerdings eine Erwähnung der einzelnen Holz=
arten vielfach nicht vermeiden lassen wird; im zweiten, der speziellen
Betrachtung der einzelnen Holzarten gewidmeten Teil werden wir

dann das, was bei jeder derselben besonders zu beachten ist, unter Bezugnahme auf diesen allgemeinen Teil erörtern.

§ 45. Bedeutung und Auswahl des Saatgutes.

Für den Erfolg unserer Saaten überhaupt wird die Anwendung eines möglichst guten und vollkommenen Samens von großer Bedeutung sein, von ganz besonderer Wichtigkeit aber erklärlicherweise für unsere Saatbeete, und die Auswahl solchen Samens verdient jedenfalls alle Rücksicht seitens des Forstwirtes. Wir dürfen uns hier jedenfalls ein Beispiel nehmen an den Landwirten, die bekanntlich der Beschaffung eines möglichst vollkommenen Saatgutes große Sorgfalt zuwenden, während seitens der Forstwirte in dieser Richtung sehr wenig geschieht — wobei allerdings zugegeben werden muß, daß die Sache für uns entschieden schwieriger liegt, indem die Qualität des Samens, namentlich auch soweit dessen Abstammung in Betracht kommt, sich in der äußeren Erscheinung vielfach nicht zu erkennen gibt, Samen bestimmter Herkunft oft schwer zu beschaffen ist.

Verschiedene gewichtige Stimmen haben sich schon für die sorg= fältigere Auswahl des Samens erhoben: so in früherer Zeit von Berg und Nördlinger[1]), später Burckhardt[2]) und in be= sonders eindringlicher Weise Reuß[3]). Letzterer hebt namentlich hervor, daß zwischen dem Zeitpunkte, wo der Baum zum ersten Male Samen trägt, und jenem, wo er die Fähigkeit hierzu wieder teilweise oder völlig verliert, ein längerer oder kürzerer Zeitabschnitt liegen müsse, innerhalb dessen der Baum den besten und keimfähigsten Samen trage, während vor und nach diesem Zeitraume der Samen des zu jungen oder überalten Baumes geringwertiger sein müsse, und daß es jedenfalls wünschenswert sei, den Samen von gerade in jener Altersperiode stehenden Stämmen zu gewinnen.

Die Frage, welchen Einfluß das Klima, in welchem ein Samen gewachsen ist, auf die aus demselben hervorgehenden Pflanzen aus= übe, welchen Einfluß das Alter des Mutterbaumes, dessen Be= schaffenheit, dann die Größe des Samens auf die Größe und Entwicklung der Pflanzen habe, ist neuerdings Gegenstand eifriger Forschung und zahlreicher Versuche, namentlich bez. der für die Forst= kultur so wichtigen Fichte, Föhre und Lärche gewesen.

---

1) Krit. Blätter XLI, 2, S. 230.
2) Säen und Pflanzen, S. 420.
3) Die Lärchenkrankheit (1870), S. 38, 63.

In der erstgenannten Richtung möge vor allem hingewiesen sein auf die von Cieslar[1]) und Engler[2]) angestellten Untersuchungen über die Bedeutung, welche die Samenprovenienz auf die Entwicklung der Fichte auf Wuchs, Nadeln, Rinde ausübt, je nachdem dieser Samen aus rauher Hochlage oder milder Tieflage stammt; dann auf jene von Professor Mayr[3]) und Dr. Schott[4]) über die gleiche Bedeutung des Samens der Föhre auf den Wuchs der Pflanzen einerseits, ihr Verhalten gegen die Schütte anderseits, je nachdem der Samen aus dem rauhen Norden (Finnland, Norwegen) oder den milden Lagen Frankreichs, Ungarns stammte. Wir werden bei Besprechung dieser beiden Holzarten im speziellen Teile auf die wichtigen und interessanten Resultate dieser Forschungen zurückkommen. — Auch bezüglich der Lärche liegen derartige Untersuchungen von Cieslar[5]) vor.

Über den Einfluß des Alters der Mutterbäume hat Reuß jun.[6]) mühevolle Untersuchungen mit Fichtensamen angestellt, welcher von Bäumen verschiedensten Alters, von 15—142 Jahren, stammte, dessen Keimkraft sowie die Entwicklung der Pflanzen bis zum vierten Lebensjahr verglichen — allerdings ohne zu einem abschließenden Resultat zu kommen. — Schwappachs neueste Versuche[7]) mit Föhrensamen zeigten, daß daß Alter des Mutterbaumes bez. des Keimprozentes eine Rolle nicht spielt.

Was die Größe des Samens anbelangt, so liegt an sich die Vermutung nahe, daß diese — wie sie sich bei der Eichel, Kastanie u. ä. schon nach dem Augenmaß erkennen, bei Nadelholzsamen etwa nach dem Gewicht von 1000 Körnern und dessen Vergleichung mit dem Gewicht andern Samens bestimmen läßt — auch auf die Größe und Entwicklung der Pflanzen wenigstens in den ersten Lebensjahren von Einfluß sein würde. Versuche, welche Nördlinger und Baur[8]) in dieser Richtung mit Eicheln angestellt haben, ergaben denn auch das erwartete Resultat, daß größere Eicheln auch stärkere Pflanzen lieferten; das gleiche Resultat haben die von Cieslar vorgenommenen,

---

[1]) Zentralbl. f. d. ges. F.-W. 1887, S. 149, dann 1890 S. 448, 1899 S. 49.
[2]) Mitt. der Schweiz. Versuchsanstalt, Bd. VIII, H. 2 (1903).
[3]) Forstw. Zentralbl. 1903, S. 547.
[4]) Das. 1904, S. 515, 586.
[5]) Zentralbl. f. d. ges. F.-W. 1899, S. 99.
[6]) Das. 1884, S. 65 u. 175.
[7]) Zeitschr. f. F. u. J.-W. 1906, S. 513.
[8]) Forstw. Zentralbl. 1880, S. 605.

schon oben berührten Versuche mit Fichtensamen ergeben, desgleichen solche von Bühler[1]) mit Fichten= und Föhrensamen. Die neueste desfallsige Untersuchung von Friedrich[2]) ergab für die Fichte das Resultat, daß große Samenzapfen schwereren Samen lieferten, daß dieser früher keimte und bemerkenswert kräftigere Jährlinge erzeugte als der Samen aus kleinen Zapfen.

Inwieweit die sonstigen Eigenschaften des Mutterbaumes, wie Vollholzigkeit, Langwüchsigkeit, Krumm= und Drehwuchs[3]) u. dgl. sich durch Samen fortpflanzen, ob der Samen von Krüppelbeständen wieder Krüppelbestände erzeugt, darüber fehlen sichere Anhaltspunkte vielfach noch — wir sind hier dem Landwirt gegenüber, der rasch den Erfolg seiner Samenwahl feststellen kann, sehr im Nachteil! Immerhin spricht die Vermutung einigermaßen für Vererbung wenig= stens mancher dieser Eigenschaften, ja es läßt sich solche für einzelne Fälle nachweisen: aus dem Samen der am sog. Süntel in Hannover wachsenden kurzschaftigen und krummastigen Süntelbuche erwachsen zahlreiche Bäume gleicher Art, und einen ähnlichen Fall berichtet Nördlinger[4]) bez. der Eiche aus Ungarn. Auch Burckhardt[5]) teilt ähnliches aus Oldenburg mit, woselbst das aus dem Samen einiger besonders schönwüchsiger Lärchenbestände (bei Varel) erzogene Pflanzenmaterial sehr gesucht und hoch bezahlt ist.

In sehr beachtenswerter Weise ist neuerdings Kienitz[6]) auf der Forstversammlung in Danzig für die Bedeutung der Beschaffung guter Waldsämereien unter Beachtung des Gesetzes der Erblichkeit und des Klimas eingetreten, insbesondere aber auch Reuß[7]). Dieser hält die Regiebeschaffung guten Samens für eine der wichtigsten Pflichten des Forsthaushaltes — eine Pflicht, der z. B. die preußische Staatsforst= verwaltung durch Erzeugung des gerade für Preußen so wichtigen Kiefernsamens in eigenen Klenganstalten nachzukommen sucht! — und erklärt, daß der Bezug aus fremder Hand (Samenhandlungen) prin= zipiell zu verwerfen sei! Doch dürfte er hierin wie in der weiteren Forderung, daß Gabelstämme, Stockausschläge, Stämme, die im Ver= dacht der Rotfäule stehen, jüngere Bäume (unter 70 Jahren bei

---

[1]) Bühler, Mitteil., Bd. I, S. 119.
[2]) Zentralbl. f. d. ges. F.=W. 1903, S. 233.
[3]) Heyers Waldbau, S. 141.
[4]) Krit. Bl. XLI, S. 231.
[5]) Säen und Pflanzen, S. 420.
[6]) Bericht über die deutsche Forstverf. in Danzig im Jahre 1906.
[7]) Naturw. Zeitschr. 1904, S. 180.

Nadelholz, unter 90 Jahren bei Eichen und Buchen) u. ä. von der Samengewinnung ausgeschlossen werden, wohl zu weit gehen!

Jedenfalls aber wird der Forstmann die Aufgabe haben, für möglichst guten Samen Sorge zu tragen. Soweit er ihn in seinem eigenen Bezirke selbst sammeln lassen kann, wie dies namentlich bei Laubholzsämereien vielfach der Fall ist, wird er darauf sehen, daß solcher nur von möglichst guten Stämmen und Beständen gesammelt wird, wird sichtlich kleinen Samen überhaupt nicht sammeln lassen. — Schwieriger liegt die Sache allerdings bei gekauftem Samen, der zurzeit im Kulturbetriebe eine große Rolle spielt, und nicht selten wird hier jeder Anhaltspunkt für die Herkunft des Samens fehlen. Größere Forstverwaltungen helfen sich hier etwa durch Regiebetrieb oder durch besondere Verträge mit Samenhandlungen[1]).

Von Wichtigkeit ist ferner die Verwendung möglichst frischen Samens. Von einer Anzahl unserer Holzarten kommt überhaupt nur ganz frischer Samen zur Verwendung, so von Eiche, Buche, Tanne (auch Ulme, Birke), da der Samen sich nur bis zum nächsten, der Samenreife folgenden Frühjahr aufheben läßt, ohne entsprechende Vorsicht schon bis dahin leicht Not leidet. Von andern Holzarten, so von unsern wichtigeren Nadelhölzern, Fichte, Föhre, Lärche, läßt sich derselbe zwar (glücklicherweise) mehrere Jahre keimfähig auf= bewahren, doch nimmt die Keimkraft mit jedem Jahre ab, das Laufen des Samens erfolgt ungleichmäßig, was wegen der gemeinsamen Hebung der Bodendecke durch den Samen bei der Keimung, der Wegnahme einer etwa gegebenen Schutzdecke von Moos und Reisig (s. § 59) von Bedeutung sein kann, und man verwendet auch diese Sämereien so frisch als möglich. — Bei einer weiteren Zahl von Holzarten keimt der Samen regelmäßig — so bei Esche, Weißbuche, Zirbelkiefer — oder doch häufig, wie bei Ahorn, Linde, erst im zweiten Jahre, von diesem letzteren Zeitpunkte an seine Keimkraft meist völlig verlierend und also nicht mehr verwendbar.

---

[1]) So gewinnt die preußische Staatsforstverwaltung ihren Kiefernsamen in eigenen Klengen, die bayerische Forstverwaltung hat in der Pfalz die Kiefern= zapfenernte eines größeren Staatsforstes einer Samenhandlung unter der Be= dingung überlassen, daß sie den gewonnenen Samen zunächst dem Staat käuflich zur Verfügung stelle.

Im Spessart werden zu Eichenkulturen nur im Spessart selbst gesammelte Eicheln verwendet, da nur hierdurch Garantie für die ausschließliche Benutzung von Traubeneicheln geboten ist.

§ 46. Untersuchung der Keimkraft.

Die Keimkraft des zu verwendenden Samens zu kennen, zu wissen, wieviel schlechte Körner unter je 100 Stück durchschnittlich seien, ist unbedingt nötig. Diese Kenntnis wird uns davor bewahren, unsere sorgfältig zugerichteten Saatbeete mit allzu geringem Samen überhaupt anzusäen, sie wird uns vor zu dichter Aussaat mit gutem, vor zu schwacher Aussaat mit nur mittelmäßigem Samen bewahren. Die Erforschung der Keimkraft ist daher unsere Aufgabe, und doppelt nötig ist dieselbe bei angekauftem Samen, um uns vor Betrug zu schützen.

Bei vielen Holzarten ist diese Prüfung der Keimkraft keine schwierige Aufgabe. Das äußere Ansehen des Samens, seine Farbe, das vollständige Ausfüllen der Schale durch den Kern (bei der Eiche), oder ein einfacher Schnitt durch den Samen gibt uns den nötigen Aufschluß; so der dann zutage tretende weiße und wohlschmeckende Kern der Buchel und Edelkastanie, die grünen, saftigen Samenlappen des Ahorn, der wachsartige, blauweiße Kern der Esche, der weiße Kern und kräftige Terpentingeruch des frischen Tannensamens[1]). Selbst bei den kleineren Nadelholzsamen — Föhre, Fichte, Lärche — wenden wir, wenn es sich um ein sofortiges Urteil über die Güte des Samens handelt, diese sogenannte Schnittprobe an, wenn auch mit minderer Sicherheit[2]).

Am schwierigsten wird ohne speziellen Versuch stets die meist geringe Keimkraft des kleinen Samens der Birke, Erle, Ulme zu bestimmen sein. Zerquetschen des ersteren mit dem Fingernagel, wobei sich bei keimfähigem Samen Spuren öliger Feuchtigkeit zeigen,

---

[1]) Kienitz weist (Forstl. Bl. 1880, S. 1) allerdings darauf hin, daß auch diese Kennzeichen trügen können, daß auch anscheinend ganz gute, frische Bucheckern, Ahorn= und Tannensamen die Keimung versagen.

[2]) Grieb hat (Allg. F.= u. J.=Z. 1890, S. 122) einen Samenschneideapparat konstruiert, mittelst dessen die Keimkraft von je 100 Eicheln oder Bucheln, die in eine entsprechende Platte eingesteckt werden, durch einen Schnitt erprobt werden kann. Der Apparat ist sehr elegant gearbeitet, aber für seinen Zweck doch zu umständlich und zu teuer — nach Mitteilung der denselben herstellenden Firma Spoerhase vormals Staudinger in Gießen war denn auch der Absatz ein sehr geringer und mußte die Fabrikation aufgegeben werden. Die Schuld mag vor allem auch daran liegen, daß man für jede Samenart einen besonderen Apparat bedarf, und daß gerade bei diesen großen Samenarten die Schnittprobe sich mit einem Messer ebenfalls rasch ausführen läßt.

Zerschneiden der letzteren zur Untersuchung des Kerns dienen als Hilfsmittel.

Für die weitaus am meisten zur Ansaat — im Freien wie im Saatbeet — gelangenden Nadelhölzer: Fichte, Föhre, Lärche, bestehen aber noch eine ganze Reihe genauerer Prüfungsmethoden für die Keimfähigkeit des Samens, die sich fast sämtlich darauf gründen, daß man durch Feuchtigkeit und Wärme den Samen zu raschem Keimen zu bringen sucht.

Da diese Methoden für unsere Nadelhölzer gemeinsam sind, teilweise auch für Laubhölzer angewendet werden können, so möge hier deren kurze Beschreibung folgen.

Die ursprünglichste Methode war wohl die sog. Scherben= oder Topfprobe; zu derselben nimmt man[1] einen gewöhnlichen unglasierten Blumentopf, füllt denselben zuerst zwei Finger hoch mit grobem Sand oder klein geklopften Scherben, sodann mit guter Gartenerde, legt den Samen in abgezählter Menge ein und bedeckt ihn leicht mit Erde. Um diese letztere namentlich auch in der Oberfläche stets feucht zu erhalten, legt man am besten eine Lage feuchten Mooses auf, das man in entsprechenden Zwischenräumen abnimmt und in Wasser taucht, bei beginnendem Aufkeimen ganz entfernt; durch Begießen würde der nur leichtgedeckte Samen bloßgelegt und zusammengeschwemmt, auch die nicht mit Moos bedeckte Erde in ihrer obersten Schichte bei warmem Wetter sehr rasch austrocknen. Nach unsern Erfahrungen braucht der Samen bei der Scherbenprobe länger zum Keimen als in der nachbeschriebenen Lappenprobe, und die Methode ist minder sicher, auch umständlicher, wird daher wenig mehr angewendet.

Eine sehr verbreitete Anwendung hat nun wohl die ebengenannte Lappenprobe, bei welcher eine abgezählte Menge von Samenkörnern, meist 100, zwischen zwei Flanellappen gelegt wird, die man in einen flachen Teller bringt und hier durch Aufgießen von Wasser fortwährend feucht erhält; beginnt nach einiger Zeit das Ankeimen des Samens, so beseitigt man einfach jedes gekeimte Korn — die Zahl der ungekeimt übrig bleibenden gibt dann das Mittel zur Bestimmung des Keimprozentes, so daß z. B. 23 zurückbleibende Körper ein Keimprozent von 77 angeben. — Besondere Aufmerksamkeit ist hierbei der Erhaltung einer gleichmäßigen Feuchtigkeit zuzuwenden, und ein einmaliges völliges Austrocknen der Lappen während

---

[1] Heyer, Waldbau, 5. Aufl., S. 162.

der verhältnismäßig langen Dauer[1]) der Keimperiode (ungefähr drei
Wochen) kann das Resultat der ganzen Probe fraglich machen,
während zu große Feuchtigkeit ein Verschimmeln des Samens zur
Folge hat.

Professor Wilhelm wendet mit sehr gutem Erfolg statt der
Flanelllappen weißes Fließpapier — Filtrierpapier — an, das drei=
fach zusammengelegt wird; zwischen zwei Papierbogen kommen die
Samen. Das Papier liegt auf einer Glasplatte, 3—4 cm über der
Tischfläche, und wird durch einen etwa 1 cm breiten, ebenfalls dreifach
zusammengelegten Papierstreifen, der in eine mit Wasser gefüllte
Porzellanschale hinabreicht, stets gleichmäßig durchfeuchtet erhalten.

Der Wunsch, rasch und sicher die Samen zur Keimung zu bringen,
insbesondere den Feuchtigkeitsgrad günstig zu regeln, hat eine ganze
Anzahl von Methoden und Apparaten gezeitigt, von denen aber
manche doch nur geringe Verbreitung fanden; so die sog. Flaschen=
probe von Ohnesorge[2]), der Keimapparat von Weise[3]). Auch
die früher viel verbreitete Keimplatte von Nobbe[4]) ist durch
bessere Apparate verdrängt worden. Diese letztere hatte die Schatten=
seiten, daß nur je eine Samenprobe in dem verhältnismäßig großen
Apparat vorgenommen werden konnte und daß der Samen gerne
schimmelte.

Als ein sehr zweckmäßiger Apparat, der insbesondere den Vorzug
gewährt, daß man gleichzeitig eine größere Reihe von Keim=
versuchen — bis zu 10 à 100 Körner — vornehmen kann, möge der
Samenkeimapparat von H. Th. Entel in Zittau auf Grund
eigener wiederholter Versuche empfohlen sein.

Derselbe (Fig. 14) besteht aus einem Gipsblock von 32 cm
Länge, 23 cm Breite und 4 cm Höhe, enthält auf der Oberseite
100 kleine Abteilungen von nahezu 6 qcm Größe (so daß in jeder
10 Fichten= oder Föhrensamenkörner bequem Platz finden) und wird
mit einem die zu starke Verdunstung hemmenden Glasdeckel zugedeckt.
Der ganze Apparat steht in einem Kasten von Zinkblech auf zwei
flachen Querleisten, so daß eingegossenes Wasser unter den Boden des
Blockes dringen kann. Sind die Samen eingelegt, so wird so viel

---

[1]) Bei gleichmäßiger Wärme kann diese Dauer sehr abgekürzt werden; so
vollzieht sich bei den im Kesselhause der Appelschen Samenklenganstalt zu Darm=
stadt aufgestellten Lappenproben die Keimung innerhalb einer Woche.

[2]) Aus dem Walde VI, S. 158.

[3]) Zeitschr. f. F.= u. J.=W. 1876, S. 415.

[4]) Thar. Jahrb. 1870, S. 109. Gayers Waldbau, S. 252.

Waſſer in den Blechkaſten gegoſſen, bis der Gips geſättigt iſt und
das Waſſer, das anfänglich ſehr begierig in ziemlicher Menge auf-
geſaugt wird, im Blechkaſten ſteht. Von Zeit zu Zeit muß Waſſer
nachgefüllt werden.

Der Preis dieſes ſehr praktiſchen Keimapparates beträgt
ohne Zinkblechkaſten 1,75 Mk., mit angeſtrichenem Kaſten 3,50 Mk.
Wir würden ihn dem Robbeſchen Apparat entſchieden vorziehen.

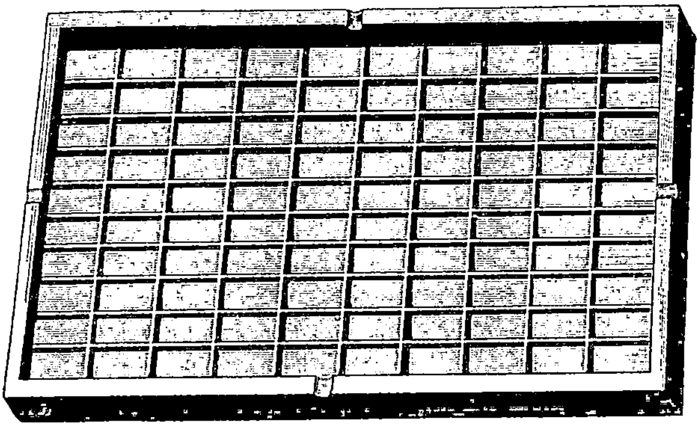

Fig. 14. Keimapparat von Entel.

.... Der Stainerſche Keimapparat (Fig. 15) beſteht aus einer
runden Platte von 18 cm Durchmeſſer aus leicht gebranntem Ton
und enthält auf der oberen Seite 100 kleine Vertiefungen (Keim-
zellen) zur Aufnahme je eines Samenkornes; dieſelbe liegt in einem
mit Sand gefüllten Glasteller, iſt mit einer Glasglocke zugedeckt, und
Öffnungen in der Mitte des Glastellers
wie der Glocke ſorgen für den nötigen
Luftzutritt. Iſt der Samen in die Keim-
zellen eingelegt, ſo wird der Sand genügend angefeuchtet, und durch die poröſe
Tonplatte dringt ſo viel Feuchtigkeit,
als zur Keimung nötig, zum Samen.
Der Apparat iſt nach unſern Verſuchen
empfehlenswert, ſein Preis beträgt 4 Mk.
Einen andern, ebenfalls von Stainer

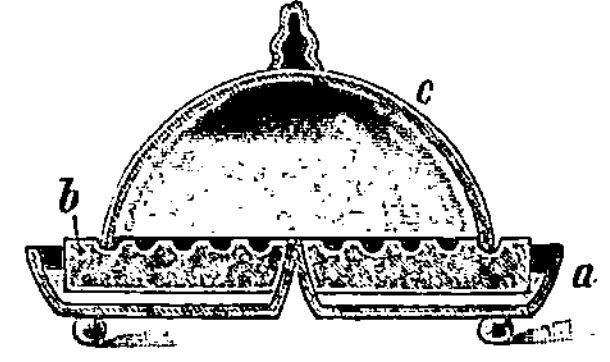

a = Glasteller.
b = Keimplatte aus poröſem Ton.
c = Glasglocke.
Fig. 15. Stainers Keimapparat.

in Wiener-Neuſtadt konſtruierten, zur gleichzeitigen Vornahme einer
größeren Anzahl von Keimproben dienenden Apparat, den Stainer-
ſchen Thermoſtat, bei welchem neben gleichmäßiger Feuchtigkeit

auch für gleichmäßige erwünschte Temperatur Sorge getragen wird, beschreibt Hempel[1]).

Einen neuen Keimapparat hat auch Pfizenmayer[2]) konstruiert, bei welchem der Same auf ausgewaschenem Sande liegt, der in einem aus Zinkblech bestehenden seiherartig durchlöcherten Kästchen in nassem Torfmull eingebettet ist; der Apparat kann auf den warmen Ofen gestellt und der Samen hierdurch zu sehr rascher Keimung (Fichten- und Föhrensamen in 5—9 Tagen) gebracht werden.

Der von Cieslar[3]) konstruierte Keimkasten, in welchem auf Tonplatten eine größere Anzahl Keimproben gleichzeitig vorgenommen werden können, dient insbesondere zur sicheren Regulierung gleich- mäßiger höherer Temperatur, entsprechender Feuchtigkeit und hin- reichender Lüftung des Keimraumes; doch dürfte dieser Apparat, ebenso wie der obenerwähnte Stainersche Thermostat, sich mehr für Samenkontrollstationen eignen, schon um ihres hohen Anschaffungs- preises willen.

Als einer rasch vorzunehmenden Samenprobe für Nadelhölzer sei endlich noch der sog. Feuerprobe Erwähnung getan, bei welcher man die Körner einzeln auf die stark erhitzte Herdplatte wirft; die guten springen platzend in die Höhe, die schlechten, keine Feuchtigkeit mehr enthaltenden bleiben ruhig liegen und verkohlen. Die Methode ist jedoch viel weniger sicher als die eigentlichen Keimproben, weil viele, schon halbverdorbene keimunfähige Körner doch noch so viele Feuchtigkeit enthalten, um erhitzt zu platzen. Man wird die Feuer- probe ähnlich der Schnittprobe daher nur dann anwenden, wenn keine Zeit zur Anstellung anderer, sicherer Keimproben mehr zur Ver- fügung steht.

Im übrigen möge bez. der Anstellung von Keimproben[4]) noch folgendes bemerkt sein:

Erstes Erfordernis ist die Entnahme einer richtigen Samen- probe, die den Durchschnittscharakter der ganzen Ware darstellen soll. Der Samen ist daher tüchtig zu mischen, etwa nach vorherigem Ausschütten des Sackes, und sind dann 10—20 kleine Proben an ver- schiedenen Stellen zu entnehmen. Den Samen oben oder unten aus

---

[1]) Zentralbl. f. d. F.-W. 1877, S. 146.
[2]) Allg. F.- u. J.-Z. 1893, S. 17.
[3]) Zentralbl. f. d. F.-W. 1890, S. 251.
[4]) Vergl. die Artikel von Kienitz, Forstl. Bl. 1880, S. 1 und Robbe, Thar. Jahrb. 1890, S. 103.

dem Sack zu nehmen, wäre fehlerhaft, da oben der leichtere, unten der schwerere und bessere Samen sich befindet.

Jede Keimprobe sollte in drei Parallelproben ausgeführt und das Mittel genommen werden; die drei Proben dürfen nicht mehr als 10 % voneinander abweichen, wenn sie als brauchbar betrachtet werden sollen.

Eine sechs- bis zwölfstündige Vorquellung des Samens erweist sich zur Beschleunigung des Keimprozesses meist als zweckmäßig.

Die Erhaltung einer mäßigen Feuchtigkeit ist von großer Bedeutung; zu große Feuchtigkeit bringt leicht das Verschimmeln des Samens mit sich, während durch vorübergehendes Austrocknen der Keimprozeß unterbrochen, ja selbst ganz verhindert wird. Auf der sicheren Erhaltung dieser gleichmäßigen entsprechenden Feuchtigkeit beruht vor allem der Wert der Keimapparate mit porösen Gips- oder Tonplatten.

Ebenso ist die Erhaltung eines angemessenen, nicht zu hohen Wärmegrades — etwa 20° C. — für den Verlauf und insbesondere für die raschere Durchführung von Keimversuchen von hervorragender Bedeutung. Unsere Waldsämereien keimen im Freien bei einer im allgemeinen niederen Temperatur und sind gegen künstlich gesteigerte zu hohe Wärme empfindlich. Dagegen erweist sich gleichmäßige, etwas höhere Temperatur, wie sie z. B. in einem Gewächshaus herrscht, der rascheren Keimung sehr förderlich.

Die Dauer eines Keimversuches [1] ist auf höchstens vier Wochen zu beschränken; etwaige Nachkeimung einzelner Samen ist ohne Bedeutung. Von besonderem Interesse ist das Keimresultat der ersten sieben Tage (in erwärmtem Raume), weil maßgebend für die Keimungsenergie.

Im übrigen ist aber wohl im Auge zu behalten, daß im Saatbeet stets weniger Körner zur Keimung gelangen als bei den Keimproben, da die für die Keimung nötigen und günstigen Faktoren dort nie für jedes Samenkorn in gleichem Maße gegeben werden können wie in dem Keimapparat [2]. — Keimproben ohne Beachtung der nötigen Vorsicht und Sorgfalt ausgeführt, haben natürlich keinen Wert, da sie stets zu geringe Resultate ergeben müssen.

---

[1] Vergl. hierüber Dr. Zederbauer im Zentralbl. f. d. F.-W. 1906, S. 306.

[2] Nach Bühlers Angabe (Aus dem Walde 1898, Nr. 10) erhält man in der Saatschule nur etwa 10—20 % der ausgesäten Körnerzahl an Pflanzen, was bei der Aussaat wohl zu beachten ist.

Solide Samenhandlungen nehmen stets sorgfältige Keimproben, insbesondere mit den durch Ausklengung gewonnenen Nadelholzsamen, vor und garantieren eine bestimmte Keimfähigkeit.

Bei Bezug größerer Samenmengen empfiehlt es sich jederzeit, die Nachprüfung dieser garantierten Keimfähigkeit bei einer amtlichen Samenkontrollstation vornehmen zu lassen, wie solche schon im Jahre 1869 auf Professor Nobbes Anregung hin in Tharandt ins Leben gerufen wurde; seitdem sind solche Stationen in Mariabrunn, Zürich, Eberswalde in Verbindung mit den dortigen forstlichen Versuchsanstalten[1]) entstanden und werden vielfach in Anspruch genommen. Es liegt auf der Hand, daß die Untersuchungen jener Institute, die mit den besten Apparaten und einem geschulten Beamtenpersonal ausgerüstet sind, von viel höherem Werte sind und von den Lieferanten bereitwilliger anerkannt werden, als die von einem einzelnen Beamten vorgenommene Prüfung des Samens.

Bezüglich der seitens dieser Samenkontrollstationen bestehenden Bestimmungen müssen wir auf deren Statuten verweisen[2]). Ebenso möge aber auf die mancherlei Schwierigkeiten hingewiesen sein, denen nach Schwappachs Mitteilung[3]) die Samenprüfungen selbst bei den mit den besten Keimapparaten versehenen Samenprüfungsanstalten unterliegen, wie verschieden deren Ergebnisse für den gleichen Samen sein können; es haben vergleichende Untersuchungen ergeben, daß der angewendete Wärmegrad, ja bei einzelnen Holzarten selbst die Belichtung einen ganz wesentlichen Einfluß übte, und Schwappach folgert daraus, daß die in der Praxis vorgenommenen Samenprüfungen, bei welchen die Regelung von Temperatur, Licht und Feuchtigkeit häufig sehr viel zu wünschen übrig läßt, einen sehr geringen Wert haben!

§ 47. Erhaltung der Keimkraft, Beförderung und Verzögerung des Keimens.

Für die Erhaltung der Keimkraft ist die Behandlung und Aufbewahrung des Samens vom Moment der Einsammlung an von großer Wichtigkeit. — Sofortiges gutes Abtrocknen aller etwa bei feuchtem

---

[1]) Die mit der technischen Hochschule in München verbundene Samenkontrollstation prüft auf Wunsch ebenfalls Waldsämereien.

[2]) Das Statut der k. k. Versuchsanstalt in Mariabrunn findet sich im Forstw. Zentralbl. 1880, S. 263, jenes von Eberswalde in der Zeitschr. f. F.- u. J.-W. 1903, S. 29, und im Forstw. Zentralbl. 1901, S. 34, mitgeteilt.

[3]) Zeitschr. f. F.- u. J.-W. 1906, S. 505.

Wetter gesammelten, durch Tau oder Reif benetzten Samen und Zapfen, dünnes Aufschütten auf trockenen Böden und öfteres Umstoßen bis zu erfolgter Abtrocknung gilt als Regel und wird von E. Heyer[1] selbst für jene Eicheln und Bucheln gefordert, die zur sofortigen Aussaat im Herbst bestimmt sind. — Die Samen dürfen aber auch nicht zu stark austrocknen, ja die Eicheln und insbesondere Bucheln werden bei der Überwinterung sogar angenetzt[2], um solches Austrocknen zu verhindern; bei Nadelholzsamen geschieht letzteres durch die Aufbewahrung in den Zapfen.

Die meiste Sorgfalt erfordern einerseits jene Sämereien, welche dem Verderben schon während des ersten Winters ausgesetzt sind, der Eiche, Buche, Tanne, dann jene, welche erst im zweiten Jahre keimen, so der Esche, Weißbuche. Wir werden bei Besprechung der einzelnen Holzarten die Aufbewahrungsmethoden der verschiedenen Samen angeben.

Vielfach sind auch Versuche angestellt worden, durch welche Mittel das K e i m e n der Samen b e s c h l e u n i g t werden könne, um dadurch denselben möglichst rasch über die Gefahren, welche ihnen durch Vögel, Mäuse, Trocknis usw. in der Zeit zwischen der Aussaat und dem Aufgehen drohen, hinwegzuhelfen. — Das gebräuchlichste Mittel hierzu ist nun das E i n q u e l l e n des Samens in reinem oder mit gewissen Stoffen versetztem Wasser. So empfiehlt dies B u r c k h a r d t namentlich bezüglich durchwinterter Bucheln[3], die ähnlich wie die Gerste bei der Malzbereitung behandelt und durch Anfeuchtung, Aufschichten in Haufen, in denen sie sich erhitzen, und öfteres Umschaufeln so weit gebracht werden sollen, daß unmittelbar vor der Aussaat der Kern eben zum Vorschein kommt. E. Heyer empfiehlt[4] das Einquellen von Bucheln, Tannen, Eicheln im Frühjahr in der Weise, daß man den Samen acht bis zwölf Tage mit feuchtem Sand mengt, mit Fichtenreisig deckt und öfters angießt; ebensolange will er den Lärchensamen in Wasser einquellen lassen. — Eingehende Versuche hat V o n h a u s e n angestellt[5]; derselbe wandte zuerst C h l o r w a s s e r, dann verdünnte Mineralsäuren — S a l z s ä u r e, S c h w e f e l s ä u r e, S a l p e t e r s ä u r e — an, ersteres wie letzteres mit gutem Erfolg, wenn die Verdünnung eine g e n ü g e n d e war, indem andernfalls jene

---

[1] Allg. F.- u. J.-Z. 1866, S. 209.

[2] B u r c k h a r d t, Säen und Pflanzen, S. 137.

[3] Daf. S. 138.

[4] Allg. F.- u. J.-Z. 1866, S. 210.

[5] Allg. F.- u. J.-Z. 1858, S. 461; 1860, S. 8.

Säuren zerstörend auf die Keimkraft wirken. Günstigen Einfluß auf die Beschleunigung der Keimung sowohl wie auf reichlicheres Keimen älteren Samens zeigte auch Kalkwasser. Die Wirkung all dieser Mittel beruht wohl auf dem raschen Mürbemachen der äußeren Hülle, wodurch dem Sauerstoff der Luft wie dem Wasser der Zutritt, dem Keim das Hervorbrechen erleichtert wird. Vonhausen empfiehlt Kalkwasser vor den Mineralsäuren, einerseits weil seine Herstellung sehr einfach sei (gebrannter Kalk wird mit Wasser übergossen, und bleibt dies so lange stehen, bis es alkalisch reagiert, gelbes Curcuma= papier bräunt), anderseits eine schädliche Einwirkung desselben auf die Keimkraft nicht zu fürchten ist.

Ähnliche Versuche von Heß[1]) führten zu gleichen Resultaten und zeigten für in Chlorwasser oder Kalkwasser eingequellte Fichten= und Föhrensamen .die bedeutende Abkürzung des Keimprozesses von fünf bis sechs Tagen. Als Resultat der Versuche, die Dr. Möller[2]) mit Fichten= und Föhrensamen anstellte, ergab sich, daß eine längere Quellung, als zur einfachen Durchtränkung der Samen nötig war, sich als nachteilig erwies; der Zeitpunkt der Durchtränkung wird durch das Untersinken der Samen erkenntlich. Auch zu starke Er= wärmung zeigte sich nachteilig, und eine Temperatur des Wassers bei dem Übergießen von 45 Grad für Fichten=, 60 Grad für Föhrensamen als die vorteilhafteste. Auch Nobbe[3]) erklärt ein 6—12stündiges Vorquellen des Samens für zweckmäßig; ebenso Lorey[4]). Ein= gequellte Nadelholzsamen müssen jedoch vor der Aussaat durch Ver= mischung mit feiner trockener Erde so weit abgetrocknet werden, daß sie nicht aneinander hängen, was die Aussaat und namentlich deren Gleichmäßigkeit erschweren würde. Auch darf die Aussaat eingequellten und also schon in der Keimung befindlichen Samens nicht bei zu trockenem Wetter und Boden erfolgen — eventuell muß durch Gießen und Decken nachgeholfen werden —, da jede Unterbrechung des einmal begonnenen Keimprozesses nachteilig wird, ja verderblich für die ganze Saat werden kann[5]).

---

[1]) Zentralbl. f. d. F.=W. 1875, S. 465.

[2]) Zentralbl. f. d. F.=W. 1883, S. 9.

[3]) Thar. Jahrb. 1890, S. 103.

[4]) Allg. F.= u. J.=Z. 1894, S. 194.

[5]) Nach Bühlers Mitteilung (Aus dem Walde 1898) wurde ein günstiges Resultat mit dem Einweichen des Samens nur dann erzielt, wenn nach der Aus= saat warme Witterung einfiel, während Temperaturrückschläge und anhaltendes Regenwetter selbst vollständiges Fehlschlagen der Saat zur Folge hatten.

Dieser Umstand und die Erschwerung der Aussaat des ein=
gequellten oder mit feuchtem Sand gemischten Samens ist wohl der
Grund, weshalb das sonst manche Vorteile bietende Anquellen des
Samens noch keine allgemeinere Anwendung gefunden hat. — Es
haben sich jedoch gegen jene künstlichen Reizmittel, durch welche nicht
nur die Keimung beschleunigt, sondern auch ein reichlicheres Keimen
älteren Samens bezweckt werden soll, auch Stimmen erhoben, so
von Reuß[1]), welcher die Ansicht ausspricht, daß allerdings durch
solche Reizmittel manches Korn noch zum Keimen werde gebracht
werden, das außerdem versagt hätte, daß aber aus solchen Körnern
der Hauptsache nach nur schwächliche und minderwertige Pflanzen er=
zeugt würden. „Schlechten Samen können solche Mittel nie gut
machen, wohl aber guten verderben." — Ein von Dr. Möller mit
Schwarzkiefernsamen angestellter Versuch[2]) ergab für das Einquellen
des Samens ebenfalls kein günstiges Resultat; kürzeres Einweichen
— 24 Stunden — zeigte gar keinen Erfolg, längeres Einquellen
— 36 bis 40 Stunden — aber erwies sich direkt nachteilig, indem dann
statt 70 %, wie beim nichteingequellten Samen, nur 40—50 % zur
Keimung gelangten, ein Resultat, das jedenfalls zur Vorsicht mahnen
dürfte.

Aber nicht nur befördern, sondern auch verzögern läßt sich die
Keimung, was bei frostempfindlichen Holzarten erwünscht sein kann.
So keimen erst im Frühjahr statt schon im Herbst gesäte Eicheln und
Bucheln wesentlich später; auch stärkere Deckung des Samens mit Erde
wirkt verzögernd auf die Keimung, was sich namentlich bei Eicheln
beobachten läßt.

§ 48. Zeit der Aussaat.

Die Ansaat der Saatbeete kann entweder im Herbst oder im
Frühjahr erfolgen, in letzterem wieder früher oder später; eine
andere Saatzeit, im eigentlichen Sommer, wird nur bei der Ulme
unmittelbar nach der Samenreife (Anfang Juni) zur Anwendung ge=
bracht, auch noch bei der Aspe, wo solche ausnahmsweise Gegenstand
der Nachzucht ist (s. § 116). Im großen Forstbetriebe folgt man
nun zumeist dem Beispiele der Natur, indem man Eicheln, Bucheln,
Tannensamen schon im Herbst aussät, Föhren, Fichten, Lärchen da=
gegen stets erst im Frühjahr, und spart bei erstgenannten Holzarten

---

1) Die Lärchenkrankheit 1870, S. 73.
2) Seckendorff, Mitt. I, S. 118.

die Mühe und Kosten der Aufbewahrung während des Winters, die Gefährdung ihrer Keimkraft durch Austrocknen.

So würde man wohl auch im Forstgartenbetriebe jenem Beispiele folgen, wenn nicht in der Mehrzahl der Fälle anderweite Gründe auch für erstgenannte Holzarten die Frühjahrssaat rätlicher erscheinen ließen. Eicheln und Bucheln sind im Winterlager dem Verzehren durch Mäuse, Häher, selbst Eichhörnchen ausgesetzt; die zu bestellenden Beete sind vielfach im Herbst noch mit Pflanzen bestellt, die erst im Frühjahr zur Benutzung gelangen, oder haben im selben Jahre eine Grün=düngung erhalten, die erst während des Winters verfaulen soll. Auf schwerem Boden wünschen wir diesen durch Ausfrieren während des Winters tüchtig zu lockern, oder frühzeitiger Eintritt des Winters bei späterem Eintreffen des Samens macht die Herbstsaat unmöglich. Endlich pflegen Herbstsaaten stets früher aufzugehen als Saaten im Frühjahr, was, wie oben berührt, um der Frostgefahr willen un=erwünscht sein kann — und so pflegt die Frühjahrssaat im all=gemeinen in unsern Forstgärten die Regel zu sein.

Die Aussaat der Samen im Frühjahr nimmt man im allgemeinen zweckmäßig nicht zu bald vor; bei mangelnder Luft= und Boden=wärme verzögert sich die Keimung doch, und der länger liegende Samen ist dem Verzehren durch Vögel und sonstige Feinde längere Zeit ausgesetzt als bei späterer Saat. Letztere soll aber auch nicht zu spät erfolgen, da die im Mai nicht selten eintretende längere Trocknis die Keimung gefährden kann, die noch zu schwachen und ge=ring bewurzelten Keimlinge auch der oft schon bedeutenden Hitze am wenigsten zu widerstehen vermögen. Die zweite Hälfte April dürfte im allgemeinen die beste Saatzeit sein[1]), wobei rauhes Klima spätere Saat bedingt, mildes Klima frühere Saat gestattet. Schmitt[2]) empfiehlt nach seinen bei Fichtensaaten gemachten Erfahrungen für mittleres und rauhes Klima den Monat Mai für die Vornahme der Saat und teilt mit, daß auch Saaten im Juni noch guten Erfolg zeigten; doch werden so später Saat entstammende Pflänzchen in der Entwicklung stets hinter den früher aufgegangenen zurückbleiben, und

---

[1]) Versuche, welche bez. des Einflusses der Saatzeit auf das Gedeihen der Kiefernjährlinge in Eberswalde angestellt wurden (Z. f. d. F.= u. J.=W. 1887, S. 10), ergaben das günstigste Resultat für die Mitte April ausgeführte Saat, und lieferten insbesondere die späten Saaten im Mai die schwächsten Pflanzen und den meisten Abgang. — Erklärlicherweise spielt die Frühjahrswitterung bei solchen Versuchen eine sehr bedeutende Rolle.

[2]) Fichtenpflanzschulen, S. 68.

möchten wir eine so späte Saat nicht empfehlen. Das gleiche haben uns unsere eigenen Versuche bez. der späteren Saat der Eiche (s. dort) gezeigt.

Besondere Erwägung erfordert die Zeit der Aussaat jener schon mehr erwähnten Samen, welche eine **ein Jahr dauernde Keimruhe** besitzen, erst im zweiten Jahre keimen. Sät man dieselben sofort im Herbst oder Frühjahr nach der Samenreife aus, so ist zu fürchten, daß die betreffenden Beete während des Sommers stark verunkrauten, oder daß beim Reinigen derselben der Same mit den Unkrautwurzeln herausgerissen wird; auch das Abschwemmen der bloßliegenden Beete während des Sommers ist wohl zu besorgen. Man hilft sich nun entweder durch ein Jahr dauerndes Einschlagen des Samens in die Erde, oder dadurch, daß man die alsbald angesäten Beete mit handhoher Nadelschichte oder mit Laub, das durch aufgelegtes Reisig festgehalten wird, bedeckt und hierdurch das Erscheinen von Unkraut wie das Abschwemmen des Bodens verhindert. Man versäume jedoch nicht, derartig gedeckte Beete im Spätherbst abdecken zu lassen, da sich sonst unter der Laub= und Nadelschichte die Mäuse mit besonderer Vorliebe ansiedeln und den Samen verzehren. Ebenso muß nach unsern Erfahrungen die Aussaat der in die Erde eingeschlagenen Samen (Esche, Hainbuche, Linde, auch Spitzahorn) **sehr zeitig** im Frühjahr erfolgen, da deren Keimung sehr bald beginnt[1]).

§ 49. Vorbereitung zur Aussaat; Vollsaat und Rillensaat.

Wir haben oben (§ 19) gehört, in welcher Weise die zweite Bearbeitung und Zurichtung der Saatbeete im Frühjahr geschieht; dieselbe ist eine völlig gartenmäßige und erfolgt um so sorgfältiger, je kleiner der auszusäende Samen. Insbesondere erfordert die Anwendung von Säelatten, Saatbrettern und dergleichen Vorrichtungen, die wir unten kennen lernen werden, gute Einebnung des Beetes, da sonst die eingedrückten Rillen ungleich tief werden, die Bedeckung des Samens dadurch auch leicht ungleich wird, was für den Erfolg der Saat von wesentlicher Bedeutung sein kann.

Der Boden selbst soll sich vor der Einsaat wieder etwas gesetzt haben, und es ist daher sehr wünschenswert, daß die letzte Bearbeitung

---

[1]) Wir haben im Frühjahr 1886, nachdem erst am 21. März Tauwetter eingetreten und der Boden zugänglich geworden war, wenige Tage später die etwa 25 cm tiefen Keimgräben öffnen lassen und die obengenannten Samen schon so stark angekeimt gefunden, daß sie nicht mehr verwendbar waren!

wenigstens einige Tage vor der Saat stattgefunden hat. Vonhausen empfiehlt[1]), den Boden im Frühjahr so zeitig als möglich herrichten zu lassen; die an der Oberfläche liegenden Unkrautsamen keimen, durch Bearbeitung mit dem Rechen sollen dann die Unkrautpflänzchen herausgerecht oder durch Obenaufliegen zum Vertrocknen gebracht werden und neue Samen in günstige Keimlage kommen. Diese Operation, mehrmals wiederholt, soll sehr günstigen Erfolg bezüglich der Verminderung des Unkrautes zeigen. — Erscheint der einige Zeit vor Ausführung der Saat zugerichtete Boden etwa infolge starken Regens in der Oberfläche festgeschlagen oder durch dem Regen gefolgte Trocknis verkrustet, so hilft ein leichtes Überrechen beiden Mißständen ab.

Die Aussaat kann nun als Vollsaat oder als Rillensaat erfolgen. Früher war erstere vielfach im Gebrauch, und Biermans säte seine Saatbeete stets voll an. Allmählich hat jedoch die Rillensaat infolge der mannigfachen Vorteile, welche sie bietet, die Vollsaat fast vollständig verdrängt, so daß man letztere nur seltener in Saatbeeten angewendet findet.

Diese Vorteile aber bestehen in der viel sichereren gleichmäßigen Aussaat und Deckung des Samens, in der leichteren Pflege der Pflanzen durch Entfernung des Unkrautes, Lockern des Bodens, Durchrupfen dichter Wüchse, der Möglichkeit einer Nachdüngung auf den Zwischenräumen, dem erleichterten Ausheben der Pflanzen gegenüber jenen im voll angesäten Beet. Als ein weiterer Vorteil dürfte noch zu erwähnen sein, daß eine annähernde Bestimmung der vorhandenen Pflanzenzahl, die unter Umständen für den Wirtschafter von Bedeutung ist, auf den durch Rillensaat bestellten Beeten viel leichter möglich sein wird als auf den voll angesäten, und endlich setzt die Anwendung der Säapparate eine rillenweise Ansaat voraus.

Trotzdem hat auch die Vollsaat ihre Verteidiger; für die Erle hat sie Burckhardt[2]), für Ulme und Birke (auch Pappeln und Platane) Vonhausen[3]) empfohlen, und für die Birke haben wir selbst sie mit gutem Erfolg angewendet (s. bei Birke im speziellen Teil). Aber auch für Fichten, Föhren, Lärchen findet sie ausgedehnte Anwendung in einem durch seine großen Handelsgärten bekannten

---

[1]) Allg. F.- u. J.-Z. 1880, S. 42.
[2]) Säen und Pflanzen, S. 227.
[3]) Allg. F.- u. J.-Z. 1880, S. 46.

Orte: in Halstenbeck, woselbst der Besitzer des größten dortigen In=
stituts, Heins, sie warm vertritt und ausschließlich für diese Nadel=
hölzer wie die vorgenannten Laubhölzer in Gebrauch hat[1]). Nach
seiner Angabe liefert die Vollsaat, richtig ausgeführt, mehr und in=
folge des minder engen Standes kräftigere Pflanzen als die Riesen=
saat, nutzt den Platz voll aus und läßt eine Kopfdüngung und Reini=
gung ebensogut zu als diese. Lockerung ist bei an sich nicht zu schwerem
Boden entbehrlich. — Der vortreffliche Stand der Saatbeete in Halsten=
beck unterstützt allerdings diese Angaben von Heins, und eigene Ver=
suche im akademischen Forstgarten dahier geben ebenfalls günstige
Resultate, so daß man wohl für manche Fälle auch der Vollsaat eine
Berechtigung einräumen muß.

Während nun bei letzterer die Vorbereitung zur Saat lediglich
in einem genügenden Ebenrechen der Beetoberfläche besteht, ist bei der
Rillensaat das entsprechende Lager für den Samen, die Saatrille,
zu beschaffen. Es liegt nahe, daß diese nach Breite und Tiefe wie
nach Entfernung der Rillen voneinander, je nach Holzart und nach
dem Alter, welches die Pflanzen im Saatbeet erreichen sollen, ver=
schieden sein werden, und daß es weitere Aufgabe ist, sie so einfach
und billig, wie tunlich, herzustellen.

§ 50. Entfernung der Rillen voneinander.

Bezüglich der Entfernung, in welcher die Saatrillen zu ziehen
sind, werden zunächst die Holzart und deren raschere oder lang=
samere Entwicklung in den ersten Lebensjahren, dann das Alter und
die Größe, welche die Pflanzen im Saatbeet erreichen sollen, be=
stimmend sein; jedoch gehen auch unter sonst gleichen Verhältnissen
die Ansichten der Pflanzenzüchter nicht unbedeutend auseinander.

Als allgemein gültiger Grundsatz wird jedenfalls festzuhalten sein,
daß jede zu große Entfernung der Rillen als Raumverschwendung
auf unsern kostspieligen Saatbeeten ebenso von Übel ist wie ein zu
enges Aneinanderlegen der Rillen, durch welches die Entwicklung der
Pflanzen und namentlich die so vorteilhafte Lockerung des Bodens
zwischen den Rillen gehemmt wird.

Als Minimum der Rillenentfernung dürfte jene der bayrischen
Anleitung vom Jahre 1862[2]) sowie die von Schmitt[3]) empfohlene

---

1) Forstw. Zentralbl. 1903, S. 482.
2) Forstl. Mitt. XI, S. 110.
3) Fichtenpflanzschulen, S. 63.

mit etwa 10 cm zu betrachten sein, anwendbar für die Erziehung ein-
und zweijähriger Nadelholzpflanzen; sie gestattet eben noch eine entsprechende Bodenlockerung mit schmalem Häckchen. Burckhardt[1])
gibt für Fichten die Entfernung auf 22, Heß[2]) sogar auf 24—26 cm
an; wir möchten aber diese Entfernungen schon für überflüssig
groß und eine solche von 10—12 cm nach unsern Erfahrungen für
Nadelhölzer als völlig genügend erachten. Für die sich schon im ersten
Jahre oft sehr kräftig entwickelnden Laubhölzer — Eichen, Ahorne,
Kastanien, Akazien — sind selbstverständlich größere Entfernungen, bis
zu 25 und 30 cm, angezeigt, und das gleiche wird da der Fall sein,
wo selbst zur Saat nicht Beete, sondern g r ö ß e r e L ä n d e r gewählt
werden. Hier muß der Abstand der Rillen so groß sein, daß der
jätende und lockernde Arbeiter sich ohne Beschädigung der Pflanzen
zwischen den Saatrillen bewegen kann.

Neben der Holzart ist, wie oben erwähnt, die Zeit, welche die
Pflanzen im Saatbeet stehen, die Stärke, welche sie in demselben erreichen sollen, von Einfluß auf die zu wählende Entfernung der Saatrillen; je länger diese Zeit dauert, je größer sonach die Pflanzen
werden sollen, um so weiter wird man die Rillen behufs Gewährung
des nötigen Wachsraumes auseinanderlegen. So würde sich gegenüber der oben angegebenen Entfernung von 10—12 cm für ein- und
zweijährige Fichten eine solche von 20 cm dort empfehlen, wo man
kräftige dreijährige Pflanzen zur Verwendung ohne Verschulung erziehen will — und Ähnliches gilt natürlich für die übrigen Holzarten.

§ 51. Breite der Rillen.

Wie über die Entfernung, so gehen die Ansichten auch über die
Breite, welche den Saatrillen zu geben ist, nicht unwesentlich auseinander. Während man größere Samen — Eicheln, Bucheln,
Kastanien — wohl allenthalben in s c h m a l e Rillen, Samen möglichst
neben Samen, legt, werden die übrigen Laubhölzer sowie die Nadelhölzer bald in s c h m a l e , bald in b r e i t e r e Rillen gesät. Während
Burckhardt[3]) z. B. für Fichten 8—9 cm breite Rillen, Vonhausen[4]) solche von 10 cm Breite empfiehlt, macht Schmitt dieselben nur 3 cm breit, und die schon mehrerwähnte bayrische Anleitung

---

[1]) Säen und Pflanzen, S. 358.
[2]) Allg. F.- u. J.-Z. 1866, S. 210.
[3]) Säen und Pflanzen, S. 368.
[4]) Allg. F.- u. J.-Z. 1880, S. 46.

geht noch weiter, indem sie die knapp 3 cm breiten Rillen nicht voll
ansät, sondern mit Hilfe des dazu eingerichteten Saatbrettes (vergl.
§ 54) aus jeder solchen Rille eine ganz schmale Doppelrille macht,
in diesen die Pflanzen dann möglichst einzeilig stellend. —
Bühler[1] spricht sich für Rillen von höchstens 3,5 cm Breite aus,
da breitere Rillen im Innern derselben viel schwaches und kümmerndes
Material liefern.

Wir geben auf Grund unserer eigenen Erfahrungen und Beobachtungen den schmalen Rillen entschieden den Vorzug vor den
breiten. Wir sehen, daß in den breiteren Rillen sich die Randpflanzen
stets viel kräftiger entwickeln als die in der Mitte stehenden, im Luft-
und Bodenraum beengten Pflanzen, und es liegt daher nahe, durch
ganz schmale Rillen möglichst viele Randpflanzen zu erziehen. Breite
Rillen, etwas dicht angesät und selbst nur zwei Jahre stehend, liefern
stets sehr viel Ausschußmaterial; dünner Stand und kräftige
Düngung werden diesen Nachteil allerdings nicht unwesentlich
mindern, wie dies ein Versuch Vonhausens[2], der die kümmernden
Pflanzen in der Mitte breiter Rillen durch Begießen mit Mistjauche
kurierte, beweist. Vonhausen bestätigt hierdurch übrigens selbst das
Zurückbleiben und Kümmern der Pflanzen in der Mitte der breiten
Saatrille!

Als Vorteil der breiten Rille wird die größere Pflanzenmenge
und die mindere Gefahr des Auffrierens geltend gemacht. Ersteres
mag der Fall sein, aber die Pflanzen sind schwächer, enthalten, wie
oben schon gesagt, viel Ausschuß; letzterer Gefahr aber läßt sich auch
durch andere, bessere Schutzmittel vorbeugen.

§ 52. Tiefe der Rillen.

Die Tiefe, welche den Rillen zu geben ist, steht in innigem Zusammenhang mit der Stärke der Bedeckung, welche der Samen erhalten
soll. Indem wir die Rille entsprechend tief eindrücken oder ausheben
und sodann nach erfolgter Einsaat wieder ausfüllen, haben wir die
möglichst genaue Regulierung der Deckung in der Hand, in viel
höherem Grade als dies bei dem Übererden einer Vollsaat der Fall
ist. Wir werden daher hier die Frage: wie tief soll der Same
zugedeckt werden? zu behandeln haben, da deren Beantwortung
maßgebend ist für die Tiefe der herzustellenden Rillen.

----

[1] Bühler, Mitt., Bd. I, H. 1.
[2] Allg. F.- u. J.-Z. 1880, S. 46.

Die Bedeckung soll das Austrocknen des Samens, des hervor=
brechenden Keimes hindern, ihn gegen das Verzehren durch Vögel, das
Verschwemmen durch Regengüsse schützen; eine entsprechende Be=
deckung wirkt stets vorteilhaft, ja ist unbedingt nötig. Anderseits
aber darf dieselbe auch den zur Keimung nötigen Luftzutritt und
Luftwechsel im Boden nicht abhalten, und ein zu tiefes Decken des
Samens kann dessen Keimen sehr erschweren, ja vollständig verhindern;
kleine Samen, wie Birke, Ulme, sind hierin sehr empfindlich. — Die
physikalische Beschaffenheit des Bodens und des zur Deckung benützten
Materials ist erklärlicherweise von wesentlichem Einfluß auf die zu=
lässige Stärke der Deckung — mit lockerem Boden, humoser Erde
darf man stärker decken als mit bindenderem Boden, der als Deckungs=
mittel überhaupt möglichst vermieden werden sollte.

Die Praxis hat bezüglich der Stärke der Deckung, welche für
die einzelnen Holzsämereien als die beste zu erachten ist, sich nach und
nach ihre Regeln gebildet und gesammelt und ist hierbei von dem
Grundsatz ausgegangen, daß je größer der Samen, um so stärker auch
seine Bedeckung sein dürfe, eine Regel, welche die nachfolgend mit=
geteilten Versuche Baurs[1]) auch mit einer einzigen Ausnahme (bez.
der Akazie) bestätigt haben.

Diese Versuche, im Hohenheimer Forstgarten mit großer Genauig=
keit und Sorgfalt angestellt, haben nun folgende Stärke der
Deckung, also Tiefe der Saatrillen — nur bei großen Samen,
wie Eicheln und Kastanien, ist die Stärke des Samens, also 1—2 cm
noch zuzugeben — mit entsprechend lockerem Material (durchgesiebte
Erde) als die beste ergeben:

Für Eichen   3—6 cm,
 „   Buchen   1—4   „
 „   Ahorn   1—2   „
 „   Akazie   4—5   „
 „   Erle   ½—1   „
 „   Tanne   bis 2   „
 „   Fichte ⎫
 „   Föhre ⎬ 1—1½ cm, mehr nur bei Deckung mit sehr
 „   Lärche ⎭   lockerem, humosem Boden,
 „   Ulme möglichst schwache Deckung; eine Deckung von
         1½ cm verhindert bereits jedes Keimen.

---

[1]) Forstw. Zentralbl. 1875, S. 357.

Ähnliche Versuche hat Bühler[1]) im Forstgarten der Versuchs=
anstalt zu Zürich angestellt, und zwar zunächst für Fichte, Föhre und
Lärche; dieselben haben ähnliche Resultate ergeben: für Föhre und
Lärche 1—1½, für Fichte 1½—2 cm starke Bedeckung als die zweck=
mäßigste. Von Interesse ist das Resultat, daß auch Bedeckungen von
2½—3 cm namentlich bei der Fichte noch ganz gute Keimresultate
ergeben, so daß man also mit der Stärke der Bedeckung nicht ängst=
lich zu sein braucht. Bühler spricht sich auf Grund seiner Versuche
dahin aus, daß die zulässige tiefere Bedeckung die zweckmäßigere und
zumal in trockenen Jahrgängen die sicherere sei. — Neuerdings in
gleicher Richtung seitens der belgischen Forstdirektion angestellte Ver=
suche[2]) für Föhre, Fichte und Lärche ergaben eine Deckung von nur
1 cm als die beste, bei 2 cm noch gute, dann aber rasch abnehmende
Resultate.

Zu tiefe Deckung hat geringere Pflanzenzahl, auch gering=
wertigere Pflanzen zur Folge und ist deshalb zu vermeiden. Zu
seichte Rillen und damit zusammenhängend zu schwache Deckung des
Samens erhöhen dagegen die Gefahr des Austrocknens, des Heraus=
schwemmens des Samens bei Regen, des Verzehrens (der Nadelholz=
samen) durch Vögel und sind daher unzweckmäßig.

§ 53. Richtung der Rillen.

Die Rillen können entweder in der Längsrichtung der Beete
oder parallel der schmalen Kante gezogen werden. Im all=
gemeinen wird man dieser letzteren Richtung, welche das Eindrücken
der Rillen, die Anwendung von Sävorrichtungen, das Behäckeln der
Zwischenräume von den schmalen Wegen aus wesentlich erleichtert,
den Vorzug geben und sieht sie auch in den meisten Saatbeeten an=
gewendet.

Dagegen werden tiefere Rillen, welche für Eicheln, Kastanien, etwa
auch Bucheln nötig sind und die sich nicht eindrücken lassen, sondern
mit Hacke, Rillenzieher, Pflug usw. nach der Schnur gezogen
werden müssen, meist nach der Längsrichtung der Beete mit Rück=
sicht auf diese Art ihrer Herstellung, welche lange Riesen wünschens=
wert macht, gelegt. — In vielen Fällen werden übrigens gerade bei
diesen Holzarten die Saaten nicht auf Beete, sondern auf größere
Länder vorgenommen, wobei dann die Frage der Rillenrichtung gegen=

---

1) Bühler, Mitt., Bd. I, H. 1—3.
2) „Aus dem Forstgartenbetrieb", Zentralbl. f. d. F.=W. 1900, S. 502.

standslos wird. In der Regel wird man in solchem Falle die Rillen parallel der l ä n g e r e n Kante ziehen.

§ 54. Herstellung der Rillen.

Dieselbe geschieht, wie wir eben schon berührt, auf doppelte Weise: durch E i n d r ü c k e n mit Hilfe von S a a t l a t t e n , S a a t b r e t t e r n , W a l z e n und ähnlichen Vorrichtungen für kleinere, minder tiefe Rillen bedürfende Samen, oder durch A n f e r t i g u n g mit H a c k e , R i l l e n z i e h e r u. dergl. für größere Samen, welche eine stärkere Deckung und also tiefere Rillen verlangen.

Das einfachste Instrument zum Eindrücken von Saatrillen ist die S a a t l a t t e , wie sie S c h m i t t für Fichten anwendet. Dieselbe ist eine Latte, deren Länge gleich der Beetbreite (1—1,2 m), deren Breite gleich dem Abstand der Rillen (10—15 cm), deren Dicke endlich gleich der Breite der einzudrückenden Rillen (ca. 3 cm). Die schmale Seite wird, parallel zur schmalen Kante des Beetes, entsprechend tief durch zwei in den Zwischenwegen sich gegenüberstehende Arbeiter eingedrückt; die breite Seite der Latte gibt dann durch Umschlagen den Zwischen= raum, dann folgt abermaliges Eindrücken u. s. f.

An Stelle der Saatlatte, bei welcher insbesondere die Tiefe der Rille nur schwer gleichmäßig herzustellen war, sind jetzt wohl überall die Saatbretter ge= treten, und erfreut sich großer Verbrei= tung das b a y r i s c h e S a a t b r e t t [1]), so genannt, weil es zu= erst in Bayern in An= wendung war. Es besteht (Fig. 16) aus einem 26 cm breiten und etwa 3 cm starken Brett, am

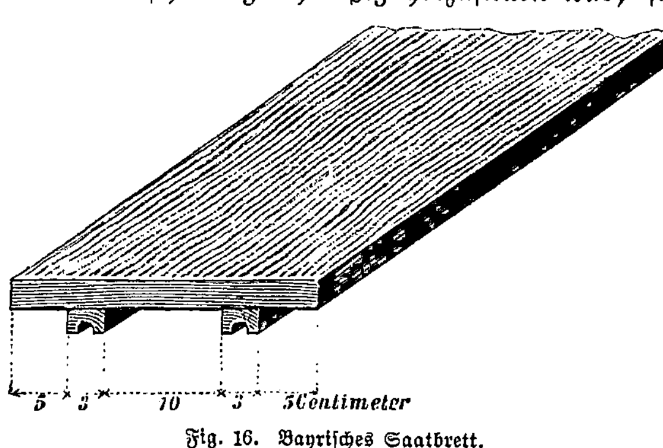

Fig. 16. Bayrisches Saatbrett.

besten von Eichenholz, dessen Länge der Beetbreite entsprechend 1 bis 1,2 cm beträgt; auf dies Brett sind nun zwei je 3 cm breite und 2 cm hohe Hohlleisten in einer Entfernung von 10 cm aufgenagelt, während die Entfernung jeder Leiste von der betreffenden Längskante 5 cm beträgt.

---

[1]) Forstl. Mitt. XI, S. 123.

Durch Auflegen dieses Brettes, welches bei den angegebenen Dimensionen zur Benutzung bei Fichten-, Föhren- und Lärchensaatbeeten bestimmt und durch andere Dimensionen des Brettes, der Leisten und des Abstandes dieser letzteren entsprechend modifiziert werden kann, auf das gut geebnete Beet und gleichzeitiges Auftreten zweier kräftiger Personen drücken sich nun zwei Doppelrillen hinreichend scharf dem Boden ein und zugleich markiert sich die Kante des Brettes auf der Bodenoberfläche deutlich genug, um Anhalt dafür zu geben, wie das Brett anstoßend wieder angelegt werden soll. Besser noch arbeitet man mit z w e i solchen, w e c h s e l w e i s e a n e i n a n d e r g e s t o ß e n e n Brettern.

D a n c k e l m a n n hat dies Saatbrett im Nürnberger Reichswald gesehen und dasselbe einigermaßen abgeändert im Eberswalder Forstgarten zur Anwendung gebracht[1]). Dieses modifizierte Saatbrett (Fig. 17) hat doppelte Breite wie das bayrische und auf der Unterseite vier Paar Doppelleisten, welche dreikantig sind und sonach statt der runden Erhöhung des bayrischen Brettes einen scharfen Kamm zwischen den Doppelrillen herstellen; von letzteren werden sonach bei jedesmaligem Auflegen vier zugleich eingedrückt. Dabei wird stets mit zwei abwechselnd aneinander zu stoßenden Saatbrettern gearbeitet, wodurch die möglichste Einhaltung der stets rechtwinkeligen Richtung der Rillen zur Längskante des Saatbeetes gesichert ist.

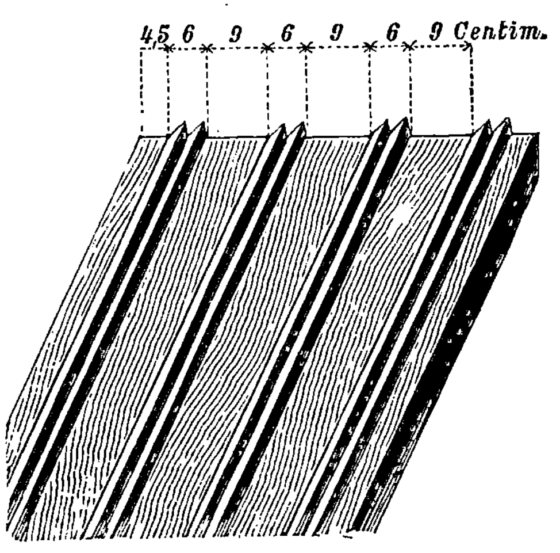

Fig. 17. D a n c k e l m a n n sches Saatbrett.

Dieses b r e i t e Brett mag auf sehr leichtem Sandboden ganz zweckmäßig sein, auf lehmigeren Böden werden sich aber infolge der großen Fläche des Brettes die Saatrillen vielfach viel minder scharf abdrücken, insbesondere aber ungleich tief werden, wenn das Beet nicht v o l l k o m m e n e b e n ist. Bei dem schmäleren Brett mit nur zwei Leisten werden beide Nachteile in minderem Maße hervortreten

---

[1]) Zeitschr. f. F.- u. J.-W. 1873, S. 65.

bzw. leichter überwunden werden, und geben wir daher letzterem den
Vorzug.

Ähnlich dem bayrischen Saatbrett ist das Langsche Rillen=
brett[1]), welches einfache, nicht Doppelrillen, mittelst aufgenagelter
vierkantiger Leisten eindrückt. Ein solches Brett (Fig. 18) mit 20 cm

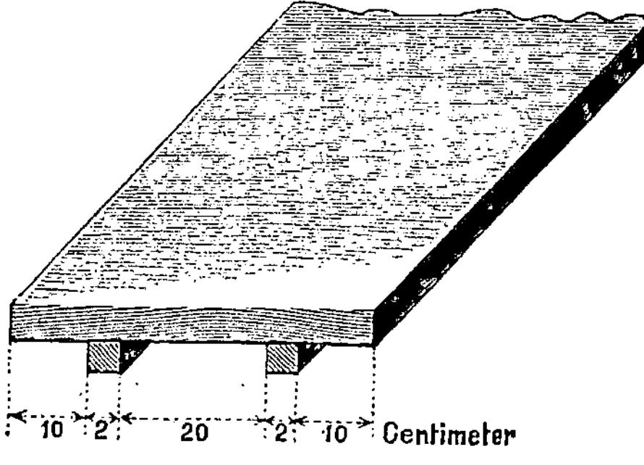

Fig. 18. Langsches Rillenbrett.

Abstand der vierkantigen,
2 cm im Quadrat starken
Leisten wird von uns mit
gutem Erfolg seit Jahren zur
Saat von Ahorn, Eschen,
Tannen, Hainbuchen, Akazien
benutzt.

Die Saatbretter verdienen
entschieden den Vor=
zug vor der Saatlatte, da
durch sie stets 2 resp. 4 Rillen
zu gleicher Zeit eingedrückt werden, deren Tiefe eine stets gleiche und
von den Arbeitern unabhängige ist, endlich durch das Antreten des
Brettes gleichzeitig der Boden etwas angedrückt und bei etwa frisch
umgearbeitetem Boden dessen späterem Setzen vorgebeugt wird. —
Lehmiger Boden muß jedoch auf der Oberfläche etwas abgetrocknet sein,
da er sich sonst in der Hohlkehle und zwischen den Leisten zu stark
anhängt, das scharfe Eindrücken der Rillen erschwert. Es möge dabei
bemerkt sein, daß an Stelle der Hohlleisten wohl ebensogut einfache
vierkantige Leisten, 2 cm breit und 1½ cm hoch, treten können, ähn=
lich wie beim Langschen Saatbrett. — Zu trockener Boden er=
schwert ebenfalls ein scharfes Ausprägen der Rillen, und man hilft
sich in diesem Falle durch leichtes Überbrausen der Beete mit der Gieß=
kanne und nochmaliges Überrechen der Oberfläche, wodurch diese letztere
dann die für das Eindrücken der Rillen günstige Beschaffenheit erhält.

An Stelle der Rillenbretter hat man auch mehrfach mit gutem
Erfolg zur Herstellung der Rillen Walzen benutzt[2]), auf deren Mantel
Leisten in entsprechender Stärke und Entfernung befestigt sind; eine
genügende Schwere der Walzen ist hierbei nötig. Als ein sehr zweck=
mäßiges und namentlich für größere Forstgärten empfehlenswertes In=
strument ist die vom Revierförster Sauer konstruierte Rillenwalze
(Fig. 19) zu bezeichnen[3]), die für Nadelholzsaatbeete bestimmt ist.

<hr>

[1]) Krit. Blätter XLVI, 1, S. 173.
[2]) Zentralbl. f. d. F.=W. 1879, S. 267. Allg. F.= u. J.=Z. 1890, S. 412.
[3]) Forstw. Zentralbl. 1904, S. 449.

Auf dieſer Rillenwalze, die eine Länge von 1,05 m, einen Durch=
meſſer von 28 cm beſitzt, ſind die etwas koniſchen 1,5 cm hohen
Leiſten in 11,5 cm Entfernung auf einem abnehmbaren Mantel be=
feſtigt. Die ſchwere Walze läuft in einer Führung, wird von zwei
in den beiden Beetwegen gehenden Arbeitern über das Beet geſchoben
und drückt die Rillen ſcharf und deutlich ein — ein 10 m langes
Beet iſt in einer Minute mit den nötigen Rillen (87) verſehen.

Fig. 19. Sauers Rillenwalze.

Nach Anſaat aller Beete und Deckung des Samens mit guter Erde
kann der die Walze umgebende Rillenmantel abgenommen und die
Erde mit der nun glatten Walze ebenſo raſch angedrückt werden. —
Zum Transport von einem Saatbeet zum andern werden an der
Walzenachſe Räder befeſtigt[1]).

Während die eben geſchilderten Vorrichtungen zum Eindrücken
der ſeichten Rillen, wie ſie für die Nadelholz= und leichteren Laub=
holzſamen nötig ſind, dienen, werden die tieferen Saatrinnen für
Eicheln, Edelkaſtanien, Bucheln, eventuell auch Weißbuchen, Ahorn,
Eſchen, Linden, die eine ſtärkere Erddecke erhalten ſollen, mittelſt
anderer Inſtrumente gefertigt.

Das einfachſte Inſtrument zur Herſtellung der 5—6 cm tiefen
Saatrillen für Eicheln und Edelkaſtanien iſt eine gewöhnliche leichte
Haue, mit der man längs der über das Land oder das Beet —
über dieſes in der Längsrichtung — geſpannten Schnur ein ent=
ſprechend tiefes Gräbchen zieht; auch einen löffelartigen Rillenzieher
hat man hierzu angewendet.

____

[1]) Eine ähnliche Rillenwalze hat Forſtaſſeſſor Weber konſtruiert (Allg. F.=
u. J.=Z. 1899, S. 455) und rühmt deren Arbeitsleiſtung.

In Halstenbeck[1]) werden zur Herstellung der Rillen starkstielige
Rechen mit wenigen, schräg einwärts gestellten Blechhohlzähnen ver=
wendet; durch Hinziehen je über die halbe Beetbreite werden die Rillen
eingefurcht. Der Ril=
lenzieher für Eichen=
saat (Fig. 20) hat
folgende Maßverhält=
nisse: Länge der Blech=
zähne 25 cm, Breite
am starken Ende 9 cm,
Zahnabstand von
Mitte zu Mitte am
starken Ende 25 cm,
von Spitze zu Spitze
21 cm; es treffen auf
die ganze Beetbreite
von 1,20 m 6 Rillen.
Der Rillenzieher
für Rot= und Weiß=
buche, Esche, Ahorn,
Linde hat folgende
Maßverhältnisse:
Zahnlänge 24 cm,
Zahnbreite 9 cm,
Zahnspitzenabstand

Fig. 20. Halstenbecker Rillenzieher.

16 cm, Zahnzahl 4, sonach 8 Rillen auf jedes Beet.

Das von Burckhardt[2]) erwähnte Steckbrett für Eicheln
findet wohl kaum mehr Anwendung, und auch die Spitzenbergschen

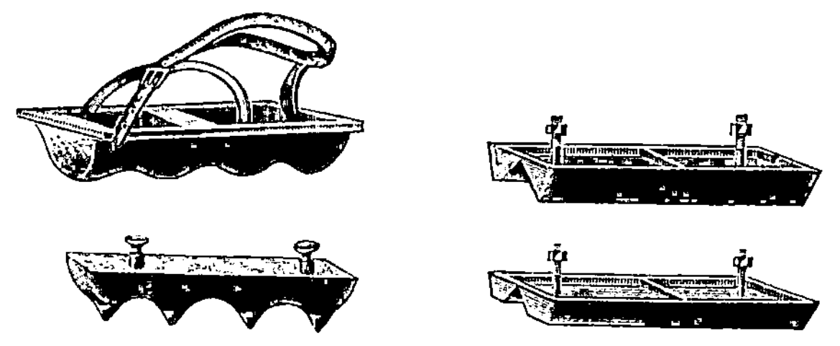

Fig. 21. Spitzenbergs Rillenschuhe.

---

[1]) Forstw. Zentralbl. 1903, S. 484.
[2]) Säen und Pflanzen, S. 62.

Rillenschuhe[1]) (Fig. 21), welche der Rillentreter an die Füße schnallt, um damit, einen Fuß genau vor den andern setzend und längs einer in der Längsrichtung des Beetes gespannten Leine gehend, die Rillen in den Boden zu drücken, dürften ausgedehntere Anwendung kaum gefunden haben.

§ 55. Bestimmung der nötigen Samenmenge.

Die Angabe, welche Samenmenge pro Ar bei jeder einzelnen Holzart zu verwenden sei, wird im zweiten Teil unseres Werkchens, welcher sich die Besprechung der einzelnen Holzarten zur Aufgabe ge=macht hat, erfolgen; hier haben nur die allgemeinen Gesichtspunkte, nach welchen diese Menge zu bestimmen ist, ihren Platz zu finden.

Die Samenmenge, welche auf die Flächeneinheit des Saatbeetes zur Verwendung kommen soll und die bei allen kleineren Samen nach dem Gewicht (Kilogramm), bei einigen großen Samenarten auch nach dem Maß (Hektoliter) bestimmt wird, ist für eine Holzart nicht stets die gleiche.

In erster Linie kommt die Güte des Samens selbst in Betracht, wie sie etwa durch Keimproben festgestellt wurde; je geringwertiger der Samen, um so dichter selbstverständlich die Saat. Holzarten, welche erfahrungsgemäß viel tauben Samen erzeugen, wie Lärchen, Ulmen, werden stets etwas dicht zu säen sein, während man den stets keimkräftigen Samen der Akazie, Schwarzkiefer, entsprechend dünner sät. Bei einigen andern Holzarten, deren Samen ebenfalls meist ein hohes Keimprozent besitzt, wie Eicheln, Kastanien, ist es die nicht un=bedeutend schwankende Größe der Früchte, welche das nötige Samen=quantum bedingt und resp. abändert; enthält doch ein Hektoliter großer Stieleicheln nur etwa 12000, ein Hektoliter kleiner Traubeneicheln über 40000 Stück!

Es ist ferner zu beachten, daß im Saatbeet stets eine geringere Zahl von Samenkörnern aufkeimen wird als bei den Keimproben, bei welchen jedem Samenkorn die denkbar günstigsten Bedingungen gegeben werden. Verhärten der Bodendecke, Trocknis, Abschwemmen, Vögel, Mäuse usw. werden die Zahl der keimenden Körner stets vermindern[2]).

---

[1]) Vergl. „Die Spitzenbergschen Kulturgeräte". Berlin, P. Parey, 1898.

[2]) Bühlers Versuche haben ergeben, daß bei Fichten die Zahl der geernteten zweijährigen Pflanzen im Durchschnitt nur 33 % von der Zahl der keimfähigen Körner, bei der Föhre sogar nur 17 % ergeben hat. — Er weist darauf hin, daß dieser Ausfall erklärlicherweise nicht genauer beziffert werden kann, und daß man deshalb, um zu dünne Saaten zu vermeiden, stets lieber etwas stärker zu

Im weiteren ist wohl ins Auge zu fassen, wie lange die er=
scheinenden Pflanzen bis zu ihrer Verschulung oder direkten Verwendung
ins Freie im Saatbeet stehen sollen; je rascher letztere erfolgt, um so
dichter wird man säen dürfen, und sonach für Fichten, welche ein=
jährig verschult werden sollen, dichtere Saat anwenden dürfen, als
wenn deren Verwendung in dreijährigem Alter ohne vorherige Ver=
schulung beabsichtigt ist.

Die langsamere oder raschere Entwicklung der Pflanzen,
je nach der Holzart, ist ebenso ein Faktor bei der Bestimmung der
Samenmenge; die fast durchaus in den ersten Lebensjahren sich rascher
entwickelnden Laubhölzer — man vergleiche Ahorn, Eiche, Akazie mit
Fichte und Tanne! — erfordern deshalb eine verhältnismäßig minder
dichte Saat.

Erklärlicherweise ist aber auch die angewendete Samenmenge und
der dadurch bedingte mehr oder minder dichte Stand der Pflanzen
auf die Entwicklung der letzteren nach Stamm und Wurzelbildung
von sehr wesentlichem Einfluß. Von großen Samenmengen erhält
man allerdings größere Pflanzenmengen, allein die Pflanzen bleiben
in der Entwicklung zurück, die Zahl der brauchbaren Pflanzen sinkt,
jene des Ausschusses mehrt sich; ein dünner Stand der Pflanzen da=
gegen pflegt stets kräftigere Pflanzen und reichlichere, allseitigere
Wurzelbildung zur Folge zu haben. So kann man z. B. beobachten,
wie dicht stehende zwei= und dreijährige Fichten fast zu einer Pfahl=
wurzelbildung genötigt werden, nachdem namentlich den in der Mitte
breiterer Rillen befindlichen Pflanzen die Möglichkeit der Bildung von
Seitenwurzeln durch ihre Nachbarn entzogen wird; für die spätere
Verpflanzung ist dies geradezu als Mißstand zu betrachten. — Einen
Versuch über diesen Einfluß der Samenmenge auf Zahl und Ent=
wicklung der Pflanzen, angestellt im Forstgarten zu Eberswalde, teilt
Riedel mit[1]). Hiernach wurden auf vier gleich großen, je 31 Quadrat=
meter haltenden Flächen Kiefern angesät, und zwar mit Samen=
quantitäten, welche der Verwendung von 1,75 ... 1,50 ... 1,25 ...
1 kg pro Ar entsprachen. Das Resultat war, daß zwar die Zahl
der brauchbaren Pflanzen Hand in Hand ging mit der verwendeten
Samenmenge — sie betrug 25 479, 21 531, 15 549 und 15 306
Pflanzen —, daß aber die geringeren Samenmengen viel kräftigere

---

säen pflege — darum seien zu dichte Saaten im Freien wie im Saatbeet nicht
selten zu finden. Vergl. Bühler, Mitt., Bd. I, H. 1.

[1]) Zeitschr. f. F.= u. J.=W. 1877, S. 114.

Pflanzen erzeugten: das Tausend derselben wog in obiger Reihenfolge 1,300 ... 1,317 ... 1,727 ... 1,733 kg.

Da es sich aber meist um Erziehung kräftiger Pflanzen mit guter Wurzelbildung handelt, so wird man einer mäßig dichten Saat, welche entsprechend viele und hinreichend kräftige Pflanzen liefert, den Vorzug geben.

Auch die Güte des Bodens, die mehr oder minder reichliche Düngung spricht hierbei wohl ein Wort mit, und dichte Saat auf schwächerem Boden wird stets ein unbefriedigendes Resultat liefern.

Wie bei Ansaaten ins Freie, so wird auch bei der Ansaat von Saatbeeten die Saatmethode von nicht unwesentlichem Einfluß auf die nötige Samenmenge sein; zu der (seltener angewendeten) Vollsaat wird man zumeist mehr Samen verwenden als zur Rillen= saat, und bei letzterer wird wieder die Breite und Entfernung der Rillen von großer Bedeutung sein[1]). Durch letzteres Moment werden denn auch wohl die so oft abweichenden Angaben, welche wir in unserer Literatur über die zweckmäßig zu verwendenden Samenmengen finden, bedingt sein.

Im allgemeinen kann man wohl behaupten, daß zu dichte Saaten öfter vorkommen als zu dünne, und es ist ersteres insoferne günstiger, als man hier durch rechtzeitiges Durchrupfen helfen kann, während eine zu dünn ausgefallene Saat sich nicht mehr verbessern läßt. Immerhin werden auch zu dichte Saaten tunlichst zu vermeiden sein; am leichtesten ist deren Regelung bei großen Sämereien, wie Eicheln, Edelkastanien, Bucheln.

§ 56. Die Ansaat selbst; Säevorrichtungen.

Das Einlegen des Samens in die Saatrillen, die Aussaat selbst, erfolgt nun bei größeren Samen, wie Eicheln, Bucheln, Tannen= samen, stets aus der Hand, und ebenso können die mit größeren Flügeln versehenen Laubholzsamen, wie Ahorn, Esche, Ulme, nicht wohl anders gesät werden. Auch die Vollsaat erfolgt stets aus der Hand, ohne Säevorrichtungen.

Auch die kleineren Samen, so also jene von Fichte, Föhre, Lärche, wurden ursprünglich und werden vielfach noch jetzt in gleicher Weise gesät, und es läßt sich nicht in Abrede stellen, daß aufmerksame und geübte Personen — man verwendet zum Säen fast ausschließlich

---

[1]) Für Rillensaaten erscheint die Angabe der Samenmenge pro laufenden Meter zweckmäßiger und vergleichungsfähiger als jene pro Ar.

die billigeren weiblichen Arbeitskräfte — eine ziemliche Gleichmäßigkeit in der Verteilung des Samens, auf die es ja vor allem ankommt, erzielen. Dagegen hängen diesem Ansäen aus der Hand auch wesentliche Schattenseiten an: vor allem geht dasselbe langsam vor sich und ist daher kostspielig; sind die Leute nicht geübt und aufmerksam, so wird die Saat ungleich, wie es denn überhaupt schwierig ist, eine Anzahl von Leuten zu gleich starkem Ansäen anzuweisen und abzurichten; insbesondere aber wird die Saat gern ungleich an kalten Tagen, wie sie Ende April, Anfang Mai nicht selten sind, indem dann die durch Frost steifen und minder empfindlichen Finger der Arbeiterinnen den Samen ungleich ausfallen lassen. Endlich ist auch das stete Niederkauern für die letzteren beschwerlich; dieselben treten und drücken dabei auch gerne die schmalen Zwischenwege ungebührlich breit.

Angesichts dessen wie der˙ sehr zweckmäßigen Säeapparate, die uns zur Verfügung stehen, möchte ich es geradezu als einen schweren Fehler bezeichnen, wenn Fichten, Föhren, Lärchen noch mit der Hand gesät werden!

Solche zweckmäßige Säeapparate insbesondere für die in unsern Forstgärten in großer Menge zur Verwendung kommenden Nadelholzsamen herzustellen, hat man sich schon seit langer Zeit bemüht, und einfache wie zusammengesetztere Vorrichtungen in größerer Zahl verdanken diesem Bestreben ihre Erfindung. Insbesondere ist es die Saat in schmale Rillen, welche solche Säevorrichtungen leicht anwendbar macht.

Auch hier hat sich übrigens die Erfahrung bewährt, daß sich — wie beim Kulturbetriebe überhaupt — nur jene Vorrichtungen eine dauernde Stelle zu erwerben vermögen, welche sich durch einfache Konstruktion und Handhabung wie mäßigen Preis auszeichnen. Alle übrigen sind im Verlauf der Zeit aus der forstlichen „Gerätekammer" in die forstliche „Rumpelkammer" gewandert. Wir werden uns daher auch hier auf jene beschränken, welche dauernde Anwendung gefunden haben oder — erst neueren Ursprungs — sich erwerben dürften, und haben eine Anzahl in den früheren Auflagen beschriebener Säeapparate, die eine weitere Verwendung nicht gefunden haben, gestrichen: so das Saatholz, die Saatkrippe und das in Verbindung mit dieser verwendete Säehorn, die Säemaschine von Praxa u. a.

Die älteste und einfachste Säevorrichtung war wohl die Saatrinne[1]) (Fig. 22), bei welcher an ein 10 cm breites Brett, dessen

---

[1]) Forstw. Zentralbl. 1867, S. 138.

Länge gleich der Beetbreite, längs einer der langen Kanten eine schwache, 3 cm hohe Leiste rechtwinklig angenagelt ist. In die dadurch gebildete Rinne wird der Samen von den in den schmalen

Wegen einander gegenüberstehenden Arbeitern eingestreut, — von jedem bis zur Mitte der Rinne — etwaige Ungleichheiten werden mit den Fingern ausgeglichen und sodann die schmale Leiste genau

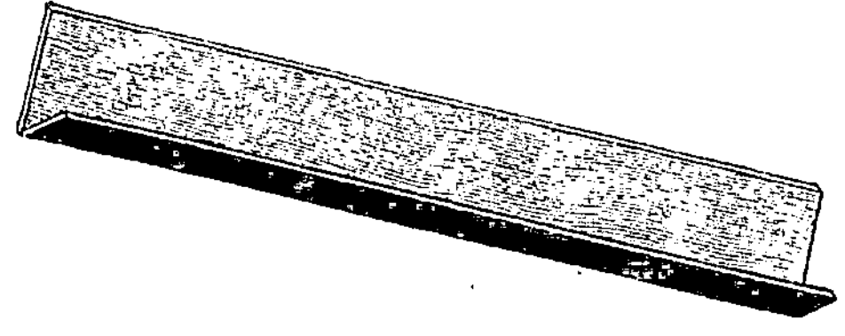

Fig. 22. Saatrinne.

an die vorher schon eingedrückte Rille gelegt. Durch eine leichte Hebung des Brettes gleitet der Samen über die schmale Leiste in die Rille.

Der Apparat ist sehr einfach, dagegen die gleichmäßige Verteilung des Samens in der Rille doch schwieriger und zeitraubender, als man glauben sollte.

Als sehr einfach, zweckmäßig und arbeitsfördernd kann nachfolgende Vorrichtung, das Klappbrett (Fig. 23), empfohlen werden. Zwei etwa 10—12 cm breite, mäßig starke Bretter, deren Länge wieder gleich der Breite der anzusäenden Beete, sind durch zwei oder drei innen angebrachte schmale Scharniere so aneinander befestigt, daß sie sich bis zu einem Winkel von etwa 90° öffnen können und dann das eine fest auf dem andern steht, beide miteinander eine geschlossene Rinne bilden, in welche der Samen eingestreut werden kann. Setzt man die Kante des Brettes in die eingedrückte Saatrille und klappt die beiden Seitenbretter zusammen, so öffnet sich durch die Scharniere die untere Kante so weit,

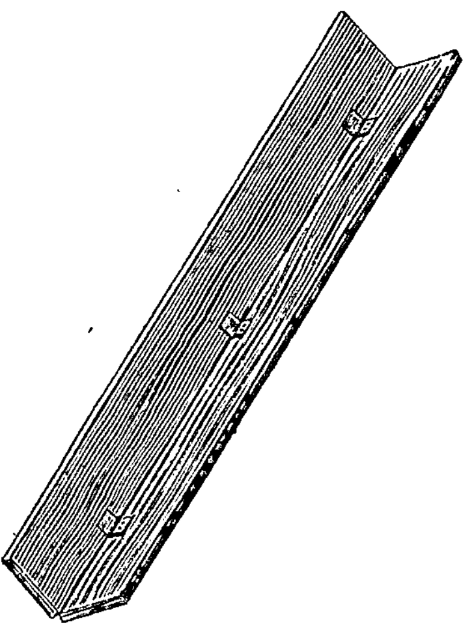

Fig. 23. Klappbrett.

daß der Samen (Fichten-, Föhren-, Lärchen-, Akazien-, Weißbuchen-samen) durch und in die Rille fällt.

Das Einlegen des Samens in die durch beide Bretter gebildete Rinne erfolgt aber ebenso rasch als gleichmäßig — und das ist

der Vorzug des Apparates gegenüber der oben beschriebenen Saat=
rinne — dadurch, daß man die innere Kante des aufsitzenden Brettes
etwas abstumpft, wie dies untenstehender Querschnitt (Fig. 24) durch
den unteren Teil des Saatbrettes (natürl. Größe) versinnlicht. Wenn

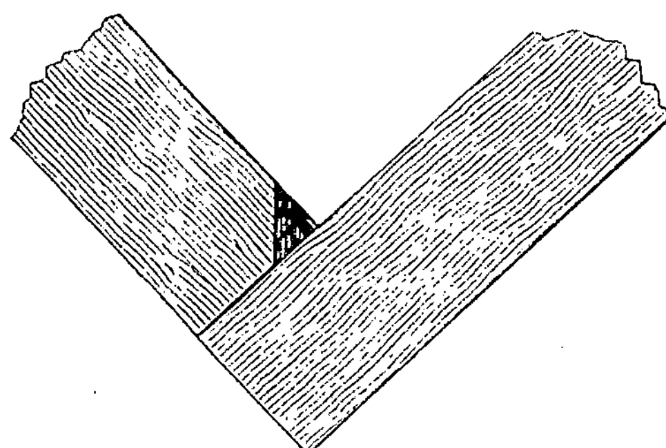

Fig. 24. Klappbrett.

nun der eine der Arbeiter,
die sich in den schmalen
Wegen gegenüberstehen
und mit je einer Hand das
Brett halten, eine Prise
Samen einlegt und durch
die Rinne nach der andern
Seite schiebt, woselbst der
andere den Überschuß in
seine aufgesteckte Schürze
streift, so bleibt in der
kleinen, durch die Ab=
stumpfung der Kante gebildeten Vertiefung so viel Samen, als nötig,
in gleicher Verteilung liegen, ja man hat durch leichteres oder
festeres Aufsetzen des Fingers beim Durchstreifen des Samens eine
stärkere oder schwächere Einsaat, je nach Qualität des Samens, ganz
in der Gewalt. — Die Arbeit geht sehr rasch und sicher vor sich.

Große Verbreitung hat die von Forstrat Eßlinger konstruierte
Säelatte[1]) gefunden und kann als einfaches, billiges und praktisches
Instrument namentlich um deswillen empfohlen werden, weil das
Säen mit derselben nicht nur rasch vonstatten geht, sondern auch der
Samen — unabhängig von der Geschicklichkeit der Arbeiter — gleich=
mäßig und entsprechend dünn, wie dies insbesondere zur Erziehung
zwei= bis dreijähriger, unverschult zur Verwendung kommender Fichten=
pflanzen wünschenswert erscheint, in die Saatrillen gestreut wird.

Diese Säelatte, von welcher Figur 25 a den Querschnitt in
natürlicher Größe gibt, besteht aus zwei miteinander verbundenen
Leisten A und B, deren Länge gleich der Beetbreite. Längs der
Kante sind nun in der Leiste A kleine, etwa 7 mm lange, seichte,
rechteckige Einschnitte, welche etwa 4—5 Samenkörner von Fichte oder
Föhre aufzunehmen vermögen, durch gleich große, nicht vertiefte
Zwischenräume getrennt (Fig. 25 b). — Zu der Säelatte gehört nun

---

[1]) Forstw. Zentralbl. 1890, S. 535. Die Latte kann vom Schreiner Metz
in Schaidt (Pfalz) um 3 Mk., mit Samenkasten um 6 Mk. bezogen werden. Das
Rillenbrett von Kiefernholz kostet 2 Mk.

noch ein der Länge der Latte entsprechender, etwa 12 cm breiter und 8 cm hoher Kasten, sowie ein Rillenbrett mit vierkantigen, 2,5 cm breiten und 1,2 cm hohen Leisten (s. Fig. 18) oder die Fig. 19 ab= gebildete Rillenwalze. Soll nun gesät werden, so werden mit letzterem

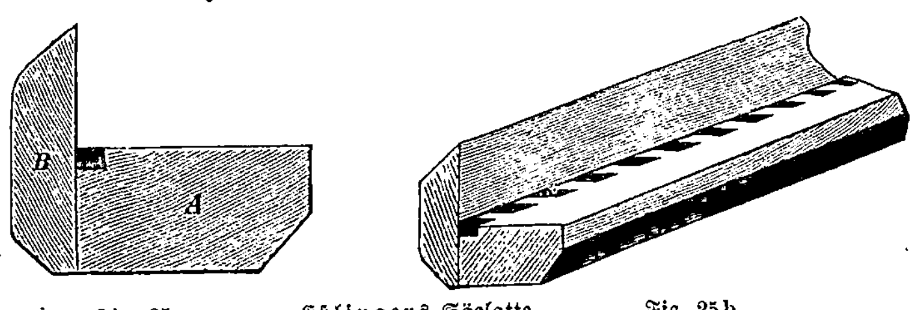

Fig. 25a.   Eßlingers Säelatte.   Fig. 25b.

Brett zuerst die Rillen eingedrückt, der Kasten mit Samen etwa zur Hälfte gefüllt und aus diesem mit der Säelatte gleichsam geschöpft: bei entsprechender Drehung der Latte rollen alle Samenkörner, bis auf die in den Vertiefungen liegenden, in den Kasten zurück. Die gefüllte Latte wird sodann an den Rand der eingedrückten Rille an= gesetzt und der Same durch seitliches Umkippen in die Rille eingestreut.

Da die Latte jederzeit gleich dicht sät, je nach Umständen, Art und Güte des Samens aber bald dichtere, bald dünnere Saat gewünscht werden kann, so führt man zweckmäßig zwei Latten in seinem Besitz mit kleineren Einschnitten für lichtere, größeren für dichtere Saat.

Aus der Eßlingerschen Säelatte ist hervorgegangen Sauers Säeapparat[1]), der Säelatte und Samenkasten miteinander ver= bindet, das Füllen der ersteren mit Samen erleichtern soll und die gleichzeitige Ansaat von vier mit der in § 54 beschriebenen Sauer= schen Rillenwalze eingedrückten Rillen ermöglicht.

Der Säeapparat (Fig. 26) be= steht aus einem rechteckigen Holz= kasten, dessen Länge gleich der üb= lichen Beetbreite (1 m), und dessen Breite gleich dem vierfachen Rillen= abstand einschlüssig Rillenbreite = 48 cm ist. Der Boden des 7 cm hohen Säekastens besteht aus po= liertem, das Gleiten des Samens leicht ermöglichendem Hartholz und liegt auf der (vom Beschauer aus)

Fig. 26. Sauers Säeapparat.

links gelegenen Längsseite jeder

----

[1]) Forstw. Zentralbl. 1904, S. 449.

Abteilung eine in Scharnieren bewegliche Säelatte nach Eßlinger=
schem System. In jede der vier Abteilungen des Kastens kommt nun
in gleichheitlicher Verteilung eine tüchtige Handvoll Nadelholzsamen;
durch Heben der rechten Seite des Kastens füllen sich die Säelatten
mit Samen, durch Heben nach der entgegengesetzten Seite gleitet der
übrige Samen zurück an die Rückwand. Nun setzen die beiden, in
den Beetwegen einander gegenüberstehenden Arbeiter den Kasten genau
auf die Rillen, und durch einen Druck, den der eine Arbeiter auf die
an seiner Seite angebrachte Druckvorrichtung mit beiden Daumen
ausübt, senken sich die Säelatten und entleeren den Samen in die
Rillen, um dann sofort durch Federdruck in die alte Lage zurückzu=
kehren. Es folgt nun wieder die gleiche Bewegung des Kastens nach
links und nach rechts, und bei einiger Übung setzen die Arbeiter den
Kasten bei der Entleerung nicht einmal ganz auf den Boden auf.

Der Apparat ist sinnreich erdacht und verwendet die Eßlinger=
sche Latte in vorzüglicher Weise, erfordert aber immerhin einige
Übung der beiden Arbeiter und insbesondere ein sehr gleichmäßiges
Heben und Senken des Kastens bei dem Füllen der Säelatten, damit
der Samen längs der die einzelnen Abteilungen trennenden Seiten=
wände gleichheitlich verteilt bleibt, nicht auf dem glatten Boden des
Kastens nach einer Seite abrutscht, was eine ungleiche und mangel=
hafte Füllung der Latten zur Folge hat. Diesem Übelstande hat der
Erfinder dadurch abgeholfen, daß er jedes Samenfach mittelst einer
einfachen Blecheinlage in sieben Abteilungen teilte, und hat sich der
Apparat mit dieser kleinen Verbesserung sehr bewährt[1].

Ein ebenfalls neues und nach eigener Erprobung sehr einfaches
und empfehlenswertes Gerät ist der Hörmannsche Rillensäer[2].

Der Apparat besteht (Fig. 27) aus einem mit Deckel und Hand=
haben ausgestatteten Samenkasten von leichtem Holz, in dem unten
eine mit vier Längsrillen versehene Metallwalze liegt, die durch ein
einfaches, außen am Samenkasten befindliches Kurbelwerk bewegt wird.
Dieses Kurbelwerk besteht aus einer mit vier Zähnen versehenen Dreh=
scheibe, einem in diese Zähne eingreifenden gefederten Haken und einem

---

[1] Der ganze Säeapparat mit Rillenwalze (nebst Rädern zum Transport)
kostet 57,50 Mk., der Säekasten in obiger Ausführung mit vier Säelatten 26 Mk.;
der Apparat kann auch mit einer Latte (13 Mk.), mit zwei Latten (17 Mk.), mit
drei Latten (21,50 Mk.) von dem Erfinder, Revierförster Sauer in Grießenbach
(Post Postau in Niederbayern), bezogen werden.

[2] Forstw. Zentralbl. 1903, S. 622. Der Apparat ist bei H. Kohlmeier
in Breitenbrunn (Oberpfalz) um 20 Mk. zu beziehen.

Dreharm, und ist so konstruiert, daß sich die Walze durch einen Druck mit dem steilstehenden Kurbelarm je um einen Viertelkreisbogen drehen läßt; nach jeder Drehung tritt durch einen Stift eine Hemmung in der Weise ein, daß eine der vier Walzenrillen, genau unter dem Spalt des Samenkastens lie=
genb, sich mit Samen
füllt, die entgegen=
gesetzte dagegen sich
nach unten entleert,
wobei der Samen
durch zwei unten lie=
gende schnabelartige
Holzleisten genau in
die Rille geleitet wird.
Ein längs des Spal=
tes im Kasten an=
gebrachter bürsten=

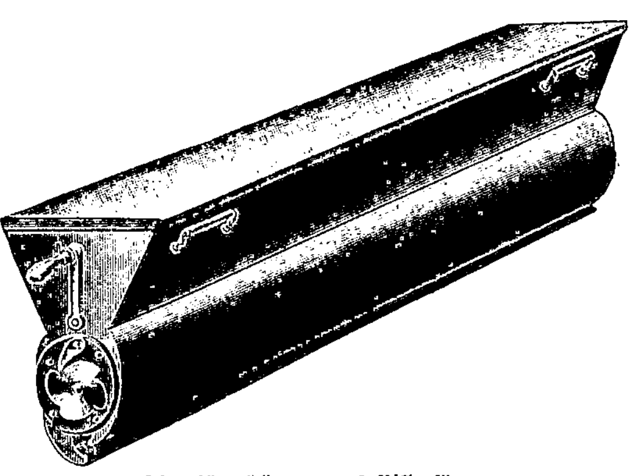

Fig. 27. Hörmanns Rillensäer.

artiger Abstreifer schiebt jedes über den Rand hervorstehende Samen= korn aus der eben gefüllten Rille in den Kasten zurück.

Die Handhabung des Apparats ist eine höchst einfache. Nachdem auf dem Beet die Rillen mittelst Rillenbrett oder Walze vorgedrückt sind, fassen zwei Arbeiter den mit Samen gefüllten Apparat und setzen ihn, in den Beetwegen sich gegenüberstehend, so auf die erste Rille, daß die längere Schnabelleiste genau längs der äußeren Rillen= kante aufsitzt; der eine Arbeiter drückt sodann den Kurbelarm bis zum Hemmstift und entleert dadurch eine gefüllte Walzenrille in den Boden. Hierauf wird der Kasten auf die nächste Rille gesetzt und in gleicher Weise verfahren.

Der Apparat arbeitet sehr rasch[1] und genau und stellt keine Anforderungen an die Übung der Arbeiter. — Die Dichte der Saat ist durch die Tiefe der Walzenrillen bedingt und kann man nötigenfalls die Walze leicht aus dem Apparat herausnehmen und durch eine andere ersetzen. Der Erfinder hat übrigens dem Vorwurfe, der Apparat säe zu dicht, dadurch abgeholfen, daß er einfache

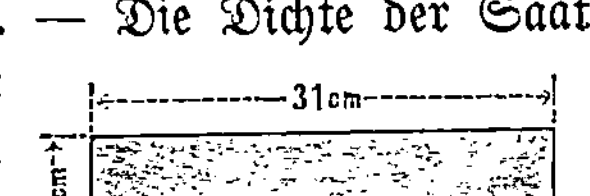

Fig. 28. Einsatzleiste.

---

[1] Ein vor größerer Teilnehmerzahl ausgeführter Versuch im hiesigen Forst= garten ergab, daß unter Anwendung der Sauerschen Rillenwalze und des obigen Säeapparats ein 10 m langes Beet in acht Minuten angesät wurde!

hölzerne Einsatzleisten mit Gummiansätzen (Fig. 28) in umstehenden Dimensionen in den im Innern dreiteiligen Kasten einlegt; die keilförmigen Ansätze legen sich in den Spalt und verhindern an den betreffenden Stellen das Eintreten des Samens in die Walzenrille, bedingen eine dünnere Saat, deren Stärke sich durch die Breite der Gummiansätze leicht regeln läßt.

Als ein empfehlenswerter Säeapparat kann auch die Saatmaschine von Hacker (Fig. 29) bezeichnet werden. Der Samen befindet sich in einem keilförmigen Kasten und gleitet aus diesem in eine darunterliegende Rolle mit Vertiefungen, deren Zahl und Größe durch aufgeschobene Messingringe reguliert werden kann — und damit auch die gewünschte Stärke der Saat; neben der Samenrolle angebrachte Bürsten streichen den überflüssigen Samen in den Samenkasten zurück. Die Führung der Maschine erfolgt, wie aus der Abbildung ersichtlich, mit Hilfe einer 23 cm langen eisernen Walze, auf welcher sich leicht vertiefte Markierungsringe befinden, mit deren Hilfe die Abstände der Saatstreifen leicht reguliert werden; vorheriges Eindrücken von Rillen findet

Fig. 29. Saatmaschine von Hacker.

nicht statt, der (Nadelholz) Samen wird obenauf gesät, beim Fortschreiten der Saat von rechts nach links sofort durch die Walze angedrückt und sodann mit guter Erde durch Streuen aus der Hand in gewünschter Stärke gedeckt. Der Apparat kostet bei dem Erfinder, k. k. Forstmeister Hacker in Königgrätz (Böhmen), 26 Mk.

Auch bei der Saat ist man nicht selten genötigt, der Witterung etwas Rechnung zu tragen: bei trocknem Wetter drücken sich auf sandigem Boden die seichten Rillen oft schlecht ein, und man muß sich eventuell durch leichtes Überbrausen der Beete helfen. Bei nasser

Witterung läßt sich auf stark lehmigem Boden nicht arbeiten, die Erde hängt sich an die Saatbretter und Latten, und einiges Abtrocknen des Bodens muß abgewartet werden.

Wird ausnahmsweise für ein Saatbeet die **Vollsaat** gewählt, so sind diese letzteren Rücksichten auf die Witterung allerdings nicht notwendig. Auf das gut geebnete Beet wird der Samen aus der Hand möglichst gleichmäßig obenauf gesät, wobei man jedenfalls gut tut, das Samenquantum pro Beet vorher durch Abwägen oder Messen zu bestimmen und die Ansaat dann etwa in der Weise, wie sie bei der Vollsaat im Freien von vorsichtigen Forstwirten vorgenommen wird, auf **zweimal** mit je dem halben Samenquantum auszuführen. Man hat dann die gleichmäßige Verteilung mehr in der Hand, während sonst die Saat nicht selten anfangs zu dicht und gegen Ende zu dünn ausfällt. — Sehr erleichtert wird die Vollsaat mit Nadelholzsamen durch Mennigen desselben (s. § 68); die roten Samenkörner heben sich scharf vom Boden ab und ermöglichen leicht eine gleichheitliche Verteilung.

In der großen Handelsgärtnerei von **Heins** in Halstenbeck, wo, wie bereits erwähnt, alle Nadelhölzer, dann Birken, Erlen, Ulmen **voll** ausgesät werden, geschieht dies nach **Schwarz'** Schilderung[1] folgendermaßen:

Ein Mann hebt mit der sog. Säeschaufel, der Längsseite des Beetes im Steige folgend, auf der halben Seite des Beetes etwa $^3/_4$ cm tief die obere feine Erdschichte ab; ihm folgt auf dem Fuße ein zweiter Arbeiter — stets der gleiche und darum vorzüglich geübte — mit einem Blechkübel, in welchem sich das für ein Beet bestimmte Samenquantum, genau abgemessen und mit feinem feuchten **Sand** gemengt, befindet; auf die abgehobene Beetseite streut er den mit Sand gemischten Samen aus, wobei ihm der helle Sand als Anhalt für die gleichmäßige Verteilung dient. Mit der Säeschaufel wird nun der ausgesäte Samen leicht angepatscht, sodann mit feinem feuchten Sand etwa $^1/_2$ cm hoch überstreut; der erstbezeichnete Arbeiter hebt nun die Erde, wie oben geschildert, von der zweiten Beethälfte ab und wirft sie mit geübter Schwingung gleichmäßig dünn über die angesäte übersandete Beethälfte. Diese zweite Beethälfte wird nun in gleicher Weise angesät und von der Beethälfte des Nachbarbeetes aus übererdet, und schließt sich so Beet an Beet.

---

[1] Forstw. Zentralbl. 1903, S. 482.

§ 57. Bedeckung des Samens.

Wie in § 52 schon angeführt, ist der Samen durch eine ent=
sprechende Bedeckung gegen Austrocknen, Verschwemmen, Vögel usw.
zu schützen. Wie stark diese Bedeckung sein soll, haben wir dort=
selbst im Zusammenhang mit der Frage nach der Tiefe, welche den
Rillen zu geben ist, besprochen und werden uns daher hier auf das
„womit" und „wie" des Deckens zu beschränken haben.

Zum Decken soll nun unter allen Umständen lockerer Boden
genommen werden, um die bei Anwendung eines bindenderen Deck=
mittels nach Regen so leicht eintretende Krustenbildung zu verhindern,
eine Bildung, die den kleineren Samenarten oft geradezu verderblich
werden kann, zumal wenn etwa der Samen ungleichzeitig keimt, nicht
mit vereinter Kraft die Decke zu heben und zu sprengen vermag[1].
Ebenso begünstigt lockeres Deckmaterial den zur Keimung nötigen
Luftzutritt, und eine etwas stärkere Deckung wird minder nachteilig
sein als bei schwererem Deckmittel. — Dammerde, mit Humus ge=
mischter Sand, gute Komposterde sind die besten Stoffe zum Decken,
zumal durch sie dem keimenden Samen sofort auch eine reiche Nah=
rungsquelle zur Verfügung gestellt wird. Auch die hygroskopischen
Eigenschaften humosen Bodens wirken jedenfalls vorteilhaft bei der
Keimung mit. —

Auch die von Bühler[2] mit Nadelholzsamen im Forstgarten der
schweizerischen Versuchsanstalt ausgeführten genauen Versuche mit verschiedenen Deckungsmitteln: Humus, Sand= und lehmigem Tonboden —
haben die günstige Wirkung der Humusdeckung ergeben. Die Samen
keimten früher, die Keimlinge zeichneten sich durch üppigere Entwick=
lung, dunkelgrüne Farbe der Kotyledonen und Nadeln aus, und auch
die Zahl der Pflanzen war eine größere. Lorey[3] hat neben Kom=
posterde auch Gerberlohe, Sägespäne, Torfmull in Untermischung mit
ersterer mit Erfolg angewendet.

Wo man also mit Dammerde und Komposterde düngt, wird man
sich stets eine entsprechende Quantität dieses Materials zum Decken
reservieren, außerdem entsprechendes Deckmaterial anderweit herbei=
schaffen.

Das Decken selbst erfolgt bei der Vollsaat durch möglichst gleich=
mäßiges Übersieben oder durch Überwerfen mit klarer, lockerer
Erde in der am Schluß des § 56 geschilderten Weise, bei Rillensaaten

---

[1] Allg. F.= u. J.=Z. 1894, S. 194.
[2] Bühler, Mitt., Bd. I, Heft 1.
[3] Allg. F.= u. J.=Z. 1894, S. 194.

aber mit der Hand durch Einstreuen des Deckmaterials in die
Rillen; dabei trägt man dasselbe so stark auf, daß die gedeckten Rillen
etwas erhaben erscheinen, und drückt dann, am einfachsten mit dem
umgedrehten Saatbrett, die Erde etwas an. Auch Walzen von
entsprechender Konstruktion werden hierzu wohl verwendet, so der
Spitzenbergsche Samenbedecker[1] (Fig. 30), der aus einer
glatten, hölzernen Druckwalze von 25 cm Breite und einer ebenso
breiten eisernen Gitterwalze besteht, welch letztere aber zum Zweck des

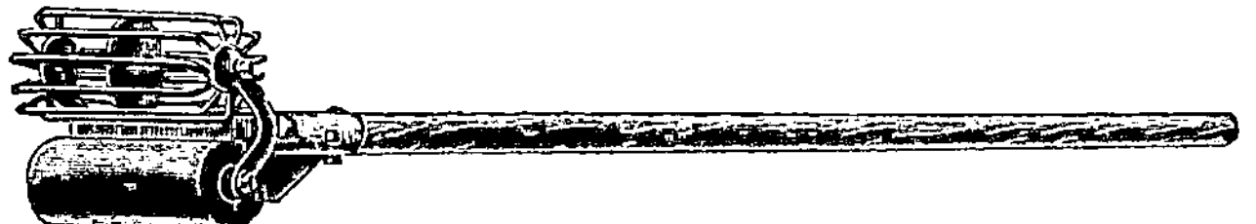

Fig. 30. Spitzenbergs Samenbedecker.

Anwalzens entbehrlich ist. — Auch die Walze des Hackerschen Säeapparates (s. Fig. 29) kann bei leerem Samenkasten zu diesem Anwalzen benutzt werden, ebenso die Sauersche Rillenwalze, von der
der Rillenmantel abgenommen werden kann. — Dieses Andrücken
des Deckmaterials an den Samen erweist sich als entschieden vorteilhaft, der letztere kommt mit jenem in innige Berührung, wird dadurch
rascher Feuchtigkeit anziehen und keimen, während dem Verschwemmen
des Deckmaterials durch das Andrücken ebenfalls vorgebeugt wird,
und sollte dies Andrücken daher nie unterlassen werden.

Die tieferen, mit Haue oder Rillenzieher gezogenen Rillen für
Eicheln u. dgl. werden zumeist durch einfaches Beiziehen der nach
der Seite gezogenen, ausgehobenen Erde mittelst des Rechens gedeckt,
was bei gutem und lockerem Boden wohl zulässig erscheint; bei
schwererem, leicht verkrustendem Boden wird man gute, humose Walderde oder stark mit Rasenasche gemengten Boden zweckmäßig zur Ausfüllung der Rillen anwenden. Auch hier wird man das Deckmaterial
entsprechend andrücken, wozu auch die Spitzenbergsche Bedeck-
hacke benutzt werden kann oder das ebenfalls dort empfohlene, an
den Fuß zu schnallende Trittbrett[2].

Vor zu tiefen Saatrillen und damit zusammenhängender zu
starker Deckung haben wir schon oben gewarnt; je lockerer das Deckmaterial, um so stärker darf aber erklärlicherweise die Decke sein.

Herbstsaaten empfiehlt E. Heyer etwas stärker zu decken[3], da

---

[1] Vergl. „Die Spitzenbergschen Kulturgeräte". Berlin, P. Parey, 1898.

[2] Die Spitzenbergschen Kulturgeräte. Berlin, P. Parey, 1898.

[3] Allg. F.- u. J.-Z. 1866, S. 210.

durch die vielen Niederschläge im Winter und Frühjahr ein Abspülen von Deckmaterial doch stets erfolgen werde.

Das weitere Decken der Saatbeete mit Laub, Reisig u. dgl. gehört in das Gebiet des Schutzes der Saatbeete gegen Trocknis, Abschwemmen u. s. f. und wird dementsprechend im nächsten Kapitel besprochen werden.

II. Schutz und Pflege der Saatbeete.

§ 58. Allgemeine Erörterungen.

Von dem Augenblicke an, wo wir den Samen in die Erde legen, bis zu seinem nach kürzerer oder längerer Zeit erfolgenden Aufgehen drohen demselben mancherlei Gefahren, so das Aufzehren durch Mäuse und Vögel, das Vertrocknen nach vorher erfolgtem Quellen, das Verschwemmen durch Regengüsse. Neue Gefahren beginnen mit dem Erscheinen des jungen Pflänzchens: Spätfröste töten die Keimlinge, beschädigen die älteren Pflanzen, Trocknis läßt sie zugrunde gehen, Insekten verzehren Wurzeln und Blätter, Vögel gefährden die noch in der Samenhülle steckenden Kotyledonen der Nadelhölzer, größere Tiere verbeißen die Pflanzen. Der Barfrost hebt uns jüngere und ältere Pflanzen aus dem Boden, das wuchernde Unkraut beeinträchtigt deren freudiges Gedeihen — und möglichster Schutz gegen alle diese Gefährdungen ist daher eine weitere Aufgabe des Pflanzenzüchters.

Aber nicht bloß Schutz bedürfen unsere Pflanzen — sie wollen zu raschem und freudigem Gedeihen auch eine sachgemäße Pflege, bald in höherem, bald in geringerem Grade, je nach Holzart und Standort. Schon die rechtzeitige Entfernung des Unkrautes gehört einigermaßen mit in das Kapitel der Pflege, wie denn Schutz und Pflege nicht selten ineinandergreifen, so z. B. auch bei dem Anhäufeln, dem Begießen oder Bewässern; es gehören ferner zur Pflege die Lockerung des Bodens zwischen den Pflanzenreihen, das Durchrupfen zu dichter Wüchse, die Nachdüngung jener Beete, die durch ihren kümmernden Wuchs Nahrungsmangel verraten, das Beschneiden der Äste.

In den folgenden Abschnitten werden wir nun besprechen, in welcher Weise der nötige Schutz, die wünschenswerte Pflege den Saatbeeten am zweckmäßigsten gegeben werden. Vieles davon gilt erklärlicherweise auch für die mit verschulten Pflanzen besetzten Pflanz-

beete; wir werden uns dort um so kürzer fassen, uns vielfach auf
das hier Gesagte beziehen können.

§ 59. Schutz des Samens gegen Trocknis.

Starkes Austrocknen des Bodens als Folge anhaltender Luft=
wärme und austrocknender Ostwinde in Verbindung mit längere Zeit
ausbleibenden atmosphärischen Niederschlägen wird unsern Saaten ge=
fährlich von dem Moment an, in welchem der Samen durch Wasser=
aufnahme zu laufen, anzuschwellen beginnt, bei künstlich gequelltem
Samen daher vom Moment der Aussaat an, außerdem nach mehr=
tägigem Liegen des Samens im feuchten und durch die höhere Luft=
wärme des Frühjahrs gleichfalls erwärmten Boden. Bodenfeuchtigkeit
und Bodenwärme bedingen das raschere oder langsamere Laufen des
Samens. Ist dieses aber einmal erfolgt, so kann anhaltende Trocknis
das völlige Verderben des Samens nach sich ziehen, indem derselbe
das zur Fortsetzung des Keimprozesses nötige Wasser sich von dem
ausgetrockneten Boden nicht mehr zu verschaffen vermag; die etwa
schon durchgebrochene Keimspitze, das zuerst erscheinende Würzelchen
vertrocknen.

Nicht alle Samen sind der Gefahr, durch Trocknis zugrunde zu
gehen, in gleichem Maße ausgesetzt; je kleiner der Samen, je schwächer
sonach die Bedeckung, je geringer die natürliche, dem Samen inne=
wohnende Feuchtigkeit, um so größer ist die Gefährdung. Die tief=
liegende saftige Eichel hat unter der Trocknis nahezu gar nicht zu
leiden, der kleine Same der Ulme, Erle, Birke dagegen in hohem Grade.

Zunächst beugen wir nun solcher Gefahr vor durch nicht zu späte
Saat (siehe § 48); Ende April, Anfang Mai pflegt der Boden noch
reichlich Winterfeuchtigkeit auch in seinen oberen Schichten zu haben,
atmosphärische Niederschläge treten häufig ein, während in der zweiten
Hälfte des Mai anhaltend schönes, trocknes Wetter nicht selten ist.
Gequellten Samen säen wir nur bei feuchtem Wetter, in wenigstens
etwas frischen oder feuchten Boden, eine Vorsicht, die bei ungequelltem
Samen nicht nötig ist.

In weiterem suchen wir insbesondere bei kleinem und also schwach
gedecktem Samen dem Boden seine Feuchtigkeit durch eine Deckung
zu erhalten — eine Deckung, die häufig zugleich als Schutz gegen
anderweite Gefährdungen, wie Vögel, Regengüsse usw., dient. Als
solche Deckungsmittel, die sofort nach beendigter Saat aufgelegt, nach
erfolgter Keimung aber meist teilweise oder ganz entfernt werden,

dienen Moos, Nadelholzäfte, Besenpfriemen und Heide, Gras, Stroh, endlich Schutzgitter verschiedener Konstruktion.

Was nun den Wert dieser Schutzmittel anbelangt, so hätten wir zunächst gegen das insbesondere auch von E. Heyer empfohlene[1] Moos mancherlei Bedenken, obwohl dasselbe den Zweck der Feucht= erhaltung des Bodens gut zu erfüllen vermag. Das Decken ist nicht gerade billig, schwächere Niederschläge gelangen durch dasselbe gar nicht an den Boden, beim Trockenwerden wird das Moos oft stark verweht, muß durch aufgelegte Stangen oder Äste festgehalten werden, und endlich ist der richtige Zeitpunkt des Wegnehmens bei dem doch meist etwas ungleich laufenden Samen schwer zu erraten: nimmt man dasselbe zu bald weg, so gehen die obenauf liegenden, eben keimenden Samen bei trocknem Wetter zugrunde; entfernt man das Moos zu spät, so wachsen die Keimlinge spindelig in dasselbe hinein, und ins= besondere die Köpfchen der Nadelholzsamen werden abgerissen. Schaal[2] konstatierte auch, daß sich Laufkäfer in großer Menge unter dem Moos gesammelt und (insbesondere Harpalus tardus) die Samen verzehrt haben[3].

Der ebengenannte, als erfahrener Forstwirt bekannte Fachgenosse empfiehlt als vorzügliches Deckungsmittel Stroh[2], von welchem er etwa vier Bund pro Ar verwendet, und das, zum Schutze gegen Wind mit leichten Stangen beschwert, nach der Keimung fast unversehrt ab= genommen wird, also auch ein billiges Deckungsmaterial ist. Ihm reiht er Tannen= und Föhrenreisig, dann die Forstunkräuter an und bezeichnet als die schlechteste Deckung mit vollem Recht jene mit Fichten= äften, welche schon nach wenig warmen Tagen die Nadeln fallen lassen, keinen Schutz mehr gewähren, später aber durch starke Erhitzung dieser abgefallenen roten Nadeln geradezu nachteilig werden (Brennen). Besenpfrieme und Heide werden wohl stets mehr aushilfsweise zur Verwendung kommen, Tannen= und Föhrenreisig daher das gebräuchlichste Material sein, und da die Tanne an vielen Orten, die Föhre aber bekanntlich fast nirgends ganz fehlt, so kann man das allerdings etwas sperrige und daher minder gut deckende, aber die

---

[1] Allg. F.= u. J.=Z. 1866, S. 211.

[2] Allg. F.= u. J.=Z. 1866, S. 210.

[3] Wesentlich anders liegt die Sache, wenn Moos zur Deckung des Bodens zwischen Pflanzen — im Gegensatz zu erst aufkeimenden Saaten — verwendet wird. Nach Cieslars Versuchen (Zentralbl. f. d. F.=W. 1893, S. 24) zeigt hier eine Moosdeckung vorzüglichen Erfolg, während die oben angeführten Bedenken zum größten Teil wegfallen.

Nadeln lange anhaltende und zum nachherigen Bestecken der Beete gut verwendbare Föhrenreisig wohl als das gebräuchlichste Material bezeichnen.

Bei allen diesen in mäßig dicker Lage anzuwendenden Deckungs= mitteln, deren Auflegen sich sofort an die Saat anzuschließen pflegt, hat man den richtigen Zeitpunkt für das Wegnehmen derselben im Auge zu behalten. Bei zu langem Liegenlassen wachsen die Keimlinge lang und spindelig in die Decke hinein, leiden bei deren Abnehmen Schaden oder fallen bei trockenem Wetter um; man nehme die Deck= mittel daher rechtzeitig ab und schütze die zarten Keimpflänzchen durch Aufstecken des Reisigs (f. § 60) oder durch auf Stangen übergelegte Äste.

An Stelle der obengenannten Deckungsmittel sind in neuerer Zeit vielfach Schutzgitter, Saatgitter einfachster oder soliderer Art getreten.

Solche Schutzgitter werden nun am billigsten in der Weise an= gefertigt[1]), daß man zwei genügend starke, gleichlange Lattenstücke oder Stängchen durch Querhölzer (als welche einfache Bohnenstecken genügen), deren Länge gleich der Beetbreite ist und also 1—1,2 m beträgt, mittelst Nägeln genügend fest verbindet. Diese Querhölzer sind etwa 30 cm voneinander entfernt; ihre Zahl richtet sich nach der Länge des Schutzgitters und diese wieder nach der Länge der Beete einerseits und der nötigen leichten Transportfähigkeit der Gitter ander= seits. Im hiesigen Forstgarten beträgt deren Länge 5 m und ist gleich der halben Beetlänge. Dieses Gitter wird nun mit Material verschiedener Art, als Kiefernreisig, Besenpfriemen, Salweiden= oder Birkenreisig u. dgl., hinreichend dicht durchzogen, und wird zunächst direkt auf das Saatbeet gelegt, mit Aufkeimen des Samens aber auf kurze Gabeln in etwa 30 cm Höhe über die Beete gestellt. Die Kosten sind sehr gering und bestehen bei dem geringwertigen Material der Hauptsache nach nur aus dem Arbeitslohn; Forstmeister Alers gibt sie auf 75 Pfennige für ein Gitter von 1,80 qm an.

Die zuerst von dem fürstl. Fürstenbergschen Revierförster Ganter[2]) angewendeten, auch von Schmitt[3]) sehr empfohlenen Saatgitter (Fig. 31) bestehen aus einem 15 cm hohen und 1,25 m langen Rahmen aus hinreichend starken, ordinären Brettern, über welchen querüber

---

[1]) Zentralbl. f. d. F.=W. 1880, S. 159.
[2]) Forstw. Zentralbl. 1872, S. 321.
[3]) Fichtenpflanzschulen, S. 57.

1—1,2 m (je nach der Beetbreite) lange und 2 cm starke Lättchen in Zwischenräumen von je 2 cm aufgenagelt werden. Nur jene Gitter, welche an die Enden der Beete kommen, haben auch auf einer Breitseite ein Rahmenbrett. Die Kosten eines solchen Gitters gibt Schmitt für Material und Arbeitslohn auf 3 Mk. an; jene im hiesigen Forstgarten kamen auf 70 Pfennige pro Quadrameter, wovon 52 Pfennige auf das Material und 18 Pfennige auf den Arbeitslohn treffen[1]).

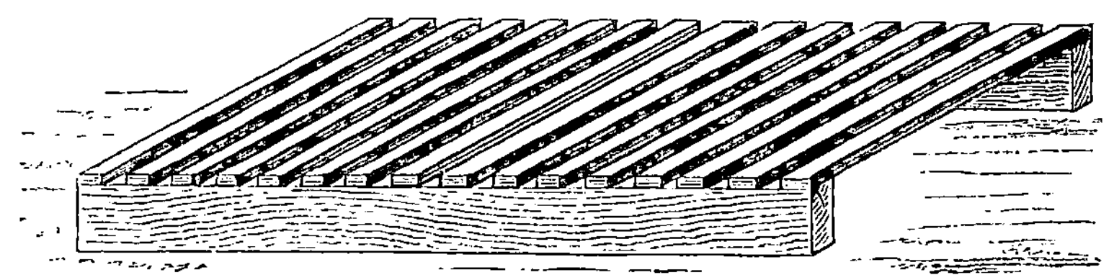

Fig. 31. Saatgitter.

Lorey erwähnt Deckmatten aus Kokosbast, die auf leichte Stangenrahmen gespannt werden, sehr dauerhaft, aber auch ziemlich teuer sind, da eine Matte, 2 m lang und 1 m breit, je nach Maschenweite 1,20—1,40 Mk. kostet; dazu würden noch die Kosten des Rahmens kommen.

In Halstenbeck werden (zum Schutze gegen Spätfröste) Rohrmatten über die Beete auf Längs- und Querlatten in 40 cm Höhe über dem Boden gelegt, die leicht transportabel, haltbar und billig sind[2]).

Als billig und zweckmäßig können auch Drahtgitter empfohlen werden, bei denen die wie oben hergestellten Holzrahmen statt mit Lättchen mit Drahtgeflecht einfacher und billiger Art überspannt werden; zur Verstärkung des Schutzes legt man etwa anfänglich noch Reisig irgendwelcher Art auf die Gitter, nimmt dies allmählich weg und gewöhnt die Pflanzen an den freien Stand. Sie bieten zugleich sehr guten Schutz gegen Vögel.

Diese Schutzgitter werden nun ersteres auf kurzen Gabeln in geringer Höhe über die Beete gelegt, das Gantersche Saatgitter mit

---

[1]) Die Holzwarenfabrik Hesse & Co. zu Walsrode (bei Bremen) stellt Schutzgitter in jeder erwünschten Größe zum Preise von 95 Pfennigen pro Quadratmeter her.

[2]) Nach Schwarz' Angabe (Forstw. Zentralbl. 1903, S. 487) liefert die Rohrgewebefabrik Mahn & Kuhlmann in Glückstadt (Holstein) den Quadratmeter um 23 Pfennige.

seinem Rahmen auf dieselben gestellt, und beide haben unleugbare Vorzüge gegenüber den erstgenannten Deckungsmitteln, indem sie den Schutz gegen Hitze wie alle sonstigen Gefährdungen des keimenden Samens in vollständiger Weise geben, ohne die oben berührten Gefahren des zu frühen oder zu späten Wegnehmens befürchten zu lassen, und zugleich, wie wir in den nächsten Paragraphen hören werden, zum Schutze der jungen und älteren Pflanzen gegen mancherlei schädliche Einwirkungen benutzt werden können. — Schaal hat allerdings bei einem Versuche mit Schmittschen Saatgittern sehr schlechte Erfolge erzielt[1]); der Samen zeigte sich breiig erweicht und teilweise verschimmelt, doch dürften hier ganz besondere, mißliche Umstände obgewaltet haben, da die Erfolge Schmitts bei langjähriger Anwendung stets günstig waren. Auch wir wenden die beiden Arten von Schutzgittern seit Jahren mit bestem Erfolge an. Auch Bühlers[2]) Versuche über die Wirkung von Saatgittern haben gute Resultate ergeben, insbesondere eine sehr wesentliche Herabsetzung der Verdunstung unter denselben (je nach Stärke der Deckung bis auf 62 %) und dadurch Erhaltung der Feuchtigkeit des Bodens. —

Die erstmalige Beschaffung der Ganterschen Gitter verursacht zwar nicht unbedeutende Kosten, doch ist ihre Dauer bei guter Aufbewahrung während des Winters eine ziemlich lange; man wird sie namentlich bei ständigen Pflanzgärten, wo für solche Aufbewahrung in einfachen Schuppen Sorge getragen werden kann, in Anwendung bringen, während für kleinere Saatkämpe das Decken mit Reisig oder mit den ersterwähnten sehr billigen Schutzgittern wohl Regel bleiben wird.

Verstellbare Schutzgitter, welche dauernd über den Beeten bleiben und je nach Bedarf zum Zweck des Schutzes horizontal gelegt werden, bei Entbehrlichkeit desselben aber senkrecht an den 60 cm hohen, die Achsen der Gitter tragenden Pfählen herabhängen, hat Rebel beschrieben und als sehr zweckmäßig gerühmt, und sei auf diese Beschreibung verwiesen[3]). Größere Verbreitung haben sie jedoch unseres Wissens nicht gefunden, woran die doch etwas größeren Kosten die Schuld tragen mögen.

Schwerere und infolgedessen stärker mit Erde gedeckte Samen (Eicheln, Kastanien) bedürfen einer weiteren schützenden Decke gegen Trocknis nicht. —

---

[1]) Allg. F.- u. J.-Z. 1880, S. 437.
[2]) Bühler, Mitt., Bd. III, S. 194.
[3]) Forstw. Zentralbl. 1902, S. 270.

In dem Decken der Beete, in der Abhaltung der Sonne und des austrocknenden Windes liegt ein Mittel zur Erhaltung der Feuchtigkeit; in dem Begießen haben wir ein solches zur Beschaffung derselben.

Das Begießen nun ist unbedingt nötig, wenn nach bereits begonnenem Keimprozeß, nach der Aussaat gequellten Samens dieser letztere bei eintretender längerer Trocknis nicht zugrunde gehen soll, und ist von besonderer Wichtigkeit für einige durch Trocknis besonders gefährdete Samen — Erlen, Ulmen, Weymouthskiefern. Außerdem vermeidet man die immerhin kostspielige Maßregel des Gießens so lange wie möglich; hat man aber einmal damit begonnen, so sollte es auch fortgesetzt werden bis zu eintretendem Regenwetter. Unter allen Umständen aber setzt das Begießen das Vorhandensein des nötigen Wassers im Pflanzgarten oder doch in dessen nächster Nähe voraus, da sonst die Kosten zu bedeutend sind.

Ähnlich dem Verfahren der Gärtner gießt man am liebsten abends, um die alsbaldige Verdunstung des Wassers durch Sonnenschein zu vermeiden, und verwendet gerne gestandenes und dadurch erwärmtes Wasser. Vonhausens in beiden Richtungen angestellte Versuche[1] haben ein abschließendes Resultat nicht ergeben, scheinen aber auffallenderweise den bisherigen, ebenerwähnten Annahmen zu widersprechen.

Das Gießen erfolgt mit der Gießkanne, und führt man, um das Festschlagen und Abschwemmen des Bodens zu vermeiden, die Brause dicht über dem Boden hin. Die Bildung einer lästigen Kruste auf letzterem ist bei tonigem Boden in solchem Falle nicht wohl zu vermeiden, um so nötiger daher auf derartigem Boden Vorsicht bei Wahl des zum Decken des Samens benutzten Materials.

Die Möglichkeit, zum Zweck des Gießens die schützenden Saatgitter leicht wegnehmen und wieder auflegen zu können, ist jedenfalls auch ein Vorzug derselben gegenüber den andern Deckungsmitteln; auf letzteren bleibt beim Gießen ein Teil des Wassers hängen und verdunstet nutzlos; sie aber jedesmal wegzunehmen und wieder aufzulegen, ist nicht wohl möglich.

§ 60. Schutz der Pflanzen gegen Trocknis.

Nicht bloß der keimende Samen, sondern auch die frisch aufgegangenen, noch krautartigen Pflänzchen können durch trocknes, heißes

---

[1] Zentralbl. f. d. F.-W. 1877, S. 21.

Wetter getötet[1]), stärkere wenigstens in kümmernden Zustand gebracht werden. Die trockne, heiße Erde entzieht den Keimlingen und Pflänzchen nach Möller[2]) die Feuchtigkeit sogar direkt, bietet ihnen unter allen Umständen keinen Ersatz für das durch Verdunstung verlorene Wasser, — so müssen sie kümmern und schließlich vertrocknen, je zarter und flachwurzelnder, desto rascher. Wir haben die frisch aufgegangenen Fichten in Masse absterben sehen, wo die Föhren und Schwarzkiefern nebenan freudig fortwuchsen! Auch auf die schwachen Pflanzen, namentlich in ihrem ersten Lebensjahre, werden sich unsere Schutzvorrichtungen daher vielfach zu erstrecken haben.

Zunächst schützen wir nun die frisch aufgegangenen Pflänzchen wieder durch eine Sonne und Wind abhaltende Vorrichtung, in vielen Fällen dadurch, daß wir das bisher zur Deckung benutzte Reisig nach erfolgtem Aufkeimen des Samens nun zu beiden Seiten des Beetes mit nach der Mitte geneigter Spitze, eventuell hier gehalten durch eine über die Beetmitte auf Gabeln gelegte Stange, fest in den Boden stecken. Reisig, welches die Nadeln möglichst lange behält, also auch hier wieder das Föhrenreisig, ist deshalb als Deckmaterial zu empfehlen, während Fichtenreisig nicht brauchbar ist. Dieses Schutzreisig, anfänglich dichter gesteckt, wird allmählich und nach hinreichender Erstarkung der Pflänzchen, am besten bei Regenwetter oder doch bei gedecktem Himmel, ganz abgenommen.

Statt des oft etwas mißlichen Einsteckens der Äste benutzt man auch leichte Stangengerüste auf Gabeln, über welche man dann die Äste legt und dieselben etwa durch eine aufgelegte Stange gegen das Herunterwehen schützt.

An Stelle dieser beiden Arten der Deckung wendet man auch für die jungen Pflanzen Schutzgitter an, und zwar entweder die oben beschriebenen einfachen Gitter, aus einem mit Reisig durchflochtenen Stangengerüst bestehend, oder eigens konstruierte Pflanzgitter.

Jene einfachen, bisher nur 15—20 cm über dem Saatbeet liegenden Schutzgitter werden mit Hilfe längerer Gabeln ganz allmählich höher gestellt, bei eintretendem, nicht zu starkem Regen wohl auch ganz abgenommen, um den Pflanzen letzteren möglichst zukommen zu lassen, bei Sonnenschein aber wieder aufgebracht. Hat man das Saatbeet unmittelbar am Hause (bei Försterswohnungen), so deckt man überhaupt abends gerne auf, um atmosphärische Niederschläge jeder Art,

---

[1]) Zeitschr. f. F.- u. J.-W. 1869, S. 69.
[2]) Allg. F.- u. J.-Z. 1878, S. 416.

Tau oder leichten Regen, den Pflanzen tunlichst zuzuführen. — Zu tiefes Hängen dieser Schutzgitter wird durch zu starke Entziehung von Licht (vielleicht auch von Luft?) nachteilig, und man erhöht den Zwischenraum zwischen Boden und Decke allmählich auf 60—70 cm, bis schließlich die Deckung von den hinreichend erstarkten Pflänzchen ganz abgenommen wird.

Die von Oberförster Schmitt empfohlenen Pflanzgitter[1]) bestehen aus zwei Latten oder Stangen, an welchen schwache Lättchen oder Bohnenstecken von 1—1,2 m Länge (Beetbreite) in etwa 3 cm breiten Zwischenräumen querüber aufgenagelt sind. Diese Gitter werden an mit Haken versehenen Pfosten über dem Saatbeet in entsprechender, allmählich sich steigernder Höhe eingehängt. Die Anfertigungskosten eines solchen 1,25 m langen Gitters werden zu 1 Mk. pro Stück angegeben.

Zur Abhaltung der Sonne und mehr noch der austrocknenden Winde hat Forstmeister Bando Schutzschirme in Anwendung gebracht[2]), die sich im Choriner Forstgarten sehr gut bewährt haben. Er unterscheidet dabei Frontschirme, von Ost nach West laufend und daher gegen die Mittagssonne schützend, und Seitenschirme, von Süd nach Nord gerichtet und daher als Schutz gegen die austrocknenden Ostwinde dienend. — Die Frontschirme, in parallelen, etwa 3—4 m entfernten Reihen verlaufend, werden dadurch hergestellt, daß reichlich 2 m lange, entsprechend starke Baumpfähle in Entfernungen von je 2 m etwa 50 cm tief in den Boden gesetzt, deren Köpfe durch Stangen (Hopfenstangen) verbunden und dann auf beiden Seiten in Entfernungen von je 30 cm mit Bohnenstecken benagelt werden, so daß zwischen letztere, die also um die Stärke der senkrechten Säulen auseinanderstehen, das Schutzreisig — Wacholder, Besenpfriemen, Nadelholzreisig — eingeschoben werden kann. Hinter jedem solchen Schirm befinden sich, parallel mit demselben verlaufend, zwei Saatbeete, wobei man eventuell empfindlichere Holzarten in das dem Schirm zunächst liegende geschütztere Beet bringt.

In ähnlicher Weise angefertigte, jedoch 25—30 m voneinander entfernte Seitenschirme, rechtwinklig zu den Frontschirmen stehend und mit diesen durch übergenagelte Stangen behufs größerer Festigkeit verbunden, sollen den entsprechenden Schutz gegen austrocknende Winde bieten.

---

[1]) Fichtenpflanzschulen, S. 57.
[2]) Zeitschr. f. F.- u. J.-W. 1869, S. 69.

Diese immerhin etwas umständliche und kostspielige Einrichtung (die Kosten für die etwa fünf Jahre aushaltenden Schirme werden für einen 15 Ar großen Saatkamp auf 100 Mk. angegeben) dürfte sich dort als notwendig und zweckentsprechend erweisen, wo man es mit leichtem, zum Austrocknen und selbst Verwehen geneigtem Sandboden zu tun hat, — bei geschützt liegenden Pflanzgärten aber selbst da entbehrlich sein.

Wo solch längerer Schutz der Saatbeete erwünscht oder nötig, dürften die im § 59 erwähnten verstellbaren Schutzgitter von Rebel zu empfehlen sein.

Zum Schutz des Bodens gegen das Austrocknen zeigt sich ferner als sehr vorteilhaft das Belegen der Räume zwischen den Saatrillen mit einer toten Bodendecke: Laub, Moos, Gerberlohe, Sägespänen, auch mit gespaltenem geringwertigen Prügelholz oder Lattenstücken[1]). Solche tote Decke erweist sich nicht nur bezüglich der Verhinderung des Austrocknens günstig, hält den Boden feuchter und kühler, sondern sie wirkt auch sehr vorteilhaft auf den Lockerheitsgrad des Bodens ein, hindert das Festschlagen des Bodens durch Regen, erhält die krümelige Struktur der oberen Bodenschichte, erhöht nach Ebermayers Untersuchungen den Kohlensäuregehalt der Grundluft, hält den Unkrautwuchs auf mechanischem Wege mehr oder weniger zurück[2]). Es kann durch eine solche tote Bodendecke, welche außerdem noch im Frühjahr Schutz gegen das Ausfrieren junger Pflanzen bietet, die Lockerung des Bodens während des Jahres erspart werden; doch darf dieselbe nicht zu stark sein, da sonst von schwächeren Regen nur wenig an den Boden kommt, in der Moos- oder Laubschichte hängen bleibt. Notwendig ist auch, daß die gedeckten Beete einigermaßen geschützt gegen Wind liegen, der das Moos oder Laub im trocknen Zustand verwehen würde.

Auch das Anhäufeln der Pflanzenreihen, wobei zwischen denselben ein seichtes Gräbchen entsteht, wirkt günstig, indem das in letzterem sich sammelnde Regenwasser leichter und tiefer in den Boden bringt, in den angehäufelten Pflanzenreihen aber die Erde langsamer

---

[1]) Oberförster Schinzinger teilt (Allg. F.- u. J.-Z. 1899, S. 292) mit, daß nach einem von ihm angestellten Versuch das Decken verschulter Fichtenbeete mit Moos und Laub einen sehr ungünstigen Erfolg ergeben habe, indem diese Beete ein viel minder günstiges Bild gezeigt hätten als die ungedeckten Beete. Er sucht den Grund im gehemmten Luftwechsel, der Abhaltung schwächerer Niederschläge vom Eindringen in den Boden u. a.

[2]) Vergl. auch Cieslars Mitt. im Zentralbl. f. d. F.-W. 1893, S. 24.

austrocknet. Bezüglich des günstigen Einflusses, den das Lockern des Bodens zur Verhütung des Austrocknens ausübt, s. § 71.

Das Begießen wird nach erfolgtem Aufgehen der Pflänzchen wohl noch seltener angewendet als während der Keimungsperiode; dagegen empfehlen Karl Heyer[1] und Vonhausen[2] in hohem Grade die Bewässerung der Pflanzgärten mit Hilfe in der Nähe befindlichen fließenden Wassers oder selbst eines kleinen Sammelteiches, wobei Heyer die zwischen den Beeten befindlichen Pfade als Hilfs= mittel benutzen will, während Vonhausen ein eigenes Grabensystem, bestehend aus Zuleitungsgräben und Staugräben, über den Pflanz= garten zu legen empfiehlt.

Obwohl die Vorteile einer zweckmäßigen Bewässerung einleuchtend sind, findet man dieselbe doch selten angewendet. Der Grund mag vor allem darin liegen, daß Forstgärten seltener fließendes Wasser in so unmittelbarer Nähe haben, daß dasselbe zur Bewässerung zu be= nutzen ist; man vermeidet Mulden, Einbeugungen, Talsohlen, Niederungen um der Frostgefahr, des mit dem dort feuchteren Boden zusammenhängenden Graswuchses willen, und damit verzichtet man eben meist auch auf die Möglichkeit einer Bewässerung. Auch der Kostenpunkt (Sammelteiche!) mag eine Rolle spielen.

Anders liegt natürlich die Sache für die großen Handels= gärtnereien, in denen eine reichliche Wasserbeschaffung unbedingt nötig, aber auch viel leichter möglich ist. So erhebt sich in Mitte der großen Pflanzengärten von Heins in Halstenbeck ein 25 m hoher massiver Wasserturm, der im oberen Teil ein 14 000 Liter fassendes eisernes Bassin enthält, das mittelst eines Benzinmotors voll= gepumpt wird und mit Hilfe eines Röhrensystems das Wasser in alle Teile der Pflanzengärten liefert. Mit Hilfe von längeren oder kürzeren Spritzschläuchen kann jedes Beet bespritzt werden und wird hiervon ausgiebig Gebrauch gemacht. —

Das Hauptmittel gegen Trocknis für unsere Forstgärten liegt aber jedenfalls in der günstig gewählten Lage des Pflanz= gartens an nördlichem oder nordöstlichem sanften Gehänge, in dem Schutz durch die Umgebung: ältere, Schatten spendende Bestände an der Süd= und Westseite, jüngere Bestände als Schutz gegen aus= trocknende Winde an der Ost= und Nordostseite. Rings von Wald, von älteren Beständen umgebene Pflanzgärten werden stets weniger

---

[1]) Waldbau, 1. Aufl., S. 155.
[2]) Zentralbl. f. d. F.=W. 1877, S. 17.

durch Trocknis zu leiden haben als solche, denen dieser natürliche Schutz fehlt, und die Saatkämpe eines und desselben Reviers zeigen in trocknen Sommern je nach ihrer Lage oft die wesentlichsten Verschiedenheiten im Aufgehen der Samen, in Entwicklung der Pflanzen.

§ 61. Schutz gegen Spät=, Früh= und Winterfrost.

Zu den gefährlichsten Feinden unserer Saatbeete gehören die Spätfröste, um so gefährlicher, je später sie eintreten, je weiter also die Vegetation schon entwickelt ist; Spätfröste, welche in der zweiten Hälfte Mai eintreten, was leider nicht selten, richten wie allenthalben in der Vegetation, so auch unter unsern Holzpflanzen große Verheerungen an, und Schutz gegen diesen oft eintretenden Feind ist daher wenigstens für empfindlichere Holzarten nicht zu entbehren, während die wenig empfindlichen solchen missen können oder nur für die empfindlicheren Keimlinge bedürfen. Während Eiche, Buche, Tanne, Edelkastanie, Akazie, Esche, auch Fichte, gegen Spätfröste sehr empfindlich sind, ist dies bei andern Holzarten nur in geringerem Maße der Fall, so bei Ahorn, Ulme, Linde, und wieder andere — Föhre, Schwarz= und Weymouthskiefer, Hainbuche, Erle, Birke — leiden gar nicht oder doch nur in unbedeutender Weise durch dieselben. Auch die Zeit des Ergrünens spielt bezüglich der Größe der Gefahr eine nicht unwesentliche Rolle: während die so empfindliche Eiche und Akazie durch ihren späteren Laubausbruch manchem Spätfrost entgehen, wird die sonst minder empfindliche Lärche infolge ihres sehr frühen Ergrünens bisweilen von demselben beschädigt. Dabei wirkt nach Nördlingers Angabe[1]) nicht jede Erniedrigung der Temperatur unter den Gefrierpunkt sofort schädlich, vielmehr ertragen viele sonst empfindliche Holzarten eine Temperatur von 2—3 Grad trocknen Frostes ohne Nachteil, während die gleiche Temperatur in Verbindung mit Reif und insbesondere auch unter alsbaldiger Einwirkung der Sonne schädlich wird.

Als Schutz gegen Spätfrost wird nun angewendet: spätere Saat, um das zu frühe Erscheinen der Keimlinge zu verhindern, Wahl der Frühjahrssaat (von Eicheln, Bucheln) an Stelle der erfahrungsgemäß stets früher aufgehenden Herbstsaat; dichtes Bedecken der im Herbst angesäten Beete (Eicheln, Bucheln, Tannen) mit Reisig oder Laub nach eingetretenem starken Winterfrost, um durch diese Decke das Eindringen der die Keimung be-

---

[1]) Lehrbuch des Forstschutzes, S. 340.

dingenden Frühjahrswärme möglichst lange zurückzuhalten. Dieses Decken der Beete wird auch für die ein= und zweijährigen Pflanzen als Schutz gegen Spätfrost und zum Zurückhalten der Vegetation empfohlen und sollen die verwendeten Nadelholzäste, Besenpfriemen u. dgl. zugleich Schutz gegen das Abäsen für uneingefriedigte Kämpe bieten[1]). Nach den von Bühler angestellten desfallsigen Versuchen mit Fichten hält eine Deckung der Pflanzen deren Entwicklung jedoch nur in geringem Maße zurück.

Auch das Überhalten von Schutzbäumen auf der Saat= beetfläche selbst hat man namentlich für Buchen und Tannen emp= fohlen, doch wird man dasselbe mit Rücksicht auf die damit verbundenen Mißstände (vergl. § 13) nur noch ausnahmsweise in Anwendung bringen. Ebenso ist das stärkere Bedecken des Samens, um da= durch das Aufgehen desselben zu verzögern, ein etwas bedenkliches Mittel — man kann leicht des Guten zuviel tun[2])!

Zweckmäßiger aber als die bisher genannten Mittel sind direkte Schutzvorrichtungen, die Beschützung der jungen Pflänzchen durch Schutzgitter, durch Bestecken der Beete mit Reisig, kurz alle jene Vorrichtungen, die wir oben als Schutz gegen Trocknis kennen gelernt haben. Dicht eingeflochtene Schutzgitter einfacher Art oder die Schmittschen Saat= und Pflanzgitter werden sich noch von besserer Wirkung erweisen, die Fröste noch vollständiger abhalten als das Be= stecken mit Reisig. Häufig wird man diese Gitter, die etwa tagsüber abgenommen oder mit Hilfe von Gabeln nach einer Seite (der Sonnen= seite) aufgestellt waren, erst abends bei hellem Himmel und drohender Frostgefahr wieder über die Beete decken. Die verstellbaren Schutz= gitter nach Rebel (§ 59) würden diese Arbeit sehr vereinfachen.

Selbst die Bildung einer Rauchdecke, bekanntlich zum Schutz der Weinberge angewendet, hat in Forstgärten schon Anwendung ge= funden[3]), indem um dieselben angehäuftes Reisig in der Nacht bei eingetretenem Sinken des Thermometers unter den Gefrierpunkt an= gezündet wurde. Für andere Gärten wurde diese Bildung künstlicher Wolken in der Weise bewerkstelligt, daß man blecherne Schüsseln mit schwerem Teeröl gefüllt aufstellte und im gegebenen Augenblick mit Hilfe einer Handvoll Stroh oder Hobelspäne entzündete[4]). Immerhin

---

[1]) Forstl. Mitt. XI, S. 129.

[2]) Burckhardt, Säen und Pflanzen, S. 163.

[3]) Fichtenpflanzschulen, S. 89. Heß, Forstschutz II, S. 343. Zentralbl. f. d. F.=W. 1900, S. 133.

[4]) Allg. F.= u. J.=Z. 1874, S. 211.

wird diese Art des Schutzes gegen Spätfrost nur ausnahmsweise in unfern Forstgärten durchführbar sein.

Bei eingetretenem Spätfrost mit Reifbildung wird das von Gärtnern vielfach angewendete Begießen der bereiften Pflanzen vor Sonnenaufgang mit kaltem Wasser als ein Rettungsmittel empfohlen, doch dürfte dies Mittel von zweifelhaftem Erfolg sein. Dr. H. Müller gibt an, daß es ihm bei Hunderten von Versuchen nicht gelungen sei, gefrorne Pflanzenteile durch langsames Auftauen zu retten[1].

Wie gegen Trocknis, so ist aber auch gegen Spätfröste die zweckmäßig gewählte Lage des Saatbeetes eines der wichtigsten Sicherungsmittel: die Vermeidung von Frostlagen, die Wahl nördlich statt südlich oder westlich geneigten Terrains um des späteren Erwachens der Vegetation willen, endlich Seitenschutz gegen rauhe Nord- und Oftwinde.

Viel seltener und weniger schädlich als Spätfröste treten die herbstlichen Frühfröste auf; am erften bringen sie wohl dann Schaden, wenn durch günstige, feuchtwarme Witterung im September und Oktober die Vegetation zu längerer Fortsetzung ihrer Tätigkeit angeregt wird. Durch Frühfrost werden ftets nur die jüngsten, noch nicht ausgereiften Teile der Jahrestriebe getötet. Decken mit Schutzgittern wird auch diesem Schaden vorbeugen, doch selten angewendet werden. Für seltene und wertvolle Laubholzgewächse nennt Nördlinger[2] das Abstreifen des Laubes zeitig im Herbfte, wodurch die Vegetation zur Ruhe kommt, als ein Schutzmittel. — Welchen Einfluß die Frühfröste auf die sogenannte Schütte der Föhren haben, ist noch nicht endgültig festgestellt (siehe § 116).

Gegen den Winterfrost endlich, der, wie oben erwähnt, nur ausnahmsweise nachteilig wird, pflegen wir keine Schutzmittel anzuwenden; das befte Schutzmittel in jeder Richtung ist für die Pflanzen eine Schneedecke, die felbft gegen den strengften Frost schützt.

§ 62. Schutz der Pflanzen gegen das Ausfrieren (Barfrost).

Das Auswintern, Ausfrieren der Pflanzen durch den sogenannten Barfrost ist eine Erscheinung, die in Forstgärten wie bei Kulturen im Freien auf unbedecktem — einer Decke barem — Boden nicht

---

[1] Heß, Forstschutz II, S. 327. Nach den Mitteil. der dendrologischen Gesellschaft 1895 hat jede Pflanze einen Gefrier- und einen Erfrierpunkt. Das Gefrieren kann ohne Nachteil, zumal bei langsamem Auftauen, vorübergehen, das Erreichen des Erfrierpunktes wird für die Pflanze töblich.

[2] Krit. Blätter XLIII, 1, S. 174.

selten auftritt, insbesondere auf dem gelockerten Boden unserer Saat=
beete oft sehr lästig und schädlich wird. Nicht alle Holzarten leiden
in gleichem Maße unter dieser Erscheinung, und die Wurzelbildung ist
hierbei von größtem Einfluß: die schon als einjährige Pflanze tief
wurzelnde Eiche, Föhre, Schwarzkiefer leiden nahezu gar nicht, die
flach wurzelnde Fichte, die schwache Tanne aber sehr bedeutend, und
letztere beiden werden bei wiederholtem Auffrieren des Bodens mit
nachfolgendem Auftauen oft nahezu vollständig aus dem Boden ge=
hoben und gehen bei eintretendem trocknen Wetter zugrunde; andere
minder flach wurzelnde Holzarten leiden ebenfalls, wenn auch in ge=
ringerem Grade.

Auch Boden und Lage sind von Einfluß auf das Auftreten
des Barfrostes. Wasserhaltige und humose Böden, wie Moor= und
Humusboden, aber auch gelockerter Kalk= und Tonboden sind dem
Auffrieren am meisten ausgesetzt, doch friert bei der überschüssigen
Feuchtigkeit im Frühjahr auch der leichtere Lehm= und Sandboden
gerne und dann wohl in erhöhtem Maße auf. Ebenso sind Süd=
und Westlagen durch das abwechselnde Tauen am Tage und Gefrieren
bei Nacht dem Auffrieren sehr ausgesetzt, während Nordseiten weniger
leiden[1]); ein weiterer Grund, erstere bei Anlage eines Saatbeetes zu
meiden.

Dem Barfrost beugen wir nun vor, indem wir im Herbst, etwa
vom August an, die Lockerung des Bodens zwischen den Pflanzen=
reihen in unsern Forstgärten unterlassen, auch das noch erscheinende
Unkraut belassen oder nur oberflächlich abschneiden, nicht ausziehen,
um dadurch dem Boden möglichst Halt zu geben. — Etwas breitere
und dichter angesäte Rillen sind dem Auffrieren weniger aus=
gesetzt, weil die gleichsam ineinander verflochtene Bewurzelung sich
gegenseitig festhält; in solchen dichter angesäten Rillen läge also ein
Mittel gegen das Auffrieren, wenn nicht zu dichter Pflanzenstand wieder
einen andern Nachteil — zu schwache Pflanzen, zu viel Ausschuß —
mit sich brächte. Verschulte schwache Pflanzen (Fichten) leiden oft
in ziemlich bedeutendem Maße durch Auffrieren, als Folge ihres
Einzelstandes.

Vertiefte Steige zwischen den Beeten dienen gleichsam als
kleine Entwässerungsgräben für die obere, dem Auffrieren ausgesetzte
Bodenschichte, wirken demselben also einigermaßen entgegen.

---

[1]) Vergl. über Barfrost: Zeitschr. f. F.= u. J.=W. 1881, S. 604. — Heß,
Forstschutz II, S. 351. — Krit. Blätter XLIII, 1, S. 151, L. 1, S. 146.

Von entschiedenem Nutzen ist ferner das rechtzeitige Belegen der Zwischenräume zwischen den Pflanzenreihen mit Moos, Laub, Sägemehl, Kohlenstübbe, fein gehacktem Reisig[1]), bei breiten Zwischenräumen und auf feuchtem Boden wohl auch Deckung mit Plaggen[2]); durch solche Deckungsmittel wird dem Gefrieren des Bodens bei jedem auch nur leichten Frost und, wenn bei stark gefrorenem Boden aufgebracht, dem raschen Auftauen entgegen gewirkt. Auch das Anhäufeln der Pflanzen im Herbst durch Anziehen der Erde an die Pflanzen von beiden Seiten her erweist sich als nützlich gegen das Auffrieren[3]), ebenso nach unsern Versuchen ein Übersieben der Beete im Herbst mit klarer Erde, so daß die Pflänzchen halb mit Erde gedeckt sind.

Ist aber gleichwohl die Erscheinung des Ausfrierens der Pflanzen eingetreten, so müssen dieselben alsbald und ehe die bloßliegenden Wurzeln austrocknen wieder entsprechend angedrückt, eventuell die letzteren mit klarer Erde überdeckt werden, damit die Pflanzen wieder so tief stehen als vorher. Mit geringen Kosten lassen sich hierdurch oft größere Pflanzenmengen retten.

§ 63. Schutz der Saatbeete gegen Regengüsse.

Auch heftige Regengüsse, Platzregen, werden unsern Saatbeeten nicht selten nachteilig, waschen von den frisch angesäten Beeten die leichte und lockere Decke, die wir unserm Samen gegeben haben, weg, schwemmen die kleinen Samen heraus und partienweise zusammen und richten namentlich in Forstgärten, welche auf geneigtem Terrain gelegen sind, durch Abschwemmen und Zerreißen der Beete und Wege nicht unbedeutenden Schaden an. Auch das Festschlagen des lockeren bzw. gelockerten Bodens gehört zu den Nachteilen, welche stärkere Regengüsse in Saat- wie Pflanzbeeten verursachen.

Gegen erstere Nachteile — das Verschwemmen der Saatbeete — schützen wir dieselben durch Bedecken mit Reisig oder ähnlichem Material (§ 59), besser noch durch die mehrerwähnten Schutzgitter, welche diesen Schutz jedenfalls am vollständigsten geben, insbesondere besser schützen, als das nach erfolgter Keimung aufgesteckte Reisig.

---

[1]) Vergl. auch die Mitteilungen des Kammerrates Horn im Hils-Solling-Verein, 1882. (Verhandl. S. 55.)

[2]) Burckhardt, Säen und Pflanzen, S. 359.

[3]) Fichtenpflanzschulen, S. 86.

Dem Abschwemmen des Bodens aber und Zerreißen der Beete und Wege in geneigtem Terrain wirken wir entgegen durch das Terrassieren der Fläche (§ 20), durch möglichste Vermeidung von Wegen in der Richtung der Wasserlinie oder, wo dies nicht zu vermeiden ist, durch links und rechts vom Wege angebrachte kleine Versitzgruben in Verbindung mit Querriegeln, welche ersteren das Wasser zuweisen. Größere zusammenhängende Länder, welche bei der Anlage von Saat= beeten überhaupt nur ausnahmsweise und bei einzelnen Holzarten an= gewendet werden, sind hier nicht zulässig, da sie viel mehr unter dem Abschwemmen leiden als die horizontal gelegten Beete, deren Zwischen= wege zugleich als kleine Wasserauffanggräben dienen. — In stark geneigtem Terrain, wie es wohl da und dort im Gebirge gewählt werden muß, wirken zwischenliegende, unbearbeitete Horizontalstreifen, mit Gras und Unkräutern bewachsen, wie schon früher erwähnt (s. § 20), dem Abschwemmen ebenfalls entgegen.

Heftige Platzregen hüllen auf gelockertem, lehmigem Boden die Nadelpflänzchen, insbesondere die Fichten, oft weit hinauf durch die aufspringenden und an den nassen Pflänzchen, zwischen den Nadeln hängenbleibenden Erdteilchen in einen dichten Überzug, die sog. Erd= höschen, ein. Es ist erklärlich, daß diese Einhüllung der Nadeln nachteilig wirken muß. Belegen der Zwischenräume mit irgend= welchem Material, wie es zum Schutz der Saatbeete gegen Trocknis geschieht, wirkt auch diesem Übelstand und gleichzeitig dem ungünstigen Festschlagen und Verschlämmen des Bodens entgegen. — Wo diese Erdhöschen vorhanden, lassen sie sich übrigens nach einigen trock= nen Tagen leicht beseitigen, indem beim Überfahren der Pflänzchen mit einem Stock oder Rechen die Erde staubartig wegfällt, so daß in rascher und fast kostenloser Weise geholfen werden kann.

§ 64. Schutz gegen pflanzliche Parasiten.

Verschiedene Pilze, an Keimlingen wie an älteren Pflanzen auf= tretend, schädigen unsere Saatbeete nicht selten in bedenklicher Weise. Die durch diese Parasiten veranlaßten Krankheitserscheinungen sind teils ziemlich allgemein bekannt, so z. B. die Schütte der Föhren= pflanzen, teils wenigstens einem Teil der Pflanzenzüchter, wie die Schädigungen durch Rosellinia quercina und Phytophthora omni- vora, und ihre Besprechung dürfte daher hier wohl am Platze sein[1]).

---

[1]) Wir folgen bez. der beiden ebengenannten Schädlinge dem Lehrbuch der Pflanzenkrankheiten von R. Hartig, 3. Aufl., 1900.

Der **Eichenwurzeltöter**, Rosellinia quercina, befällt nach neueren Beobachtungen[1] nicht nur die Wurzeln ein- bis dreijähriger Pflanzen, sondern auch ältere, bis zehnjährige, ist namentlich im Nordwesten Deutschlands häufig und macht sich durch Verbleichen und Vertrocknen der befallenen Pflanzen zumal in nassen Jahren bemerklich. An der Hauptwurzel der ausgezogenen erkrankten Pflanze finden sich hier und da schwarze Kugeln von der Größe eines Stecknadelkopfes, sowie äußerlich den Wurzeln anhaftend und diese gleichsam umspinnend zarte, den Zwirnfäden ähnliche Stränge, sog. Rhizoctonien, die das umgebende Erdreich durchdringen und so die unterirdische Verbreitung der Krankheit ermöglichen. Dieselbe verbreitet sich bei feuchtem Wetter in Rillensaaten nach beiden Richtungen, in Vollsaaten nach allen Seiten, so daß nicht selten die Pflanzen auf Plätzen von 1 m Durchmesser vollständig absterben. Trocknes Wetter beschränkt die Verbreitung, die im Herbste an sich ein Ende nimmt.

Isoliergräben, um die erkrankten Stellen in den Saatkämpen gezogen, sind nach Hartig das beste Mittel, der weiteren Verbreitung des nur in nassen Jahren schädlichen Parasiten vorzubeugen.

Der **Keimlingspilz**, Phytophthora omnivora, zuerst an Buchenkeimlingen beobachtet und dementsprechend Ph. Fagi benannt, wurde später auch an den Keimlingen von Ahorn, Eschen, Akazien, dann an jenen fast aller Nadelhölzer gefunden und deshalb Ph. omnivora benannt.

Die Erkrankung äußert sich an Buchenkeimlingen dadurch, daß dieselben entweder schon während der Keimung im Boden am Würzelchen schwarz werden und absterben oder zunächst erst nach Entfaltung der Samenlappen am Stengel ober- und unterhalb der Anheftungsstelle der letzteren eine schwarzgrüne Färbung zeigen; auch die Samenlappen selbst zeigen diese Mißfärbung, namentlich zunächst der Anheftungsstelle, doch tritt dieselbe auch auf deren übriger Fläche oder den ersten Blättchen in Gestalt schwarzgrüner Flecken auf. Die erkrankten Pflanzen gehen zugrunde. Ähnliche Erscheinungen, insbesondere auch schwarze, von der Basis der Samenlappen abgehende Striche am Stengel, zeigen sich bei Ahorn-, Eschen- und Akazienkeimlingen; in Nadelholz-Rillensaaten geht oft ein großer Teil der Keimlinge schon im Boden oder unmittelbar nach dem Aufkeimen zugrunde; es verfaulen Wurzeln und Stengel, und die Pflänzchen fallen um oder vertrocknen, ohne daß irgendwelche mechanische Verletzung zu erkennen

---

[1] S. Hartig im Zentralbl. f. d. F.-W. 1900, S. 243.

wäre. Ganze Beete anscheinend gut ankeimender Samen werden hierdurch oft stark gelichtet, ja selbst teilweise zerstört. Der ansteckende Charakter der Krankheit zeigt sich in Vollsaaten durch das kreisförmige, in Rillensaaten durch das nach beiden Seiten erfolgende Fortschreiten der Erkrankung.

Das intensivere Auftreten des Pilzes, das bei jeder Buchenmast in stärkerem oder schwächerem Grade beobachtet werden kann, wird insbesondere durch regnerisches Wetter in den Monaten Mai und Juni begünstigt und ist in Saatbeeten von Nadelhölzern jeder Art eine nicht seltene Erscheinung. Als Mittel der Bekämpfung dient vorsichtige Entfernung aller kranken oder getöteten Pflanzen, bei stärkerem Auftreten auch Übererdung der letzteren, um der Sporenverbreitung vorzubeugen, sodann auch Entfernung aller Beschattungsmittel (Reisig, Gitter), um das Abtrocknen der Beete, das Austrocknen des Bodens zu beschleunigen.

Saatbeete, in welchen die Erkrankung aufgetreten, sollen zu Saaten nicht mehr benutzt werden, da sich die Eisporen bis vier Jahre lang lebensfähig erhalten und daher die Saaten abermals gefährden würden. Daher können die betreffenden Flächen zu Verschulungen sehr wohl verwendet werden.

Der Kiefernritzenschorf, Hysterium (Lophodermium) pinastri, ist die Ursache einer die jungen Kiefern befallenden Krankheit, der allbekannten Schütte. Da diese Erkrankung jedoch auch andern Ursachen — Frösten, Trocknis — zugeschrieben wird und nur die Föhre befällt, so erscheint es zweckmäßig, dieselbe im speziellen Teil bei Besprechung dieser Holzart abzuhandeln, und sei dorthin verwiesen.

Auch der Blasenrost der Weymouthskiefer, nur diese Holzart gefährdend, sei erst mit dieser (§ 122) besprochen.

Ein unechter Parasit ist der zerschlitzte Warzenpilz, Telephora laciniata, dessen vegetativer Pilzkörper in den oberen Bodenschichten von humosen Bestandteilen lebt, dessen rostbraune, ungestielte, am Hutrande zerschlitzte Fruchtträger aber besonders an jungen Fichten-, Tannen- und Weymouthskiefernpflanzen, seltener an Rotbuchen bis zu 20 cm Höhe vom Boden emporwachsen und bei kleineren Pflanzen die Nadeln und Zweige oft so vollständig einschließen, daß dieselben absterben.

§ 65. Schutz der Saatbeete gegen Engerlinge.

Bekanntlich hat der Schaden, welcher durch Maikäfer und resp. durch deren Larven, die sog. Engerlinge, den Waldungen zugeht, sich an vielen Orten außerordentlich gesteigert und selbst zu Änderungen im Wirtschaftsbetriebe — zum Verlassen der Kahlschlagwirtschaft in Kiefernwaldungen und zur Anwendung der natürlichen Verjüngung — Veranlassung gegeben. Erklärlicherweise geht mit diesen Beschädigungen der Jungwüchse eine solche der Saat= und Pflanzbeete Hand in Hand. Der gelockerte Boden derselben bietet dem Käfer eine ebenso günstige Örtlichkeit zur Ablage seiner Eier wie die zarten Pflanzenwurzeln den Engerlingen eine willkommene Nahrung, und so liegen denn an vielen Orten die Forstleute in hartem Kampf mit diesen Verderbern ihrer Kulturen, ihrer Forstgärten, und zahlreiche, leider meist wenig wirk= same Mittel finden sich in der forstlichen Literatur als Waffen in diesem Kampfe mitgeteilt.

Als Vorbeugungsmittel gegen das Auftreten von Engerlingen rät uns E. Heyer[1] die Anlage von Saatbeeten ferne von Eichen= beständen, insbesondere Eichenstockschlägen, die der Käfer besonders liebt, und in deren Nähe er seine Brut absetzt. Auch Anlegung der Saatbeete in etwas größerer Meereshöhe — wo die Terrainverhältnisse des Reviers dies ermöglichen — erweist sich günstig, da sich der Käfer mehr in den tieferen Lagen aufhält. Ob dagegen die gleichfalls an= geratene Wahl sehr bindenden, lettigen Bodens, der den Enger= lingen das im Winter nötige tiefere Eindringen in den Boden zur Erreichung eines frostfreien Winterlagers erschwert oder selbst unmög= lich macht und daher gemieden wird, nicht anderweite größere Nachteile in einem Forstgarten nach sich zieht, erscheint uns doch kaum zweifelhaft!

Mit gutem Erfolg wurde ferner an verschiedenen Orten die An= bringung zahlreicher hölzerner (nicht tönerner!) Staarenkästen an Bäumen rings um den Garten angewendet; die Staare, welche diese ihnen gebotenen Brutplätze gerne annehmen, führen nicht nur einen wahren Vernichtungskrieg gegen die schwärmenden Maikäfer, sondern wissen nach Raatz Mitteilung[2] auch die nach warmem Regen oft sehr nahe der Bodenoberfläche sich bewegenden Larven mit großer Gewandtheit aus ihren Gängen zu holen.

Nach den von eben Genanntem im Choriner Pflanzgarten ge= machten Erfahrungen ist auch Seitenschatten von der Südseite ein Schutzmittel für die beschatteten Beete, da der Boden hier kühler

---

[1] Allg. F.= u. J.=Z. 1865, S. 126.
[2] Zeitschr. f. d. F.= u. J.=W. 1891, S. 581.

unb feuchter ist, die Käfer aber warme, trockne Örtlichkeiten zur Ei=
ablage vorziehen. Ähnliche Wirkung zeigten fog. Schutzschirme.

Baur hat in dem Decken der Beete mit Schutzgittern[1]
ein Mittel gegen die Eierablage gefunden, da der Käfer zu letzterer
stets offene Flächen sucht; Theob. Hartig empfiehlt Bedeckung der
Beete bis nach der Flugzeit mit Fichtenreifig; andernorts hat sich
das Decken der Zwischenräume mit kräftiger Buchenlaubschichte
als vorteilhaft erwiesen — das dadurch erzielte Feuchthalten des
Bodens mag ebenfalls zur Wirkung beitragen.

Forstmeister Raßl[2] hat sehr gute Erfolge dadurch erzielt, daß
er die zu schützenden Beete während der Flugzeit wöchentlich einmal
(im ganzen also zwei= bis dreimal) mit einer Gießkanne überbrausen
ließ, nachdem dem Wasser in der Kanne vorher etwa 0,1 Liter Kar=
bolineum beigemengt worden war und sich dieses nach einiger Zeit
am Boden abgesetzt hatte; den Bodensatz gießt man auf die Wege. Der
Geruch des so behandelten Wassers soll vollständig ausreichen, die Mai=
käfer von der Eiablage auf den benetzten Flächen abzuhalten — be=
währt sich dies Mittel, so wäre dasselbe ebenso einfach als billig.

Ohne Erfolg sind die Versuche geblieben, dem Käfer durch Kompost=
haufen aus Rasenstücken oder mit Erde bedecktem Kuhmist zusagende
Plätze zur Eiablage zu bieten, und auch die von Bando[3] be=
schriebenen steinernen Keimkästen, welche im Choriner Pflanzgarten
angewendet worden sind, scheinen sich wenig bewährt zu haben —
wenigstens tut Raatz derselben in seinen oben zitierten Mitteilungen
über die dortselbst bezüglich der Engerlinge gemachten Erfahrungen
gar keine Erwähnung.

Zum Schutze der Pflanzen gegen vorhandene Engerlinge hat
man die Ansaat oder Pflanzung von Gartensalat zwischen den
Pflanzreihen da und dort angewendet, und will guten Erfolg gehabt
haben, indem die Engerlinge die milchige Wurzel des Salats den
Pflanzenwurzeln vorzogen; auch Möhren hat man zu gleichem Zwecke
angesät. Die Zwischenpflanzung von Salatpflanzen wird auch noch
zu anderm Zweck — zum Aufsuchen und Vernichten der Larven —
empfohlen[4]. Bei dem Befressen der Wurzeln durch die Engerlinge
welken die Salatpflanzen sehr rasch, und man findet bei sofortigem

---

[1] Forstw. Zentralbl. 1883, S. 246.
[2] Zentralbl. f. d. F.=W. 1894, S. 325.
[3] Zeitschr. f. d. F.= u. J.=W. 1869, S. 76.
[4] Verhandlungen des Hils=Solling=Vereins 1878, S. 50.

Nachgraben die Täter noch an den Wurzeln, während dieselben bei den langsamer welkenden Holzpflanzen meist schon weiter gewandert sind.

Eine ganze Reihe von Mitteln zum Teil zweifelhaften Wertes findet sich noch in Heß' Forstschutz[1]) zusammengestellt, so das Absperren der Kämpe durch Isolierungsgräben gegen das seitliche Einbringen der Engerlinge, Anwenden von Keimkästen, Bedecken der Beete mit gewissen Vegetabilien oder Mineralien, um dem Weibchen das Ablegen der Eier zu verleiden, so mit geteerten Blättern oder Zweigen, Begießen mit Absud von Walnußblättern, Einlegen kurzgeschnittener Fichten- oder Wacholderäste in die Saatrillen, Bestreuen der Beete mit Schwefelblüte, Düngung mit Kainit u. dgl. m.

Schwierig ist nun erklärlicherweise auch die Vertilgung vorhandener Engerlinge auf den bestockten Saatbeeten, und läßt sich das Sammeln derselben, dem beim Umgraben der Beete natürlich alle Sorgfalt zuzuwenden ist, hier nicht ohne Beschädigung der noch unverletzten Pflanzen ausführen. Doch scheue man diese letztere nicht, sondern wo man die frische Tätigkeit der Engerlinge etwa an den etwas in den Boden gezogenen (einjährigen), noch nicht welken Pflänzchen wahrnimmt, da fahre man mit der Hand oder einer schmalen Schippe unter die Pflanzenreihe und hebe den Übeltäter heraus; die noch guten, unbefressenen Pflanzen drücke man wieder entsprechend an und wird dergestalt wenigstens einen Teil derselben retten. Sind die Pflanzen schon welk, so findet man den Engerling in der Regel nicht mehr an den Wurzeln, sondern an jenen der noch frisch aussehenden Nachbarn.

Schwieriger ist natürlich an stärkeren Pflanzen die Tätigkeit von Engerlingen zu konstatieren, da hier nicht sofortiges Absterben, sondern allmähliches Kümmern eintritt, und Hilfe durch Aufsuchen des Engerlings meist zu spät kommt. Bei wertvollen Pflanzen unternimmt man wohl, wenn man im Garten überhaupt ein massenhafteres Auftreten von Engerlingen wahrnimmt, eine vorsichtige Revision der Wurzeln und deren Umgebung und sammelt die Feinde. Raatßs Mitteilungen aus dem Choriner Pflanzgarten[2]) zeigen, daß bei energischer und wiederholter Anwendung des Sammelns immerhin ganz wesentliche Erfolge erzielt werden können; es empfiehlt sich namentlich das Sammeln bei warmer und feuchter Witterung, bei welcher die trockenen Boden scheuenden Larven nahe der Oberfläche liegen.

---

1) 3. Aufl., Bd. I, S. 265.
2) Zeitschr. f. F.- u. J.-W. 1891, S. 581.

Das von Oberförster Witte konstruierte Engerlingseisen[1]), dazu bestimmt, die oberflächlich an den Pflanzenwurzeln fressenden Engerlinge durch Erstechen zu töten, scheint sich — wie wohl zu erwarten war! — nicht bewährt zu haben und sei hier nur um der Vollständigkeit willen erwähnt.

Als ein erfolgreiches Mittel wird neuerdings der Schwefelkohlenstoff empfohlen und hat insbesondere Oberförster v. Seelen dasselbe in Anwendung gebracht[2]). Derselbe konstruierte eine gut schließende Kanne von Zinkblech, welche bei jedesmaligem Druck auf einen Hebel 2 ccm Schwefelkohlenstoff ausfließen läßt. Mit einem Locheisen (oder einfachem zugespitztem Holz) sticht ein Arbeiter in den befallenen Beeten 12 cm tiefe und 2½ cm weite Löcher in 30 cm Quadratverband, ein zweiter mit der Kanne folgender Arbeiter läßt durch einen Druck auf den Hebel 2 ccm Schwefelkohlenstoff in das Loch laufen und tritt dasselbe gut zu.

Der Materialverbrauch beträgt pro Ar 2 kg Schwefelkohlenstoff, dessen Preis bei größerem und direkten Bezug nur 35 Pfennige für 1 kg beträgt, so daß die Kosten sehr geringe sind. Bei der Feuergefährlichkeit des Schwefelkohlenstoffes ist Vorsicht (Verbot des Rauchens) zu empfehlen, zur Vermeidung des übeln Geruches etwas Eingießen von Wasser in die Kanne.

Nach v. Seelens Angabe war der Erfolg ein vollständiger und verdiente dies Mittel daher jede Verbreitung.

Versuche, Benzin in ähnlicher Weise zu verwenden, blieben erfolglos, und das gleiche gilt wohl von den Versuchen, die Engerlinge mit Hilfe eines parasitischen Pilzes (Botrytis tenella) zu vernichten[3]).

§ 66. Schutz gegen sonstige Feinde aus der Klasse der Insekten.

Erfahrungsgemäß nimmt die Zahl der schädlichen Insekten, die sich in dem Boden einer neu gerodeten Fläche nur in geringer Menge zu finden pflegen, in dem wiederholt gelockerten und gedüngten Boden der ständigen Kämpe und Pflanzgärten fortwährend zu[4]), und es wird dies in Verbindung mit der ebenfalls zunehmenden Verunkrautung

---

[1]) Altum, Forstzoologie, S. 112.

[2]) Zeitschr. f. F.- u. J.-W. 1903, S. 368.

[3]) Vergl. die Mitteilungen über die von Febbersen und Eckstein angestellten Versuche in Zeitschr. f. d. F.- u. J.-W. 1894, S. 48.

[4]) Theob. Hartig, „Das Insektenleben im Boden der Saat- und Pflanzkämpe" (Krit. Bl. XLIII, 1, S. 142).

vielfach und nicht ganz mit Unrecht gegen jene und zugunsten der Wanderkämpe ins Feld geführt. Nicht nur die eben schon besprochenen Engerlinge, sondern auch eine Anzahl anderer Erdinsekten stellt sich ein, Wurzeln und Pflänzchen zerstörend und oft eine große Zahl der letztern vernichtend, ohne daß in allen Fällen der Feind erkannt wird, und vielfach auch ohne die Möglichkeit erfolgreichen Einschreitens gegen den erkannten Feind.

Von diesen Feinden wäre zunächst zu nennen die allbekannte Werre (Gryllus gryllotalpa), welche zwar nicht die Pflanzenwurzeln verzehrt, dieselben jedoch bei dem Graben ihrer fingerstarken Gänge abbeißt, wo sie ihr hinderlich sind, außerdem auch durch das Heben der jungen Pflanzen in Saatbeeten sehr lästig werden kann, wenn sie, wie manchen Orts der Fall, in größerer Zahl auftritt.

Man vernichtet sie namentlich zur Paarzeit im Juni, indem man die durch einen schrillenden Ton sich lockenden, nahe unter der Erd=oberfläche sitzenden Tiere durch einen Hackenschlag herauszuwerfen sucht. Mit gutem Erfolg soll auch das Eingraben von Blumentöpfen (zur Zeit der Paarung) in die Beetoberfläche — etwa 2 m von=einander entfernt und mit dem Rand 3 cm unter der Erdoberfläche liegend — sich bewährt haben; von Topf zu Topf wird dann eine 4—5 cm hohe Latte fest auf den Boden aufgelegt, und die derselben entlang laufenden Werren stürzen in die Töpfe. Ebenso kann man mit Erfolg Töpfe in die schmalen Beetwege eingraben, und in den zur Abwehr gegen Mäuse gezogenen, gleichfalls mit Töpfen versehenen Gräben fangen sich nicht selten auch Werren. — Auch die Nester, die ca. 10 cm tief liegen und mit Hilfe der kreisförmigen Gänge zu den=selben, welche nach Regenwetter oft etwas erhaben hervortreten, gefunden werden können, sucht man auf und zerstört sie. Durch Ein=gießen von Öl oder Petroleum in die Eingänge und Nachschütten von Wasser sucht man endlich auch die Werren zum Herauskommen zu nötigen, und empfiehlt Ney auf Grund eigener Erfahrung dies Ver=fahren als sehr zweckmäßig[1]). Das Verfolgen des anfänglich flach verlaufenden und dann plötzlich in die Tiefe führenden Ganges, an dessen Ende die Werre sitzt, läßt sich mit gutem Erfolg außerhalb der Saatbeete in deren nächster Umgebung, nicht wohl aber ohne zu große Beschädigung in diesen selbst durchführen.

Auch das Vergiften der Werren mit einem Giftteig, der aus ¼ kg pulverisiertem trocknen Lebkuchen, ebensoviel Roggenmehl und

---

[1]) Allg. F.= u. J.=Z. 1887, S. 69.

Bienenhonig mit 2 kg Arsenik zusammengeknetet und in erbsengroßen Stückchen in die unterirdischen Kanäle der Tiere gelegt wird, wurde neuerdings empfohlen [1]).

Als schädliche Wurzelverderber treten ferner in Saatbeeten bis= weilen die fußlosen, weißen Larven einiger Rüsselkäfer auf — so jene des Otiorhynchus niger und ovatus, dann des Brachyderes incanus —, die feineren Wurzeln der Nadelhölzer befressend, die stärkeren entrindend, und bringen hierdurch die Pflanzen zum Küm= mern und Absterben. — Auch die in der Erde lebenden Larven einiger Fliegen, den Gattungen Tipula und Anthomyia angehörig, können durch ihren Fraß die zarten Wurzeln von Keimlingen und einjährigen Nadelhölzern wie deren Samen durch Ausfressen nach Theodor Hartigs [2]) Beobachtung beschädigen, ohne daß uns gegen diese wie die vorgenannten Feinde Mittel zur Verfügung ständen.

Als Samenzerstörer nennt Ritsche [3]) einen Laufkäfer, Harpalus pubescens, durch welchen eine große Zahl von Fichtensamen und Keimlingen in einem mit Reisig gedeckten Beet zerstört wurde; ebenso führt er [4]) einen Fall an, in welchem Tausendfüße ein Beet mit Lärchensamen vernichteten.

Die sonst nützliche Ameise kann in Saatbeeten ebenfalls durch Verzehren von Nadelholzsamen schädlich werden, wie dies im hiesigen Forstgarten beobachtet wurde, woselbst zwei Beete, mit Kiefern angesät, durch Ameisen völlig zerstört wurden; es ging auch nicht ein Korn auf, und alle Samenkörner lagen aufgebissen und ausgefressen in den Rillen. Die anstoßenden Beete waren völlig intakt geblieben. Ein Mittel gegen diese allerdings seltenere Beschädigung dürfte kaum ge= geben sein.

Als ein im ganzen wenig bekannter Feind treten die Elate= riden= oder Springkäferlarven (auch Drahtwürmer genannt) auf, welche die Nadelholzsamen verzehren [5]), Eicheln und Bucheln benagen, die zarten Pflanzenwurzeln abfressen, so daß bisweilen ganze Saat= rillen vernichtet werden [6]), ohne daß dem Pflanzenzüchter die Ursache dieser Beschädigungen erklärlich ist. Mittel gegen diese Feinde stehen uns nicht zu Gebote, und auch die Vertilgung der in Kulturen wie

[1]) Österr. Forstzeitg. 1898, Nr. 45.
[2]) Altum, Forstzool. III, 1, S. 292 u. 319.
[3]) Forstl. naturw. Zeitschr. 1893, S. 48.
[4]) Thar. Jahrb. 1888, S. 293.
[5]) Das. 1879, S. 312.
[6]) Altum, Forstzool. III, 1, S. 142.

in Saatbeeten an ein= und zweijährigen Kiefern schädlich auftretenden
Saateule (Agrotis vestigialis oder valligera) und ihrer sehr ähn=
lichen Gattungsgenossen durch Aufsuchen der teils oberirdisch, teils
unterirdisch fressenden Raupen ist jedenfalls eine schwierige Arbeit.

In Eichen= und Erlensaatbeeten wird der die Blätter benagende
und skelettisierende Erdfloh (Haltica erucae und oleracea) bisweilen
sehr lästig und schädlich; durch Bestreuen der Beete mit Asche oder
Kalk wie durch Begießen mit einer Wermutabkochung[1]), durch Be=
gießen mit sehr verdünnter Karbolsäure (1 Teil auf 100 Teile Wasser)
sucht man die kleinen Feinde zu vertreiben, mittelst Brettchen, welche
mit Tischlerleim grundiert und dann mit Brumataleim überzogen sind,
und welche in die Beete gestellt werden, sie zu fangen.

Endlich mögen hier noch die Regenwürmer erwähnt sein,
welche die Keimlinge der Erlen und Nadelhölzer nach Baurs Be=
obachtungen[2]) massenhaft in ihre Löcher ziehen, auch durch Anlegen
der letzteren dicht an den Wurzeln der zarten Pflanzen das Ver=
trocknen derselben bewirken können.

§ 67. Schutz gegen Mäuse.

In nicht geringem Grade werden bisweilen unsere Saaten und
Saatbeete durch Mäuse gefährdet, und mannigfach sind die Zer=
störungen, welche diese kleinen Nager anrichten[3]). Zunächst sind die
Samen durch sie bedroht, obenan Eicheln, Bucheln, Kastanien,
doch sind auch Zerstörungen von Fichten= und Föhrensaaten schon
wiederholt beobachtet worden. Ebenso sind nach unsern eigenen Er=
fahrungen die Sämereien jener Holzarten, welche ein Jahr im Boden
liegen — Linden, Weißbuchen, Eschen —, während des Winters durch
Mäuse stark gefährdet, doppelt gefährdet, wenn die zum Schutz gegen
Verunkrautung aufgebrachte Laub= oder Strohdecke nicht entfernt
wurde (s. § 48). Auch ein Benagen der Holzpflanzen — Buchen,
Hainbuchen, Eschen, Eichen, Lärchen — kommt nicht selten vor, doch
seltener als in unsern Schlägen; im Saatbeet fehlt eben jener dichte
Grasfilz oder die Laubdecke, die den Mäusen zur erwünschten Deckung
dient, und ihre Arbeit ist hier stets eine mehr unterirdische. So ist
denn auch schon vielfach ein unterirdisches Abschneiden der Pflanzen
in den Saatbeten beobachtet worden, und mag der Grund zu dieser

---

[1]) Heß, Forstschutz, 3. Aufl., II. Bd., S. 76.
[2]) Forstw. Zentralbl. 1883, S. 246.
[3]) Vergl. Altum, Die Mäuse.

außerhalb der Forstgärten selten wahrgenommenen Erscheinung darin
liegen, daß die Mäuse sich eben als Schutz flach im Boden hin=
streichende Gänge anlegen, in diesen ihre Nahrung suchend. Auch das
Abbeißen junger Pflanzen unmittelbar über dem Boden kommt vor,
und dem Verfasser wurden einmal binnen wenig Tagen etwa 50 000
einjährige Fichten in einem zum Schutz gegen das Auffrieren mit
Tannenästen dicht gedeckten Saatbeet abgebissen, wobei die Mäuse nur
einen kleinen Teil des zarten Stengels verzehrten; die Schutzdecke
hatte offenbar die Mäuse angezogen, ihnen erwünschte Deckung während
ihrer Arbeit geboten.   Ebenso ist uns der Fall bekannt, daß dreijährige
verschulte Fichten, zum Schutz gegen Auergeflüg während des Winters
mit Gittern gedeckt, in großer Zahl abgebissen wurden.

Endlich können die Mäuse noch schädlich werden durch Unter=
wühlen des Bodens, wodurch die hohl gestellten Pflanzen eingehen.

Als Vorbeugungsmittel gegen Mäuseschaden in unsern
Saatbeeten sind nun zu betrachten: Die Vermeidung der Nähe des
Feldes bei Anlegung eines Saatbeetes, um dem Einwandern der
Mäuse entgegenzuwirken; Umziehen des Saatbeetes mit einem Graben,
dessen Wände möglichst scharf und senkrecht abgestochen sind, und in
dessen Sohle in entsprechenden Entfernungen Töpfe oder Drainröhren
eingegraben sind, in welche die Mäuse stürzen. — Vor allem wird
man aber jede Herbstsaat mit Eicheln oder Bucheln unterlassen, wenn
man das Vorhandensein von Mäusen in irgend nennenswerter Zahl
wahrnimmt, und die obengenannten, überliegenden Holzarten bis zur
Aussaat an gesichertem Ort eingeschlagen aufbewahren und erst im
zweiten Frühjahre aussäen. — E. Heyer[1] empfiehlt ausdrücklich das
Entfernen des Laubes von den mit solchem etwa gedeckten Saatbeeten,
da dasselbe als Schutzmittel die Mäuse anziehe; dagegen wird das
Bedecken der Eichensaatbeete mit einer dünnen Schichte Gerberlohe
als Schutzmittel empfohlen.

Als Schutzmittel gegen das Aufzehren des Samens empfiehlt
sich die Anwendung von Bleimennige (vergl. § 68), die bisher
vorzugsweise nur für Nadelholzsämereien zum Schutz gegen Vögel an=
gewendet wurde, auch für manche andere Samen, so z. B. jenen der
Weißbuche, Linde; nach Loreys Angabe[2] hat das Einlegen klein
gehackten Wacholderreisigs in die Eichel=Saatrillen sich sehr gut be=
währt.

------

[1] Allg. F.= u. J.=Z. 1873, S. 34.
[2] Das. 1894, S. 194.

Als Vertilgungsmittel aber wird fast nur das Vergiften in Frage kommen, da das Fangen in Fallen in größerem Maßstab nicht wohl durchführbar ist. Als Mittel zur Vergiftung dienen Weizen, mit Arsenik oder Strychnin präpariert, oder sog. Phosphorpillen; als bestes Mittel wird neuerdings[1]) der Arsenikweizen empfohlen, der gerne gefressen wird, sofortige Wirkung hat und mittelst Blechröhren möglichst tief in die Mauselöcher gebracht wird.

Als eine Schattenseite der angegebenen Mittel erscheint, daß die mit Phosphor oder Arsenik vergifteten Mäuse, nach Luft und Wasser strebend, meist außerhalb ihrer Löcher verenden und dadurch Veranlassung zur Vergiftung nützlicher Tiere, wie Eulen, Wiesel usw., werden können. Es wurde nun als ein diesem Übelstand vorbeugendes Mittel die Anwendung von kohlensaurem Baryum empfohlen[2]), welches sofortige Lähmung der hinteren Gliedmaßen bei den hiermit vergifteten Mäusen und also Absterben in den Gängen bewirkt. Aus einem derben Teig, durch Zusammenkneten von 1 Pfund Mehl mit ¹/₄ Pfund ausgefälltem Baryum mit entsprechendem Wasserzusatz hergestellt, werden bohnengroße Stücke in noch weichem Zustande in die Mauslöcher geworfen.

Auch in der Weise hat man die Vergiftung bewerkstelligt, daß man eine Anzahl locker angesetzter, also willkommene Schlupfwinkel bietender Steinhaufen in den Pflanzgärten angebracht und die Giftmittel inmitten der Steinhaufen und dadurch geschützt gegen das Aufnehmen durch andere Tiere gelegt hat[3]). Auf ähnlichem Prinzip beruhen die sog. Mausehütten, kleine, meterhohe Reisighaufen, dicht mit Rasen belegt und am Boden mit ausgestreutem Strychninweizen für die das Versteck aufsuchenden Mäuse versehen[4]).

Fleißige Revision der Forstgärten während des Winters, um bei Einwanderung von Mäusen sofort eingreifen zu können, wird stets, namentlich aber bei Herbstsaaten mit bedrohten Sämereien, zu empfehlen sein. —

Auch des Maulwurfes sei hier gedacht, der uns durch die Vertilgung von Engerlingen und Würmern, von im Boden lebenden Larven jeder Art im Forstgarten außerordentlich nützlich, durch Aufwerfen seiner Haufen aber, mit denen er Samen und schwache Pflanzen aus dem Boden wirft, bisweilen auch sehr lästig wird. In Pflanz-

---

1) Praktische Blätter für Pflanzenschutz, Jahrg. III, Heft 4.
2) Allg. F.- u. J.-Z. 1879, S. 411.
3) Forstw. Zentralbl. 1858, S. 43.
4) Zeitschr. f. d. F.- u. J.-W. 1881, S. 62.

beeten mit stärkeren Pflanzen werden wir ihn ruhig gewähren lassen können, ja bei großer Engerlingplage auch in Saatbeeten den erwähnten Schaden in Kauf nehmen[1]) — andernfalls aber denselben trotz seiner Nützlichkeit mittelst Fallen oder durch Auflauern beim Aufwerfen seiner Haufen zu beseitigen suchen. Auch Lappen, mit Petroleum getränkt und in seine Gänge gesteckt, dienen zu seiner Vertreibung.

§ 68. Schutz gegen Vögel.

Aus der Vogelwelt sind es besonders die Häher, dann die Finken und deren Gattungsverwandte, ferner die Meisen, welche unsern Saaten vor oder unmittelbar nach dem Aufgehen schädlich werden, während das Auerwild durch Abäsen der Nadelholzknospen nachteilig werden kann.

Der Häher macht sich in Saatbeeten, die mit Eicheln, Bucheln, Edelkastanien angesät wurden, in oft sehr lästiger Weise bemerkbar, zumal bei Herbstsaaten, in welchen er bei offenem Boden seine Räubereien während des ganzen Winters fortsetzen kann; mit großer Sicherheit findet er selbst die gut mit Erde gedeckten Eicheln, und sämtliche Häher aus größerer Umgebung ziehen sich am Saatbeet zusammen. — Auflegen einer dichten Schichte Dornreisig ist wohl das beste Mittel zur Abhaltung dieses Feindes; eine andere dichte Decke, von Laub oder Reisig, hat leicht Gefahr durch Mäuse, sowie ein Vermodern des Samens im Winterlager zur Folge. Das vollständige Ebenrechen der Beete[2]), damit der Häher die Saatrillen nicht finde, kann angesichts der Sicherheit, mit welcher derselbe bekanntlich die im Walde eingestuften, durch den herbstlichen Laubfall nochmals gedeckten Eicheln findet, unmöglich von Wirkung sein! Bessern Erfolg dürfte das Überspannen der Beete mit Garnfäden haben[3]), ebenso die Erbauung einer einfachen Schießhütte von Fichtenreisig, von der aus man die einfallenden Häher teilweise erlegt, die andern aber gleichzeitig so scheu macht, daß sie sich nicht mehr beizugehen trauen. — Nach Eberts Mitteilung[4]) wurden zum

---

[1]) Raatz teilt (Zeitschr. f. d. F.- u. J.-W. 1891, S. 581) mit, wie im Choriner Forstgarten eine Maulwurfsfamilie ein Quartier jahrelang vollständig engerlingfrei gehalten habe. — Nach Heß (Forstschutz I, S. 165) soll der Maulwurf auch Mäuse vertilgen.

[2]) Forstw. Zentralblatt 1860, S. 59.

[3]) Das. 1860, S. 99.

[4]) Zeitschr. f. F.- u. J.-W. 1904, S. 272.

Schutz der Eichensaaten mit sehr gutem Erfolg kleine Tellereisen, die mit einer Eichel beködert und leicht mit Erde bedeckt wurden, angewendet.

Die Finken (Buch- und Bergfinken), Hänflinge, Zeisige werden uns durch das Aufzehren der Samen von Fichte, Föhre, Lärche vor der Keimung wie durch das Abbeißen der noch von der Samenhülle umschlossenen Kotyledonen dieser Holzarten nach dem Aufgehen oft in hohem Grade lästig und schädlich. Bucheln und deren Kotyledonen sind, wenn auch in minderem Maße, ebenfalls gefährdet. Wo Finken in größerer Menge einfallen, sind Schutzmaßregeln für Nadelholzsaatbeete unbedingt nötig.

Das Bewachen der Saatbeete nach der Aussaat und bis zum Abstreifen der Samenhüllen ist eine kostspielige und nur etwa für größere Saatbeete anwendbare Maßregel, und man sucht sich deshalb auf andere Weise zu helfen: durch Vogelscheuchen, Saatgitter, Netze, endlich Einweichen des Samens in den Vögeln schädliche oder widerliche Substanzen.

Als Vogelscheuchen werden ausgestopfte Raubvögel empfohlen, die jedoch nach anderweitiger Mitteilung ihre Wirkung bald verlieren, so daß sich die Finken zuletzt auf den Scheuchen selbst niedersetzen! Eine leicht herzustellende Vogelscheuche[1] besteht aus einer Flasche ohne Boden, die mittelst einer Schnur an einer längeren, elastischen, fest in den Boden gestoßenen Stange befestigt ist; durch den Hals hängt an einer Schnur ein als Klöpfel dienender Nagel ins Innere der Flasche herab, am untersten Ende der Schnur aber ein schimmernder Streifen von Zink- oder Eisenblech, der, vom Wind bewegt, den Klöpfel zum Anschlagen bringt und durch sein Schimmern ebenfalls verscheuchend wirkt.

Das schon oben (beim Häher) erwähnte Überspannen der Beete mit Fäden oder mit Schnüren, in welche weiße Fäden eingeknüpft sind, wird mit gutem Erfolg angewendet, nach Heß' Versuchen[2] mit entschieden besserem Erfolg als das Bestecken der Beete mit Reisig, zwischen welches die Vögel hineinschlüpfen. Die Fäden selbst wurden 15—20 cm hoch kreuzweise über die Beete gespannt. Auch alte Netze wurden als Schutzmittel mit gutem Erfolg verwendet.

Allgemeine Anwendung zum Schutz der Nadelholzsämereien hat

---

[1] Zentralbl. f. d. F.-W. 1879, S. 45.
[2] Das. 1875, S. 534.

nun ein Mittel gefunden, das zuerst[1]) der bekannte frühere Pflanz=
schulbesitzer in Flottbeck, J. Booth, empfohlen hat: das Färben des
Samens mit Mennig, einem feinen roten, aus Bleioxyd bestehenden
Pulver. Der Samen wird zunächst soweit angenetzt, daß jedes Korn
feucht ist, doch darf kein Wasser auf dem Boden des betreffenden Ge=
fäßes, in welchem das Anfeuchten geschieht, stehen. (Man hüte sich
vor zu starkem Befeuchten — der Same nimmt den Mennigüberzug
dann viel weniger an, als wenn er nur mäßig feucht ist!) Hierauf
wird der Samen mit Mennig bestreut und so lange mit der Hand
umgerührt, bis jedes Samenkorn leicht mit demselben überzogen ist,
was sich schnell vollzieht; alsdann wird der durch das trockene Mennig=
pulver schon ziemlich getrocknete Samen in der Sonne oder an der
Luft wieder vollständig getrocknet und verliert nun die krebsrote
Färbung nicht mehr. — Die Kosten sind sehr gering, denn mit
1 Pfund Mennig à 40 Pfennige kann man ca. 7 Pfund Samen
färben. Der Erfolg ist nach unsern eigenen mehrfachen Versuchen
ein günstiger: man findet wohl einzelne abgebissene Köpfchen der Keim=
linge, nie aber größere Beschädigungen, so daß es scheint, als über=
zeugten sich die Vögel rasch von der Unzuträglichkeit jener Nahrung
für sie. An Vergiftung eingegangene Vögel haben wir nie gefunden[2]).

Einen ganz vollständigen Schutz gewähren die § 58 beschriebenen
Schmittschen Saatgitter, da hier bei dem nur 2 cm betragenden
Abstand der Lättchen ein Hineinschlüpfen der Vögel von obenher
ebensowenig möglich ist als von der Seite her, woselbst der Rahmen
dies verhindert. Minderen Schutz gewähren die an gleicher Stelle
genannten einfacheren Gitter, unter welche die Vögel von der Seite
her schlüpfen können, und sind insbesondere die Meisen ziemlich zu=

---

[1]) Zeitschr. f. F.= u. J.=W. 1877, S. 548, 1881, S. 60.

[2]) Dr. Cieslar hat im Laboratorium der forstlichen Versuchsleitung in
Wien Versuche über den Einfluß angestellt, den das Behandeln des Samens mit
Mennig, Karbolsäure und Petroleum zum Schutz gegen Vögel und Mäuse auf die
Keimung geübt. Diese Versuche haben ergeben:

1. daß Mennig die Keimung etwa um einen Tag verzögert, also wohl das
Eindringen der Feuchtigkeit etwas verlangsamt, nebenbei den Samen gegen
Schimmelpilze sichert;

2. daß Karbolsäure in sehr verdünnter Lösung den Keimverlauf verzögert,
in stärkerer Lösung das Keimprozent beeinträchtigt, in 10 %iger Lösung den
Samen tötet;

3. daß Petroleum die Keimkraft sehr benachteiligt, den Samen fast völlig
vernichtet.

(Zentralbl. f. d. F.=W. 1885, S. 510.)

dringlich; doch läßt sich wahrnehmen, daß sie dies nur mit Mißtrauen tun, wohl den Entzug der Möglichkeit sofortigen Auffliegens scheuen, so daß solche Gitter, ziemlich niedrig gehängt, immerhin ausreichend erscheinen.

Auch gegen das (leider so selten gewordene!) Auergeflüg werden wir nur ausnahmsweise unsere Saatschulen zu schützen genötigt sein. Haben allerdings einige Stücke sich einen Forstgarten als Äsungsplatz erkoren, so kann der Schaden, den sie nach und nach durch das Abäsen der Knospen von Tannen, Fichten, Föhren verursachen, ein recht bedeutender werden; bei Tannen beschränken sie sich häufig nicht auf die Knospen, sondern äsen auch die Nadeln ab. Die Beschädigung wird namentlich zur Winterszeit, bei Schnee, der die Aufnahme anderer Nahrung am Boden hindert, die Spitzen der Holzpflänzchen aber noch herausschauen läßt, bemerklich werden[1]). In Thüringen wandte man bei einigen besonders heimgesuchten Forstgärten das Überspannen der ganzen Gärten mit Draht in etwa 2 m Höhe und 70—80 cm Abstand der Drähte mit mäßigen Kosten und vollkommenem Erfolg an[2]). — Auch Reisigeinlage zwischen die Beete und Pflanzenreihen zeigte sich als Hinderungsmittel für das Umherlaufen der Hühner von Erfolg; im Spessart verwendete man die oben beschriebenen Schutzgitter mit vollem Erfolg auch zur Abhaltung des Auergeflügs.

§ 69. Schutz gegen Haarwild jeder Art.

Der gegen das Wild nötige Schutz wird sehr verschieden sein je nach der Holzart, bzw. den Holzarten, die sich in einem Saatbeet oder Forstgarten vorfinden, wie nach dem Wildstand einer Gegend, den vorkommenden Wildarten.

Größere Forstgärten pflegen stets so eingefriedigt zu sein, daß sie gegen Wild jeder Art — Hochwild, Rehwild, Sauen, Hasen — geschützt sind; die Art und Weise der Einfriedigung wird mit Rücksicht auf die Wildart gewählt werden; sie muß entsprechend hoch sein, wenn Hochwild, hinreichend fest, wenn Schwarzwild, genügend dicht, wenn Hasen oder die so schädlichen Kaninchen abzuhalten sind. Letztere können, wenn auch in noch so geringer Zahl vorhanden, bei der Anzucht gefährdeter Holzarten zu sehr dichten Einfriedigungen nötigen;

---

[1]) Heß, Forstschutz, Bd. I, S. 177.
[2]) Forstw. Zentralbl. 1876, S. 133.

über die Gefährdung der einzelnen Holzarten haben wir schon in § 31 das Nötige erwähnt.

Bei kleineren Pflanzschulen, Wanderkämpen, sucht man dagegen wo immer möglich die kostspielige Einfriedigung zu vermeiden, was da, wo weder Hochwild noch Sauen vorhanden, insbesondere bei Nadelholzkämpen wohl zulässig ist. Fichten und Föhren zumal sind von Hasen fast gar nicht, von Rehen wenig bedroht, und von Laub=hölzern sind es namentlich Erlen, die von letzteren Wildarten wenig zu leiden haben. Erscheint eine Einfriedigung aber auch für solche kleine oder wandernde Kämpe geboten, so wendet man hier gerne die transportablen Einfriedigungen (siehe § 37) oder Drahtzäune an, die leicht versetzt werden können.

Um aber ganz uneingefriedigten Saatschulen überhaupt oder den in denselben befindlichen Beeten mit gefährdeten Holzarten einigen Schutz gegen Rehe und Hasen zu geben, wendet man mancherlei Mittel: das Umziehen derselben mit Federlappen, leichte Stangengerüste (gegen Rehe) [1]), Verwittern der Saatbeetfläche mit stark riechenden Substanzen, Überspannen derselben mit geteerten Schnüren — während der Winter=monate, in welchen allein eine Gefahr für die Pflanzen durch das Wild besteht, an.

Auch die Eichhörnchen mögen hier noch Erwähnung finden, die den Eichel=, Buchel= und Kastaniensaatbeeten sehr gefährlich werden können, den gut gedeckten Samen mit großer Sicherheit zu finden wissen und sich nicht leicht vertreiben lassen. Sie haben uns Buchen=saatbeete wiederholt vollständig zerstört und sich selbst durch Schutz=gitter nicht abhalten lassen, so daß der allerdings nicht schwierige Abschuß derselben in der Nähe der Saatbeete als letztes Hilfsmittel erschien.

§ 70. Schutz und Pflege der Saatbeete gegenüber dem Unkraut.

In fast noch höherem Grade als durch die bisher besprochenen schädlichen Einflüsse der unorganischen Natur und durch die Feinde aus der Tierwelt sind unsere Saatbeete durch einen nie fehlenden,

---

[1]) Solche empfiehlt insbesondere Pöpel (Thar. Jahrb. 31 S. 118) in der Weise, daß eine größere Zahl von Stangen — er hat auf 4 Ar 30 Stück 8—10 m lange Stangen verwendet —, auf etwa ^{1}/$_2$ m hohen Pflöcken aufgenagelt, schräg über die Saatbeete gelegt werden. Er bemerkt, daß dadurch auch einiger (nach unsern Erfahrungen geringer!) Schutz gegen Auerhühner gegeben sei, und daß solche Stangengerüste durch querüber gelegte Stängchen aus Reisig auch als Schutzmittel gegen Frost und Hitze Verwendung finden könnten.

balb mehr, bald weniger läftigen Feind bedroht, deffen Bekämpfung jedoch eine fichere, wenn auch oft koftfpielige ift: — durch das Unkraut.

Das in den Saatbeeten auftretende Unkraut, nach Art und Zahl außerordentlich verfchieden je nach der mineralifchen Zufammenfetzung des Bodens, feiner natürlichen Feuchtigkeit, feiner bisherigen Benutzung, entzieht unfern Pflanzen einen Teil der für fie beftimmten Nährftoffe des Bodens, der feineren atmofphärifchen Niederfchläge, insbefondere den Tau; es überwächft rafch die fich langfam entwickelnden Holzpflanzen, verdämmt und überlagert fie, beengt deren Wurzelraum, hindert den Luftwechfel im Boden, verbraucht eine große Menge des Waffers im Boden. In einem nur einigermaßen gepflegten Saatbeet darf daher Unkraut nie überhandnehmen[1]).

Wie bei fo manchem andern Feind unferer Waldungen und Pflanzenwelt werden wir auch bei dem Unkraut von der Verhütung, Vorbeugung gegen deffen rafches und maffenhaftes Auftreten, und von der Vertilgung des trotzdem vorhandenen zu fprechen haben.

Dem übermäßig auftretenden Unkraut beugen wir nun vor durch zweckmäßige Auswahl des Platzes für unfer Saatbeet, fo zunächft durch Vermeiden zu frifchen oder gar feuchten, zu Gras- und Unkrautwuchs befonders geneigten Bodens. Auf bisherigen Feldern, die allerdings den Vorteil fehr billiger erftmaliger Bodenbearbeitung haben, hat man namentlich in den erften Jahren einen fehr energifchen Kampf mit dem Unkraut zu führen, während frifch gerodete Waldböden meift in den erften Jahren wenig Unkrautwuchs zeigen, weniger als fchon länger unbeftockt liegende Blößen. — Die Umgebung von jungen Schlägen mit ftarkem Unkrautwuchs macht fich im Saatbeet ebenfalls bemerklich, indem die leichten Samen vieler Unkräuter im Saatbeet anfliegen.

In weiterem werden wir der Vermeidung rafcher Verunkrautung durch Vertilgung etwa vorhandener Unkräuter bei der wiederholten Bearbeitung des Bodens alle Aufmerkfamkeit zuwenden, deren aus-

---

[1]) Über den Einfluß des Unkrautes auf die Pflanzenentwicklung find mehrfach Unterfuchungen angeftellt und mitgeteilt worden: vergl. hierüber die Mitteilungen aus dem öfterreichifchen Verfuchswefen, Bd. II, S. 192, dann die Verfuche der galizifchen Forftlehranftalt zu Lemberg (Zentralbl. f. d. F.-W. 1888, S. 104). Neuerdings hat Cieslar folche Unterfuchungen angeftellt, welche den fchädlichen Einfluß der Verunkrautung in fchlagender Weife zeigen; vergl. Mitteilungen aus dem öfterreichifchen Verfuchswefen, Bd. XXX, S. 6, 7 (Die Rolle des Lichtes im Walde) und Zentralbl. f. d. F.-W. 1906, S. 51.

schlagsfähige Wurzeln (Quecken!) sorgfältig entfernen, den Rasen, welcher zum Zweck des Verfaulens und Düngens untergebracht werden soll, tief mit Erde überdecken, um dessen Durchwachsen nach oben zu hindern, da gerade solche durchwachsende Rasenplaggen beim Ausjäten die größten Schwierigkeiten bereiten.

Bonhausen empfiehlt, wie schon oben (§ 49) erwähnt, möglichst frühzeitiges Bearbeiten im Frühjahre vor der Saat, um die obenauf liegenden Unkrautsämereien nach erfolgter Keimung durch Unterarbeiten mit eisernen Rechen zu zerstören und andere solche Samen obenauf in günstige Keimlage zu bringen, die in gleicher Weise vor erfolgender Ansaat vernichtet werden sollen.

Entsprechende Vorsicht ist ferner nötig bei Anwendung von Kompost, wenn zu letzterem das im Saatbeet ausgejätete Unkraut mit verwendet wurde, damit mit demselben nicht eine Menge keim= fähigen Unkrautsamens ins Saatbeet gebracht wird, ein Nachteil, der solchen Kompost vielfach in entschiedenen Mißkredit gebracht hat. Fischbach warnt[1] geradezu vor ihm, als dem teuersten Dünger. — Zwischenlagen ungelöschten Kalkes, welche eine rasche Zersetzung der organischen Substanzen zur Folge haben, sind bei Herstellung solchen Unkrautkompostes jedenfalls auch aus diesem Grunde empfehlenswert. Ebensowenig darf man auf den Komposthaufen das Unkraut wuchern und zur Samenreife kommen lassen, wie wohl da und dort zu sehen, sondern muß dasselbe durch wiederholtes Umarbeiten der Haufen zer= stören, wobei auch alle im Innern des Haufens befindlichen Sämereien allmählich an die Oberfläche und dadurch zur Keimung kommen und vernichtet werden können.

Als Mittel gegen Überhandnahme des Unkrautes hat man mit Erfolg auch das Belegen der Zwischenräume zwischen den Saatstreifen mit Moos, dann mit geringwertigen Latten oder (billiger) mit ge= spaltenen Stangen[2], schlechterem Prügelholz, angewendet, durch welche Mittel das Wachstum des Unkrautes mechanisch zurückgehalten wird. Beete mit stärkeren, verschulten Pflanzen, insbesondere Heistern, haben wir mit sehr gutem Erfolg zur Zurückhaltung des Unkrautes mit Buchenlaub einige Zentimeter hoch überschütten lassen. Selbst Steine (Platten) hat man, wo solche in unmittelbarer Nähe vorhanden, schon dazu verwendet, und alle diese Deckungsmittel erweisen sich zugleich als günstig für Erhaltung der Feuchtigkeit, als Schutz gegen Ver= dunstung.

---

[1] Allg. F.- u. J.-Z. 1860, S. 217.
[2] Forstl. Mitt. XI, S. 128.

Trotz all' dieser Vorsichtsmaßregeln werden wir in jedem Saat=
beet bald mehr, bald weniger Unkraut erscheinen und vielfach dessen
Menge mit der längeren Benutzung zunehmen sehen, es also mit dessen
Vertilgung zu tun haben. Hier gilt nun als Regel: Zeitiges
Beginnen mit dem Ausjäten im Frühjahre, um das Unkraut nie zu
sehr erstarken zu lassen, da sonst mit dem in den Saatreihen selbst
stehenden Unkraut nur zu leicht die schwachen Pflänzchen herausgerissen
werden; Jäten womöglich bei feuchtem Boden, damit die Wurzeln
des Unkrautes mit herausgezogen werden, letzteres nicht bloß oberflächlich
abgerissen werde, was sofortiges Wiederausschlagen vieler Wurzeln zur
Folge zu haben pflegt, oder vorheriges Lockern des Bodens durch
Behacken, wenn bei trockner Witterung das Unkraut entfernt werden
muß; Wiederholung des Jätens, so oft sich das Unkraut in
nennenswerter Weise zeigt; letztmaliges Jäten etwa Anfang
September, um eine nochmalige Lockerung des Bodens im Hinblick
auf die Gefahr des Auffrierens zu vermeiden. Erscheint nach diesem
letztmaligen Jäten nochmals stärkeres Unkraut, so reißt oder schneidet
man dasselbe nur oberflächlich ab, und ebenso muß man bisweilen
verfahren, wenn bei anhaltender, das Jäten hindernder Trocknis
einzelnes Unkraut in den Pflanzreihen so stark geworden, daß durch
dessen Ausziehen Pflänzchen mit herausgerissen werden könnten.

Das Jäten selbst, eine Arbeit, zu der stets nur die billigere
Arbeitskraft von Weibern oder Kindern verwendet wird, geschieht meist
einfach mit der Hand, unter Zuhilfenahme eines alten, starken Messers,
mit welchem tiefergehende Wurzeln herausgehoben oder schlimmsten
Falles tief im Boden abgestochen werden, oder einer eigens hierzu
konstruierten starken eisernen Gabel. Vorheriges Lockern des Bodens
mit dem Jätehäckchen erleichtert die Arbeit wesentlich, namentlich bei
lehmigerem Boden, und muß, wie schon oben erwähnt, auf letzterem
bei trockner Witterung dem Ausgrasen unbedingt vorangehen, wenn
diese Arbeit mit gutem Erfolg geschehen soll.

Die nicht unbedeutenden Kosten, welche das Ausjäten verursacht,
haben zur Anwendung von mancherlei Instrumenten zur tunlichsten
Erleichterung dieser Arbeit geführt; wir geben nachstehend die Be=
schreibung einiger derselben und bemerken, daß dieselben alle gleich=
zeitig eine Lockerung des Bodens bewirken und bzw. zum Zweck haben.

Der Jätkarst von Geyer (Fig. 32)[1] ist ein dreizackiger eiserner
Rechen, dessen 14 cm lange Zinken je 5 cm voneinander abstehen;

---

[1] Geyer, Die Erziehung der Eiche, S. 36.

der Zwischenraum zwischen den einzelnen Saatrillen wird also bei Anwendung dieses Instrumentes mindestens 15· cm betragen müssen, damit die Pflanzenwurzeln nicht beschädigt werden.

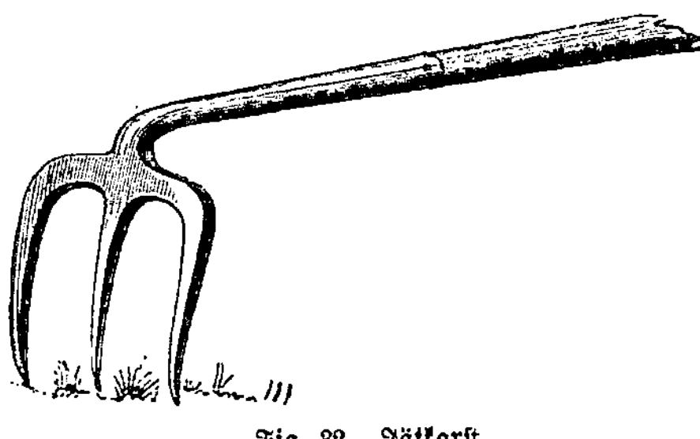

Fig. 32. Jätkarst.

Der **Dreizack** von **Schoch** (Fig. 33)[1], zur Reinigung der nur 12 cm breiten Zwischenräume in Na=delholzsaatbeeten bestimmt, bewirkt gleichzeitig die nötige Lockerung des Bodens, und wird demselben eine ebenso rasche als gute Arbeitsleistung mit Recht nachgerühmt. Die ganze Länge des Instrumentchens beträgt etwa 14 cm, jene des mittleren Zinkens 5 cm, während die beiden äußeren, etwas gekrümmten Seitenzinken nur 4 cm lang sind; die Ent=fernung der Spitzen dieser Seitenzinken von der Mittelzinke beträgt nur je 4 cm. Durch Hin= und Herschieben des Dreizacks wird der Boden zwischen den Pflanzreihen gelockert, das Unkraut ausgezogen und gleichzeitig ein Anhäufeln der Pflanzen bewirkt; bei trockenem Wetter kann man wohl das Unkraut liegen und vertrocknen lassen. — Für breitere Zwischen=räume zwischen den Pflanzreihen, wie sie für Eichensaaten (und Verschulungen) in An=wendung kommen, hat **Schoch** einen stärkeren Dreizack und einen Fünfzack konstruiert, dessen Spannweite etwa 12 cm beträgt.

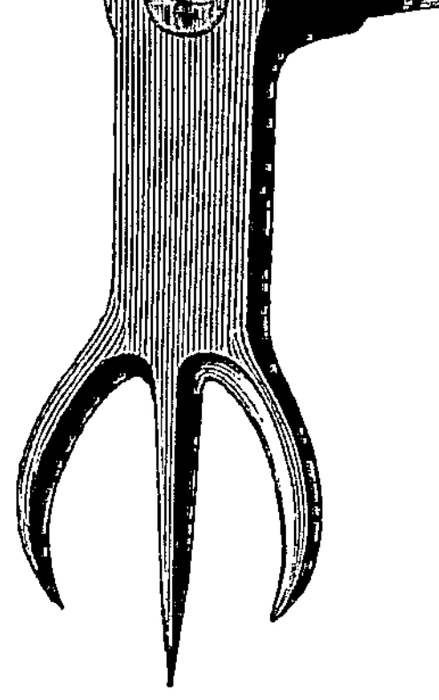

Fig. 33. Dreizack.

Zur Reinigung sowohl der schmalen Beetwege wie auch der reihenweise besäten Laubholzbeete wird in Halstenbeck[2] der sog. **Stieger** (Fig. 34) be=nutzt, ein dem Steigbügel ähnlicher geschmiedeter Halbreif mit schräg nach abwärts gestelltem Messer, dessen Breite für Beetwege etwas größer, für Saatbeete geringer (4—5 cm geringer als der Rillen=abstand) ist. An einem langen, rechenähnlichen Stiele wird dies Werkzeug stoßweise in den Beetgängen (Stiegen) und Pflanzreihen

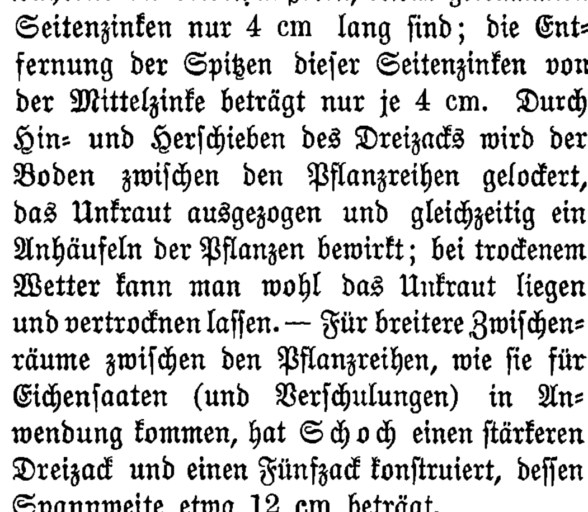

---

[1] Forstw. Zentralbl. 1864, S. 54.
[2] Das. 1903, S. 478.

innerhalb der obersten Bodenschicht hingeschoben und arbeitet sehr rasch und dadurch billig.

Als praktisches Gerät empfiehlt Forstverwalter Wegscheider[1]) den Stoßkarst oder Schaber (Fig. 35); er besteht aus einer 10

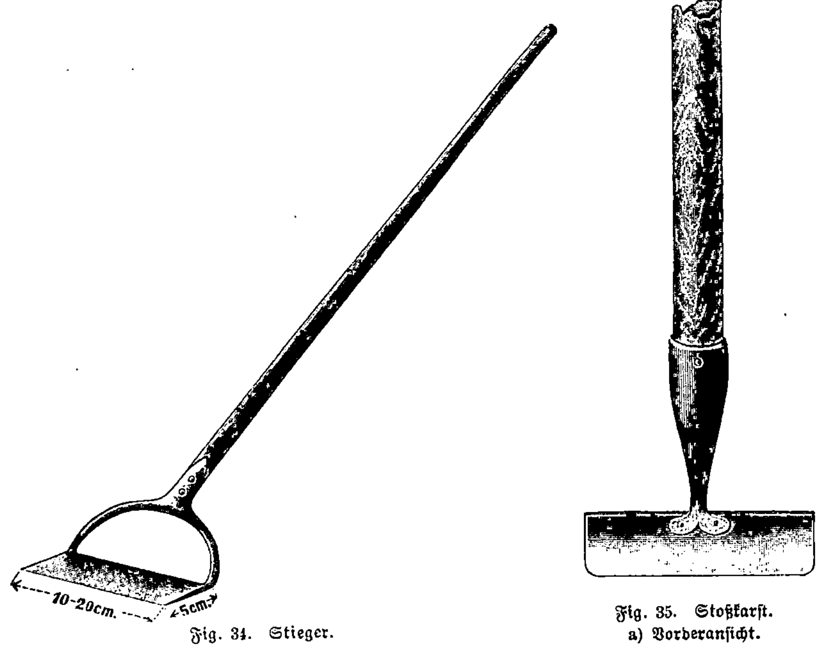

Fig. 34. Stieger.

Fig. 35. Stoßkarst.
a) Vorderansicht.

bis 16 cm langen und 4—5 cm breiten Stahlklinge, an der unter einem Winkel von etwa 150 ° eine zur Aufnahme des Stiels bestimmte

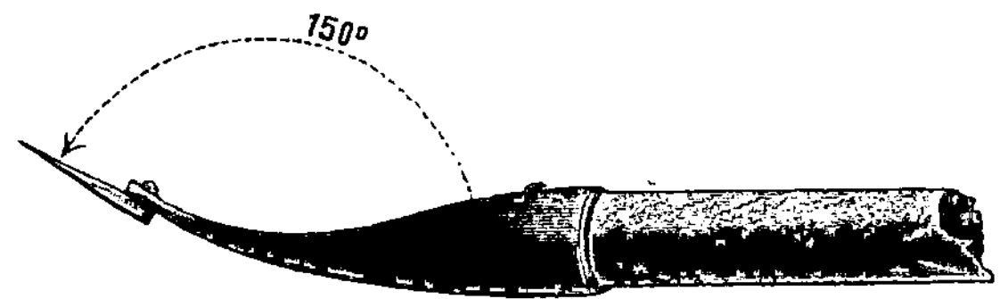

Fig. 35. Stoßkarst. b) Seitenansicht.

Dülle angenietet ist. Die Ecken an der Seite sind abgerundet und stumpf, um Pflanzenbeschädigungen bei etwaigem Fehlstoß zu verhindern.

---

¹) Österr. F.-Z. 1906, S. 242.

Der in dem Beetweg stehende Arbeiter setzt den Stoßkarst zuerst auf der entgegengesetzten Beetseite zwischen den Pflanzreihen ein und bewegt denselben, kurze Stöße ausführend, gegen sich, hierdurch sowohl den Boden lockernd wie das Unkraut abstoßend. Innerhalb der Pflanzreihen muß mit der Hand nachgejätet werden.

Einen Apparat zur Lockerung und Reinigung der Saat= und Pflanzbeete hat Forstwart Schüllermann konstruiert[1]). Derselbe (Fig. 36) besteht aus einer 13 cm (Größe 1) oder 8 cm (Größe 2)

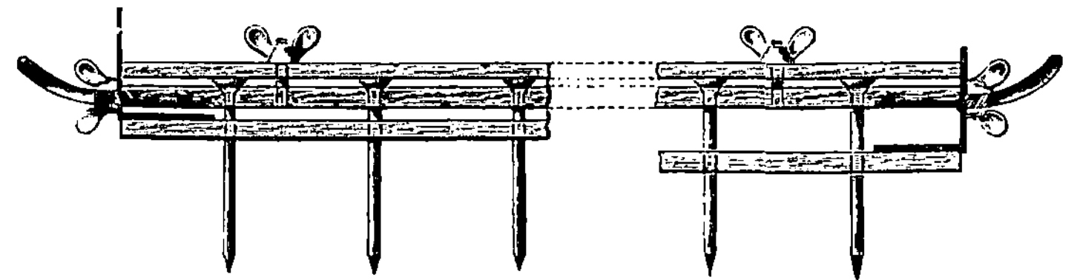

Fig. 36. Schüllermanns Lockerungsapparat.

breiten und 118 resp. 110 cm langen eisernen Platte, in welcher 42 resp. 48 Bohrungen für das Einsetzen starker, 14 cm langer Drahtstifte angebracht sind, deren Anordnung der Figur 36 zu entnehmen ist. Unter dieser beiderseits mit Handgriffen versehenen Platte liegt eine zweite eiserne, mit gleichen Bohrungen versehene und verstellbare Platte, durch welche die Tiefe, bis zu welcher die Stifte in den Boden eindringen sollen, reguliert werden kann. Eine Holzplatte, leicht abnehmbar und durch drei Flügelschrauben festgehalten, dient den Stiften als Widerlager.

Die Anwendung des Apparates erfolgt nun in der Weise, daß er nach Einstellung auf die zu lockernde Tiefe genau zwischen den Pflanzenreihen auf den Boden aufgesetzt, leicht eingedrückt und nun von den in den Beetwegen stehenden Arbeitern sägenartig an den Handgriffen hin= und hergezogen wird, dabei allmählich bis zur vollen Länge der Zinken in den Boden eindringend diesen lockert und das Unkraut ausreißt. Der Preis des Apparates, welcher gut und rasch arbeitet, jedoch kräftige und vorsichtig arbeitende Personen sowie nicht zu starke Verunkrautung voraussetzt, beträgt 20 Mk.

Das Reinigen der Saatbeete geschieht meist im Tagelohn, und die Überwachung der Arbeiter bei dieser monotonen Arbeit gehört zu den lästigsten Aufgaben des Schutzpersonales; ohne solche Überwachung

---

[1]) Forstw. Zentralbl. 1903, S. 620.

wird aber meist nachlässig und mit geringem Eifer gearbeitet, das Unkraut oberflächlich abgerissen statt ausgezogen — die betreffenden Personen sind ja schließlich froh, wenn es bald wieder einen Verdienst durch Ausgrafen gibt. Verfasser hat daher dies Reinigen der Saat- und Pflanzkämpe auf seinem seinerzeitigen Revier meist in Akkord gegeben, wobei die bei der früheren Taglohnsarbeit erwachsenden Kosten den nötigen Anhalt gaben, und ist gut dabei gefahren. Die (weiblichen) Akkordanten ließen das Unkraut nie überhandnehmen, benutzten im eigenen Interesse jeden Regen zu sofortigem Jäten und fanden bei entsprechendem Fleiß befriedigenden Verdienst. Für große Forstgärten wird sich allerdings eine solche Verakkordierung schwerer durchführen und bzw. die Ausgabe schwerer veranschlagen lassen als für kleinere Kämpe.

Die Kosten der Reinigung pro Flächeneinheit sind erklärlicherweise nach den örtlichen Verhältnissen außerordentlich wechselnd, so daß den Angaben über solche wenig Wert beizulegen ist (siehe übrigens § 100).

§ 71. Pflege der Saatbeete durch Bodenbearbeitung: Lockern und Anhäufeln [1].

Jede Lockerung des Bodens ist gleichsam eine Düngung, ebenso aber auch von großer Bedeutung für die Erhaltung der Bodenfeuchtigkeit. Durch dieselbe befördern wir die Verwitterung des Bodens, das Löslichwerden der Mineralstoffe, ferner den für die Vegetation so günstigen Luftwechsel im Boden, die Absorption von Kohlensäure und Ammoniak, ermöglichen ferner das leichtere und tiefere Eindringen des Regenwassers, vermeiden das bei festem Boden leicht erfolgende seitliche Abfließen desselben, wirken also schon hierdurch dem Austrocknen des Bodens entgegen. In noch höherem Grade geschieht dies aber durch die Absorption von Wasserdampf aus der Luft, welche durch gelockerten Boden in viel reicherem Maße erfolgt als durch festen; und endlich verlangsamen wir durch Lockerung des Bodens das kapillare Aufsteigen des Wassers aus den tieferen Bodenschichten nach den oberen, welches in lockerem, größere Zwischenräume enthaltendem Boden in minderem Maße erfolgt als in dichtem, ungelockertem [2]. Es ist

---

[1] Vergl. insbesondere auch die wertvollen Untersuchungen Cieslars über den Einfluß der mechanischen Bodenbearbeitung, der Bedeckung des Bodens mit Moos u. s. f. im Zentralbl. f. d. F.-W. 1893, S. 24; wir haben auf dieselben auch schon im § 60 Bezug genommen.

[2] Professor Wollny in München hat den Einfluß der krümeligen und der dichten oder staubförmigen Bodenbeschaffenheit auf die Feuchtigkeit des Bodens

eine insbesondere bei landwirtschaftlichen Gewächsen leicht zu be=
obachtende und bekannte Tatsache, daß sich eine Lockerung des Bodens
zur Zeit der Trocknis für die durch Wassermangel leidenden Gewächse
besonders günstig erweist[1]).

Direkte Versuche, wie sie Heß[2]) angestellt hat, ferner die vielfach
so günstigen Resultate des Waldfeldbaues in Hessen, welche durch die
forstlichen Zeitschriften ja allenthalben bekannt und vorwiegend auf
die Lockerung und Vorbereitung des Waldbodens zurückzuführen sind,
endlich die eigenen Erfahrungen, welche jeder schon einige Zeit wirt=
schaftende und aufmerksame Forstmann gemacht haben wird, stellen
diese Vorteile der Bodenlockerung so außer Zweifel, daß in derselben
eines der wichtigsten Mittel zur Beförderung des Wachstums unserer
Holzpflanzen, zur Pflege unserer Saatbeete und Pflanzschulen gefunden
werden muß.

Fragen wir nun, w a n n, w i e o f t und w i e eine Lockerung des
Bodens in unsern Saatbeeten stattzufinden habe, so lassen sich die
beiden ersten Fragen erklärlicherweise nur allgemein beantworten.

Die e r s t m a l i g e Lockerung der im Frühjahr frisch angesäten
Beete, deren Boden also erst gründlich bearbeitet wurde, erfolgt, so=
bald der Forstwirt wahrnimmt, daß der Boden sich stark zusammen=
gesetzt hat oder gar oberflächlich verkrustet ist, wie dies durch längerem
Regenwetter folgende Hitze leicht geschieht; bei den älteren Saatbeeten
aber, deren Boden sich durch die Winterfeuchtigkeit stets stark zu=
sammengesetzt haben wird, nehmen wir diese erste Lockerung im Jahre
sobald vor, als die Rücksicht auf die Gefahr des Auffrierens es ge=
stattet, etwa Anfang Mai. In der Regel schließt sich die Lockerung

---

durch vergleichende Untersuchungen festgestellt. Bei d i c h t e m Boden nun findet
ein ununterbrochenes kapillares Aufsteigen der Feuchtigkeit statt, welch' letztere an
der Oberfläche verdunstet; der Boden trocknet infolgedessen tiefer und rascher aus,
dagegen bleibt die O b e r f l ä c h e feuchter, solange dies Aufsteigen der Feuchtigkeit
dauert. Im krümeligen Boden dagegen finden sich größere Zwischenräume, die
das kapillare Aufsteigen hindern bzw. verlangsamen; an der Oberfläche bildet sich
bald eine trockne Schichte, die der weiteren Verdunstung hemmend entgegensteht,
und der Boden erhält sich sonach im Innern länger feucht.

(Aus dem Gesagten geht auch hervor, weshalb das Walzen der Saatbeete
nach der Ansaat, das Andrücken des Bodens mit dem Saatbrett vorteilhaft wirkt;
es handelt sich bei der Saat zunächst um Feuchterhalten der oberen Schichte, in
der das Samenkorn liegt.)

(Vergl. auch Zentralbl. f. d. F.=W. 1882, S. 222.)

[1]) Vergl. H. Fischbach, Die Lockerung des Waldbodens, S. 9.

[2]) Zentralbl. f. d. F.=W. 1875, S. 142.

und Reinigung der älteren Saat= und Pflanzbeete als letzte Arbeit an
die Ansaat und Verschulung an und wird während des Jahres nach
Bedarf bald nur einmal, bald öfter wiederholt.

Das „Wie oft" der Bodenlockerung ist aber zunächst durch die
Bodenverhältnisse bedingt. Toniger und überhaupt etwas bindenderer
Boden wird das Lockern öfter nötig machen als leichter Boden, und
für lockeren Sandboden kann sogar eine einmalige Lockerung genügend
sein. Von wesentlichem Einfluß ist ferner die Neigung des Bodens
zu Gras= und Unkrautwuchs, da — wie schon im § 70 erwähnt —
das Reinigen der Saatbeete vielfach mit der Bodenlockerung Hand in
Hand geht, mit denselben Instrumenten gleichzeitig ausgeführt wird;
namentlich bei bindigen Böden und längerer Trocknis ist eine der
Reinigung vorausgehende oder gleichzeitige Lockerung fast unumgäng=
lich nötig, wenn man mit nachhaltigerem Erfolg ausgrasen, die Un=
krautwurzeln mit ausziehen will, und da bindige Böden stärkeren
Gras= und Unkrautwuchs zu haben pflegen als sandige, so ergibt sich
schon hierdurch die Notwendigkeit einer öfteren Lockerung der ersteren
von selbst.

Auch die Witterung ist von Einfluß: stärkere Regen haben
stets ein Zusammensetzen des Bodens, ein Verschlämmen desselben zur
Folge, die so vorteilhafte krümelige Struktur der oberen Bodenschichte
geht verloren und fordert zu ihrer Wiederherstellung die Lockerung. —
War der Boden mit einer toten Bodendecke von Laub, Moos usw.
versehen, so tritt diese mißliche Wirkung des Regens nicht ein, und
es genügt in solchem Falle häufig eine einmalige Lockerung im Früh=
jahr vor Aufbringung jener Decke. (Vergl. § 60.)

Während man ein bloßes Jäten der Saatbeete — mit welchem
durch das Ausziehen der Wurzeln des Unkrautes übrigens stets
einige Bodenlockerung verbunden ist — möglichst bei feuchtem Wetter,
nach leichtem Regen vornimmt, wird man das Lockern des Bodens
vorwiegend bei trocener Witterung vornehmen, da der trocene Boden
besser zerfällt, die Wirkung eine größere ist. Aus dem gelocerten
Boden läßt sich das Unkraut auch bei trocenem Wetter herausnehmen,
und nur das zwischen den Pflanzen, in den Saatrillen selbst stehende
bereitet Schwierigkeiten, muß entweder oberflächlich abgerissen oder
nach eingetretenem Regen nachgejätet werden.

Die letztmalige Bodenlockerung im Herbst soll gleichfalls —
wie das Jäten — nicht zu spät stattfinden, damit der Boden sich
wieder genügend setzt, der Gefahr des Ausfrierens nicht zu sehr aus=
gesetzt ist. Mit dem Monat August schließt man das Locern des

Bodens ab und kann dies um so mehr tun, als zu dieser Zeit die Vegetation bereits der Hauptsache nach ihren Abschluß gefunden hat, eine Einwirkung des Lockerns auf dieselbe daher nicht mehr besteht.

Was die Frage betrifft, wie tief man lockern soll, so wird diese dahin zu beantworten sein, daß ein etwa 10—12 cm tiefes Lockern des Bodens vollständig zur Erreichung der eingangs angeführten günstigen Einwirkungen genügt, ein tieferes Lockern aber bei geringer Entfernung der Saatstreifen auch nur schwer möglich ist.

Mit dem Lockern der Saatbeete wird nicht selten zugleich ein Anhäufeln der Pflanzenreihen von beiden Seiten her verbunden, und zeigt sich solches, im Herbst bei dem letztmaligen Lockern an= gewendet, von guter Wirkung gegen das Auffrieren der Pflanzen (siehe § 62). Auch als Mittel zur Erhaltung der Feuchtigkeit wird dies Anhäufeln empfohlen, indem einerseits die Feuchtigkeit sich in dem durch das beiderseitige Anhäufeln zwischen den Pflanzenreihen entstehenden Gräbchen sammelt und tiefer in den Boden bringt, ander= seits die stärkere Erddecke an den Pflanzen dem Austrocknen mechanisch entgegenwirkt.

Die Instrumente, mit denen die Lockerung des Bodens ausgeführt wird, wurden nun zumeist schon im § 70 erwähnt, da sie gleichzeitig der Reinigung der Beete von Unkraut dienen. Außerdem findet für Saatbeete mit geringem Rillenabstand das gewöhnliche Gartenhäckchen mit schmalem, nach unten sich etwas verjüngenden Blatt, für größeren Rillenabstand (Eichen) auch die gewöhnliche Haue Verwendung.

Der früher empfohlene bayrische Handpflug[1] steht nicht mehr in Verwendung, und auch Nördlingers Reihenkultivator[2] hat das Schicksal aller minder einfachen Kulturinstrumente geteilt, ist aus deren Reihe verschwunden.

Bei dem Lockern des Bodens mit der Hacke oder dem Dreizack, wie den in § 70 erwähnten Apparaten, zeigt es sich, wie zweckmäßig es ist, die Rillen nicht nach der Längsrichtung des Beetes, sondern senkrecht zu dieser anzulegen. Die Arbeit erfolgt von den schmalen Zwischenwegen aus leicht und sicher; Beschädigungen der Pflanzen werden leicht vermieden und ebenso jedes Betreten der Beete. Wo aber letzteres, wie bei den häufig auf größeren Ländern ohne Beeteinteilung angesäten Eichen (oder bei verschulten Pflanzen auf solchen Ländern), nicht zu vermeiden ist, da trage man Sorge,

---

[1] Forstl. Mitt. XI, S. 128.
[2] Krit. Blätter L, 1, S. 258.

daß die Arbeiter bei dem Lockern sich entweder rückwärts bewegen, wie bei Anwendung des Drei- und Fünfzacks gut tunlich, oder daß das mit Vorwärtsbewegen verbundene Hacken von der noch nicht bearbeiteten Nachbarreihe aus geschehe, damit nicht der eben gelockerte Boden sofort wieder zusammengetreten werde. — Daß bei solch' größeren Ländern die Zwischenräume zwischen den Saatrillen groß genug sein müssen, um ein Betreten derselben durch die Arbeiter zu gestatten, wurde bereits früher (§ 42) erwähnt.

Für voll angesäte Beete erscheint eine Lockerung des Bodens eigentlich ausgeschlossen — gleichwohl wird sie nach Schwarz' Mitteilung[1]) in Halstenbeck ausgeführt. Es werden insbesondere die mit zweijährigen Fichten dicht bestandenen Beete mit der „Grabeforke", einem einer Dunggabel ähnlichen Instrument mit 4—5 Zinken, von 30 cm Länge und 1½ cm Breite, durchlockert, und soll hierdurch die Wurzeltätigkeit und Wurzelbildung auf Kosten des Längenwuchses angeregt, stufigerer Wuchs erreicht werden.

§ 72. Pflege zu dichter Saaten durch Ausschneiden oder Durchrupfen.

Trotz aller Vorsicht, die wir auf Grund stattgehabter Keimproben bei Bemessung der Samenmenge anwenden, fallen doch nicht selten unsere Saaten zu dicht aus, sei es nun, daß besonders günstige Witterungsverhältnisse den ausgestreuten Samen zu möglichst vollständiger Keimung bringen, daß der gefürchtete und bei Bestimmung der Samenquantität in Betracht gezogene Abgang durch Trocknis, Vögel u. s. f. nicht stattgefunden, sei es, daß unsere Arbeiter ungleichmäßig und also stellenweise zu dicht gesät haben. Jede zu dichte Saat hat aber die nachteilige Folge, daß neben dem Zurückbleiben und Verkümmern zahlreicher Pflänzchen auch die dominierenden sich nicht so kräftig entwickeln, wie dies bei geringerer Pflanzenzahl der Fall sein würde; kümmerlicher Wuchs, schwache Endknospen, gelbliche Farbe sind die Folge dieser namentlich in Nadelholzsaatbeeten nicht seltenen Erscheinung, während bei größeren Samen eine gleichmäßige und nicht zu dichte Ansaat leichter auszuführen ist — so bei Eicheln, Bucheln, Edelkastanien.

Die eben berührten Nachteile des dichten Standes machen sich aber am meisten dann geltend, wenn die Pflänzchen länger als ein

---

[1]) Forstw. Zentralbl. 1903, S. 487.

Jahr im Saatbeet stehen, während bei nur einjährigem Verbleiben in demselben jene Folgen minder hervortreten, eine Verdünnung nur bei sehr dichtem Stand nötig erscheint.

Die notwendige Hilfe aber geben wir durch rechtzeitige Verdünnung der Saat mittelst Ausziehen oder Ausschneiden des Übermaßes an Pflanzen. — Bei einer im ersten Lebensjahr stehenden Saat ist eine Ausscheidung zwischen den kräftigeren und den zurückbleibenden Pflänzchen in der Art, daß wir beim Ausziehen nur die letzteren entfernen, noch nicht eingetreten; wir müssen hier ziemlich summarisch verfahren und eben einfach eine Anzahl von Pflanzen ausreißen, am zweckmäßigsten in der Mitte der Rille, woselbst sich auch das Kümmern der Pflanzen am ersten und stärksten geltend macht, während die Randpflanzen wenigstens nach einer Seite hin freieren Wurzelraum haben, sich dadurch kräftiger entwickeln.

Zur Erleichterung und raschen Ausführung des Verdünnens zu dichter ein- und zweijähriger Fichtensaaten wandte man wohl ein Lineal an[1]), das durch die in einer Rille stehenden Pflanzen in der Weise geschoben wird, daß jene Pflanzen, welche stehen bleiben sollen, auf einer, die zu entfernenden Pflanzen auf der andern Seite des Lineals sich befinden. Die ersteren werden durch Andrücken des Lineals nach der Seite gebogen, die letzteren, aufrecht stehenden aber ausgerupft, was dann, ohne weitere Auswahl erfolgend, sehr rasch geht.

Wir können uns für dies Verfahren aber nicht aussprechen; für zweijährige Pflanzen, bei welchen der Unterschied zwischen stärkeren und zurückbleibenden Pflanzen schon deutlich hervortritt, halten wir dasselbe für zu summarisch, bei einjährigen aber rupfen wir, wie oben erwähnt, die zu entfernenden Pflanzen möglichst aus der Mitte der Rille.

Dem bei dichtem Stand oft schon im Sommer des ersten Lebensjahres stattgehabten Durchrupfen, das man — wenn es zu dieser Zeit unterblieb — zweckmäßig im Frühjahr des zweiten Jahres mit der erstmaligen Reinigung des Beetes und der Pflanzreihen von Unkraut verbindet (etwa im Mai), folgt bei Pflanzen, welche drei Jahre im Saatbeet stehen sollen, um dann unverschult verwendet zu werden, nicht selten ein nochmaliges Durchrupfen im Sommer des zweiten oder Frühjahr des dritten Jahres, und es kann sich diese Hilfe auch in Saatbeeten nötig zeigen, die, anfänglich nicht zu dicht stehend, durch kräftige Entwicklung der Pflanzen im ersten und zweiten

---

[1]) Allg. F.- u. J.-Z. 1860, S. 413.

Lebensjahre in gedrängten Stand gekommen sind, ein Nachlassen im Wuchs für das dritte Lebensjahr befürchten lassen. Hier werden wir nun natürlich beim Durchrupfen minder summarisch verfahren; ein Unterschied zwischen stärkeren und geringeren Pflanzen wird sich schon sehr bemerkbar machen, und letztere sind es, die dann durch Ausziehen entfernt werden.

Statt des Ausziehens hat man auch wohl das Ausschneiden der überflüssigen Pflanzen mit der Schere gewählt, um jede etwaige Lockerung der verbleibenden Pflanzen in ihren Wurzeln, jede Beschädigung der letzteren zu vermeiden. Diese Besorgnis dürfte aber, wenn das Ausziehen bei feuchtem Wetter und mit entsprechender Vorsicht geschieht, unbegründet sein und das rascher fördernde Ausrupfen dem umständlicheren Ausschneiden vorzuziehen sein.

Wir können das Durchrupfen zu dichter Saaten, insbesondere bei der Fichte, welche oft zwei- und dreijährig im Saatbeet erzogen und als unverschulte kräftige Pflanze ins Freie versetzt wird, unsern Fachgenossen nicht genug empfehlen. Der Erfolg ist nach vergleichenden Versuchen, die wir in unserm akademischen Forstgarten angestellt haben, ein ganz auffallend günstiger, und man wird mit der Verdünnung nicht leicht zu weit gehen[1]).

Die als entbehrlich beseitigten Pflänzchen wirft man zumeist einfach beiseite, doch kann sich auch ein etwas vorsichtigeres Herausnehmen (bei feuchtem Wetter) und Verwendung zum Verschulen bisweilen, so z. B. bei zweijährigen Fichten, empfehlen. Insbesondere würde man dies bei wertvolleren Pflanzen (Exoten) tun.

§ 73. Pflege der Saatbeete durch Zwischendüngung.

Wenn Saatbeete einer wiederholten Benutzung ohne gründliche und rationelle Düngung unterstellt werden, so macht sich nicht selten der Mangel an Nährstoffen durch kümmerliches Wachstum, kleine Blätter, gelbe Färbung der Nadeln bemerklich. Bei Pflanzen, die einjährig zur Benutzung kommen sollen, läßt sich dem Übelstand nicht mehr abhelfen, bei Pflanzen dagegen, welche zwei oder drei Jahre im Saatbeet stehen sollen, können wir durch eine sog. Zwischendüngung den Nahrungsmangel heben, den Pflanzen zu gedeihlichem Wachstum verhelfen. Eine solche kann sich aber auch auf ursprünglich

---

[1]) Zu weitgehend dürfte das Scheren der Nadelholzrillen in der Weise sein, daß die Pflanzen genau einzählig in der Reihe stehen. Allgem. F.- u. J.-Z. 1866, S. 210.

gut gedüngtem Boden bei etwas dichtem Pflanzenbestand und längerem — dreijährigem — Verbleib im Saatbeet als nötig oder doch vorteil= haft erweisen.

Über die Ausführung einer solchen Zwischendüngung haben wir bereits im § 29 das Nötige gesagt und weisen nur nochmals darauf hin, daß bei derselben stets rasch wirkende, also leicht lösliche Düngemittel — chemische Präparate, Asche, Jauche u. dgl. —, nicht aber Kompost, Rasenerde und ähnliche langsamer sich zersetzende Mate= rialien zu verwenden sind, und daß die Düngung möglichst zeitig im Jahre zu erfolgen hat, wenn sie sich im selben Jahre noch von ent= sprechendem Erfolg zeigen soll. Als besonders wirksame Mittel sind Chilisalpeter und Poudrette zu empfehlen.

Vierter Abschnitt.

Die Pflanzenerziehung im Pflanzbeet.

I. Die Verschulung der Pflanzen.

§ 74. Allgemeine Erörterungen.

Wenn eine im Saatbeet erzogene Pflanze nicht kräftig und groß genug erscheint, um sofort zur Kultur ins Freie benutzt werden zu können — sei es, daß sie durch überwachsendes Gras und Unkraut, durch Frost und Hitze, durch Wild oder Weidevieh gefährdet würde, sei es, daß bei Nachbesserungen im Hoch= oder Niederwald die schon herangewachsene oder (als Stockausschlag) rasch heranwachsende Um= gebung stärkeres Pflanzmaterial nötig macht — so wird dieselbe aus dem stets mehr oder weniger dichten Stand des Saatbeetes, der eine kräftige Entwicklung der Seitenwurzeln wie der Beastung für größere Pflanzen unmöglich macht, in eine nach allen Seiten freiere Stellung auf dem Pflanzbeet gebracht, um hier zu erstarken, Bewurzelung und Beastung allseitig auszubilden: sie wird verschult (umgeschult, um= gelegt, verstopft).

Dieses Verschulen schwacher Pflanzen behufs Erziehung starker, kräftiger Pflänzlinge ist jedenfalls ein der Gärtnerei und Obstbaum= zucht entlehntes Verfahren und wurde zunächst nur bei Laubhölzern — vor allem wohl der Eiche — angewendet, um das zur Bepflanzung

von Hutflächen, Alleen u. dgl. nötige Material zu erziehen. Jeden=
falls aber war die Anwendung der Verschulung bis zur Mitte des
vorigen Jahrhunderts eine sehr beschränkte; sagt doch Hundes=
hagen noch 1828[1]), „daß er von dem öftern Umlegen der Stämmchen
noch nirgends guten Erfolg gesehen", und Gwinner gibt 1842[2])
an, daß bei Nadelhölzern ein Versetzen in der Regel nicht stattfinde.
Vergleichen wir mit diesen Aussprüchen die ausgedehnten Beete voll
verschulter Pflanzen, Laub= wie Nadelhölzer, in unsern jetzigen Pflanz=
gärten, so werden wir einen ganz außerordentlichen Umschwung und
Fortschritt auch auf diesem Gebiete der Forstwirtschaft, bzw. der
Pflanzenerziehung festzustellen haben.

Einen Fortschritt: denn die Vorzüge der verschulten Pflanzen
gegenüber den unverschulten sind so in die Augen fallend, daß selbst
das Auge des Laien sie erkennt. Die allseitige, gleichmäßige Be=
wurzelung und Beastung, der stufige Wuchs unterscheiden sie aufs
Vorteilhafteste von der zwei= und dreijährigen unverschulten Pflanze,
welche im dichten Stand des Saatbeets genötigt war, ihre Wurzeln
fast ausschließlich nach der Tiefe oder (als Randpflanze) nach einer
Seite zu senden; welche ihren Höhentrieb auf Kosten der Seiten=
beastung wie der Stärke des Stämmchens unverhältnismäßig strecken
mußte oder infolge zu dichten Standes in der Entwicklung überhaupt
zurückblieb. — Das Gedeihen unserer Kulturen hat durch die An=
wendung verschulter Pflanzen außerordentlich an Sicherheit gewonnen,
denn die stufig gewachsene, reichlich und allseitig bewurzelte Schul=
pflanze vermag allen Gefährdungen und namentlich dem größten Feind
der Kulturen, der Trocknis, viel sicherer zu widerstehen, als die minder
vollkommene Saatbeetpflanze[3]). Die Verschulung hat uns die Mittel
an die Hand gegeben, den für die Verpflanzung in höherem Alter
ungünstigen Wurzelbau mancher Holzarten, obenan der Eiche, durch
Kürzung der Pfahlwurzel und Hervorrufung reicher Seitenbewurzelung
in günstiger Weise umzugestalten; sie hat die kostspielige und für die
das Pflanzmaterial liefernden Schläge oft verderblich gewordene Ballen=
pflanzung sehr in den Hintergrund gedrängt und den Anbau empfind=
licher Holzarten — so vor allem der Tanne — im Freien und ohne
Schutzbestand erst recht ermöglicht, indem wir diese Holzarten im Schutz
des Saat= und Pflanzbeetes hinreichend erstarken lassen können.

---

[1]) Enzyklopädie 1828, S. 354.
[2]) Waldbau 1841, S. 296.
[3]) Vergl. v. Oppen in Thar. Jahrb. 1893, S. 110.

Die Mehrzahl unserer Laubholzpflanzen, welche zur Verwendung
gelangen, Eichen und Ahorn, Eschen und Ulmen, werden umgeschult;
von den Nadelhölzern sind es Tanne und Fichte, auch Weymouthskiefer, deren Verschulung gegenwärtig in ausgedehntem Maße stattfindet, weniger die Lärche, fast gar nicht die Föhre, deren Verschulung
jedoch in neuester Zeit auch für manche Verhältnisse empfohlen wird;
die Besprechung der einzelnen Holzarten wird uns auf dies Thema
zurückführen.

Es läßt sich dabei allerdings nicht in Abrede stellen, daß die
Verschulung zunächst einen mehr oder minder nachteiligen Eingriff in
das Wurzelsystem der verschulten Pflanzen bedeutet[1]). Ein Teil der
feineren Saugwurzeln geht neben den etwa absichtlich gekürzten stärkeren
Wurzeln stets verloren, die Wurzeln kommen aus ihrer natürlichen
Lagerung in eine oft ziemlich unnatürliche[2]) und müssen diesen Eingriff erst überwinden und ausheilen. Allein wir sehen, daß in dem
gut gelockerten und natürlich gedüngten Boden des Pflanzbeetes dieser
Ausheilungsprozeß sehr rasch vor sich geht, um so rascher, je besser
die Verschulung ausgeführt wurde, und die gut verschulte Pflanze
wird der gleichaltrigen unverschulten oder dem gleichalten Wildling
in ober- und unterirdischer Entwicklung stets überlegen sein.

Die Frage, wann beim Kulturbetrieb verschulte Pflanzen nötig,
wann unverschulte genügend seien, hat die Lehre vom Waldbau, haben
die lokalen Verhältnisse zu beantworten; unser Handbuch soll nach ge-
troffener Entscheidung hierüber nur lehren, wie die nötigen, stärkeren
oder schwächeren Pflanzen zu erziehen seien. Nur im allgemeinen
möchten wir noch beifügen, daß trotz der oben erwähnten Vorzüge
verschulter Pflanzen die Anwendung der billigeren, rascher erzogenen
unverschulten Pflanzen in möglichst geringem Alter da angezeigt erscheinen wird, wo die im Eingang dieses Paragraphen angeführten
Gründe für Verwendung stärkerer Pflanzen nicht bestehen, und daß
mit der immerhin nicht unwesentliche Kosten verursachenden Verschulung, insbesondere der Fichte, vielfach wohl weiter gegangen wird,
als unbedingt nötig[3]). Auch hier bewährt es sich, daß ein zu weit
gehendes Generalisieren im Waldbau nichts tauge!

---

[1]) Borggreve, Holzzucht, S. 262.

[2]) Zentralbl. f. d. F.-W. 1888, S. 209, woselbst Melichar diesen Einfluß
auf die Wurzelbildung durch eine Anzahl von Abbildungen (Naturselbstdrucke)
darstellt.

[3]) Vergl. die Mitteilungen des Oberförsters Pollek, Allg. F.- u. J.-Z. 1880,
S. 339, sowie das im II. Teil unseres Buches über die Verwendung unverschulter
Fichten Gesagte.

§ 75. Saat= und Pflanzschulen — Zusammenhang beider.

In sehr vielen Fällen finden wir die Pflanzschule mit der Saat=
schule, welche das zur Verschulung nötige Material liefert, vereinigt,
Saat= und Pflanzbeete unmittelbar nebeneinander gelegen, und es
hat diese Vereinigung beider ihre ganz entschiedenen Vorzüge: Ver=
packung und Transport der jungen Pflänzchen wird erspart, die aus=
gehobenen Saatpflänzchen kommen oft schon nach wenig Minuten
wieder in den Boden, die Arbeit greift rasch und sicher ineinander.
Dagegen sind wohl auch die Fälle nicht allzu selten, in welchen die
gegen Frost und Hitze, gegen Beschädigungen und Gefährdungen
mancher Art zu schützenden Saatpflänzchen in einem einzigen, günstig
gelegenen, gut eingefriedigten, ständig überwachten Forstgarten (etwa
bei einer Försterwohnung gelegen) erzogen werden, während die Pflanz=
schulen in dem vielleicht parzellierten Revier zerstreut, eventuell in der
Nähe der Kulturorte sich befinden; so insbesondere in Fichtenrevieren,
in denen die Pflanzkämpe öfters einer Einfriedigung nicht mehr be=
dürfen, oder wo in denselben etwa Ballenpflanzen erzogen werden
sollen, was nur in einmal zu benutzenden Wanderkämpen geschehen kann.

Im allgemeinen gilt für Auswahl einer Örtlichkeit zu einer
ausschließlichen Pflanzschule dasselbe, was wir über die Wahl des
Platzes für einen Forstgarten überhaupt gesagt, doch ist hier ein
weniger milder, bindenderer Boden eher zulässig als für die Saat, da
die schon erstarkten einzuschulenden Pflanzen manche Hindernisse leichter
überwinden, als die keimenden Samen, die aufgehenden Pflänzchen.

Die Größe der zur Verschulung zu bestimmenden Fläche
wird durch die mannigfachsten Verhältnisse beeinflußt: die Menge der
zur Ausführung der Kulturen alljährlich nötigen verschulten Pflanzen,
die Stärke, welche dieselben erreichen sollen, und hierdurch bedingt die
Dauer ihres Verbleibens im Pflanzbeet, die Entfernung, in welcher
je nach Holzart und Örtlichkeit die Pflanzen im Pflanzbeet zu setzen
sind, endlich der erfahrungsgemäße (nicht unbedeutende) Abgang an
eingehenden und untauglichen Pflanzen werden dem Wirtschafter
hierbei maßgebend sein.

In engem Zusammenhang mit der Größe der Pflanzbeete, der
Menge der alljährlich zu verschulenden Pflanzen steht die Größe der
Saatbeete, auf welchen diese Pflanzen erzogen werden sollen. Im
allgemeinen bemißt man dieselbe nicht zu gering, trägt etwaigen Ge=
fährdungen und Unfällen Rechnung und hat lieber ein paar Tausend
Pflanzen übrig als ein Tausend zu wenig, zumal ein etwaiger Über=

schuß doch meist anderweit verwertbar, verkäuflich zu sein pflegt.
Relativ am kleinsten wird die Fläche der Saatbeete sein, wenn die
Pflanzen einjährig verschult werden, während deren Verschulung in
zweijährigem Alter reichlich die doppelte, in dreijährigem (wie dies
als Ausnahme bei Fichten in Hochlagen vorkommt) die etwa vier=
fache Saatschulfläche nötig macht (da natürlich zwei= und dreijährige
Pflanzen nicht so dicht stehen dürfen wie einjährige); im weiteren
aber ist das Größenverhältnis von Saat= und zugehöriger Pflanzschule
bedingt durch die Zeit, welche die Pflanzen in dem Pflanzbeet
zu stehen haben.— je länger diese, um so geringer natürlich die
nötige Saatbeetfläche, wie denn z. B. die Erziehung von Heistern,
welche 5—8 Jahre im Pflanzbeet stehen, erklärlicherweise die ver=
hältnismäßig kleinste Fläche im Saatbeete nötig macht.

Auch der weitere Umstand ist für die Größe einer ständigen
Pflanzschule von Bedeutung, ob die zu den Frühjahrskulturen ab=
geräumten Pflanzbeete nach sofortiger Umarbeitung und Düngung
noch im gleichen Frühjahre wieder zur Verschulung benutzt
werden, ob sie ein Jahr lang brach liegen bleiben oder grüngedüngt
werden sollen; in letzteren Fällen erhöht sich z. B. bei zweijährigem
Verbleiben der Pflanzen im Pflanzbeet die Größe der Pflanzschule um
die Hälfte. — Auf das Verhältnis der Saatbeet= zur Pflanzbeet=
fläche wird die Brache selbst dann nicht immer ohne Einfluß sein,
wenn auch bei den Saatbeeten je eine Jahresfläche brach liegt; für
die Erziehung einjähriger Pflanzen z. B. würde in diesem Falle die
doppelte Fläche im Pflanzgarten zu bestimmen sein, für die Pflanzbeete
im eben angeführten Fall nur um die Hälfte der sonst nötigen Fläche
mehr. Werden dagegen die Pflanzen zweijährig verschult und stehen
zwei Jahre im Pflanzbeet, so ist die Brache auf das Größenverhältnis
von Saat= und Pflanzschule ohne Einfluß.

Bestimmte Zahlen über dies letztere lassen sich also erklärlicher=
weise nicht geben; die lokalen Verhältnisse und die Erfahrungen lassen
den Wirtschafter wohl das Richtige finden. Im allgemeinen geben
Schmitt[1]) und Gayer[2]) an, daß zur Erziehung drei= bis vier=
jähriger verschulter Pflanzen etwa der zehnte, fünf= und sechsjähriger
Pflanzen der zwanzigste Teil der Pflanzschulfläche zu Saatbeeten zu
verwenden sei[3]).

---

[1]) Fichtenpflanzschulen, S. 64.
[2]) Waldbau, S. 335.
[3]) Vergl. auch Heyer, Waldbau, 5. Aufl., S. 233.

§ 76. Alter und Stärke der zu verschulenden Pflanzen.

Bezüglich des Alters und der Größe der zu verschulenden Pflanzen läßt sich der allgemeine Grundsatz aufstellen, daß es zweckmäßig sei, die Pflanzen in tunlichst geringem Alter, in der Regel also einjährig, zu verschulen, indem einerseits mit solch' kleinen Pflanzen die Verschulung am leichtesten und billigsten auszuführen ist, den geringsten Wurzelverlust mit sich führt, anderseits die Pflanze durch diese frühzeitige Gewährung eines größeren Standraumes zu rascher Entwicklung gebracht und die Absicht, kräftige Pflanzen zu erziehen, hierdurch in kürzester Zeit erreicht wird. Insbesondere gilt diese Verschulung einjähriger Pflanzen als Regel für jene Holzarten, welche schon im ersten Jahre eine bedeutendere Entwicklung, insbesondere auch der Pfahlwurzel, zeigen.

Man geht mit dem Alter der einzuschulenden Pflanzen sogar noch weiter herunter und verschult die eben erst aufgegangenen Keimlinge (in manchen Gegenden dann als „Krautpflanzen" bezeichnet) mit gutem Erfolg — so von Eschen, Weißbuchen.

Dagegen werden auch zwei= und selbst dreijährige Pflanzen[1]) zur Verschulung verwendet, wenn infolge ungünstiger Verhältnisse die Pflanzen im ersten Jahre sich nur sehr schwach entwickelt haben, wie dies z. B. bei der Fichte nicht selten, in rauhem Klima selbst regel= mäßig der Fall ist, oder wenn die Entwicklung der betreffenden Holz= art in den ersten Lebensjahren an sich eine sehr langsame ist, wie z. B. bei der Tanne.

Das Verschulen zu kleiner, zu schwach entwickelter Pflanzen ist an sich ein mißliches Geschäft, und eine natürliche Ausscheidung der Pflanzen in kräftigere und geringere Exemplare hat dann noch nicht in solchem Maße stattgefunden, daß sie auch beim Verschulen ent= sprechend berücksichtigt werden könnte, wie dies doch wünschenswert ist.

Ebenso, wie das Verschulen zu kleiner, ist auch das Verschulen schon zu großer, im mehrjährigen dichten Saatbeetstand spindelig

---

[1]) Wir haben einen Versuch gemacht, schon ältere (fünfjährige) Ahorn= und Ulmenpflanzen, erstere aus einer Freisaat unter zu starker Beschattung, letztere aus einem alten Saatbeet neben dichter Fichtenhecke und mit seitlicher Über= schattung, noch zu verschulen. Der Versuch zeigte eine überraschende Entwicklungs= fähigkeit der alten, verkümmerten Pflanzen! Dieselben, durchschnittlich 20—30 cm hoch, entwickelten sofort, im ersten Jahre nach der Verschulung, kräftige Höhen= triebe bis zu 50 cm Höhe, und zeigten insbesondere die Ulmen sich sofort wuchs= kräftig.

herangewachsener Pflanzen zu vermeiden — man wird aus solchem Material keine schönen, stufigen Pflanzen mehr erziehen und viel Abgang haben, und zudem ist die Einschulung solch' größerer Pflanzen stets kostspieliger als jene kleiner Pflänzchen.

Für das Alter, in welchem zum Zweck der Erziehung von Heistern eine zweitmalige Verschulung stattzufinden hat, wird die Holzart und die mehr oder minder günstige Entwicklung der erstmals verschulten Pflanzen maßgebend sein und dieselbe demgemäß nach zwei- bis dreijährigem Stehen im Pflanzbeet einzutreten haben. —

Neben dem Alter ist es, wie oben erwähnt, die Stärke der Pflanzen im Saatbeet, welche für deren alsbaldige oder noch um ein Jahr zu verschiebende Verschulung bestimmend ist, und der durchschnittliche Entwicklungsgrad der Pflanzen eines Beetes wird hierbei den Ausschlag geben.

Unter den Pflanzen eines Saatbeets werden sich jederzeit eine kleinere oder größere Zahl von zurückgebliebenen Pflänzchen finden; je dichter der Stand war, um so mehr. Solche Schwächlinge, die sich durch geringere Größe und schwache Knospen leicht kenntlich machen, werfe man rücksichtslos beiseite — das Einschulen derselben muß als ein entschiedener Fehler bezeichnet werden, der nur bei selteneren und wertvolleren Holzarten, oder durch Mangel an Verschulungsmaterial etwas entschuldigt werden kann. Solche Schwächlinge werden jederzeit ein Jahr länger im Pflanzbeet stehen müssen als kräftige Pflanzen, um geeignetes Pflanzmaterial für die Kultur zu liefern, und doch in der Regel an Qualität hinter den um ein Jahr später verschulten kräftigen Pflänzchen zurückbleiben. Noch mißlicher aber ist es, wenn solche schwache Pflanzen auf die gleichen Beete mit den kräftigeren verschult werden: hier kann man dann mit der Benutzung der Beete in große Verlegenheit kommen, indem sich auf demselben Beet seinerzeit verwendbares und noch zu geringes Material gleichzeitig vorfindet, das erstere oft dem letzteren zuliebe ein Jahr zu lange im Pflanzbeet stehen muß.

Aber auch bei dem brauchbaren Pflanzmaterial bestehen auf ein und demselben Saatbeet oft sehr bedeutende Unterschiede in der Entwicklung, in höherem Grade bei den schon im ersten Lebensjahre sich stärker entwickelnden Laubhölzern — so bei Ahorn, Ulme, Eiche — als bei den Nadelhölzern. Hier ist dann vor der Einschulung ein entsprechendes Sortieren sehr zu empfehlen[1]), so daß auf ein

---

[1]) Forstl. Blätter 1879, S. 194. — Fischbach, Forstwissensch., S. 119. — Allg. F.- u. J.-Z. 1894, S. 195 (Lorey).

und dasselbe Pflanzbeet möglichst gleich starke Pflanzen eingeschult werden; die Beete mit den stärkeren Pflanzen werden stets ein, selbst zwei Jahre vor den andern zu nützen sein, ein nicht zu unter=schätzender Vorteil neben dem Vermeiden des Nachteils, daß man einen Teil der Pflanzen, die kräftigen, zu stark werden lassen muß, oder einen andern, die schwächeren, in noch nicht genügend erstarktem Zustand mit zu verwenden genötigt ist.

§ 77. Dauer des Verbleibens der Pflanzen in der Pflanzschule.

Wie das Alter, in welchem die Verschulung vorgenommen wird, so ist auch die Dauer des Verbleibens der verschulten Pflanzen in den Pflanzbeeten eine verschiedene, bedingt durch Holzart, Ent=wicklung der Pflanzen, Verwendungszweck.

Als Minimum dieser Zeitdauer darf man wohl für die meisten Holzarten zwei Jahre betrachten, da ein nur einjähriges Stehen im Pflanzbeet meist verhältnismäßig geringen Erfolg zeigen, nicht jenen Unterschied in der Stärke, Bewurzelung und Beastung hervorrufen würde, der das immerhin kostspielige Verschulen rechtfertigt. Erst im zweiten Jahre pflegt die verschulte Pflanze sich besonders kräftig und stufig zu entwickeln, nachdem sie sich im ersten Jahre dem neuen Standort angepaßt, den ihr gebotenen Wurzelraum benutzt, die etwa erlittenen Beschädigungen an den Wurzeln ausgeheilt, unter dem all=seitigen Einfluß des Lichtes die entsprechenden Seitenknospen aus=gebildet hat. — Wir können sogar die Wahrnehmung machen, daß bisweilen die Stammentwicklung der unverschult gebliebenen Pflanzen bei nicht allzu dichtem Stande eine kräftigere ist als jene ihrer ver=schulten Altersgenossen im ersten Jahre, zumal wenn eine Kürzung der Wurzel (Eiche!) mit dem Verschulen verbunden war, oder der Verschulung unmittelbar anhaltende Trocknis folgte, welche den ver=setzten Pflanzen das Anwachsen erschwerte. Im zweiten Jahre aller=dings pflegen die verschulten Pflanzen dann das Versäumte reichlich einzuholen.

Eine Ausnahme bezüglich des oben angegebenen Minimums machen nur einige besonders schnellwüchsige Holzarten — Erlen, Akazien —, bei denen unter günstigen Umständen schon einjähriges Stehen im Pflanzbeet zu genügender Erstarkung der Pflanzen ausreicht; auch ver=schulte Föhren pflegt man nur ein Jahr im Pflanzbeet zu belassen, und selbst bei der Fichte kann dies der Fall sein (s. d.).

Nicht selten aber werden die verschulten Pflanzen auch drei und selbst vier Jahre im Pflanzbeet zu stehen haben, sei es, daß infolge lokaler Verhältnisse, rauhen Klimas die Entwicklung überhaupt eine langsamere ist (Fichte), sei es, daß die betreffende Holzart an sich ein in der Jugend sehr langsames Wachstum hat, wie die Tanne, sei es endlich, daß Pflanzen von besonderer Stärke zu Nachbesserungen in älteren Schlägen, wegen Ungunst der Kulturorte und ähnlicher Gründe gewünscht werden. Auch Beschädigungen, etwa durch starken Spätfrost, können die Pflanzen in der Entwicklung derartig zurückwerfen, daß dieselben länger, als sonst nötig, im Pflanzbeet stehen müssen.

In dem ebenerwähnten Falle jedoch, daß Pflanzen von besonderer Stärke gewünscht werden, tritt bei Laubhölzern zur Erziehung der sog. Halbheister oder Heister in der Regel eine zweite Verschulung ein, welche dann Gelegenheit gibt, eine nochmalige Sortierung und bzw. Ausscheidung minder tauglicher Exemplare, Korrektur der Wurzeln und Gewährung entsprechenden Standraumes vorzunehmen. Die Dauer des Verbleibens dieser zum zweiten Male verschulten Pflanzen in der Heisterschule schwankt, je nach Holzart und gewünschter Stärke, etwa zwischen zwei und vier Jahren. — Für Nadelhölzer findet eine zweimalige Verschulung im Forstbetrieb nur ganz ausnahms= weise statt: bei der Lärche (siehe § 119), wenn es sich um Erziehung von Lärchenheistern (für Wildparke etwa) handelt, und noch seltener wohl bei der Weißtanne (siehe § 116) bei Bedarf besonders erstarkter Pflanzen.

§ 78. Zweckmäßigste Zeit zur Vornahme der Verschulungen.

Die richtigste Zeit zur Vornahme der Verschulung ist jedenfalls im Frühjahre vor dem Aufbrechen der Knospen[1]); es ist dies zu= gleich jene Zeit, in der ein lebhafteres Wurzelwachstum beginnt und sonach das Anwurzeln der verschulten Pflanzen sofort stattfindet[2]). Gegen ein Verschulen im Herbst spricht zunächst die Gefahr des Ausfrierens, welcher die noch nicht angewurzelten Pflanzen in dem frisch gelockerten Boden ausgesetzt wären; Herbstkulturen pflegen aber auch um der kürzeren Tage willen verhältnismäßig teuerer zu sein, und endlich werden nicht selten die zur Verschulung zu benutzenden Beete erst durch die Frühjahrskulturen leer. Im Sommer läßt sich

---

[1]) Nach Lorey (Allg. F.= u. J.=Z. 1894, S. 196) haben Herbst= und Früh= jahrsverschulungen annähernd gleiche Resultate bezüglich der Entwicklung der ver= schulten Pflanzen ergeben.

[2]) Vergl. die Untersuchungen von Engler über das Wurzelwachstum der Holzarten (Mitt. der Schweiz. Versuchsanstalt, Bd. VII, S. 274).

zwar auch verschulen, und namentlich Fichten können im Juni mit
schon ziemlich entwickelten Trieben noch mit gutem Erfolg verschult
werden, während der letztere bei Laubholz sehr zweifelhaft sein wird;
aber auch bei den weniger empfindlichen Nadelhölzern ist man jeden=
falls sehr von der Witterung abhängig, muß beim Verschulen selbst,
wie bei eintretender Trocknis gießen und wird gleichwohl bei an=
haltender Hitze starken Abgang haben. Wo allerdings, wie z. B. in
Halstenbeck, durch Hydranten jederzeit Wasser zum Begießen zur Ver=
fügung steht, da ist man bezüglich der Zeit des Verschulens un=
abhängiger; dort wird vielfach auch im August und September ver=
schult.

Beide Gefahren bestehen im Frühjahre nicht; man beginnt
gerne zeitig mit dem Verschulen, um die Bodenfeuchtigkeit und die im
April häufigen Niederschläge den Pflanzen zugute kommen zu lassen,
und der April pflegt allenthalben der Hauptmonat für die Ver=
schulungsarbeit zu sein; in rauheren Lagen verschiebt sich wohl die
letztere in den Anfang bis selbst Mitte Mai. Fast überall läßt man
zweckmäßigerweise die Verschulung der minder bringenden Arbeit des
Ansäens vorausgehen.

Wenn die Pflanzen schon etwas angetrieben haben, so schadet
das bei Tanne, Fichte und Föhre mit ihrer den Laubhölzern gegen=
über geringen Wasserverdunstung nichts; bei Laubhölzern und Lärchen
aber ist die Verschulung nach bereits erfolgtem Laubausbruch zu unter=
lassen, da eintretende Trocknis stets sehr nachteilig einwirkt. Wird
die Verschulung dadurch, daß zuerst zahlreiche Kulturen auszuführen
und zu denselben die Beete erst abzuleeren sind, etwas lange hinaus=
geschoben, so hebt man wohl zweckmäßig die zu verschulenden Pflänzchen
aus und schlägt sie an kühlem, schattigen Ort ein, wodurch das
Treiben derselben zurückgehalten wird; es ist dies für empfindliche
Holzarten zugleich ein Schutz gegen Spätfrostgefahr[1].

Zu berücksichtigen sind bei Vornahme der Verschulung der
Feuchtigkeitsgrad des Bodens und die Witterung, und beide
können eine Verschiebung oder Unterbrechung der Arbeit nötig machen.
Bei bindendem Boden tritt große Bodenfeuchtigkeit, Regenwetter, der
Arbeit hinderlich in den Weg, der Boden ist schmierig und klumpig,

---

[1] Nach Schwarz' Angabe (Forstw. Zentralbl. 1903, S. 489) werden in
Halstenbeck die Quartiere mit stärkeren Nadelholzschulpflanzen, besonders Lärchen,
zur Hintanhaltung des unerwünschten zu frühen Austreibens vor dem Ausheben
mit der sog. Grabeforke vorgelockert, was ohne Schädigung der Pflanzenqualität
guten Erfolg zeige.

die zarten Wurzeln können nicht entsprechend untergebracht werden, und die Arbeiter treten beim Arbeiten auf den größeren Ländern den erst gelockerten Boden stark zusammen. Bei lockerem Boden, Sandboden, ist dagegen entsprechende Feuchtigkeit willkommen, da bei zu trockenem Boden die zum Verschulen gezogenen Gräbchen oder eingestochenen Löcher nicht recht halten wollen, indem der trockene Boden stets nachrollt. — Etwas bewölkter oder gedeckter Himmel ist beim Verschulen stets willkommen, bei Sonnenschein und namentlich bei austrocknendem Ostwind aber besondere Vorsicht nötig, um das rasch erfolgende Austrocknen der Wurzeln zu verhindern.

§ 79. Zurichtung des Bodens und der Beete für die Verschulung.

Die Vorbereitung des Bodens für die Pflanzbeete erfolgt bei einer Neuanlage ganz in gleicher Weise wie für die Saatbeete, also durch hinreichend tiefes Umhacken oder Umgraben im Herbst, damit der Boden während des Winters tüchtig ausfriere und die Winterfeuchtigkeit reichlich aufnehme, und durch gartenmäßiges Umgraben mit dem Spaten im Frühjahre vor der Benutzung. Waren die Beete bisher schon benutzt und wurden etwa erst im Frühjahre abgeleert, so findet natürlich letztere Bearbeitung allein statt. In Verbindung mit dieser Bearbeitung im Frühjahre erfolgt auch die etwa nötige Düngung, und sei hier wiederholt (vergl. § 26), daß es bei Düngung der Verschulungsbeete mehr auf nachhaltige als auf rasche Wirkung der Düngemittel ankommt, in um so höherem Grade, je länger die Pflanzen in den Pflanzbeeten verbleiben sollen. Rasenasche und -erde, Humus, Kompost lassen sich also hier mit gutem Erfolg verwenden.

Bei der Zurichtung des Bodens im Frühjahre wird man sich auch zu entscheiden haben, ob man zur Verschulung Beete oder größere sog. Länder (Quartiere, Gewannen) verwenden will. Wir haben über das, was zugunsten der einen wie der andern spricht, uns schon früher (§ 42) geäußert und aus mancherlei Erwägungen für die Beete, als die in vielen Fällen und insbesondere für langsamer sich entwickelnde Holzarten und bindenden Boden vorzuziehende Einteilung ausgesprochen. Die Entfernung, welche man den Pflanzreihen geben will und kann, spielt bei Lösung dieser Frage gleichfalls eine sehr bedeutende, oft entscheidende Rolle, indem größere Länder eine sonst etwa zulässige engere Verschulung ausschließen — die Arbeiter müssen sich zum Zweck der Lockerung, Reinigung usw. zwischen den Reihen ohne Beschädigung der

Pflanzen bewegen können. Heister dagegen, welche in ziemlich bedeutender Entfernung verschult werden müssen, wie rasch sich entwickelnde Laubhölzer überhaupt, werden zweckmäßig auf größere Länder verschult.

Eine nicht unwichtige Frage ist es, ob die im Frühjahre abgeleerten Beete tunlichst sofort wieder benutzt werden oder bis zum nächsten Frühjahre brach liegen sollen. Daß letzteres manche Vorteile gewährt, läßt sich nicht in Abrede stellen, und namentlich auf schwererem Boden, der etwa im Frühjahre beim Ausheben der Pflanzen stark zusammengetreten wurde, klumpig und grobschollig erscheint, wird ein Liegenlassen über Winter nach vorherigem Umarbeiten im Spätsommer unter gleichzeitigem tüchtigen Unterarbeiten des während des Jahres gewachsenen Unkrautes (das man aber nicht zur Samenreife gelangen lassen darf!), oder besser noch unter gleichzeitiger Gründüngung mittels Lupinenanbaues (siehe § 25) sich als zweckmäßig erweisen, zugleich die Vorteile der landwirtschaftlichen Brache bieten.

Dagegen lassen die nicht geringen Kosten, welche die erstmalige Bodenbearbeitung wenigstens an vielen Orten, dann die Einfriedigung unserer Forstgärten verursachen, nicht selten eine möglichst intensive Ausnutzung dieser letzteren als wünschenswert erscheinen, und in solchem Falle sucht man also das Brachliegen größerer Flächen zu vermeiden. Dies kann nun, wo die oben geschilderte Beschaffenheit des Bodens ein Ausfrieren über Winter besonders wünschenswert macht, dadurch geschehen, daß man die im Frühjahre zu verwendenden Pflanzen schon im Herbst aushebt, gut einschlägt und die abgeleerten Felder rauh umarbeitet. Auf minder bindendem Boden dagegen oder in schon länger benutzten Forstgärten, in welchen der Boden durch die öftere Bearbeitung und Düngung mit humosen Substanzen bereits mürbe geworden, unterliegt es auch keinem Anstand, die erst im Frühjahre geleerten Beete sofort unter gleichzeitiger Düngung umzugraben und, nachdem der Boden sich etwas gesetzt hat, zur alsbaldigen Verschulung zu benutzen.

§ 80. Ausheben der zu verschulenden Pflanzen.

Gutes und sorgfältiges Ausheben der Pflanzen — sei es zum Zweck der Verschulung oder des Auspflanzens ins Freie — ist für das Anschlagen einer Kultur, die Entwicklung der verschulten Pflanzen von großer Bedeutung: tunlichste Vermeidung aller Wurzel=

beschädigungen muß hier oberster Grundsatz sein — ein Grund=
satz, gegen den leider nur zu oft verstoßen wird[1]).

Bei Besprechung des Aushebens der Pflanzen zum Zweck der
Verschulung werden wir unterscheiden müssen, ob wir es mit voll
oder rillenweise angesäten Saatbeeten, mit einzuschulenden
Wildlingen, mit kleinen oder mit stärkeren, zum zweiten
Male zu verschulenden Pflanzen zu tun haben.

Voll angesäte Saatbeete kommen, wie schon erwähnt, seltener
vor; zum Ausheben der Pflanzen aus denselben benutzt man am besten
eine starke eiserne Gabel (Mistgabel), um Wurzelbeschädigungen zu
vermeiden, sticht, am Rande beginnend, größere Ballen heraus und
zerteilt dieselben vorsichtig mit der Hand, die einzelnen Pflänzchen
herauslösend.

Am zweckmäßigsten geschieht dieses Auslösen der Pflanzen aus
der umgebenden Erde dadurch, daß man die mit Gabel oder Spaten
ausgestochenen Pflanzballen kräftig auf den Boden aufwirft, wodurch
die Erde abfällt; das Abschütteln der letzteren, wobei die Pflanzen
am Kopfe gehalten werden, führt leicht zu Wurzelzerreißungen und
ist deshalb minder zweckmäßig.

Wesentlich erleichtert und mit der größten Schonung der Wurzeln,
namentlich der feinen Saugwurzeln[2]) und Wurzelenden, ermöglicht
ist das Ausheben der rillenweise erzogenen Pflanzen. Dasselbe
erfolgt, indem man, am Ende eines Beetes beginnend, durch Weg=
räumen der Erde längs einer Pflanzenreihe, jedoch zur Verhütung
von Wurzelbeschädigungen in genügender Entfernung von derselben,
einen kleinen Graben zieht, dessen Tiefe durch die mehr oder minder
tiefe Bewurzelung der betreffenden Pflanzen bedingt ist; auf der
andern Seite der Pflanzenreihe wird sodann ein Spaten (nie sollte
die Haue hierzu benützt werden!) hinreichend tief und bis unter
die Wurzelenden reichend senkrecht eingestoßen und mit Hilfe desselben
die ganze Reihe nach und nach in jenen Graben gedrückt. Hierdurch

---

[1]) Zentralbl. f. d. F.=W. 1894, S. 161 (Kocesnik). Schweiz. Zeitschr.
1896, S. 10.

[2]) Von Professor Bühler mit Fichten angestellte Versuche (Prakt. Forstwirt
f. die Schweiz, 1885) haben das mit allen bisherigen Ansichten im Widerspruch
stehende interessante Resultat ergeben, daß es nicht die feinen Wurzelfasern sind,
mit denen versetzte Pflanzen an= und weiterwachsen, sondern daß diese absterben
und dagegen an den stärkeren Wurzeln neue, durch ihre helle Farbe leicht erkenn=
bare Neubildungen entstehen, welche die Ernährung vermitteln. Es wird von
Interesse sein, diese für die Kulturpraxis wichtige Beobachtung weiter zu verfolgen.

entsteht nun gleich der nötige Graben für die nächste Pflanzenreihe, bei der ebenso verfahren wird; den Spaten sticht man stets genau in der Mitte zwischen den Pflanzenreihen ein. Die losgelösten Pflanzen=ballen werden in oben geschilderter Weise von der Erde befreit und durch vorsichtiges Entwirren der oft vielfach verschlungenen Wurzeln die einzelnen Pflänzchen gewonnen; diese letzteren sortiert man am besten sogleich, indem man die Schwächlinge beiseite wirft, eventuell auch die benutzbaren Pflanzen nochmals in stärkere und schwächere scheidet (vergl. § 76). Die brauchbaren Pflanzen bringt man in kleinen Partien sofort mit den Wurzeln in feuchtes Moos oder feuchte Erde und vermeidet namentlich bei trockener Witterung jedes auch nur kurze Bloßliegen der Wurzeln[1]). Werden die Pflanzen nicht an demselben Orte, wo sie erzogen wurden, eingeschult, so ist natürlich die sorgfältige Verpackung der Wurzeln in feuchtes Moos zur Ver=hinderung jedes Austrocknens während des Transportes doppelt not=wendig. Über das zu gleichem Zweck bisweilen stattfindende An=schlämmen vergl. § 81. — Besondere Vorsicht erfordern selbstverständ=lich die gegen jede Beschädigung durch Druck, jedes Austrocknen be=sonders empfindlichen Keimlinge, wo solche verschult werden sollen.

Zum Ausheben kleiner Wildlinge — Keimlinge, wie ein= und zweijähriger Pflanzen, wie solches nach geringen Samenjahren, bei welchen der nötige Samen nicht gesammelt werden konnte und auch in manch' anderen Fällen[2]) sich als zweckmäßig, wenn auch meistens etwas teurer erweist, benutzt man am besten ein kleines, kurzstieliges Stecheisen, mittelst dessen die Pflänzchen vorsichtig ausgehoben werden und ohne Ballen, aber mit möglichst viel anhängender Muttererde in Körbe mit feuchtem Moos gelegt, zur alsbaldigen Ein=schulung gelangen. Auch die kleinen Heyerschen Hohlbohrer mit nur 4—5 cm Weite lassen sich zu diesem Zweck benutzen und werden die Pflänzchen dann mit den kleinen Ballen eingeschult, wodurch die Ein=schulung allerdings etwas teurer wird.

Je größer die Pflanzen, um so mehr Vorsicht wird beim Aus=heben derselben zur Schonung der schon tiefer gehenden, weiter ver=

---

[1]) Über die Folgen des kürzeren und längeren Bloßliegens der Wurzeln, der Art der Feuchterhaltung usw. vergl. die Versuche von Möller und Reuß. (Seckendorff, Forstl. Versuchsw., Bd. II, S. 197.)

Auch Bühler hat derartige Versuche angestellt, welche die große Bedeutung des Feuchterhaltens der Wurzeln in deutlichster Art nachweisen. (Schweiz. Zeitschr. f. d. F.=W. 1884, S. 86.)

[2]) Vergl. § 116: Die Weißtanne.

zweigten Wurzeln nötig sein, wobei allerdings zu bemerken ist, daß nicht alle Holzarten gleiche Empfindlichkeit gegen Beschädigung der Wurzeln oder gegen einiges Austrocknen zeigen — die Nadelhölzer stehen in beiden Richtungen obenan! Bei ihnen hat man es nun allerdings auch meist mit kleineren Pflanzen zu tun, die leichter zu behandeln sind, bei den Laubhölzern dagegen oft mit schon ziemlich starken Pflanzen da, wo es sich um Heisterzucht handelt. Solche stärkere, schon einmal verschulte Pflanzen werden mit besonderer Vorsicht, Pflanze um Pflanze, herausgestochen, und wird sodann zum Zweck etwaiger Wurzelkorrekturen meist die anhängende Erde abgeschüttelt; sind aber solche Korrekturen nicht nötig, und bleiben die Pflanzen im selben Forstgarten, so läßt man auch hier möglichst viele Muttererde an den Wurzeln hängen, um hierdurch jedes Austrocknen zu verhüten, das Wiederanwurzeln zu befördern[1]).

§ 81. Behandlung der Pflanzen nach dem Ausheben: Beschneiden, Anschlämmen, Einschlagen.

Das Beschneiden der Wurzeln zu verschulender Pflanzen kann verschiedene Zwecke haben: entweder lediglich Entfernung beschädigter, gequetschter oder abgeschundener Wurzelteile, Herstellung einer glatten Schnittfläche an Stelle einer durch Zerreißung entstandenen Wunde, Kürzung zu langer, die Verschulung erschwerender Wurzelstränge — oder Veränderung der Wurzelbildung überhaupt in einer die spätere Auspflanzung erleichternden Weise durch Kürzung der Pfahlwurzel und zu langer Seitenwurzeln und dadurch bewirkte reichliche Entwicklung von Saug- und Faserwurzeln. Insbesondere dieser letztere Grund ist es, der das Kürzen der Wurzeln beim Verschulen rechtfertigt, ja notwendig macht, während man beim Verpflanzen die Wurzeln stets möglichst unverkürzt zu erhalten suchen wird[2]).

Ein Beschneiden der Wurzeln bei der erstmaligen Verschulung wird sich nur bei Pflanzen mit besonders starker Pfahlwurzelbildung als nötig erweisen, so vor allem bei der einjährigen Eiche[3]), auch bei der zweijährigen Tanne[4]), während die meisten übrigen Holzarten,

---

[1]) Geyer verschult seine Heister mit Ballen (siehe: Die Erziehung der Eiche zum Hochstamm), was allerdings mühsam und kostspielig sein dürfte.

[2]) Vergl. hierüber Forstl. Blätter 1878, S. 308 (Borggreve).

[3]) Vergl. hierüber § 105, Die Eiche.

[4]) Burckhardt, Aus dem Walde, IV, S. 67.

auf gutem, in der oberen Schichte hinreichend gedüngtem Boden er=
zogen und in geringem Alter verschult, ein Beschneiden der Wurzeln
nur ausnahmsweise und nur dann bedürfen, wenn ohne Kürzung der
Wurzeln ein Umbiegen derselben beim Einschulen zu fürchten ist.
So empfiehlt Schmitt[1]) in diesem Fall selbst das Kürzen der Wurzeln
zu verschulender Fichten, wenn dieselben eine Länge von etwa 10 cm
überschreiten sollten. Das Beschneiden, welches mit einer (Dittmar=
schen) Baumschere oder einem krummen Messer erfolgt, da die wert=
vollere Schere sich an den erdigen Wurzeln rasch abnutzt, beschränkt
sich sonach hier auf ein mäßiges Einstutzen der Pfahlwurzel, wobei
man im erstermähnten Falle (bei der Eiche) wohl im Auge zu be=
halten hat, daß einerseits der Pflanze die zum Anwachsen nötigen
Saugwurzeln verbleiben, und daß anderseits der an der Abschnitts=
fläche selbst sich bildende Kranz kräftiger Saugwurzeln bei der seiner=
zeitigen Verpflanzung gut benutzt werden, also nicht zu tief sitzen
soll[2]).

Größere Bedeutung hat für alle Laubhölzer das Beschneiden
der Wurzeln bei der zweiten, zur Erziehung von Heistern statt=
findenden Verschulung; hier hat sich die Wurzelkorrektur auf Be=
seitigung aller zu tief gehenden, zu weit ausstreichenden und dadurch
der künftigen Verpflanzung hinderlichen Wurzeln zu erstrecken — es
soll ein an Saug= und Faserwurzeln reiches, möglichst konzentriertes
Wurzelsystem ausgebildet werden, welches die seinerzeitige Verpflanzung
des Heisters ins Freie mit tunlichst geringem Wurzelverlust gestattet.

Ein Beschneiden der Äste, des Gipfels wird bei erstmaligen
Verschulungen fast stets entbehrlich sein und sich nur etwa auf Ent=
fernung einer Gabelbildung des Stämmchens beschränken, bei Nadel=
hölzern überhaupt nur ausnahmsweise vorkommen. Auch bei der
zweitmaligen Verschulung zum Zweck der Heisterzucht sucht man
jedes stärkere Beschneiden der Äste gleichzeitig mit der Verschulung
zu vermeiden — die desfallsige Pflege der Stammbildung soll in den
Pflanzbeeten entweder der Verschulung vorausgehen oder in der
Heisterschule nach erfolgtem Anwachsen des Stämmchens geschehen und
erfolgt hier auch leichter als an den ausgehobenen Pflanzen. Ein
späterer Abschnitt, die Pflege der verschulten Pflanzen, wird uns auf
das Beschneiden der Äste zurückführen (siehe § 91).

---

[1]) Fichtenpflanzschulen, S. 70.
[2]) Fischbach, Lehrbuch der Forstwissenschaft, S. 119.

Soll man die ausgehobenen Pflanzen anschlämmen oder nicht? Auch diese Frage findet eine verschiedene Beantwortung.

Wenn die Pflänzchen aus frischem oder feuchtem Boden ausgehoben, sorgfältig gegen das Austrocknen durch Bedecken der Wurzeln mit feuchtem Moos, feuchter Erde bewahrt und, wie dies in den meisten Fällen zu geschehen pflegt, sofort eingeschult werden, so ist jedes Anschlämmen der Wurzeln entbehrlich; die Pflanzenwurzeln bleiben in naturgemäßer Lage, kleben nicht in unnatürlicher Weise aneinander, wie dies leicht Folge des Anschlämmens, namentlich in etwas dickerem Lehmbrei, ist. Unter minder günstigen Umständen aber, namentlich bei Sonnenschein, austrocknendem Ostwinde, empfiehlt es sich allerdings, die Pflanzenwurzeln noch in besonderer Weise gegen das verderbliche Austrocknen der empfindlichen Saugwurzeln zu schützen, und dies geschieht vielfach durch das sogenannte Anschlämmen.

Dieses Anschlämmen erfolgt nun in der Weise, daß man in einem Gefäß oder einem Wasserloch einen dünnflüssigen Lehmbrei anrührt, in welchem dann die in kleinere Partien so zusammengelegten Pflanzen, daß deren Wurzelstöcke alle in gleicher Ebene sich befinden, eingetaucht und hin und her bewegt werden, bis möglichst alle Wurzeln angefeuchtet, mit einer leichten Lehmbreischicht überzogen sind; häufig werden dann die Wurzeln noch mit etwas trockener, guter Erde oder Rasenasche beworfen[1]). Buttlar verwandte sogar zu diesem Einschlämmen einen dicken Lehmbrei, damit die etwas beschwerten Wurzeln einer Pflanze sich aneinander legen, alle senkrecht herabhängen, wodurch deren Einsetzen in eingestochene, verhältnismäßig enge Pflanzlöcher erleichtert wird.

Gegen das Anschlämmen der Pflanzenwurzeln, namentlich mit dickerem Lehmbrei, sprechen sich aber verschiedene Stimmen, so auch Burckhardt[2]), aus, und gutes Zudecken der Pflanzen, eventuell auch tüchtiges Einnetzen derselben durch Überbrausen mit der Gießkanne wird hinreichenden Schutz gegen das Eintrocknen gewähren. Zur Arbeit des Einschulens selbst aber kann man die Pflanzen, insbesondere die kleinen Nadelholzpflänzchen, in kleine Gefäße — Kübel, Häfen — voll Wasser stellen, aus denen die diese Gefäße mit sich führenden Arbeiterinnen Pflänzchen um Pflänzchen herausziehen, und wird man hierdurch sein Ziel in sicherster und bester Weise erreichen. Die Spitzenbergsche Pflanzlade (Fig. 37), die zur Verwendung

---

[1]) Allg. F.- u. J.-Z. 1866, S. 213.
[2]) Säen und Pflanzen, S. 295.

bei Pflanzungen mit schwachen Pflanzen sehr empfohlen werden kann, findet auch bei der Verschulung zweckmäßige Verwendung[1]).

Ein längeres Einschlagen der Pflanzen findet nicht leicht statt — man sucht Ausheben und Einschulen derselben stets rasch ineinander greifen zu lassen. Zeigt sich dasselbe gleichwohl für etwas längere Zeit not= wendig, so wählt man hierzu einen schattigen Ort und legt die Pflanzen in dünnen Lagen — nicht in dicken Büscheln, wie man auch auf Kultur= plätzen wohl sehen kann! — auf die wunde, feuchte Erde, jede Lage gut

Fig. 37. Pflanzlade.

mit einer Erdschichte deckend. Bei trockenem Boden netzt man Erde und Wurzeln entsprechend an. (Vergl. über das Einschlagen aus= gehobener Pflanzen § 102.)

§ 82. Entfernung der Pflanzen und Pflanzreihen beim Einschulen.

In ähnlicher Weise und aus ähnlichen Gründen, aus welchen wir bei dem Kulturbetrieb fast stets die Pflanzung in Reihen, mit engerem Pflanzenabstand in den Reihen und größerer Entfernung dieser letzteren voneinander ausführen, wählen wir auch bei der Ver= schulung fast stets diese Stellung der Pflanzen; dieselbe gibt uns ins= besondere die Möglichkeit, durch engeren Stand in der Reihe eine größere Anzahl von Pflanzen auf derselben Fläche zu erziehen, während die breiteren Zwischenräume das Lockern des Bodens, eventuell das Betreten der Länder ohne Beschädigung der Pflanzen gestatten[2]). — Nur bei der Erziehung von stärkeren Pflanzen oder Heistern, bei welcher wir eine möglichst allseitig gleichmäßige Entwicklung des Pflänzlings anstreben, und bei der (immerhin selteneren) Erziehung von Ballenpflanzen im Pflanzbeet geben wir dem Quadratverband den Vorzug. — Wir werden sonach in den meisten Fällen zu be= stimmen haben die Entfernung der Pflanzreihen voneinander und die Entfernung der Pflanzen in den Reihen.

---

[1]) Größe der Pflanzlade: 50 cm obere Länge, 29 cm Breite, 10 cm Höhe. Zu beziehen von Francke & Co., Berlin, Dessauerstraße 6.

[2]) Dr. Heck (Forstl. Naturw. Zeitschr. 1896, S. 293) tritt für den Quadrat= oder Dreiecksverband ein, der eine gleichmäßigere Entwicklung der Pflanzen zur Folge habe — bei kleinen Pflanzen dürfte dies weniger ins Gewicht fallen!

Beide Größen sind nun abhängig von mancherlei Faktoren. In erster Linie wird die Größe und Stärke, welche die zu verschulenden Pflanzen im Pflanzbeet erreichen sollen, für diese Entfernungen maßgebend sein, und je kleiner die Pflanzen zur Verwendung im Kultur= betrieb gelangen können, um so geringer werden wir bis zu gewisser Grenze deren Abstand im Pflanzbeet nehmen dürfen. Erklärlicher= weise spielt neben den lokalen Verhältnissen der Kulturorte hierbei die Holzart eine sehr wesentliche Rolle, und im allgemeinen wird man sagen können, daß die verschulten Laubhölzer als höhere, stärkere Pflanzen zur Verwendung kommen als die Nadelhölzer, daher in größerem Abstand zu verschulen sind. Von den Nadelhölzern wird wieder die sich anfänglich stark in die Äste breitende Tanne größere Abstände erfordern als die Fichte, wenn den Pflanzen ein genügender Entwicklungsraum gewährt werden soll; ebenso wird man der Lärche, wenn man sie überhaupt verschult, größeren Wachsraum gestatten müssen, da es sich dann bei ihr um Erziehung starker Pflanzen (zu Nachbesserungen, in Mittelwaldschläge) handelt.

Als allgemeine Grundsätze für die richtige Entfernung der Pflanzen und Pflanzreihen werden nun aufzustellen sein: das Ver= meiden zu enger Verschulung, durch welche eine entsprechende Ent= wicklung der Pflanzen, insbesondere der wünschenswerten Seiten= beastung gehindert, der Zweck der Verschulung also teilweise vereitelt würde, welche ferner der entsprechenden Lockerung des Bodens zwischen den Pflanzen hindernd in den Weg träte; insbesondere möchten wir nach unsern Erfahrungen die zu enge Verschulung von zur Heisterzucht bestimmten Pflanzen als einen Fehler erachten, der sich durch schlaffen Wuchs der Heister rächt! Ebenso aber das Vermeiden einer zu weiten Verschulung; eine solche ist als eine Verschwendung zu be= trachten, welche angesichts der bedeutenden Kosten für Anlage und Unterhaltung der Forstgärten nicht zu rechtfertigen ist. Wenn man einen Reihen= oder Pflanzenabstand von 20 cm dort wählt, wo ein solcher von 15 cm zum gleichen Resultat geführt hätte, so erzieht man auf derselben Fläche um den vierten Teil Pflanzen weniger, und nahezu in gleichem Verhältnis erhöhen sich daher die Kosten für Beschaffung des nötigen Pflanzenquantums; — die Ausgaben für Bodenbearbeitung, Düngung, Einfriedigung, Pflege sind ja in beiden Fällen ganz gleich, und nur jene für Verschulung in letzterem Falle etwas höher. In noch viel höherem Grade mehren sich natürlich die Kosten, wenn man in beiden Richtungen, bei der Entfernung der

Pflanzen und Pflanzreihen, des Guten zu viel tut — und doch sieht man gerade in dieser Richtung so manche Sünde!

Als Minimum des Abstandes der Pflanzreihen voneinander wird man, wenn die Verschulung auf Beete stattfindet, etwa 15 cm zu betrachten haben, eine Entfernung, welche noch gut hinreicht, um das Lockern des Bodens zwischen den Reihen mit dem Häckchen ohne Beschädigung der Pflanzen auszuführen; bei der Verschulung auf größere Länder muß dieser Reihenabstand wenigstens 20—25 cm betragen, um das Betreten der Beete den die Lockerung und Reinigung derselben besorgenden Arbeitern noch zu ermöglichen. Die geringste Entfernung von 15 cm wendet man meist nur bei der (allerdings in größter Menge zur Verschulung kommenden) Fichte, die in der Regel nur zwei Jahre im Pflanzbeet stehen soll, an; schon für Tannen, Weymouthskiefern wählt man meist 20 cm, für die rascher sich ent= wickelnden Laubhölzer 25 und 30 cm Reihenabstand, und bei wieder= holt verschulten Laubholzpflanzen, im Heisterkamp, steigt dieser Ab= stand bis auf 70, ja selbst 90 cm.

Als Minimum des Abstandes der Pflanzen in den Reihen betrachtet man meist 10 cm, Schmitt geht für Fichten bis auf 8 cm herunter, und wir können nach eigenen Versuchen (vergl. im II. Teil „Die Fichte") noch eine sehr befriedigende Entwicklung der Pflanzen bei solch' geringen Abständen konstatieren. In Halstenbeck geht man für Fichten selbst auf 4 cm herunter, wählt überhaupt geringe Ab= stände in den Reihen. Im übrigen sind dieselben Gründe, welche für größeren Pflanzenabstand sprechen: rasche Entwicklung, längeres Ver= bleiben in der Pflanzschule — auch maßgebend für die Wahl des Pflanzenabstandes in den Reihen, während natürlich die Wahl von Beeten oder Ländern hier ohne Einfluß ist. Vergleichende Versuche, die ja leicht anzustellen sind, und praktische Erwägungen werden den Wirtschafter das richtige Mindestmaß — und um dieses handelt es sich ja vor allem — finden lassen; bei Besprechung der einzelnen Holzarten werden wir der für dieselben üblichen Verschulungsweiten Erwähnung tun.

§ 83. Die Ausführung der Verschulung selbst.

In der richtigen Erkenntnis, daß es Aufgabe des Forstwirtes sei, auf die Minderung der Kulturkosten in jedmöglicher Weise hinzuwirken, hat sich die Praxis seit Jahren bemüht, die immerhin kostspieligere Methode der Erziehung verschulter Pflanzen durch ein möglichst ein= faches, rasch förderndes Verfahren, durch Anwendung mannigfacher

Hilfsmittel so billig als möglich zu gestalten. Verschiedene Methoden
der Verschulung, neuerdings auch eine ganze Anzahl von Verschulungs=
apparaten, die wir nachstehend besprechen wollen, verdanken wir diesem
Bestreben; gutes Ineinandergreifen der Arbeit, geübte Arbeiter, Ver=
wendung billiger Arbeitskräfte, endlich gute, ständige Aufsicht spielen
sowohl bezüglich des Resultates, wie der Kosten all' dieser Methoden
erklärlicherweise eine sehr bedeutende Rolle.

Fassen wir zunächst die Verschulung kleiner Pflanzen ins Auge,
so geschah dieselbe zuerst, und geschieht wohl vielfach noch[1]), in ein=
fachster Weise dadurch, daß nach der Schnur ein hinreichend tiefes
Gräbchen in der Längsrichtung des Pflanzbeetes gezogen, in dasselbe
die Pflanzen in der gewählten Entfernung nach dem Augenmaß oder
nach an der Schnur angebrachten Zeichen eingelegt und nun durch
Beiziehen der Erde mit der Hand eingepflanzt wurden. Statt des
Gräbchens wird in Halstenbeck mit dem Spaten ein Pflanzspalt in
zusammenhängender Reihe hergestellt.

Zur Herstellung des Gräbchens wurde die Haue (Breithaue), der
Spaten oder auch ein sog. Rillenzieher benutzt; letzterer, unseres
Wissens zuerst von Biermans empfohlen, ist ein löffelartiges In=
strument von Eisen,
etwa 12 cm lang und
in der Mitte 6—8 cm
breit, an einem hin=
reichend langen höl=
zernen Stiel befestigt[2]).
An Stelle der genann=
ten Werkzeuge trat
mehrfach, als zur
raschen und gleich=
mäßigen Herstellung
des Gräbchens geeig=
neter, ein kleiner Hand=

Fig. 38. Handpflug.

pflug von verschiedener Konstruktion. Der von einem Kulturaufseher
Schmidt gefertigte[3]) unterscheidet sich von jenem, welchen Oberförster
Schmitt empfiehlt[4]) (Fig. 38), im wesentlichen dadurch, daß er,
auf der einen Seite ganz eben, mit dieser Seite eine senkrechte Erd=

[1]) Burckhardt, Säen und Pflanzen, S. 360.
[2]) Forstl. Mitt. I, S. 19.
[3]) Allg. F.= u. J.=Z. 1866, S. 321.
[4]) Fichtenpflanzschulen, S. 56.

wand herstellt und die Erde nur nach der andern Seite auswirft, während letzterer (40 cm lang, 10 cm hoch mit 15 cm Spannweite zum Rillenauswurf) nach beiden Seiten auswirft.

Um aber mit dem Pflug eine gerade Furche über das Pflanzbeet zu ziehen, ist ein Anlegen desselben an ein durch seine Kante die Stelle der zu ziehenden Furche bezeichnendes Brett nötig, und ein solches wird denn auch von beiden Erfindern benutzt; die Länge desselben ist gleich der Beetlänge oder Beetbreite, je nachdem man die Pflanz= reihen in der einen oder andern Richtung laufen lassen will. Das Ziehen der Furche erfolgt, wie aus Fig. 38 hervorgeht, durch zwei Arbeiter, deren einer den Pflug an dem Stiel leitet, bzw. dessen Ab= weichen von der Brettkante verhindert, denselben zugleich in den Boden drückt, während der andere mittelst des angebrachten Strickes denselben vorwärts zieht.

Das hierbei benutzte Brett wird aber auch noch weiter benutzt, als sog. Pflanzbrett (Fig. 39). Während nämlich dessen eine glatte Kante gleichsam als Lineal für den Pflug dient, hat die andere in jenen Entfernungen, in welchen die Pflänzchen in den

Fig. 39. Pflanzbrett.

Reihen verschult werden sollen, also von 10, 15, 20 cm, kleine, etwa 1—2 cm breite und tiefe Einschnitte; bei wechselnden Entfernungen sind also mehrere solcher Bretter nötig. Die Breite des etwa 2 cm starken Brettes entspricht der Entfernung der Pflanzreihen, erspart sonach jedes weitere Abmessen.

Ist nach der glatten Kante die Furche gezogen (oder mit dem Spaten gefertigt), so wird das Brett umgedreht, die Kante mit den Einschnitten an letztere angelegt, in jeden Einschnitt ein Pflänzchen so eingehängt, daß dasselbe hinreichend tief — um des erfolgenden Setzens des Bodens willen etwas tiefer als bisher — in den Boden kommt, und nun die ausgeworfene Erde beigezogen und angedrückt. Die richtige Größe der Einschnitte, je nach Holzart und Stärke der Pflänzchen, ist hierbei von Bedeutung; sind die Einschnitte zu groß, so rutschen die Pflänzchen leicht zu tief hinunter; sind sie zu eng, so zieht man bei dem Wegnehmen des Pflanzbrettes, das durch vorsichtiges Seitwärts= schieben des Brettes erfolgt, leicht einzelne Pflänzchen wieder etwas heraus. — Das Wegnehmen des Brettes erfolgt erst, wenn man längs der glatten Kante sofort wieder die neue Furche gezogen, so daß die Arbeit also rasch ineinander greift.

13*

Die Pflanzreihen laufen hierbei nach der Länge des Beetes, was manche Unbequemlichkeit mit sich führt, und Reihen parallel der Schmalseite sind vorzuziehen. Das Pflanzbrett hat dann die Länge der Beetbreite (1—1,2 m), das Pflanzgräbchen wird längs der glatten Kante mit der Haue oder dem Spaten gefertigt.

In ähnlicher Weise sucht die von Fischbach[1]) empfohlene, von Mutscheller konstruierte Pflanzlatte (Fig. 40) den Zweck rascher

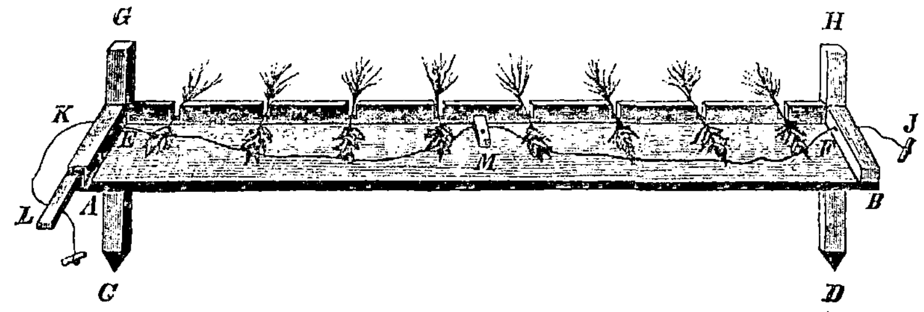

Fig. 40. Pflanzlatte.

und billiger Verschulung zu erreichen, und zwar vorwiegend für kleine Nadelholz=(Fichten=)Pflanzen.

Die Länge der Latte richtet sich nach der Breite der zum Verschulen bestimmten Länder, je länger, um so arbeitsfördernder, und wurden solche Latten bis zu 8 m Länge angewendet. Die Breite A E richtet sich nach der Größe der Pflänzchen, beträgt 10—12 cm; längs der Seite E F ist eine 3—4 cm breite, 1,5 cm starke Leiste aufgeleimt, in welche in jenen Entfernungen, in welchen die Pflanzen in den Reihen stehen sollen, 5—7 mm weite und 10—12 mm tiefe Einschnitte gemacht sind.

Die Art und Weise der Arbeit ist leicht ersichtlich: die Pflänzchen werden in die horizontal gestellte Latte eingelegt, durch die angespannte Schnur festgehalten, sodann die Latte auf die Pfosten C G und D H über das vorher gefertigte Pflanzgräbchen gelegt und nun die Pflanzen mit der Hand eingepflanzt. Ob der Apparat, dessen rasche und sichere Arbeit Fischbach rühmt, größere Verbreitung gefunden hat, ist uns nicht bekannt geworden.

In anderer, ebenfalls rasch fördernder Weise verschult man namentlich auf nur mäßig bindendem Boden in eingestoßene oder eingedrückte Pflanzlöcher. Jeder Arbeiter ist in ersterem Falle mit einem einfachen Setzholz von entsprechender Stärke versehen und sticht mit

---

[1]) Allg. F.= u. J.=Z. 1884, S. 7.

demselben an jener Stelle, welche durch die mit eingebundenen Zeichen
versehene Pflanzschnur vorgezeichnet ist, ein nicht zu enges und hin=
reichend tiefes Pflanzloch, senkt ein Pflänzchen in dasselbe und drückt
es durch seitliches Einstechen des Setzholzes fest. Die Pflanzreihen
laufen hierbei stets nach der Länge der Beete; an jeder Schnur arbeiten,
je nach deren Länge, mehrere Personen in gleichen Abständen, und die
beiden Flügelmänner stecken, so oft eine Reihe fertig ist, mit Hilfe
eines Maßes die Schnur weiter. Will man die Pflanzreihen nach der
Breite der Beete laufen lassen, was für Reinigen und Lockern günstiger
ist, so benutzt man zur Bezeichnung der Pflanzstellen ein Brett von
entsprechender Länge (1—1,2 m) und einer Breite gleich der Ent=
fernung der Pflanzreihen, an dessen Rand die Pflanzenabstände durch
kleine Kerben markiert sind; an einem solchen Brett arbeiten je zwei
in den schmalen Zwischenwegen sich gegenüberstehende Personen.

An Stelle derartiger Bretter wurden im Interesse der Arbeits=
förderung auch Markierapparate empfohlen, deren einer hier beschrieben
sein möge.

Derselbe (Fig. 41), von Waldbereiter Hornich in Nachod kon=
struiert[1]), besteht aus einer Walze, deren Länge sich nach der Breite

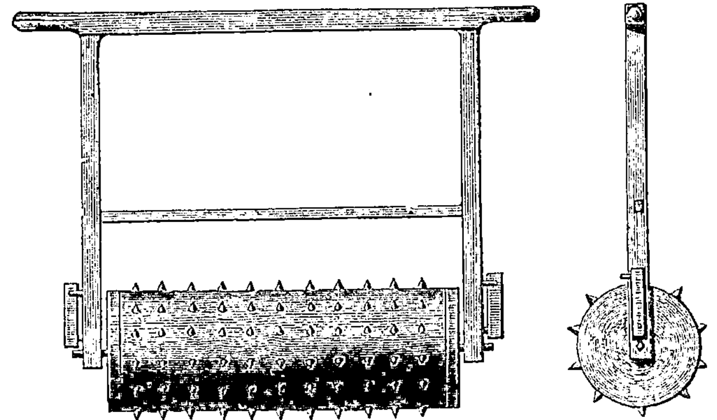

Fig. 41. Markierwalze.

der Pflanzschulbeete richtet, und in welche kleine Zapfen, Holznägel, in
einer dem gewählten Pflanzenabstand entsprechenden Entfernung ein=
geschlagen sind; der Durchmesser der Walze beträgt 33, die Länge der
Nägel 3—5 cm, deren Stärke 3,5 cm, und erscheint eine größere
Länge der Nägel nicht ratsam, da sonst der Boden des Beetes stark

---

[1]) Österr. F.= u. J.=Z. 1884, S. 265.

aufgeriffen und die Markierung ungenau wird. Die eiferne Achfe der
Walze liegt in den Achfenlagern, an welchen zwei durch eine Quer=
leifte verbundene Arme, die zum Ziehen der Walze dienen, angebracht
find; an diefen Armen find zwei kleine bewegliche Füßchen befeftigt,
die, wenn das Geräte nicht benutzt wird, heruntergefchlagen werden
und die Walze tragen, damit letztere nicht auf den fchwachen Nägeln
ruht. Bei der Benutzung wird die Walze einfach über das Beet nach
deffen Längsrichtung hinweggezogen.

Ein weiterer folcher Apparat, der die Möglichkeit einer beliebigen
Änderung des Pflanzenabftandes bietet, wurde von Krepler[1]
empfohlen; auch Profeffor Holl in Serajewo befchreibt eine folche
Vorrichtung[2], doch find diefe Markierapparate unferes Wiffens wenig
in die Praxis übergegangen.

Zweckmäßiger find nach meinen langjährigen Erfahrungen Vor=
richtungen, durch welche die Pflanzlöcher nicht nur bezeichnet, fondern
fofort in entfprechender Tiefe und Weite in den Boden eingedrückt
werden. Als folche einfachfter Art erfcheint das Zapfenbrett
(Fig. 42), das namentlich für kleine Nadelholzpflanzen, ein= und zwei=

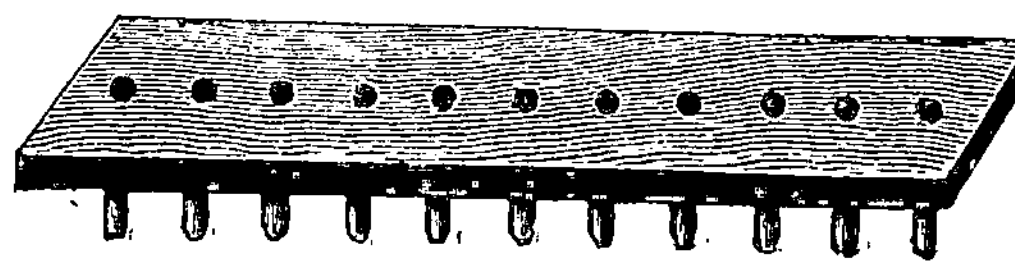
Fig. 42. Zapfenbrett.

jährige Fichten, emp=
fehlenswert ift. Die
Länge diefes ent=
fprechend ftarken
Brettes ift gleich der
Beetbreite, feine

Breite gleich der Entfernung der Pflanzreihen, die Entfernung der
genau längs der Brettmitte ftehenden Zapfen gleich dem Pflanzen=
abftand in den Reihen. Stärke und Länge der ftumpf konifchen
Zapfen ift durch die Größe der Pflanzen und bzw. deren Wurzel=
bildung bedingt; für einjährige Fichten wird eine Länge von 10 bis
12 cm, ein oberer Durchmeffer derfelben von 3—4 cm genügen.
Zwei Arbeiter, in den fchmalen Beetwegen fich gegenüberftehend, legen
das Brett längs der fchmalen Kante am einen Ende des Beetes an
und drücken bei leichterem Boden mit der Hand, bei fchwererem durch
Auftreten auf das Brett die Zapfen in den Boden, dadurch ebenfo=
viele Pflanzlöcher auf einmal anfertigend. Ift der Boden locker, fo
empfiehlt es fich, das Zapfenbrett beim Abheben etwas feitlich hin
und her zu bewegen und dadurch die Löcher zu feftigen, deren Zu=

---

[1] Öfterr. F.= u. J.=Z. 1883, S. 279.
[2] Daf. 1893, Nr. 12.

fallen zu verhindern; zu nasser oder zu trockner Boden ist aus nahe=
liegenden Gründen der Arbeit hinderlich. Die auf dem frisch ge=
lockerten und geebneten Beete sich scharf abdrückende Kante des Brettes
gibt an, wo dasselbe aufs neue anzulegen ist; besser noch arbeitet
man mit zwei Zapfenbrettern, die ebenso wie die Saatbretter ab=
wechselnd nebeneinander angelegt werden, und erspart also jegliches
Abmessen. Die Pflanzerinnen, welche namentlich bei trockner Witterung
den ersteren Arbeitern sofort folgen, besorgen das Einpflanzen mit
dem einfachen Setzholz. Auch Doppelzapfenbretter, mit zwei
Reihen im Dreiecksverband nahe beieinander stehender Zapfen, werden
für Verschulung einjähriger Fichten angewendet (siehe II. Teil „Die
Fichte“).

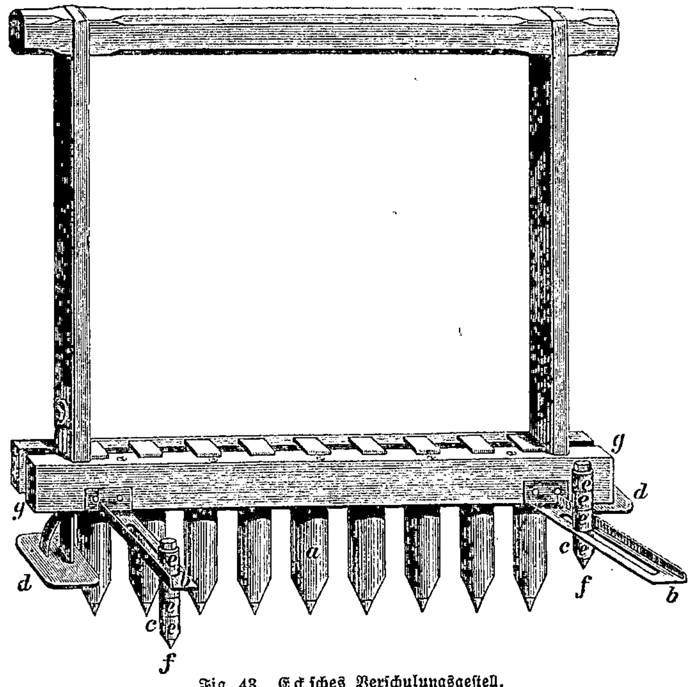

Fig. 43. Ecksches Verschulungsgestell.

Den Zapfenbrettern nahe verwandt ist das Pflanzenver=
schulungsgestell von Eck[1]), dessen Konstruktion Fig. 43 ersichtlich
macht. Die Breite des Gestells g g ist gleich der Beetbreite; die
Pflanzstöcke a werden in die Entfernung gebracht, welche die Pflanzen

---

[1]) Allg. F.= u. J.=Z. 1885, S. 197.

in den Reihen erhalten sollen und durch Anziehen der Schrauben=
muttern festgestellt. Mittelst der an den beiden äußeren Pflanzstöcken
befindlichen geschlitzten Platten b wird der Reihenabstand markiert,
zu welchem Zweck man den Markierstock c im Schlitz an die ent=
sprechende Stelle schiebt und feststellt. Die Tiefe der Pflanzlöcher
wird durch die Fußplatten d geregelt, welche an dem Querbalken gg
anliegen, jedoch nach abwärts geschoben werden können, wenn die ein=
gedrückten Pflanzlöcher nicht die volle Tiefe der Pflanzstöcke erreichen
sollen; auch den Markierstock c stellt man durch Versetzen der Scheiben e
(auf oder unter die Platte b) in der Weise ein, daß dessen Spitze
etwas tiefer steht als die Fußplatte d.

Ist der Apparat entsprechend gestellt, so nehmen zum Arbeiten
zwei Leute den Apparat auf, setzen ihn längs der schmalen Kante des
Pflanzbeetes an und treten gleichzeitig, der eine mit dem rechten, der
andere mit dem linken Fuß, scharf auf den Querbalken gg, heben
ihn gleichmäßig wieder aus und setzen, in den schmalen Beetwegen
vorwärts gehend, die beiden äußeren Pflanzstöcke genau in die Marke
ein, welche der Markierstock c in das Beet eingedrückt hat, hierdurch
den Reihenabstand bezeichnend. Den Lochtretern folgen zwei Leute,
welche die Pflanzen in die Löcher einstellen, und weitere Arbeiter be=
sorgen das sofortige Einpflanzen mit dem Setzholz.

Ich habe den Apparat, der sehr rasch und gut arbeitet, seit
Jahren zur Verschulung einjähriger Eichen, Eschen, Ahorne, Akazien,
dann zweijähriger Tannen benutzt und als sehr zweckmäßig erprobt.
Derselbe war von dem Erfinder um 27 Mk. zu beziehen und wurden
ihm zweierlei Pflanzstöcke, schwächere und stärkere, beigegeben; wo
Pflanzen gleicher Art und Stärke in stets gleichen Entfernungen ver=
schult werden, genügen die von demselben Herrn konstruierten wesent=
lich billigeren (12 Mk.) festen Gestelle, die man sich auch selbst fertigen
lassen kann.

Große Verbreitung haben im letzten Jahrzehnt die Verschulungs=
apparate von Rudolf Hacker (nunmehr k. u. k. Forstmeister a. D.
und Baumschulbesitzer in Königgrätz, Böhmen) gefunden.

Die Verschulungsmaschine[1]) (Fig. 44), zu welcher vier
Ständer, fünf Pflanzbrettchen und ein Schraubenschlüssel gehören, be=
steht aus einem zweiräderigen Gestell, auf welchem sich ein Sitz für
den Arbeiter befindet, und mit dem ein eiserner Rechen verbunden ist,
der zur Öffnung der Pflanzfurchen wie zum Festpflanzen der Pflänzchen

---

[1]) Zuerst von dem Erfinder beschrieben im Zentralbl. f. d. F.-W. 1883, S. 433.

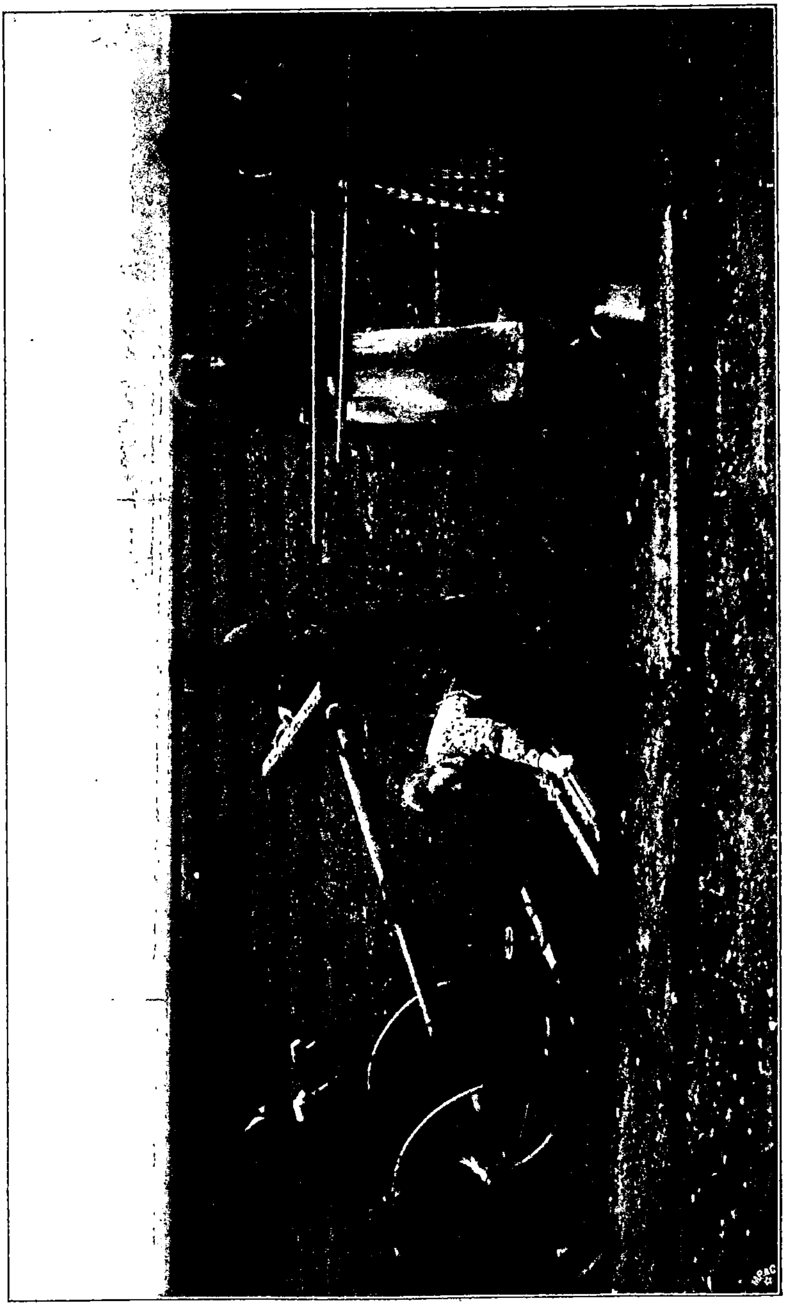

Fig. 44. Hackersche Verschulmaschine.

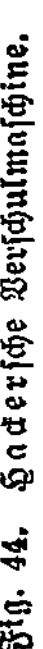

dient. Die Abbildung versinnlicht wohl am besten die Art und Weise der Arbeit; die Maschine wiegt 75 kg und kostet komplett 105 Mk. Die Ständer (Fig. 45) dienen zum bequemen Auflegen der Pflanzbrettchen (Fig. 46). Diese letzteren haben die Länge gleich der Beetbreite (1 m) und längs des Randes Blechstreifen mit Ein= schnitten in je 2½ cm Entfernung, in welche die Pflänzchen (meist ein= oder zweijährige Fichten) eingehängt werden; je nachdem man nur je den zweiten, dritten, vierten Einschnitt hierzu benützt, wird 'die Pflanzenentfernung gleich 5, 7,5, 10 cm. Die Einhängerinnen, deren je nach Gewandtheit des Maschinen= arbeiters und den Bodenverhältnissen zwei, drei und selbst vier benötigt sind, hängen die Pflänzchen in die Pflanzbrettchen, legen je ein solches genau an die geöffnete Furche,

Fig. 45. Pflanzenständer.

so daß die Würzelchen in diese hinabhängen und nehmen die Brettchen nach erfolgtem Andrücken der Erde durch den Maschinisten mit geschickter Drehung weg. Die Arbeit schreitet sehr

Fig. 46. Pflanzbrettchen.

rasch fort und können nach Hackers Angabe bei 5 cm Pflanzenabstand und zwei Einhängerinnen bis 23 000 Pflanzen an einem Tag ver= schult werden.

Forstmeister Gareis, der die Maschine aufs wärmste empfiehlt[1], hat den Abstand der Pflanzenreihen, der dem Augenmaß des Maschi= nisten überlassen ist, dadurch reguliert, daß er in die beiden Beet= wege Bretter einlegte, auf denen die Räder der Maschine laufen; in diese Laufbretter sind Kerben in dem für die Pflanzreihen gewünschten Abstand eingeschnitten, in welche die beiderseitigen Zapfen der vom Maschinenführer nach Schließung des Gräbchens zurückgetriebenen Maschine selbsttätig einfallen. Eine möglichst langgestreckte Form der Beete ist zu empfehlen, damit die Maschine tunlichst wenig umgehoben werden muß. Gareis verschulte bei 7,5 cm Pflanzenabstand

---

[1] Forstw. Zentralbl. 1903, S. 238.

11 000 zweijährige Fichten an einem Tag, während Forstverwalter
Seka[1]) noch wesentlich höhere Resultate erzielte.

Während die Verschulmaschine sich für den Großbetrieb eignet,
ist für den kleineren Betrieb der Hackersche Verschulapparat
nach unsern eigenen Erfahrungen sehr zu empfehlen. Derselbe besteht
aus vier Pflanzbrettchen und zwei Ständern wie bei der Verschul=
maschine, sowie zwei eisernen Verschulrechen von halber Beetbreite
mit breiten, langen Zinken und schief gestelltem Stiel (Fig. 47), so=
dann einer Aufbewahrungskiste (Preis 26 Mk.). Die in den beiden

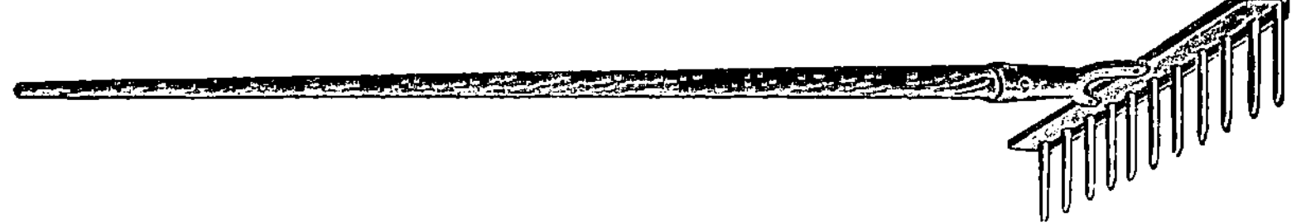

Fig. 47. Hackers Verschulrechen.

Beetwegen stehenden Arbeiter öffnen mit den Rechen die Pflanzrinne
mit senkrecht abgeschnittener Wand, wobei zweckmäßig ein meterlanges
Brettchen, dessen Breite gleich dem Reihenabstand, als Lineal benützt
wird. Die Einhängerinnen legen abwechselnd die gefüllten Pflanz=
brettchen an die Pflanzrinne, und mit dem Rücken des umgedrehten
Rechens erfolgt das Andrücken des Erdreichs[2]).

Die naturgemäße Lage, in welche die Pflanzenwurzeln kommen,
das gleichmäßige Andrücken der Erde an diese sichern den guten Er=
folg der Hackerschen Verschulvorrichtungen.

Eine Vorrichtung, zu deren Herstellung der Hackersche Verschul=
apparat die Anregung gegeben haben mag, ist der von Förster Rath
erfundene Verschulungsrahmen[3]).

Dieser Apparat besteht aus sieben Latten, von denen vier zu
einem Rechteck (Fig. 48) vereinigt werden; der hierdurch entstehende
Rahmen ist 1 m breit (Beetbreite) und 1 oder 2 m lang, und diese
Längsseiten sind in je 10 cm Entfernung mit rechteckig ausgestemmten
Einschnitten versehen. Die glatte Latte a dient als „Furchenlineal“,

---

[1]) Forstw. Zentralbl. 1903, S. 413.

[2]) Nach Mitteilung von Oberförster Dr. Thiele (Zeitschr. f. F.= u. J.=W.
1906, S. 551) hat man auf der Oberförsterei Mittelbick (Hessen) bei dem Verschul=
apparat zwei Latten benützt, eine zum Einlegen der Pflanzen in deren Einschnitte,
eine zweite glatte zum Festhalten der Pflanzen in diesen, um ein Herausfallen und
Schiefstellen der Pflanzen zu verhindern.

[3]) Ruhl im Forstw. Zentralbl. 1906, S. 627.

die beiden anderen mit Kerben in je 5 cm Abstand versehenen als „Pflanzlatten"; hierbei ist vorausgesetzt, daß die Entfernung der Pflanzreihen 10, die der Pflanzen 5 cm betragen soll — erklärlicher= weise kann auch 10 auf 10 oder 20 auf 10 cm verschult werden.

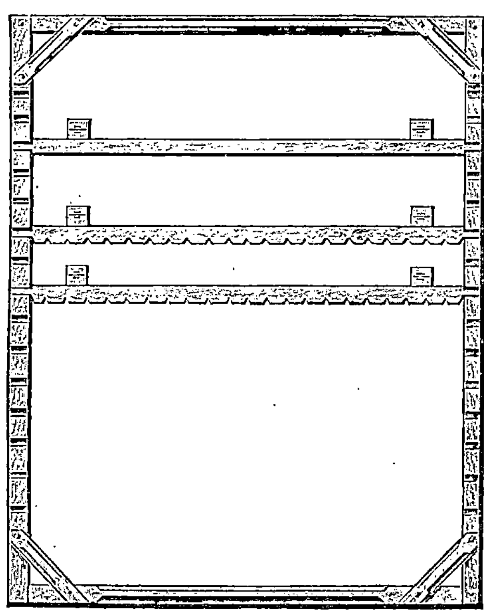

Fig. 48. Raths Verschulungsrahmen.

Der Rahmen wird nun auf das zugerichtete Beet ge= bracht, das Furchenlineal in den ersten Einschnitt gelegt und in Anlehnung an die= selbe die Pflanzenfurche mit senkrecht abgestochener Wand von den Beetwegen aus mit dem Grabscheit ausgehoben. Mittlerweile haben Arbeite= rinnen Pflänzchen (ein= oder zweijährige Fichten) in die Pflanzlatten eingehängt und sie hier durch eine querüber gespannte Schnur fest= gehalten[1]); die Latte wird — wie bei Hacker — an die Furche gelegt, so daß die Wurzeln in diese herabhän= gen, die Erde mit dem Grabscheit beigeschoben und mit dem Fuß (von je einem Arbeiter bis zur Beetmitte und ohne Betreten des Beetes) etwas angetreten. Dann wird die Erde mit einem Rechen geebnet, das Furchenlineal in die nächsten Einschnitte gelegt u. s. f.

Eine Probeverschulung mit Hacker, Rath und aus der Hand mit Setzholz ergab für zweijährige Fichtensämlinge im Verband 10:10 eine Leistung von 4920, 5160, 4060 Stück pro Tag bei Verwendung von drei Arbeitern; bei einem Verband von 10:5 brachte Rath die Leistung bis auf 10300 Stück.

Als Vorzug des Apparates, der um 15 Mk. und bei 2 m Länge um 18 Mk. in solider Ausführung (aus Eichenholz) von dem k. Förster Rath in Löhlitz (Oberfranken) bezogen werden kann, wird die leichte Transportierbarkeit des zerlegbaren Rahmens, die akkurate Arbeit mit

---

[1]) Es soll hierdurch dasselbe erreicht werden, was man in Mittelbick (s. o.) mit der zweiten Latte bezweckt: Festhalten und gerader Stand der Pflänzchen.

Hilfe desselben, das Anbringen der Schnur an der Pflanzlatte und der hierdurch sich ergebende aufrechte Stand der Pflänzchen, das Fehlen aller rostenden Eisenteile gerühmt. Einem Mangel an Gestellen zum Auflegen der Pflanzlatten beim Einhängen der Pflanzen hat der Er= finder durch gabelförmige Gestelle abgeholfen.

Ein weiterer Apparat der Neuzeit zu rascher und billiger Ver= schulung ist die Verschulplatte des Försters Schumacher zu Dalheim (Rheinland)[1] (Fig. 49). Sie ist aus einem meterlangen, 24 cm breiten Stück starken verzinkten Eisenbleches hergestellt, das zu einer 12 cm breiten Platte zusammengebogen ist; die übereinander liegenden offenen Seiten enthalten in je 5 cm Entfernung kleine

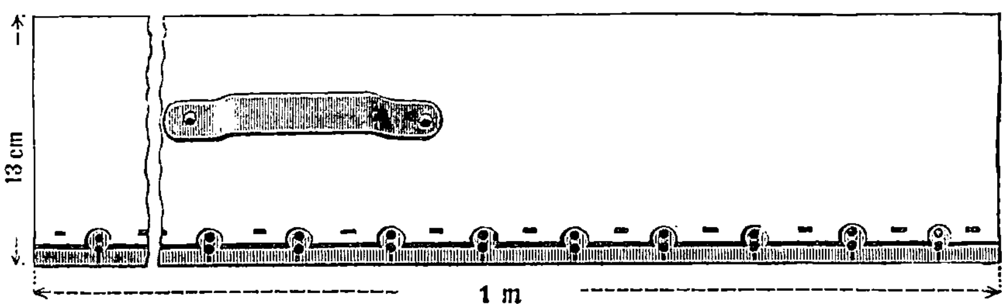

Fig. 49. Verschulplatte von Schumacher.

kreisförmige Ausschnitte und sind durch Nieten verbunden, nachdem vorher zwischen dieselben ein 3 cm breiter starker Gummistreifen so eingebracht wurde, daß derselbe etwa $\frac{1}{2}$ cm über den Rand der Platte hinausragt. Innerhalb jedes der kleinen Ausschnitte ist der Gummi durchlocht und nach der offenen Seite hin durchschnitten; die Aus= schnitte bzw. Löcher dienen zum Einhängen der zu verschulenden Pflänzchen, das Durchschneiden des Gummi ermöglicht das Wegnehmen der Platte nach erfolgtem Einpflanzen der letzteren. Handhaben er= leichtern das Arbeiten mit der Platte.

Das Arbeiten mit der Verschulplatte hat Ähnlichkeit mit jenem der beiden vorgenannten Apparate. Die Verschulung erfolgt in Ländern von 3, 4, 5 m Breite und dementsprechend mit ebensoviel Platten; rechts und links des Landes werden die den Reihenabstand angebenden Markierstäbe gelegt, eine Leine wird von Stab zu Stab gespannt, und längs derselben ein entsprechend (20 cm) tiefes Gräbchen mit senkrechter Wand mittelst Haue gefertigt. Die mittlerweile durch Arbeiterinnen mit Pflanzen behängten Platten werden nun längs des

____

[1] Forstw. Zentralbl. 1904, S. 461.

Gräbchens so angelegt, daß die Wurzeln in diesem an der Graben=
wand herabhängen und nun mittelst eines Erdanschiebers die Erde
von der offenen Seite her an die Pflanzenwurzeln geschoben und mit
dem Fuß angedrückt, sodann aber die Platten vorsichtig rückwärts
weggezogen, wobei die Pflanzen von selbst durch die Einschnitte aus
dem Gummi springen.

Nach unsern vergleichenden Versuchen ist der H a c k e r sche Verschul=
apparat diesen Pflanzplatten überlegen, auch billiger[1]).

Im allgemeinen möchten wir bezüglich der Ausführung der Ver=
schulung selbst noch folgende p r a k t i s c h e Regeln hervorheben:

Die Verschulung in Gräbchen hat gegenüber der Anwendung des
Verschulens in eingestoßene oder eingedrückte Löcher den Vorzug, daß
die Wurzeln in möglichst naturgemäße Lage kommen, während bei
letzterer Methode, namentlich bei etwas engen Löchern oder lang=
wurzeligen Pflanzen, Verkrümmungen, Umstülpungen u. dgl. nur
schwer g a n z zu vermeiden, immerhin bei kleinen Pflanzen auf ein
sehr geringes Maß zu beschränken sind. Am besten beugt man letzteren
noch dadurch vor, daß man einerseits keine zu schwachen Setzhölzer
oder Zapfen zur Anfertigung der Pflanzlöcher benützt, anderseits die
Arbeiter anweist, die Pflanzen zuerst etwas tiefer als sie eingepflanzt
werden sollen, in das Pflanzenloch zu senken und sodann wieder, so
weit nötig, zu heben.

Zu allen leichteren Arbeiten, insbesondere zum Einschulen selbst,
wähle man weibliche Arbeitskräfte, Frauen und Mädchen, durch welche
die Arbeit nicht nur billiger, sondern meist auch besser ausgeführt
wird, indem denselben das Bücken oder Niederkauern minder schwer
fällt als Männern. Stete Aufsicht durch Forstbedienstete oder tüchtige
Vorarbeiter muß die Regel bilden, und Aufgabe des betreffenden
Aufsehers ist es vor allem, für das gute Ineinandergreifen der ver=
schiedenen Arbeiten: Ausheben und Sortieren der Pflanzen, Fertigen
der Furchen und Löcher und Einsetzen der Pflanzen — zu sorgen.

Das Zusammentreten des vorher sorglich gelockerten Bodens ist
möglichst zu vermeiden, insbesondere bei an sich bindenderem Boden.
Es ist eine entschiedene Schattenseite der größeren Länder, so auch
der oben beschriebenen Verschulplatte, daß bei ihnen dies Betreten
durchaus nicht zu vermeiden ist, und nur etwa durch Benutzung von

---

[1]) 5 Stück Verschulplatten kosten 27,50 Mk., dazu kommt noch Verschulhacke
(3 Mk.), Markierstäbe, Leine, Anschieber.

Vergl. auch „Die Förster S c h u m a c h e r schen Verschulungsplatten", Zeitschr.
f. F.= u. J.=W. 1905, S. 251.

Brettern, welche längs der Pflanzreihen über das Beet gelegt werden, sog. **Laufbretter**, möglichst unschädlich gemacht werden kann. Ein wiederholtes Lockern läßt sich hier häufig nicht umgehen und hat den Nachteil, daß man nun in ganz frisch gelockerten, sich mehr oder weniger stark setzenden Boden verschulen muß. Bei 1 bis höchstens 1,2 m breiten Beeten — schmälere sind Raumverschwendung infolge der zahlreicheren Zwischenwege, breitere unpraktisch — kann dagegen jedes Betreten vermieden werden, die Arbeit von den Zwischenwegen aus geschehen. Verschult man in der Längsrichtung des Beetes nach der Schnur, so beginnt man mit der Mittelreihe und setzt die Arbeit nach beiden Seiten hin fort; es ist dann nur etwa nötig, vor Einschulen der letzten Pflanzreihe den vielleicht etwas zusammengedrückten Beetrand, von welchem letztere übrigens mindestens 5 cm, besser etwas mehr, entfernt bleiben soll, wieder in Ordnung zu bringen.

Ebenso leicht ist jedes Zusammendrücken oder -treten der Beete bei Anwendung des Zapfenbrettes oder Verschulungsgestelles zu vermeiden, wobei die Pflanzreihen quer über das Beet laufen; diese Richtung der Pflanzenreihen, senkrecht zu den Zwischenwegen, gewährt den weiteren Vorteil, daß das Lockern des Bodens zwischen den Reihen mittelst des Häckchens von jenen Wegen aus leichter erfolgt als bei Reihen, welche nach der Länge des Beetes verlaufen.

Legt man Wert auf besondere Akkuratesse auch in der äußeren Erscheinung des Forstgartens, so beginne man bei Anwendung letzterer Verschulungsmethoden in der Mitte des Beetes (von einer schmalen Kante zur andern gerechnet), die man sich eventuell gleich über eine ganze Reihe nebeneinander liegender Beete hin mit Hilfe der Schnur bezeichnet hat, und verschult von hier aus nach beiden Seiten hin. Die Abweichungen von der zur Kante des Beetes senkrechten Richtung werden sich dann nie so summieren, nie so groß werden, als wenn mit der Arbeit an einem Ende des Beetes begonnen wird. — Das gleiche gilt auch für Anwendung der Saatbretter zum Eindrücken von Rillen, und zwar in beiden Fällen in um so höherem Grade, je länger die Beete sind.

§ 84. Wiederholte Verschulung — Heisterzucht.

Zu manchen Zwecken, so zur Bepflanzung von Hutungen, zur Ergänzung des Oberholzes im Mittelwald, in Auwaldungen, zur Anlage von Alleen und Bepflanzung der Schneisenränder in mehr parkartig behandelten Waldungen, namentlich aber auch zu manchen Kulturen im eigentlichen Wildpark bedarf die Forstwirtschaft auch besonders großer und starker, 2 bis selbst 4 m hoher Pflanzen, ſog. Heiſter. Sie verschafft sich dieselben durch nochmalige Ver= schulung der im Pflanzbeet erzogenen, etwa meterhohen Pflänz= linge, unter Umständen sogar und wenn es sich um Erziehung be= sonders starker Heiſter handelt, durch zweimalige Verschulung, und verwendet nur ganz ausnahmsweise solch' starke Pflanzen aus natürlichen Anflügen, da deren Gedeihen um der minder günstigen Wurzel= und Stammbildung willen ſtets ein zweifelhaftes zu sein pflegt. Sie wendet aber die Pflanzung von Heiſtern nur da an, wo sie eben durch die Verhältniſſe unbedingt geboten erscheint; denn daß Heiſter infolge der wiederholten Verschulung, der langjährigen Pflege, der großen Pflanzgartenfläche, welche die Heiſterzucht be= ansprucht, ein sehr kostspieliges Pflanzmaterial sind, iſt erklärlich.

Ein guter Pflanzheiſter ſoll ein entsprechend konzen= triertes, an Faserwurzeln reiches Wurzelſyſtem, ein ſtufig ge= wachsenes Stämmchen, das sich allein zu tragen imſtande iſt, und eine möglichst gleichmäßige, nicht zu ſtarke Krone haben. Je nach Höhe und Stärke unterscheidet man wohl den Halbheiſter, bis 2 m hoch, und den eigentlichen Heiſter (Vollheiſter) mit 3 und selbſt 4 m Höhe.

Die Holzarten, welche bei der Heiſterzucht überhaupt in Frage kommen, sind: als Hauptholzarten die Eiche, dann Ahorn, Eſche, Ulme, Pappel und Linde, letztere faſt nur für Alleen und An= lagen beſtimmt und daher ſelten im eigentlichen Forſtgarten zu finden; endlich die Rotbuche, im Hannöverschen früher vielfach als Heiſter erzogen und benutzt infolge besonderer Verhältniſſe (namentlich bei Aufforſtung ſog. Hudewälder), sonst aber als Heiſter wohl eine seltene Erscheinung in unsern Pflanzschulen. Von den Nadelhölzern iſt es nur die Lärche, welche ausnahmsweise als Heiſter erzogen und verwendet wird. Die Besprechung der einzelnen Holzarten wird uns auf deren Erziehung als Heiſter vielfach zurückführen; hier seien die allgemeinen Grundsätze und Regeln der Heiſterzucht einer näheren Besprechung unterzogen [1]).

Die je nach ihrer Entwicklung ein= oder zweijährig verschulten und hierbei im Falle ſtarker Pfahl= oder Seitenwurzelbildung durch zweckmäßiges Kürzen derselben vorbereiteten Pflanzen werden, ſollen

---

[1]) Vergl. über Heiſterzucht insbesondere Burckhardts treffliche Abhandlung in „Aus dem Walde" V, S. 110, dann v. Varendorffs Anleitung zur Eichen= Heiſterzucht im Jahrbuch des schlef. F.=V. 1880, S. 179.

sie zu Heistern erzogen werden, nach zwei= bis dreijährigem Stehen im Pflanzbeet, in welchem sie namentlich auch durch entsprechendes Beschneiden der Äste die nötige Pflege genossen, als etwa meterhohe kräftige Loden abermals verschult. Der Zweck dieser nochmaligen Verschulung ist: Gewährung eines größeren Wurzel= und Kronenraumes behufs kräftiger und stufiger Entwicklung, zugleich aber Vornahme jener Wurzelkorrektur, durch welche die Bildung einer die seinerzeitige Auspflanzung möglichst sichernden und erleichternden Bewurzelung erreicht wird.

Man könnte etwa versucht sein, den ersten Zweck, die Gewährung eines größeren Standraumes, billiger dadurch zu erreichen, daß man von den in etwa 30 cm Entfernung stehenden Pflanzreihen der erstmaligen Verschulung je eine um die andere herausnimmt, hierdurch die Entfernung der Pflanzreihen auf etwa 60 cm bringt, und ebenso in den Reihen je die zweite Pflanze heraushebt, und bisweilen, insbesondere bei Holzarten ohne Pfahlwurzelbildung (Ahorn, Esche, Pappel), wird dies Verfahren wohl auch angewendet. Allein einerseits sind hierbei, zumal wenn die Pflanzen etwas eng verschult waren, Wurzelverletzungen schwer zu vermeiden, anderseits aber begibt man sich der Möglichkeit, die oben erwähnte Wurzelkorrektur vornehmen zu können, vor allem aber der Möglichkeit, für die Heisterzucht nur die besten und gutwüchsigsten Pflanzen aussuchen zu können, was wir als oberste Regel einer richtigen Heisterzucht betrachten, während alle minderwertigen sofortige anderweite Verwendung finden. — Der gleichen Vorteile würde man sich begeben, wenn man etwa gleich die erstmalige Verschulung in weiteren Abständen vornehmen wollte; der zu weite Stand der schwachen Pflanzen würde auch minder günstigen Wuchs — zu starke Astentwicklung auf Kosten des Höhenwuchses — vielfach zur Folge haben[1]).

Die Vorbereitung des Bodens zur Verschulung geschieht in gleicher Weise wie für Pflanzschulen, doch wird man einer genügend tiefen Lockerung besondere Aufmerksamkeit zuzuwenden haben, und ebenso einer zweckmäßigen, ausreichenden und nachhaltigen Düngung. Heister auf schlecht gedüngtem Boden werden weit ausstreichende und für die spätere Verpflanzung mißliche Seitenwurzeln

---

[1]) Weise hat (vergl. Münd. Hefte 2, S. 13) in seinem Forstgarten zu Karlsruhe schöne Heister mit einmaliger Verschulung, ja 160—180 cm hohe Eichenhalbheister direkt aus einer Saat, der die überzähligen Pflanzen allmählich entnommen wurden, erzogen. — Trotzdem dürften die oben hervorgehobenen Vorteile der wiederholten Verschulung für die Heisterzucht diese als Regel gelten lassen.

entwickeln, während guter Boden eine konzentriertere Wurzelbildung zur Folge hat.

Zur Erziehung von Heistern teilt man die hierzu bestimmte Fläche nicht in Beete, sondern in größere Quartiere; die für Beet= einteilung geltend gemachten Gründe fallen hier mehr oder weniger weg, ein Betreten zwischen den weit voneinander abstehenden Pflanz= reihen ist leicht möglich, und die größere Entfernung, in welcher die Pflanzen zu setzen sind, macht die Anwendung von schmalen Beeten unzweckmäßig, Beetwege überflüssig.

Das Ausheben der einzuschulenden Pflanzen erfolgt mit Rück= sicht auf deren bedeutendere Größe in vorsichtiger Weise, am besten durch Eindrücken in einen neben der Pflanzenreihe gezogenen, ge= nügend tiefen Graben (§ 80), und jede einzelne Pflanze hat nun durch die Hand eines geübten und mit der Sache vollkommen vertrauten Arbeiters zu gehen, der die untauglichen beiseite legt, die tauglichen durch Kürzung allzulanger Pfahl= oder Seitenwurzeln mit Messer oder Schere zur Einschulung vorbereitet und hierbei zweck= mäßig sogleich unter den für tauglich befundenen Pflanzen eine Sor= tierung nach der Stärke — etwa in zwei Klassen — aus den schon oben empfohlenen Gründen (siehe § 76) vornimmt. Ein Beschneiden oder Wegnehmen von Ästen soll hierbei nicht stattfinden, sondern teilweise und, soweit nötig, bereits im vorhergehenden Jahre in dem Pflanzbeet stattgefunden haben, im übrigen erst im folgenden Jahre nach bereits erfolgtem Anwurzeln und Anwachsen des Pflänzlings Platz greifen, so daß der letztere nicht im Moment der Verschulung noch mit zahlreichen Wunden bedeckt wird. Auch wird das Be= schneiden des stehenden Pflänzlings leichter und richtiger erfolgen als jenes des ausgehobenen.

Durch Decken mit Erde oder feuchtem Moos schützt man die Wurzeln gegen Austrocknen; braucht man bei stärkeren Laubholz= pflanzen auch nicht mit jener Ängstlichkeit zu verfahren, wie dies bei kleinen Nadelholzpflanzen nötig ist, so wird doch entsprechende Sorg= falt sich auch hier lohnen, rascheres Anwachsen und besseres Gedeihen der Pflanzen zur Folge haben.

Die Entfernung, in welcher die Pflänzlinge wieder ein= zuschulen sind, wird je nach der Höhe und Stärke, welche sie bereits haben, wie insbesondere nach jener, welche sie in der Heisterschule er= reichen sollen, zu bemessen sein, und zwischen 45 und 90 cm, als dem Minimum und Maximum schwanken[1]). Halbheister — bezw. Pflanzen,

---

[1]) Burckhardt, Säen und Pflanzen, S. 77.

welche zu solchen erzogen werden sollen — verschult man in einem
Abstand von 45—60 cm, gewöhnliche Heister in einem solchen von
75 cm, und nur für sehr starke Heister, insbesondere bei einer dritten
Verschulung, wählt man etwa den Abstand von 90 cm. Eine zu
geringe Entfernung[1]) hat rutenartiges, zu wenig stufiges Wachstum
zur Folge, und die Herausnahme eines Teiles der Pflanzen bei zu
enger Verschulung in der Absicht, hierdurch den Wachsraum der
übrigen zu vergrößern, ist, wie oben erwähnt, meist mißlich; ein eben=
sowenig befriedigendes Resultat pflegt aber allzuweiter Stand
kleiner Pflanzen zu geben.

Im Interesse allseitig gleichmäßiger Entwicklung der Heister stellt
man die Pflanzen in Quadrat= oder Dreiecksverband, und
dürfte insbesondere dieser letztere um des größeren und gleichmäßigen
Standraumes willen, den er den Pflanzen gewährt, zu empfehlen sein.

Um die zur Heisterzucht verwendete Fläche möglichst auszunutzen,
kann man dieselbe gleichzeitig zur Erziehung kleiner, schutzbedürftiger
und schattenertragender Pflanzen benutzen. So empfiehlt Forstmeister
Meier[2]), unter die Eichen einjährige Tannen einzuschulen, und zwar
zwischen je zwei Eichen eine Tanne und zwischen je zwei Heisterreihen
nochmals eine Tannenreihe, um hierdurch in 3—4 Jahren mit ge=
ringen Kosten sehr schöne Tannenpflänzlinge zu ziehen[3]); Geyer
erzieht in ähnlicher Weise Fichten[4]).

Zur Vornahme der Einschulung selbst wird entweder nach der
Schnur ein hinreichend tiefer Graben ausgehoben, was in dem gut
gelockerten Boden rasch geht, und Pflanze um Pflanze in entsprechender
Entfernung — bei minder gutem und bindenderem Boden wohl auch
unter Anwendung guter Füllerde — eingepflanzt, oder es erfolgt bei
größerem Abstand das Einsetzen in ein eigens für jede Pflanze aus=
gehobenes Pflanzloch, und wird der Zweck hierdurch billiger erreicht.
Zum Einschulen der größeren Pflanzen sind stets zwei Arbeiter nötig,
deren einer die Pflanze an der genau abgemessenen Stelle in die

---

[1]) Wir warnen vor solcher auf Grund angestellter vergleichender Versuche
einbringlich!

[2]) Krit. Blätter L. 1, S. 152.

[3]) Im Frankfurter Stadtwald haben wir dies Verfahren ebenfalls in An=
wendung gefunden, und eigene Versuche haben namentlich unter der lichten Be=
schirmung von Ahorn= und Eschenheistern befriedigende Resultate ergeben.

[4]) Geyer, Die Erziehung der Eiche, S. 32. Auch Weise (Münd. Hefte 2,
S. 6) empfiehlt eine derartige Erziehung stärkerer Fichten und Weißtannen.

Grabenmitte hält und öfters rüttelt, während der andere die Erde mit der Haue beizieht und zuletzt leicht antritt.

Steht Wasser in genügender Menge und Nähe zur Verfügung, so empfiehlt sich bei Verschulung zu trockner Zeit ein kräftiges An= gießen, wodurch sich die Erde auch sofort dicht an die Wurzeln legt, deren Anwachsen beschleunigt. Man nimmt dieses Angießen etwa vor, ehe man Pflanzloch oder Graben vollständig ausfüllt, wodurch der Zweck mit geringerem Wasserquantum erreicht wird.

Die Pflege des Heisterkampes geschieht durch Reinhalten von Unkraut, Lockerung des Bodens und kräftiges Behacken in ähnlicher Weise, wie bezüglich der Pflanzbeete überhaupt im nächsten Kapitel angegeben ist. Die Pflege der einzelnen Pflanzen aber er= folgt durch das Beschneiden der Krone und Seitenäste, eine Arbeit, die viel Umsicht und Verständnis erfordert, und welcher wir weiter unten einen eigenen Abschnitt (siehe § 91) widmen.

II. Schutz und Pflege der Pflanzbeete.

§ 85. Allgemeine Gesichtspunkte.

Gleich den Saatbeetpflanzen bedürfen auch unsere im Saatbeet stehenden verschulten Pflanzen des Schutzes gegen gar mancherlei Gefahren, welche den Pflanzen überhaupt drohen und welche wir im vorigen Abschnitt bezüglich der Saatbeetpflanzen bereits be= sprochen haben; allerdings bedürfen sie diesen Schutz teilweise in minderem Maße als die zarten Keimlinge, die schwachen Saatpflänzchen. So wird Trocknis die mit ihren Wurzeln doch schon tiefer in den Boden reichenden verschulten Pflanzen weniger gefährden, der Spät= frost kann dieselben zwar mehr oder weniger beschädigen, nicht leicht aber gleich dem empfindlichen Keimling mancher Holzarten töten, und während der Engerling die einjährige Pflanze durch Befressen der Wurzel stets zum Absterben bringt, wird die kräftige Schulpflanze, der starke Heister eine mäßige Wurzelverletzung nicht selten ohne schwereren Nachteil überstehen. Je größer und stärker die Pflanze wird, um so weniger bedarf sie mehr des Schutzes, so also z. B. in der Heisterschule.

Eine entsprechende Pflege aber durch Entfernung des Unkrautes, Lockerung des Bodens, Düngung bei sichtbarem Nahrungsmangel be= darf unsere verschulte Pflanze von der einjährigen Fichte bis hinauf zum starken Heister, wenn sie sich in jener Weise entwickeln soll, wie es das Ziel des Pflanzenzüchters ist: rasch und kräftig und entsprechend gestaltet. Als ein besonderer und wichtiger Teil der Pflege tritt hier für Laubholz das Beschneiden der Stämmchen, die Kürzung und Entfernung überflüssiger, tief angesetzter Äste, Wegnahme von Doppelwipfeln u. dgl. zu jenen Arbeiten, welche wir als zur Pflege der Saatbeete gehörig kennen gelernt haben, hinzu, und zwar steigt die Bedeutung derartiger Pflege mit der Größe, welche die Pflanzen im Forstgarten erreichen sollen.

In vielem werden wir uns in den nachstehenden Abschnitten auf das in dem Kapitel für Schutz und Pflege der Saatbeete Gesagte beziehen können und hier nur das zu erörtern haben, was für die Behandlung der Pflanzbeete eigentümlich ist.

§ 86. Schutz der Pflanzbeete gegen Trocknis.

In viel minderem Maße als die Saatbeete, als die keimenden Saaten oder zartenPflänzchen, sind unsere verschulten Pflanzen durch Trocknis gefährdet; die schon tiefere Bodenschichten erreichenden Wurzeln finden selbst bei länger ausbleibendem Regen, länger anhaltender Hitze dort noch die nötige Feuchtigkeit. Doch gehen, je nach Boden- und Holzart, in diesem Falle immerhin eine kleinere und größere Anzahl der Pflanzen zugrunde, während andere wenigstens eine schlechte Entwicklung zeigen, und ein nach Lage des Pflanzbeetes, natürlicher Frische des Bodens, Art und Stärke der verschulten Pflanzen bald mehr, bald minder intensiver Schutz gegen Trocknis, gegen die direkte Einwirkung der Sonne wird auch für die Pflanzbeete vielfach nötig sein.

Am meisten leiden wohl die verschulten Pflanzen durch Verschulung bei trocknem Wetter und Boden, und durch unmittelbar dieser Arbeit folgende anhaltende Trockenheit; zu dieser Zeit bedürfen sie daher auch am ersten besonderer Hilfe oder eines künstlichen Schutzes, um so mehr, je kleiner und flachwurzelnder sie sind. — Will und kann man bei trockner Witterung und mangelnder Bodenfeuchtigkeit die Verschulung nicht aussetzen, weil etwa die Jahreszeit schon etwas weit vorgeschritten, so hält man einerseits die Pflanzenwurzeln durch Einstellen in Wasser oder dünnen Lehmbrei reichlich naß und wendet anderseits, wenn möglich, auch ein tüchtiges Angießen der frisch verschulten Pflanzen an, wobei man bei Verschulung in Furchen und Gräbchen am besten in diese vor vollständiger Ausfüllung derselben

mit Erde gießt, hierdurch das Gießen wirksamer macht und Krusten=
bildung vermeidet[1]).

Als Schutz der frisch verschulten Pflanzen gegen die Einwirkung
der Sonne dienen die in § 59 geschilderten Schutzgitter — Pflanz=
gitter —, welche in gleicher Weise wie über die Saatbeete, und nur
etwa entsprechend höher, über die Pflanzbeete gehängt werden. Un=
entbehrlich werden dieselben sein, wenn, was allerdings nur selten
geschieht, Keimlinge verschult werden, da dieselben gegen direkte
Sonneneinwirkung sehr empfindlich sind, ihre Verschulung auch stets
in eine etwas spätere Zeit fällt, die Gefährdung durch Hitze also in
höherem Grade besteht. Pflanzen dagegen, welche schon ein Jahr im
Pflanzbeet stehen, pflegen eines solchen Schutzes nicht mehr zu be=
dürfen, wenngleich er sich ihnen bei anhaltender Hitze wohltätig er=
weist. Die im nächsten Paragraphen besprochene sogenannte Hoch=
deckung gewährt solchen Schutz sämtlichen Pflanzen eines Forstgartens,
ebenso die in § 59 erwähnten verstellbaren Gitter.

Als ein vorzügliches Mittel zur Erhaltung der Feuchtigkeit er=
scheint das schon im § 60 erwähnte und für Pflanzbeete noch
besser als für Saatbeete anwendbare Decken der Zwischenräume mit
Laub, Moos oder sonstigen toten Materialien — vorausgesetzt, daß
die Beete genügend gegen den Wind geschützt sind.

Ein wiederholtes Begießen verschulter Pflanzen findet wohl
nirgends statt, da die Kosten hierfür zu bedeutend sein würden; ein
Bewässern derselben würde sich allerdings in trocknen Sommern
für deren freudiges Gedeihen vorteilhaft erweisen, doch ist hierzu nur
selten die Gelegenheit geboten.

Die beste Sicherung aber gegen nachteiliges Austrocknen des
Bodens liegt, wie für Saatbeete, so auch hier in der zweckmäßigen
und günstigen Lage des Pflanzbeetes, dem Schutz durch umgebende
Bestände gegen die Sonne, wie gegen austrocknende Ostwinde, dann
in der natürlichen Frische des Bodens. Nicht zu seichte Be=
arbeitung des letzteren bei der Anlage und häufige Lockerung
desselben zwischen den Pflanzreihen wirken gleichfalls günstig gegen
Trocknis.

§ 87. Schutz der Pflanzbeete gegen Frostbeschädigungen jeder Art.

Wie in den Saatschulen, so sind es auch in den Pflanzschulen
Spätfrost, Frühfrost und Barfrost, ausnahmsweise der Winterfrost,

---

[1]) Schmitt, Fichtenpflanzschulen, S. 81.

welche, je nach der Holzart, bald mehr, bald minder schädlich auf=
treten.

Die beiden erstgenannten Frostarten, namentlich aber der
Spätfrost, ziehen durch Töten des Gipfeltriebes die Bildung von
Doppelwipfeln nach sich, eine Erscheinung, die wir namentlich bei
Holzarten mit gegenständigen Knospen, also Ahorn und Esche, wahr=
nehmen, durch Töten der Seitentriebe aber struppigen, unschönen
Wuchs, erzeugen bei wiederholtem Auftreten viel Ausschußmaterial,
verzögern die Verwendbarkeit der Pflanzen und haben dadurch oft
schwere Störungen im Kulturbetrieb zur Folge. Der Frühfrost,
seltener und minder verderblich auftretend, tötet die noch unverholzten
Triebe, namentlich die sogenannten Johannistriebe mancher Holzarten.

Gegen den Spätfrost wenden wir ähnliche Mittel an, wie wir
sie in § 61 bereits kennen gelernt: statt der späteren Saat spätere
Verschulung der frühzeitig ausgehobenen und eine Zeitlang ein=
geschlagenen Pflanzen (§ 78) als Schutzmittel im ersten Jahre, und
außerdem die schon vielfach erwähnten Pflanzgitter zur Zeit der
Spätfrostgefahr im Monat Mai. Als einen intensiven Schutz der
Pflanzen gegen Frost und Hitze empfiehlt Schmitt[1] eine sogenannte
Hochdeckung, welche namentlich den weiteren Vorteil biete, daß ein
Abdecken und Wiederauflegen der Gitter zum Zweck der Lockerung
und Reinigung nicht nötig sei.

Zum Zweck derselben werden entsprechend starke Pfosten von 2 m
Höhe über der Erde in 4—5 m Entfernung im Boden befestigt und
darüber ein Stangengerüst so angebracht, daß Astreisig auf dieselben
gelegt werden kann, ohne durchzufallen, so daß hierdurch über der
ganzen Pflanzschule gleichsam ein Schutzdach gebildet wird. Als
Deckmaterial verwendet man das die Nadeln lange haltende Föhren=
reisig, das durch leichte Stangen gegen das Abwehen geschützt und
im Herbst heruntergenommen wird.

Die etwas kostspielige und — wenn auch wohltätige, so doch
nicht unbedingt nötige — Einrichtung wird wohl nur ausnahmsweise
Platz greifen[2].

---

[1] Fichtenpflanzschulen, S. 88.

[2] Nach Schmitts Angabe sind solche Hochdeckungen in den Fichtenpflanz=
schulen der Stadt Villingen im Schwarzwald mit sehr gutem Erfolg zur An=
wendung gekommen. Auch Baur (Forstw. Zentralbl. 1883, S. 247) hat in Hohen=
heim einen befriedigenden Versuch mit Hochdeckung angestellt und die Kosten bei
billigem Materialbezug nicht zu hoch gefunden.

In der richtig gewählten Lage des Pflanzgartens und entsprechen=
dem Seitenschutz wird wie gegen Hitze, so auch gegen Spätfröste ein
wenigstens teilweise wirksames Sicherungsmittel zu suchen sein.

Gegen die seltener auftretenden und minder schädlichen Früh=
fröste pflegen Mittel nicht zur Anwendung zu kommen.

Durch den Barfrost leiden insbesondere die schwachen und
seichtbewurzelten verschulten Pflanzen, so Tannen und Fichten,
und zwar oft noch in höherem Grade als die in den Rillen dichter
beisammenstehenden Saatpflanzen, während tiefer wurzelnde Holzarten —
Kiefern, Schwarzkiefern, Eichen — dessen Wirkungen fast gar nicht
ausgesetzt sind. Die für die Saatbeete in § 62 angegebenen Schutz=
mittel, dann Hilfsmittel nach eingetretener Beschädigung, werden auch
in den Pflanzbeeten Platz zu greifen haben, und hat namentlich das
sofortige Wiederandrücken der gehobenen Pflanzen oft in ziemlicher
Ausdehnung zur Rettung derselben stattzufinden.

§ 88. Schutz der Pflanzbeete gegen Regengüsse.

Pflanzbeete werden durch Regengüsse in minderem Maß leiden,
zumal wenn in geneigtem Terrain die Anwendung größerer Länder
zum Verschulen vermieden wird. — Gegen das Abschwemmen und
Festschlagen des Bodens durch Regen, sowie gegen die sog. Erd=
höschen schützen die Schutzgitter, sowie Deckung der Räume zwischen
den Pflanzenreihen mit Laub und Moos.

§ 89. Schutz der Pflanzbeete gegen Tiere jeder Art.

Von kleineren Tieren sind es insbesondere Engerlinge, Maul=
wurfsgrillen, Mäuse, welche unsere Pflanzbeete in ähnlicher
Weise gefährden, wie dies oben bezüglich der Saatbeete näher be=
sprochen wurde (vgl. §§ 65—67), und werden die Schutzmittel die
gleichen sein. — Die Gefährdung durch Maulwurfsgrillen pflegt aller=
dings mit der zunehmenden Größe der Pflanzen abzunehmen und auch
die vorwiegend manchem Samen gefährlichen Mäuse werden in Pflanz=
schulen weniger lästig — sehr lästig dagegen nicht selten die Enger=
linge, denen man in den zwei und drei Jahre lang mit Pflanzen
besetzten Pflanzbeeten nicht so gut beikommen kann, wie in den in
vielen Fällen alljährlich umzugrabenden und hierbei von diesen Feinden
wenigstens einigermaßen zu säubernden Saatbeeten. Gehen stärkere
Pflanzen auch durch Engerlingsfraß seltener ganz zugrunde, indem

doch einige Wurzeln verschont bleiben, so kümmern sie doch an den Folgen stärkerer Wurzelbeschädigung Jahre lang, verkrüppeln auch wohl derart, daß sie zur Auspflanzung nicht mehr brauchbar sind; schwächere Pflanzen dagegen, zumal Nadelholzpflanzen, sterben rasch ab.

Aus der Vogelwelt wird nur ausnahmsweise eine Gefährdung unserer Pflanzbeete zu befürchten sein — durch das Auerwild, dessen wir in § 68 gedacht, auf welchen Abschnitt wir uns daher beziehen.

Gegen das Verbeißen durch Wild jeder Art, wo solches nach Wildstand und Holzart zu befürchten steht, muß durch Einfriedigungen oder die sonstigen in § 69 angegebenen Hilfsmittel Sorge getragen werden.

§ 90. Pflege der Pflanzbeete durch Entfernung des Unkrautes, durch Lockerung und Düngung.

Vom Gras- und Unkrautwuchs sind die Pflanzbeete insbesondere noch im ersten Jahre nach der Verschulung heimgesucht, während bei nicht zu weitläufiger Verschulung und kräftiger Entwicklung der Pflanzen die letzteren durch ihre Beschirmung das Unkraut im zweiten und eventuell dritten Jahre schon mehr oder weniger zurückhalten und dann einer Pflege durch Reinigung der Beete nur in geringerem Maße bedürfen. Zwischen verschulten Tannen, die mit ihren horizontal streichenden Ästen den Boden rasch decken, vermag nach zweijährigem Stehen im Pflanzbeet oft kaum ein Grashalm mehr aufzukommen.

Auch durch Belegen der Zwischenräume mit Laub oder Moos läßt sich der Unkrautwuchs wenigstens einigermaßen zurückhalten und gleichzeitig die Frische und Lockerheit des Bodens bewahren — wir haben auf diese Vorteile unter Bezugnahme auf Cieslars vergleichende Versuche[1] schon mehrfach hingewiesen. Insbesondere auch für Heisterbeete und in windgeschützten Örtlichkeiten haben wir solche Bodendeckung mit sehr gutem Erfolg in Anwendung gebracht, ohne hierbei den von Burckhardt[2] gefürchteten Nachteil, daß man hierdurch den kleinen Nagern willkommenen Unterschlupf gebe, bis jetzt beobachtet zu haben.

---

[1] Zentralbl. f. d. F.-W. 1893, S. 24.
[2] Aus dem Walde V, S. 110.

Die Reinigung der Pflanzbeete geschieht teils durch Jäten mit der Hand, meist aber in Verbindung mit der auch für verschulte Pflanzen so vorteilhaften öfteren Lockerung des Bodens, welch' letztere, je nach der Reihenentfernung, mit dem kleinen Jätehäckchen, dem Schoch schen Dreizack (siehe § 70), oder mit dem stärkeren Fünf= zack oder Jätekarst stattfindet. In Heisterkämpen wird man zu noch stärkeren (aber schmalen) Hauen greifen und verhältnismäßig tief lockern. Bei trockener Witterung wird es oft genügen, das Unkraut beim Behacken und Lockern einfach aus dem Boden auszureißen und liegen zu lassen, dessen Vernichtung durch Dürrwerden der Sonne zu überlassen[1]); schon aus diesem Grunde ist die Lockerung bei trockner Witterung zu empfehlen.

Wie oft das Lockern vorzunehmen sei, wird von den Boden= verhältnissen, der Witterung (anhaltender Regen schlägt den Boden fest!), der Notwendigkeit, das Unkraut zu entfernen, abhängig sein. Lieber lockere man zu oft, statt zu selten — allerdings ist der Kosten= punkt hierbei auch etwas zu berücksichtigen!

Unter allen Umständen möchten wir auf bindendem Boden ein zweimaliges Behacken der Pflanzbeete alljährlich empfehlen; kräftige Entwicklung der Pflanzen im zweiten oder dritten Jahre, infolge deren sich die Reihen nahezu schließen, kann demselben allerdings hindernd in den Weg treten.

Beim Lockern und Reinigen der zur Verschulung kleiner Pflanzen nicht selten, zur Heisterzucht stets angewendeten größeren Länder (Quartiere) lasse man die in § 71 empfohlene Vorsicht bezüglich des Betretens der frisch gelockerten Streifen nicht außer acht! Auch die übrigen dort berührten Maßregeln bezüglich der letzten Lockerung im Herbst, des Anhäufelns als Schutz gegen Auffrieren u. s. f. haben für schwächere verschulte Pflanzen ihre volle Geltung.

Eine Zwischendüngung kann sich bei längerem Stand der Pflanzen im Pflanzbeet — für zwei Jahre sollte die vor der Ver= schulung dem Boden gegebene Düngung stets ausreichen! — wohl als nötig erweisen und wird dann in ähnlicher Weise wie für Saat= beete (siehe § 73) gegeben. Wo sich das Bedürfnis der Düngung im Habitus der Pflanzen geltend macht, wird ein rasch wirkender, leicht löslicher Dünger (Jauche, Poudrette, Chilisalpeter) auch hier zweck= mäßiger in Anwendung gebracht, als langsam wirkende Düngemittel,

---

[1]) Für Heisterbeete haben wir das ausgerissene Unkraut stets gleich als Düngematerial liegen lassen.

wie Humus, Rasenerde u. dgl., die wir für die Düngung vor der Verschulung empfohlen haben.

§ 91. Pflege der Pflanzen durch Beschneiden der Äste.

Ein für Laubholzpflanzen nicht unwichtiger, ja für stärkere Pflanzen, bei der Heisterzucht, geradezu unentbehrlicher Teil der Pflege im Pflanzbeet ist das Beschneiden von Ästen und eventuell Gipfeln. Ein Beschneiden von Nadelholzpflanzen im Pflanzbeet findet wohl nur ganz ausnahmsweise statt und wird sich für starke Fichten- und Tannenpflanzen etwa auf Wegnahme eines Doppelwipfels be- schränken[1]), während die dem Laubholz ohnehin in mancher Beziehung sich nähernde Lärche bei der Erziehung zum Heister etwa an den Ästen pyramidal zugeschnitten wird.

Der Zweck des Beschneidens ist die Erziehung einer möglichst gut gewachsenen Pflanze mit kräftigem Gipfeltrieb und hinreichend zahlreichen, nicht zu starken und nicht zu tief angesetzten Seitenzweigen. Durch sachgemäßes Abnehmen oder Kürzen der Äste soll die Pflanze eine für ihre spätere Auspflanzung möglichst günstige und mit der gleichfalls durch Schnitt gelegentlich der jedesmaligen Verschulung geregelten Bewurzelung in richtigem Verhältnis stehende Beastung und Bekronung erhalten.

Im allgemeinen wird man jedes Beschneiden der Pflanzen als ein Übel erklären müssen; die Notwendigkeit, eine Pflege durch Beschneiden eintreten zu lassen, ergibt sich aber einerseits angesichts der mannigfachen Mißbildungen, die wir unsere Pflanzen im Pflanz- beet entwickeln sehen — Gabelbildungen, Krümmungen, tief angesetzte Äste u. dgl. —, anderseits durch unsere Aufgabe, so viel als tunlich jede einmal mit Kosten erzogene und verschulte Pflanze für ihren Zweck tauglich zu machen, allen Ausschuß bei der seinerzeitigen Aus- pflanzung ins Freie möglichst zu vermeiden. — In unsern natür- lichen Anflügen, unsern Saat- oder dichten Pflanzkulturen mit ihrer Pflanzenfülle bedürfen wir eines Beschneidens der Pflanzen nicht; manche Art der Mißbildung, die wir in unsern Pflanzbeeten wahrnehmen, tritt dort an sich seltener auf — so verhindert der dichtere Stand eine zu starke, zu tief angesetzte Beastung, der Gipfel drängt an sich zum Licht empor; jede nicht normale, mißgebildete Pflanze aber geht zumeist in Bälde durch das Überwachsen seitens

---

[1]) Für die Tanne wird von einigen Seiten auch ein Stutzen der Seitenäste empfohlen, siehe § 117.

ihrer beffern Nachbarn zugrunde, ohne Nachteil, ja zum Beften für
das Ganze. Anders im Pflanzbeet, wo der fehlende Schluß durch
die Pflege erfetzt werden muß, wo jeder verfchulte Pflänzling auch
als tauglich erhalten bleiben foll.

Die Notwendigkeit diefer Pflege und deren Maß ift aber eine
fehr verfchiedene nach der Holzart, wie nach Alter und Stärke,
welche der Pflänzling im Pflanzbeet erreichen foll. Nach der Holzart: die eine ift mehr zu ftarker Aftbildung geneigt, während die
andere felbft im geringeren Schluß fchlank und ohne Seitenäfte empor-
wächft. Zu den erfteren gehört vor allem die Eiche, in etwas
minderem Maße die Ulme und Linde, während als Beifpiel für
letztere vor allem Ahorn und Efche, dann Pappel zu nennen
find. — Nach Alter und Stärke: je länger eine Pflanze im Pflanzbeet ftehen, je ftärker fie bis zu ihrer Verwendung werden foll, in um
fo höherem Grade wird fie auch der Pflege durch Befchneiden bedürfen, und während z. B. einjährig verfchulte und dreijährig aus-
gepflanzte Eichen des Befchneidens nur in geringftem Grade benötigen,
ift eine rationelle Eichenheifterzucht ohne wiederholtes und zweck-
gemäßes Befchneiden nicht denkbar.

Was die Zeit betrifft, zu welcher das Befchneiden vorzunehmen
ift, fo ift als günftigfte Jahreszeit jedenfalls die Zeit der Vege-
tationsruhe zu betrachten; auch R. Hartig fpricht fich[1]) in diefem
Sinne aus und hält das Befchneiden zur Sommerszeit auch um deswillen für ungünftig, weil dadurch Organe, welche Referveftoffe fürs
kommende Jahr produziert und im Stamm abgelagert hätten, der
Pflanze genommen werden. Man kann wohl auch zu anderer Zeit
fchneiden, foll aber wenigftens ausfetzen, folange die Rinde fich leicht
löft[2]), um Befchädigungen derfelben zu vermeiden. Der entlaubte
Pflänzling erfcheint auch dem Auge am überfichtlichften, erleichtert das
Befchneiden wefentlich, und mit eintretendem Saft wird die Überwallung der am Stämmchen befindlichen Schnittwunden fofort beginnen. — Manteuffel gibt dagegen an[3]), daß Johanni die zweck-
mäßigfte Zeit zum Schneiden fei, und das gleiche findet fich auch noch
andernorts behauptet[4]), und zwar weil die Pflanzen fich verbluten
würden, wollte man vor der Zeit des Saftfteigens fchneiden, während
im Sommer eine dicke, gummiartige Ausfcheidung alsbald die Wunde

---

[1]) Hartig, Lehrbuch der Pflanzenkrankheiten, 3. Aufl., S. 300.
[2]) Burckhardt, Säen und Pflanzen, S. 78.
[3]) Die Eiche, S. 86.
[4]) Krit. Bl. XXIX, 1, S. 65.

decke (?). Bezüglich der Jahre, in welchen man die Aft- und Gipfel=
korrekturen vornimmt, ist zu beachten, daß man im Jahre der statt=
gehabten Verschulung nicht gerne schneidet, um den Pflänzling erst
fest und gut einwurzeln zu lassen, daß man aber auch namentlich den
stärkeren Heister rechtzeitig vor seiner Auspflanzung beschneidet,
so daß bis zu dieser letzteren die Schnittflächen wieder überwallt sind,
nicht aber denselben im Moment der Auspflanzung noch mit „Wunden
überladet", wie Burckhardt sich ausdrückt[1]).

Als allgemeine Grundsätze und Regeln für Ausführung
des Beschneidens dürften folgende gelten[2]).

Das Beschneiden ist stets auf das unbedingt Notwendige zu be=
schränken, jedes Übermaß zu vermeiden. — An Laubholzpflanzen, die
nur einmal verschult und als etwa meterhohe Loden ausgepflanzt
werden, ist in der Regel und mit Ausnahme der zur Aftbildung be=
sonders geneigten Eiche wenig zu schneiden, die Arbeit beschränkt sich
auf das Wegnehmen einzelner tief angesetzter und stärkerer Äste, auf
das Zurückschneiden zu langer, eventuell den Gipfeltrieb beeinträchtigen=
der Seitenäste, auf die Entfernung von Doppelwipfeln und Gabel=
bildungen, wie letztere insbesondere bei Holzarten mit gegenständigen
Knospen (Ahorn, Esche) im Falle des Verkümmerns oder Erfrierens
des Haupttriebes häufig entstehen. Ein Zurückschneiden des Wipfel=
triebes wird nur bei unverhältnismäßig langem, rutenförmigem Wuchs
desselben oder bei schlecht verholztem Johannistriebe nötig sein und
erfolgt dann in einiger Höhe über einer kräftigen Seitenknospe, die
dadurch zur Gipfelknospe wird. Schneidet man unmittelbar über
der betreffenden Knospe, von welcher man den Wipfeltrieb erzielen
möchte, so erfolgt nicht selten ein Eintrocknen derselben von der nahen
Schnittfläche aus, während dies bei einiger Entfernung der letzteren
von der Knospe vermieden wird. — Ein rutenförmiges Auf=
schneiden ist jedenfalls verwerflich; tief angesetzte Äste nehme man
allerdings ganz weg, und zwar glatt am Stamm, um die Überwallung
zu befördern, weiter obenstehende Äste dagegen stutzt man nur ein,
um den stufigen Wuchs der Pflanze nicht zu beeinträchtigen, und
nimmt dieses Einstutzen ebenfalls nicht zu kurz über einer Knospe vor.
Nie dagegen belasse man kurze, knospenlose und darum bald absterbende
Zweigstummel am Stämmchen.

---

[1]) Burckhardt, Säen und Pflanzen, S. 78.
[2]) Vergl. Burckhardt, S. 78 ff. Erlaß des preuß. Fin.=Minist. (Allgem.
F.= u. J.=Z. 1866, S. 269). Krit. Blätter XLVII, 2, S. 132 u. XLIX, 1, S. 60.

In viel ausgedehnterem Maße bedarf der zu erziehende kräftige Heister der Pflege mit Messer und Astschere; mit deren Hilfe soll ein stufiger Stamm mit möglichst gleichmäßig nach allen Seiten entwickelter, nicht zu hoch angesetzter Krone erzogen werden. Einseitige und hoch angesetzte Krone bringt namentlich die Nachteile mit sich, daß der Stamm durch die Belastung mit Schnee und Eis leicht zur Seite gebogen wird, daß der Wind das Stämmchen stärker angreift und in den Wurzeln lockert. Eine der Pyramidengestalt sich nähernde Form der Krone wird als die zweckmäßigste betrachtet, auf sie soll durch den Schnitt hingewirkt werden; dabei ist der Schutz durch die Äste, welcher bei solcher Art des Astschnitts erhalten wird, insbesondere für die gegen direkte Einwirkung der Sonne empfindliche Rinde mancher Holzarten, obenan der Buche, von Wert.

Auch in der Heisterschule ist übrigens das Maß der nötigen Pflege durch Beschneiden ein nach der Holzart wesentlich verschiedenes, und Ahorn und Esche, beide vielfach als Heister erzogen, bedürfen auch hier derselben am wenigsten, die Eiche dagegen wohl am meisten.

Der Astschnitt nun hat tief angesetzte Äste ganz zu entfernen, ebenso ein Übermaß dicht beisammenstehender Äste zu beseitigen, im übrigen zu lange Äste entsprechend zu kürzen, die oberen stärker als die unteren, um eben jene (annähernde) Pyramidengestalt der Krone zu erreichen. Besonderes Augenmerk ist beim Astschnitt den Krümmungen des Schaftes zuzuwenden und auf deren Korrektur hinzuwirken; wo Äste sitzen, da findet ein stärkerer Nahrungszufluß, eine stärkere Holzbildung statt. So wird man (siehe Fig. 50) durch Wegnahme der auf der äußeren Seite einer Krümmung sitzenden Äste und Belassung der etwa auf der Innenseite stehenden die Krümmungen allmählich zu mindern und auszugleichen imstande sein[1].

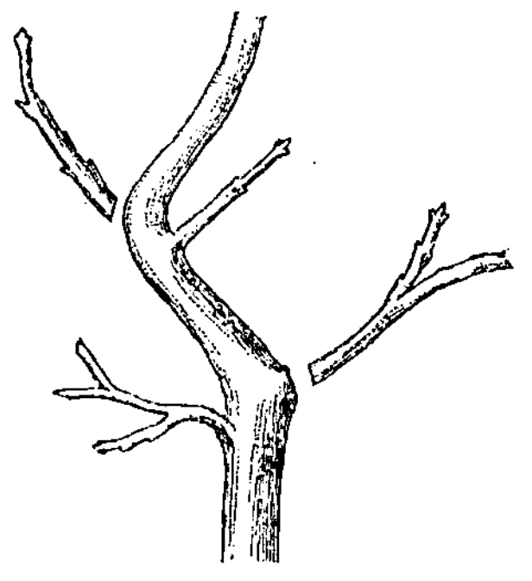

Fig. 50. Astschnitt.

Der Gipfelschnitt wird sich hauptsächlich auf Beseitigung gabeliger (Ahorn, Esche) oder gar quirlförmiger Triebe (Eiche) zu beschränken haben, wobei man den am besten verholzten, die kräftigsten Knospen tragenden Trieb stehen läßt. Ist der Endtrieb zu ruten-

---

[1] Allg. F.- u. J.-Z. 1866, S. 269 (diesem Artikel ist auch obige Zeichnung entnommen).

förmig, so schneidet man ihn, in oben schon erwähnter Weise, ent=
sprechend zurück. Haben sich bei versäumtem rechtzeitigen Schnitt
schirmförmige Kronen gebildet, so kann man den Schirm mittelst einer
Wiede so zusammenbinden, daß alle Zweige in die Höhe stehen und
in dieser Richtung fortwachsen; nach Jahresfrist löst man den Verband,
sucht den passendsten Zweig aus und schneidet die übrigen mehr
oder minder weg. Falls ein tiefsitzender, kräftiger Ast vorhanden ist,
kann es sogar angezeigt sein, den abnormen Gipfel ganz zu entfernen,
den Seitenast mittelst einer Wiede in die
Höhe zu biegen und so einen neuen Gipfel
zu schaffen (Fig. 51)[1]). Durch sorgfältige
Auswahl der in die Heisterschule zu bringen=
den Pflanzen, Ausscheiden aller minder
schönen Exemplare und stets rechtzeitiges
Beschneiden werden derartige umständlichere
Manipulationen aber großenteils zu ver=
meiden sein.

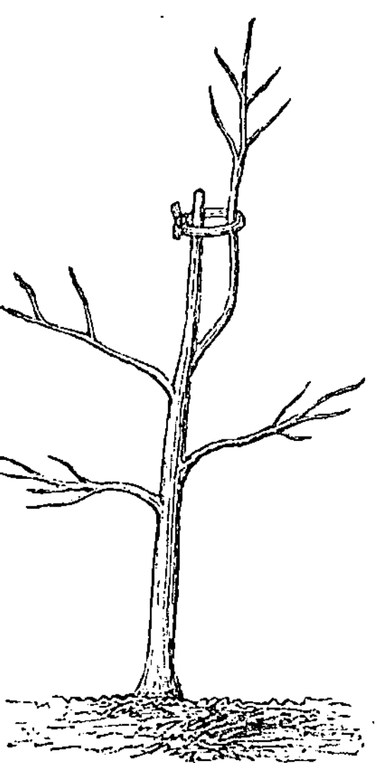

Noch gründlicher erscheint die Kur miß=
gebildeter Pflanzen, wenn man dieselben
im Frühjahre kurz über dem Boden voll=
ständig abschneidet, von den erscheinenden
Stockausschlägen den kräftigsten unter Ent=
fernung der übrigen beibehält und aus ihm
eine gutwüchsige, starke Lode oder selbst
einen Heister erzieht. Dies Verfahren ist
unseres Wissens nur für die Eiche[2]),

Fig. 51. Gipfelschnitt.

und zwar nicht nur für schlechte Pflanzen, sondern für ganze Pflanz=
beete, zur Anwendung gebracht worden, und werden wir bei der Be=
sprechung dieser Holzart darauf zurückkommen.

Als Instrument bei dem Beschneiden der Pflanzen diente ur=
sprünglich ein gekrümmtes Messer (Gartenmesser); in neuerer Zeit wird
aber dazu fast ausschließlich die Astschere verwendet. Der Vorzug
dieses Instrumentes gegenüber dem Messer besteht in der leichten,

---

[1]) Burckhardt, Säen und Pflanzen, S. 79.

[2]) Baur (Forstw. Zentralbl. 1883, S. 247) hat das Verfahren versuchsweise
und mit sehr gutem Erfolg für Ahorn, Esche und Akazie angewendet. Nachdem
aber schlecht gewachsene Pflanzen bei diesen Holzarten an sich selten vorkommen,
die Entwicklung der letzteren überhaupt eine raschere ist, wird das Verfahren auch
bei ihnen kaum Verbreitung finden.

ſicheren Handhabung, dann in der Vermeidung jeder Rindenbeſchädi=
gung wie jeder Lockerung der Pflanze, welch' letztere bei ſchwächeren
Pflanzen und größerer Stärke der wegzunehmenden Äſte mit An=
wendung des Meſſers leicht verbunden iſt. Die verbreitetſte Aſtſchere
iſt wohl die Fig. 52 abgebildete; dieſelbe wird auch durch die oben
erwähnte preußiſche Finanz=
Miniſterial=Verfügung
empfohlen[1]). Mit derſelben
werden auch ſchon ſtärkere
Äſte leicht entfernt, und
wird bei ſolchen der Schnitt
ſchräg, nicht ſenkrecht zur
Achſe geführt. — Varen=
dorf[2]) gibt dagegen einem
krummen Baummeſſer mit

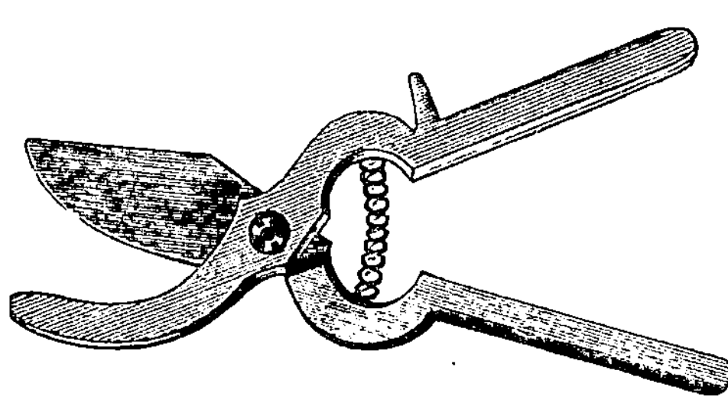

Fig. 52. Aſtſchere.

rundem, feſtem Heft den Vorzug, da mit demſelben einerſeits die Arbeit
ſchneller gehe, anderſeits das bei der Schere zu befürchtende Stehen=
bleiben kleiner Stummel am Stämmchen, ſowie das leicht mögliche
Quetſchen der Rinde vermieden werde.

Eine beſondere Art der Pflege, in ihrer Wirkung dem Schneiden
ähnlich, iſt das Ausbrechen überflüſſiger Knoſpen, indem
von den am Ende des Triebes dicht gehäuften Knoſpen (der Eiche)
alle bis auf die kräftigſte entfernt oder auch die Seitenknoſpen über=
haupt zugunſten der kräftigeren Entwicklung der Endknoſpe teilweiſe
ausgebrochen werden. Auch dieſes — immerhin etwas umſtänbliche
und zeitraubende — Geſchäft, das wohl nur in die Hände ſehr ge=
ſchulter Arbeiter gelegt werden darf, wird nur für die Eiche empfohlen[3])
und ſoll bei dieſer Holzart noch nähere Erwähnung finden. — Iſt
man bei Holzarten mit gegenſtändigen Knoſpen (Ahorn, Eſche) ge=
nötigt, den Gipfel zu entfernen, ſo bricht man zweckmäßig auch eine
der beiden Endknoſpen aus, hierdurch der Gabelbildung vorbeugend[4]).

[1]) Solche Scheren liefert in vorzüglicher Qualität die Firma Dominicus
& Söhne in Remſcheid=Vieringhauſen, dann Gebrüder Dittmar in Heil=
bronn.

[2]) Jahrb. der ſchleſ. F.=V. 1880, S. 191.

[3]) Allg. F.= u. J.=Z. 1866, S. 269.

[4]) Fiſchbach, Lehrb. der Forſtw., S. 119.

Fünfter Abschnitt.

Die Gewinnung und Erziehung von Ballen- und Büschelpflanzen.

§ 92. Verwendung derselben überhaupt[1]).

Bereits in § 4 ist die Verwendung der Ballenpflanzen im Forsthaushalt besprochen und sind dort die Gründe angegeben worden, weshalb die erstere gegenwärtig eine wesentlich geringere ist als in früheren Zeiten. Immerhin sehen wir auch heute noch die Ballen= pflanze bei Fichte, Föhre, seltener bei andern Holzarten, mit Vorteil und gutem Erfolg in Anwendung gebracht: so bei Nachbesserungen in Schlägen, welche — durch natürliche Verjüngung oder Saat ent= standen — das nötige Pflanzmaterial gleich neben der kulturbedürftigen Stelle in einfachster und billigster Weise bieten; bei Aufforstung be= sonders mißlicher, bereits erstarktes Pflanzmaterial fordernder Kultur= flächen, so insbesondere bei der Gefahr des Ausfrierens oder leichten Vertrocknens ballenloser Pflanzen. Will man Lücken in Schlägen mit stärkeren Föhrenpflanzen ausfüllen, so muß man ebenfalls zur Ballen= pflanzung greifen.

Die Büschelpflanze ist eine Ballenpflanze, bei der mehrere Pflanzen auf einem gemeinsamen Ballen stehen. Dieselbe kam und kommt nur bei Fichten in Verwendung, und zwar war es der Harz mit seinen rauhen Hochlagen, seinen durch Wild und Weidevieh ge= fährdeten Schlägen, woselbst Fichtenbüschel, aus dichten Saaten oder Pflanzungen gestochen, zuerst Anwendung fanden. Auch im Thüringer Walde haben sie nach Heß' Mitteilung[2]) eine, wenn auch beschränkte Anwendung gefunden. Allein die mancherlei Nachteile, welche ins= besondere die sehr dicht bestockten Pflanzbüschel — es standen nicht selten 10—15 Pflanzen auf einem Ballen beisammen — mit sich führten: lange Wuchsstockungen, Stammverwachsungen, Schneedruck= schäden, ließen in Verbindung mit den günstigen Erfahrungen, die man mit Erziehung und Verwendung der kräftigen, verschulten Einzel= pflanze machte, mehr und mehr der letzteren den Vorzug geben; doch kommt die Fichten=Büschelpflanzung in ihrer früheren Heimat mit Büscheln von nur geringer Pflanzenzahl (höchstens fünf Stück) noch

---

[1]) Vergl. Thiemann in Allg. F.= u. J.=Z. 1900, S. 144.
[2]) Allg. F.= u. J.=Z. 1862, S. 287.

mehrfach in Anwendung, und hält Nehring[1]) dieselbe in schwierigeren Fällen für eine durchaus empfehlenswerte Pflanzmethode.

§ 93. Gewinnung aus natürlichen Anflügen und aus Saaten.

Die Mehrzahl der Ballenpflanzen liefern uns nun natürliche Verjüngungen, gut bestockte Saatkulturen, dann Anflüge in lichten, älteren Beständen, auf kleineren Lücken und Blößen. In letzteren Fällen kann das Stechen der Ballen ohne jeden Schaden für den Bestand geschehen, bei der Gewinnung von Ballenpflanzen aus Schlägen aber, mögen sie durch natürliche Verjüngung oder durch Saat entstanden sein, hat man jedoch wohl im Auge zu behalten, daß man nicht nach und nach zu viele Pflanzen heraussticht und dadurch die Wurzeln der bleibenden Pflanzen, bzw. den ganzen Schlag schwer schädigt. In der Regel werden die schönsten Pflanzen ausgestochen, und auch dadurch kann der Schlag sehr geschädigt werden[2]).

Ballenpflanzen aus noch einigermaßen geschlossenen Fichten= oder Tannenbeständen verwende man nur etwa zu Unterpflanzungen, nicht ins Freie — der plötzliche Übergang vom Schatten zu vollem Licht wird denselben fast stets verderblich! — Gegen die Verwendung älterer, schon etwas kümmernder Föhrenvorwüchse aus lichten Altbeständen hat man bisher vielfach Bedenken getragen; Versuche im großen haben jedoch ergeben, daß sich solche Ballenpflanzen, von besserem Boden stammend, rasch erholen und kräftig heranwachsen[3]).

Nicht selten erzieht man sich jedoch auch Ballenpflanzen auf eigens hierzu ausgewählten Flächen durch Vollsaat. Man achte darauf, daß der Boden der betreffenden Fläche möglichst frei von den dem seiner=zeitigen Stechen der Ballen hinderlichen Wurzeln und Steinen, sowie hinreichend bindend sei; die Bodendecke wird mit dem Rechen oder durch flaches Abschälen, je nach ihrer Beschaffenheit, entfernt, der Boden oberflächlich zur Beschaffung eines entsprechenden Keim=bettes umgehäckelt und nur bei bindenderem, sich bald wieder hin=reichend fest zusammensetzendem Boden etwas tiefer gelockert. Die Fläche wird sodann mit Fichten oder Föhren (auch Erlensaatflächen solcher Art haben wir schon gesehen) voll und unter Anwendung eines gegenüber der gewöhnlichen Vollsaat bedeutend verstärkten Samen=

---

[1]) Vergl. dessen Mitteilungen auf der Forstversammlung in Braunschweig, 1897.

[2]) Dr. Köhler in A. F.= u. J.=Z. 1903, S. 41.

[3]) Zeitschr. f. F.= u. J.=W. 1878, S. 551.

quantums — nach Burckhardt[1]) geht man bei Fichten bis zu 0,4 kg pro Ar — angesät und der Samen tüchtig eingekratzt. Auch das Übertreiben solcher Flächen mit Schafherden, wo solche zur Verfügung stehen, hat sich als Mittel zu gutem Unterbringen des Samens bewährt. Schutz und Pflege solcher Vollsaatbeete pflegen sich auf Einlandern der Fläche zum Schutz gegen Weidevieh, Fuhrwerk, Grasfrevel, dann auf Abschneiden — nicht Ausjäten — des Unkrautes, insoweit solches lästig wird, zu beschränken, letzteres um jedes das seinerzeitige Halten der Ballen beeinträchtigende Lockern des Bodens zu hindern.

Auch in Verbindung mit landwirtschaftlicher Vornutzung, welche die Kosten der sorgfältigeren Bodenbearbeitung deckt, wird die Erziehung von Ballenpflanzen (Fichte) mit gutem Erfolg geübt[2]). Bei Verwendung von 20 kg Samen betrug die erzielte Pflanzenmenge bis zu 100 000 Stück pro Hektar, wobei die zur Bestockung nötigen Pflanzen auf der Fläche belassen wurden.

Die Ausnutzung der Fläche, bei Föhren etwa im dritten oder vierten, bei Fichten im vierten und fünften Jahre beginnend, pflegt eine allmähliche zu sein; alljährlich sticht man die stärksten Pflanzen heraus.

Das Stechen erfolgt entweder mittelst des einfachen geraden Spatens, häufiger mit dem Hohlspaten (Fig. 53), für kleinere Pflanzen auch mit den Heyerschen Hohlbohrern[3]) (Fig. 54 und 55), deren Oberweite nach Heyers Angabe für kleine Pflanzen nur 5—8 cm, für stärkere entsprechend mehr beträgt, während die untere Weite um $^1/_2$—1 cm geringer ist und die Höhe je nach der Weite wechselt. Heß empfiehlt[4]) sehr warm den Kegelbohrer (Fig. 56), mit dem auch Pflanzen mit Pfahlwurzelbildung ausgehoben werden können. Die Größe der Ballen wird stets mit Stärke und Wurzelbildung der Pflanzen im Verhältnis stehen müssen; zu große Ballen verteuern die Kultur unnötigerweise, bei zu kleinen werden den Pflanzen zu viele Seitenwurzeln abgestochen und deren Gedeihen beeinträchtigt. Bei Föhren wird man um der Pfahlwurzel willen stets tiefere, bei der flachwurzelnden Fichte dagegen stets breitere Ballen stechen müssen.

---

[1]) Säen und Pflanzen, S. 340.
[2]) Vergl. Fürst's Mitt. aus dem Ebersberger Park, Forstw. Zentralbl. 1898, S. 63.
[3]) Heyers Waldbau (Heß), 5. Aufl., S. 315.
[4]) Allg. F.- u. J.-Z. 1902, S. 111.

Aus dichten Saaten ergeben sich beim Stechen von selbst Büschelpflanzen, d. h. es werden fast auf jedem größeren Ballen mehrere Pflanzen stehen. Bei der Föhre beseitigt man die schwächeren unbedingt; bei der Fichte läßt man da, wo man wegen Wild, Weidevieh und ähnlichen Gefährdungen auch heute noch etwa der Büschelpflanze den Vorzug gibt (wie teilweise im Harz), wenigstens nicht mehr wie drei bis fünf Pflanzen auf einem Ballen stehen, die

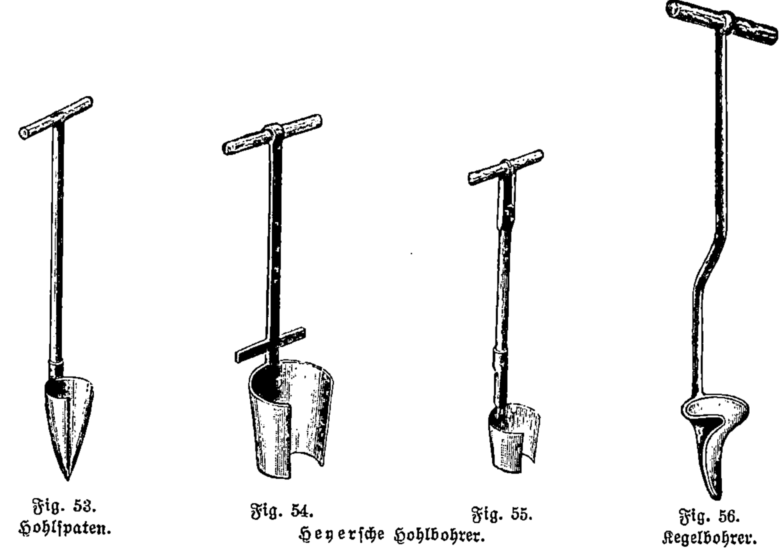

<table>
<tr><td>Fig. 53.
Hohlspaten.</td><td>Fig. 54.

Heyersche Hohlbohrer.</td><td>Fig. 55.</td><td>Fig. 56.
Kegelbohrer.</td></tr>
</table>

entbehrlichen unter Schonung des Ballens wegschneidend. — Aber auch im Saatbeet erzieht man Büschelpflanzen oder richtiger Pflanzen= büschel[1]) durch nicht zu dichte Rillensaat, die man eventuell bei zu dichtem Stand mittelst Durchrupfens gelegentlich des Ausjätens ver= dünnt; man benutzt die Pflanzen mit drei, im Gebirge mit Rücksicht auf deren langsame Entwicklung wohl auch erst mit 4—5 Jahren. Das Ausheben erfolgt mit dem Spaten in der Weise, daß je eine Rille in größeren Stücken oder Ballen abgestochen und auf der Kultur= fläche dann mit der Hand in Ballen von entsprechender Größe ver= teilt wird; auch hier soll ein Büschel nicht mehr wie drei bis fünf Pflanzen enthalten.

---

[1]) Burckhardt, Säen und Pflanzen, S. 343. Bericht über die Forst= versammlung in Braunschweig 1897. S. 26.

§ 94. Erziehung durch Verschulung.

Auch durch Verschulung wurden und werden (wenn auch in be=
schränkter Zahl) Ballen= und Büschelpflanzen erzogen, und in den
sechziger Jahren haben wir im Thüringer Walde zahlreiche „Stopf=
gärten" mit durch Verschulung erzogenen Fichtenballenpflanzen ge=
sehen[1]). In neuer Zeit ist sehr warm für die Erziehung von
Fichtenballenpflanzen unter gleichzeitiger Verwendung der von ihm
konstruierten Wurzel=Verschnittmaschine Muth[2]) eingetreten.

Die als Stopfgärten benutzten Pflanzgärten waren aus doppeltem
Grunde wandernde: man legte sie zur Erleichterung des Trans=
portes der Ballenpflanzen stets möglichst auf den Kulturflächen oder
in deren unmittelbarster Nähe an, bei dem dort üblichen Wirtschafts=
betrieb: kahle Absäumung der Fichtenbestände mit entsprechendem (meist
dreijährigem) Hiebswechsel — so zeitig auf der letzten Hiebsfläche,
daß der wiederkehrende Hieb die zur Auspflanzung der neuen Schlag=
fläche nötigen Pflanzen nebenan vorfand. — Es wird aber auch durch
das Ausstechen der Ballen dem Kamp alle bessere Erde entzogen,
und schon dadurch erweist sich das Wandern der Pflanzkämpe als
notwendig.

Zur Verschulung benutzt man, je nach der Entwicklung, ein= bis
zweijährige Pflanzen, die zwei bis höchstens vier Jahre im Pflanzbeet
bleiben, letzteres jedoch nur in Ausnahmefällen: bei sehr langsamer
Entwicklung in rauhen Gebirgslagen oder Bedarf an besonders starken
Pflanzen. Die Verschulung erfolgt nach normaler Bearbeitung des
Bodens am besten auf größere Länder, nicht in Beete, und zwar
reihenweise mit einem Abstand der Pflanzenreihen sowie der Pflanzen
in diesen, welche der Größe der seinerzeit zu stechenden Ballen ent=
spricht; sollen die Pflanzen drei oder vier Jahre im Pflanzbeet ver=
bleiben, so wird dieser Abstand wesentlich größer sein müssen, als
wenn nur zweijähriges Belassen derselben beabsichtigt ist. Sollen die
Ballen quadratisch gestochen werden, was wohl das richtige ist, so ist
Reihen= und Pflanzenabstand gleich. Zu große Ballen sind um der
dadurch sofort bedeutend steigenden Kosten willen — steigend durch
Erziehung, Stechen, Transport und Einpflanzen — zu vermeiden,
und Entfernung der Pflanzen zu 12—15 cm im Quadrat wird wohl
meist genügen.

---

[1]) Vergl. Heß, Mitt. in der Allg. F.= u. J.=Z. 1862, S. 285.
[2]) Forstw. Zentralbl. 1906, S. 18. Siehe auch im Teil II „Fichte".

Die **Pflege** der Pflanzbeete beschränkt sich auf Abschneiden des erscheinenden stärkeren Unkrautes, während jede Lockerung des Bodens und deshalb auch das Ausjäten zu unterbleiben hat, da sonst die Ballen seinerzeit nicht genügend halten. Um dieses Ballenhaltens willen lassen sich solche Verschulungsbeete überhaupt nur auf bindendem Boden anlegen.

Das **Stechen** der Ballenpflanzen erfolgt mit geradem Spaten; durch Spatenstiche längs der Mitte zweier Pflanzreihen werden zuerst diese getrennt und sodann abermals durch einen, zwischen je zwei Pflanzen geführten Stich Ballen für Ballen abgestochen. Man hütet sich dabei, die Ballen tiefer zu stechen, als nach der Wurzelbildung der Pflanzen nötig ist, und gibt die Untersuchung einiger Pflanzen rasch den notwendigen Aufschluß.

In ähnlicher Weise werden nach **von Kujawa's** Mitteilung[1] schon seit zwanzig Jahren in Ostpreußen Föhrenballenpflanzen zur Aufforstung von Örtlichkeiten, in denen stärkeres Pflanzmaterial nötig erscheint, durch Verschulung erzogen, ebenso im Regierungsbezirk Merseburg, und der Erfolg wird nach jeder Richtung hin — sowohl bez. des Gedeihens der Kulturen wie bez. des Kostenpunktes — gerühmt. Die Verschulung erfolgt mit einjährigen Föhren, deren Wurzeln nicht länger als 20—25 cm sein sollen, in gut vorbereitetem, hinlänglich bindendem Boden im Verband von 15 cm im Quadrat; die Pflanzen bleiben zwei Jahre im Pflanzbeet und werden dann mit geradem Spaten in Ballen, welche genau die Größe des oben angegebenen Verbandes und ca. 25 cm Höhe haben, ganz regelmäßig (in torfstichartiger Weise) ausgestochen. Die Kämpe sind natürlich Wanderkämpe, welche unter Berücksichtigung der nötigen Bodeneigenschaften **möglichst nahe** den künftigen Kulturflächen angelegt werden, da jeder weitere Transport der Ballenpflanzen die Kulturkosten wesentlich erhöht. Letztere betragen mit Rücksicht auf den gegenüber der Pflanzung mit einjährigen Föhren zulässigen weiteren Pflanzverband nur wenig mehr als bei erstgenannter Kulturweise, wogegen das sichere Gedeihen solcher Ballenpflanzungen und der zweijährige Zuwachsgewinn als nicht zu unterschätzende Vorteile erscheinen.

Auch Oberförster **Brecher**[2] empfiehlt das Verschulen der einjährigen Föhre warm, rühmt die Wuchskraft und Widerstandsfähigkeit

---

[1] Jahrbuch des schles. Forstvereins 1879, S. 340.
[2] Zeitschr. f. F.- u. J.-W. 1878, S. 555.

gegen die Schütte, welche solche Ballenpflanzen gegenüber den Saat=
kiefern zeigen.

Wo der zu solchen Pflanzkämpen zur Verfügung stehende Boden
nicht genügend bindend erscheint, da hat man wohl auch dessen Lockerung
gänzlich unterlassen und die Verschulung in lediglich abgeplaggtem
Boden ausgeführt — nach Danckelmanns Mitteilung[1]) ebenfalls
mit befriedigendem Erfolg. —

Einen ganz neuen Weg zur Erziehung von Ballenpflanzen schlägt
Forstmeister Reuter[2]) ein, einen Weg, der deren Erziehung selbst
in weniger bindendem Boden ermöglichen und die Transportfähigkeit
der Ballen erhöhen soll, ohne doch die Kosten über das gewöhn=
liche Maß zu steigern. Dies Ziel soll dadurch erreicht werden, daß
den Pflanzen eine blumentopfartige Umhüllung gegeben wird, welche
sich von einem Blumentopf jedoch dadurch unterscheidet, daß sie keinen
Boden besitzt und eventuell auch an den Seiten mehrfach durchlocht
ist, um den Wurzeln die Möglichkeit zu senkrechter und horizontaler
Verbreitung zu geben. Als Material zu solchen Töpfen wurde nach
mannigfachen Versuchen als das beste und billigste mit Asphalt über=
zogenes Papier erkannt, und betrugen die Kosten für 1000 Hüllen in
untenstehender Gestalt (Fig. 57) bei 12—14 cm Höhe, 8—10 cm
oberer und 3—5 cm unterer Weite 12 Mk. Die seitlich durchlochten
Töpfe (Fig. 57 a) sollen mit der ver=
schulten Pflanze in den Boden kommen
und dort verbleiben, die nicht durch=
lochten (b) wiederholt benutzt werden,
wodurch sich eine wesentliche Kosten=
ersparung ergeben würde; in letzterem
Falle wird die Pflanze mit dem die
Wurzeln umgebenden Erdballen, welcher
von den zahlreichen Faserwurzeln fest=
gehalten wird, aus dem Topf durch Stürzen desselben (wie bei einem
Blumentopf) genommen.

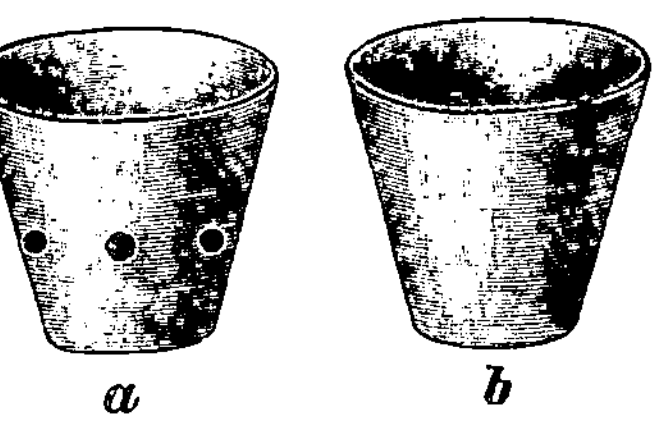

Fig. 57. a. b. Töpfe für Ballenpflanzen.

Die Verschulung erfolgt in der Weise, daß im Pflanzbeet eine
grabenartige Vertiefung gezogen wird, in welche die Pflanzerin die
Töpfe in je 3 cm Entfernung voneinander setzt; sie hält sodann die
zu verschulende Pflanze (einjährige Föhren, ein= und zweijährige
Fichten) über die Mitte des Topfes, der nun mit klarer Erde gefüllt

<hr>

1) Zeitschr. f. F.= u. J.=W. 1878, S. 556.
2) Forstw. Zentralbl. 1904, S. 550.

wird, und drückt letztere etwas an. Sodann werden die Zwischen=
räume zwischen den Töpfen mit lockerer Erde gefüllt und die Topf=
ränder etwa 1 cm hoch mit Erde bedeckt; die Kosten dieser Ver=
schulung werden mit 2,30 Mk. pro Tausend angegeben. Nach ein
oder zwei Jahren, je nach der gewünschten Stärke der Pflanzen,
werden die Töpfe herausgenommen und die durchlochten, aus welchen
die Pflanzenwurzeln bereits seitlich herausbringen (Fig. 58, im dritten

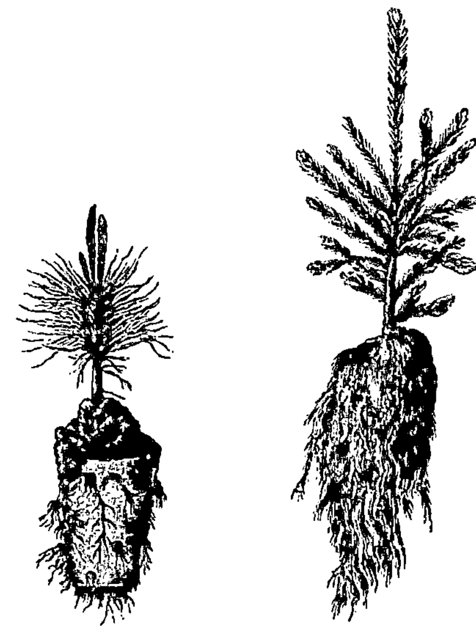

Fig. 58.   Fig. 59.
Ballenpflanze mit Topf.   Ballenpflanze ohne Topf.

Jahre stehende Föhre) mit
Topf, die nicht durchlochten
ohne solchen (Fig. 59, vier=
jährige Fichte, an welcher
unten die Erde absichtlich
entfernt wurde, um die
Wurzelbildung zu zeigen),
ausgepflanzt. Beide Arten
sind bis jetzt gleichmäßig
gut fortgewachsen, und es
ist anzunehmen, daß die
Wurzeln der mit Töpfen
verpflanzten ihre Umhüllung
in wenig Jahren sprengen.

Weitere Vorzüge seines
Verfahrens neben den oben
berührten glaubt Reuter
in der Möglichkeit der Pflan=
zung sowohl spät im Früh=
jahr wie zeitig im Herbst, also in der Verlängerung der Pflanzzeit,
im Schutz gegen Auffrieren in feuchten Örtlichkeiten, endlich auch in
einem gewissen Schutz gegen Engerlinge erblicken zu dürfen, und es
wäre wünschenswert, daß seine Vorschläge in der Praxis weiter er=
probt würden.

Auch Büschelpflanzen hat man sich, jedoch ausschließlich von
Fichten, durch Verschulung erzogen[1]), indem in den entsprechend zu=
bereiteten Pflanzbeeten je drei Pflanzen näher zusammengesetzt werden,
wodurch ein dreistämmiger Büschel (Tripelpflanze) entsteht, der nach
etwa dreijährigem Verbleiben der verschulten Pflanzen im Pflanzbeet
mit dem Ballen ausgestochen wird. — Auch im Harz, der Heimat der

---

[1]) Burckhardt, Säen und Pflanzen, S. 340, 346.

Büschelpflanze, wird diese Methode der Pflanzenerziehung nach Neh=
rings Mitteilungen[1]) noch zur Erziehung entsprechenden Pflanzen=
materiales angewendet.

Sechster Abschnitt.
Die Kosten der Pflanzenerziehung.

§ 95. Bestimmungsgründe für deren Höhe.

Die Frage nach den Kosten der Pflanzenerziehung hat von jeher
das lebhafte Interesse der Forstwirte erregt, wie dies die zahlreichen
desfallsigen Mitteilungen in der Literatur beweisen[2]). Wir müssen
uns insbesondere auch über diese Kosten klar sein, wenn wir die durch
verschiedene Kulturmethoden (Saat, Pflanzung mit unverschulten oder
verschulten Pflanzen) uns erwachsenden Ausgaben vergleichen, diese
Kosten etwa in unsere Ertragsberechnungen einführen wollen; ebenso,
wenn wir Pflanzen zum Verkauf an Privatwaldbesitzer erziehen (wie
dies in manchen Staaten, so in Bayern und Sachsen, direkte Vorschrift
für die Staatsforstbeamten ist) und nicht etwa nur den Überschuß
über den eigenen Bedarf um jeden Preis losschlagen wollen. Es ist
daher jedenfalls angezeigt, auch hier dieser Frage näher zu treten.

Diese Kosten nun setzen sich aus einer ganzen Reihe von Faktoren
zusammen, als deren wichtigste wir nennen: Bearbeitung des Bodens,
Einfriedigung, Düngung, Samenbeschaffung, Ansaat und Verschulung,
Schutz und Pflege jeder Art — bei scharfer Rechnung, wie man sie
heutzutage gern führt, würden selbst die Zinsen des Bodenkapitals
und die anteiligen Kosten für das Forstpersonal zu rechnen sein
(Dr. Heck). Von diesen Faktoren können wir einige als ständige,
bei jeder Pflanzschule auftretende bezeichnen, so die Kosten für Boden=

---

[1]) Bericht über die Forstversammlung in Braunschweig 1897.

[2]) Vergl. hierüber auch
  Thar. Jahrb. 32, S. 123.
  Jahrb. des schles. Forstver. 1880, S. 106.
  Jäger, Die Kosten der künstl. Bestandsgründung, Allg. F.= u. J.=Z.
    1887, S. 188 u. 221.
  Dr. Heck, Holzpflanzenpreise, Forstw. Zentralbl. 1903, S. 310.

bearbeitung, Ansaat, Verschulung, Reinigung, während andere, so vor allem die Kosten für Einfriedigung, auch jene für Düngung, von örtlichen Verhältnissen abhängen, bei Wanderkämpen häufig wegfallen.

Aber auch diese als ständig bezeichneten Ausgaben erwachsen, je nach den örtlichen Verhältnissen, in sehr verschiedener Höhe, und dürfen wir nur an die so außerordentlich wechselnden Kosten der erstmaligen Bodenbearbeitung erinnern. Ein bei den Kosten der Pflanzenerziehung, der Ausführung der oben aufgezählten Arbeiten vor allem in Betracht kommender Faktor aber ist die Höhe des ortsüblichen Tagelohns, der für die Höhe jener Kosten ausschlaggebend zu sein pflegt, demgegenüber die übrigen Kosten, für Ankauf von Dünger, Samen usw., nahezu verschwinden können. Wenn wir unsern Dünger durch Brennen von Rasenasche, Ansetzen von Komposthaufen, Sammeln von Dammerde selbst bereiten, unsern Samen selbst sammeln lassen, wie dies bei Laubholzsämereien, auch Tannensamen nicht selten geschieht; wenn wir endlich das Material zur Einfriedigung unseres Saatbeetes nicht kaufen (Drahteinfriedigungen!), sondern es unsern Beständen entnehmen, Material, welches vielleicht in der betreffenden Gegend kaum verwertbar gewesen wäre, dessen Preis wir also außer Ansatz lassen können, — dann sind unsere Pflanzenerziehungskosten reine Arbeitslöhne und direkt abhängig von deren ortsüblicher Höhe, welch' letztere bekanntlich außerordentlich schwankt. Aber selbst wenn wir diese ortsüblichen Löhne kennen, spielt noch die weitere Frage eine Rolle, ob wir imstande sind, stets die relativ billigsten Arbeitskräfte wählen zu können, ob wir zu Arbeiten, die am zweckmäßigsten durch Frauen oder Kinder ausgeführt werden, nicht infolge besonderer lokaler Verhältnisse Männer gegen viel höheren Lohn verwenden müssen[1]).

Ein weiterer Faktor für die Höhe der Pflanzenerziehungskosten, unsicherster Art zwar, aber doch nirgends ganz fehlend, oft schwer in die Wagschale fallend, sind die Unfälle, die Beschädigungen mannigfacher Art, von denen unsere Saatbeete und Forstgärten heimgesucht werden. Wie viele Millionen von Föhrenpflanzen sind wohl schon durch die Schütte zugrunde gegangen, wie manche hoffnungsvoll keimende Saat ist anhaltender Trocknis erlegen, wie viele Eichel- und Buchelsaatbeete werden durch Mäuse, wie viele Nadelholzsaatbeete

---

[1]) Vergl. v. Oppen im Thar. Jahrb. 1893, S. 170. Auch im Hochgebirge ist dies nicht selten der Fall.

durch Vögel zerstört oder doch stark dezimiert! Auch der Engerling, dieser so schwer zu bekämpfende Feind unserer Saatbeete, der Spät=frost, durch den so manche hoffnungsvolle Pflanze verkrüppelt, seien nicht vergessen — alle diese bald seltener, bald öfter wiederkehrenden Beschädigungen aber dürfen wir nicht außer acht lassen, wenn wir nach den Kosten der Pflanzenerziehung, nach durchschnittlichen Kostensätzen fragen, und müssen damit freilich einen höchst un=sicheren Faktor in unsere Rechnung einführen.

§ 96. Beeinflussung der Kosten durch den Wirtschafter.

Alle Kostenangaben und Kostenvergleichungen, die wir in unserer Literatur finden, haben als letzten Endzweck doch wohl die Absicht, Anhaltspunkte für eine möglichst billige Pflanzenproduktion zu geben; nicht hohe, sondern möglichst geringe Kostenbeträge pflegen mitgeteilt zu werden; der Mitteilende sucht die Zweckmäßigkeit der von ihm angewendeten Methode der Pflanzenerziehung durch diese Angaben zu beweisen. Der Forstwirt aber soll sich angesichts solcher Mitteilungen fragen: Wie stellen sich deine Ausgaben für Pflanzen=zucht diesen Angaben gegenüber? warum sind erstere höher? inwieweit und mit welchen Mitteln kannst du sie ermäßigen?

Die Ausgaben für Pflanzenerziehung sind nun teilweise durch die örtlichen Verhältnisse bedingt, und ihre Änderung liegt bis zu gewissem Grade außerhalb der Macht des Pflanzenzüchters. Die Kosten der Bodenbearbeitung sind abhängig von den lokalen Bodenverhältnissen, jene der Reinigung von der Neigung des Bodens zum Gras= und Unkrautwuchs; die Kosten der Einfriedigung lassen sich bei geringem Wildstand oft gänzlich ersparen; ein einziges Rudel Sauen im Revier kann zu sehr solider Einfriedigung jedes kleinen Kampes nötigen; die Holzpreise, der mehr oder weniger weite Trans=port des zur Einfriedigung nötigen Materials beeinflussen die Kosten der letzteren sehr bedeutend und sind doch vielfach gegebene und nicht zu ändernde Größen. Endlich ist die so einflußreiche Höhe des orts=üblichen Tagelohns eine gegebene feste Größe, an der wir wenig oder nichts ändern können, und das Kapitel der Unfälle gehört wenigstens zum größeren Teil auch hierher.

Dagegen liegt es bei einer ganzen Reihe von Faktoren, ja bis zu gewissem Grade selbst bei den anscheinend festen, durch die ört=lichen Verhältnisse bedingten, in der Hand des aufmerksamen und sachverständigen Wirtschafters, die Kosten der Pflanzenerziehung wesentlich zu vermindern. Schon die richtige Auswahl des

Platzes ist hierbei von großer Bedeutung, denn durch sie sind die Kosten für die Zurichtung des Bodens, für Schutz gegen Frost und Hitze, für Reinigung von Unkraut in nicht geringem Grade bedingt. Sorgfalt bei Auswahl des Saatgutes, Anwendung der zweckmäßigsten Methoden und Hilfsmittel zur Saat und Verschulung, zum Schutz der Pflanzen gegen Gefährdungen, zweckgemäße, weder zu kleine, noch zu große Entfernungen der Saatrillen und Pflanzreihen, gute Einteilung der Arbeit und Arbeitskräfte, endlich stete, genügende Ansicht: das sind die Bedingungen einer nach Maßgabe der Verhältnisse billigen Pflanzenzucht, und es springt in die Augen, daß dem Forstmann bezüglich der Einwirkung auf dieselben ein nicht geringer Spielraum gegeben ist. Jede zu tiefe Bearbeitung des Bodens, ein Rajolen desselben auf 60 und 70 cm Tiefe da, wo ein 30—40 cm tiefes Umgraben genügt hätte, jeder überflüssige oder zu breite Weg innerhalb des umgearbeiteten und eingefriedigten Forstgartens, jede Verwendung eines kräftigen Mannes zu einer Arbeit, die eine Frau, ein Kind ebensogut ausgeführt haben würde, ist eine Verschwendung, welche die Kosten für Erziehung der einzelnen Pflanze in die Höhe drückt. Auch Sparsamkeit am unrechten Ort — an Kosten für Schutz und Pflege der Saatbeete — kann gerade den entgegengesetzten Erfolg haben statt des beabsichtigten!

Die Frage, welche Arbeiten bei der Pflanzenerziehung mit Vorteil in Akkord gegeben werden können, wird auch hier zu erwägen und zu beantworten sein.

Jeder Akkord soll beiden Parteien, dem Arbeitgeber wie dem Arbeitnehmer, gewisse Vorteile bieten: dem ersteren soll die ständige Beaufsichtigung der Tagelohnarbeiten erspart und trotzdem die Arbeit, wo möglich, billiger geliefert werden; letzterer will sich durch erhöhte Anspannung seiner Kräfte, Verwendung der ihm gelegensten Zeit einen den gewöhnlichen Tagelohn übersteigenden Verdienst sichern. Letzteres geschieht aber nur zu leicht auf Kosten der Güte der Arbeit, und es gilt daher bezüglich der Akkordarbeiten wohl überall die Regel, nur solche Arbeiten zu verakkordieren, bezüglich deren sich die richtige und akkordgemäße Ausführung nach Vollzug der Arbeit genügend kontrollieren läßt.

Bei Aufrechterhaltung dieses Grundsatzes wird es aber eine nur beschränkte Zahl von Arbeiten bei der Pflanzenzucht sein, die sich zur Verakkordierung eignen. Am allgemeinsten greift letztere wohl Platz bei dem erstmaligen Umbruch des Bodens für einen neu anzulegenden Saatkamp oder Forstgarten; vielfach ist sie anwendbar und

empfehlenswert beim Jäten, worüber wir uns bereits in § 70 aus=
geſprochen haben. Das Ausheben, Zählen und Verpacken namentlich
jener Pflanzen, welche verkauft werden, kann ebenfalls pro Hundert
in Akkord gegeben werden, und ebenſo wird die Verakkordierung am
Platz ſein für Beifuhr von Material zur Einfriedigung, Düngemitteln
(Straßenabraum, Humus), Herſtellung von Umfaſſungsgräben. Wenn
dagegen Forſtrat Brecht[1] empfiehlt, ſogar das Beſchneiden der
Pflanzen im Pflanzbeet, das Einſchulen (für Kulturen auch das Ein=
pflanzen) zu verakkordieren, ſo können wir dem nicht zuſtimmen, da
in erſterem Falle das Maß der Arbeitsleiſtung nur ſchwer beſtimm=
bar, in letzterem die richtige und gute Arbeitsleiſtung ſchwierig kon=
trollierbar ſein dürfte.

Jeder Akkord aber ſoll ſich ſtützen auf vorherige genau überwachte
Tagelohnsarbeit, wobei die Kulturlohnsrechnungen früherer Jahre
häufig brauchbare Anhaltspunkte und Durchſchnittszahlen geben werden;
ohne ſolche Grundlage wird der Akkord unſicher, der eine oder andere
Konkurrent übervorteilt, und zwar in der Mehrzahl der Fälle der
Arbeitgeber von dem vorſichtigen Arbeiter, der einen ihm unſicher
dünkenden Akkord nicht eingeht! — Solche Vorſicht iſt namentlich
nötig, wenn wir den Akkord gleichſam im Vertragswege mit unſern
Waldarbeitern abſchließen; öffentliche Konkurrenz und entſprechende
Beteiligung an ſolcher ſtellen die entſprechenden Preiſe ſicherer her.

§ 97. Feſtſtellung der Pflanzenerziehungskoſten. Vergleich= barkeit derſelben.

Die auch nur einigermaßen genaue Angabe der Koſten, welche
die Erziehung von einem Hundert Pflanzen der einen oder andern
Holzart, des einen oder andern Alters verurſacht, iſt oft eine ſchwierige
Aufgabe[2].

In ſehr vielen Fällen werden in demſelben Saatbeet oder Forſt=
garten gleichzeitig Pflanzen der verſchiedenſten Art und Stärke erzogen
— einjährige Föhren, zweijährige Lärchen, verſchulte Fichten und
Tannen u. ſ. f.; die Trennung der Arbeiten für jede Holzart, jedes

---

[1] Forſtw. Zentralbl. 1868, S. 19.

[2] Guſe (Jahrb. des ſchleſ. Forſtver. 1880, S. 106) ſagt, daß in manchen
Bezirken ſog. Kampbücher geführt werden, in denen Koſten und Erträge vom
Augenblick der Anlage eines Kamps bis zur Verwendung der letzten Pflanze nach=
gewieſen werden, daß aber auch daraus nicht immer alles Erforderliche entnommen
werden könne.

Sortiment, die Verteilung der Kosten, die hiernach jeder Pflanzen=
gattung zur Last fallen, läßt sich aber in den meisten Fällen kaum
durchführen, so namentlich bei jenen Kosten, welche durch Schutz und
Pflege erwachsen. Welcher Kostenanteil wird z. B. bezüglich des erst=
maligen Umbruchs, der Einfriedigung, der Hütte u. s. f. der einjährigen
Föhrenpflanze, welcher der fünfjährigen Tanne oder dem achtjährigen
Heister zuzurechnen sein? Solche nur einmal in größeren Zwischen=
räumen erwachsende Ausgaben verteilen sich auf eine oft sehr große
Pflanzenmenge und können dadurch für die Einheit von sehr geringer
Bedeutung werden, bei einem Durchschnitt aus kürzerer Zeitperiode
aber ziemlich bedeutend in die Wagschale fallen; außer acht lassen
darf man sie wohl in keinem Fall! — Es sind ferner nur Durch=
schnittszahlen aus mehrjährigem Betrieb, welche Wert
haben, denn nur dadurch kommt der oben erwähnte Faktor der Un=
fälle und Beschädigungen ebenfalls zur Geltung; es wird aber auch
durch dieses Verlangen die Ermittelung solcher Kosten für jede einzelne
Holzart nicht unwesentlich erschwert. Angesichts dieser Schwierigkeiten
finden wir denn auch Angaben (siehe unten § 101), bei welchen die
Kosten für auf demselben Saatkamp erzogene einjährige Föhren, zwei=
und dreijährige Lärchen und Fichten zusammengeworfen wurden, und
ein gemeinsamer Durchschnitt pro Hundert der erzogenen Pflanzen be=
rechnet wird.

Mit viel größerer Sicherheit dagegen lassen sich Angaben über
den Kostenaufwand pro Hundert Pflanzen dort machen, wo auf einer
bestimmten, nicht zu kleinen Fläche nur eine Holzart von bestimmtem
Alter erzogen wird — so einjährige Föhren, unverschulte oder ver=
schulte Fichten, ein= oder zweijährige Eichen. Je näher Anlage eines
Saatbeetes und dessen Verlassen nach erfolgter Ausnutzung einander
liegen, so daß alle Kosten mit Sicherheit in die auch hier nötige
Berechnung aus mehrjährigem Durchschnitt einbezogen werden können,
mit um so größerer Sicherheit werden auch die gewünschten Kosten=
angaben zu ermitteln sein.

Was die Vergleichbarkeit der so ermittelten Kosten mit jenen
anderer Örtlichkeiten und damit den praktischen Wert der Kosten=
angaben betrifft, so ist letzterer nur ein beschränkter, die Vergleichung
nur mit Vorsicht zulässig. Was wir oben über die so zahlreichen und
je nach den verschiedenen Örtlichkeiten und Verhältnissen im ver=
schiedensten Maße einwirkenden Faktoren dieser Gesamtkosten gesagt
haben, genügt vielleicht schon einigermaßen zur Begründung der eben
ausgesprochenen Ansicht, und namentlich wird man uns zugeben, daß

jede Angabe über Pflanzenerziehungskoften ohne gleichzeitige Mitteilung der ortsüblichen Tagelöhne faft ohne Wert ift. — Außer den Schwierigkeiten aber, welche wir bezüglich richtiger Angaben wenigftens für viele Verhältniffe oben nachgewiefen zu haben glauben, ift bei der Vergleichung der Koften noch ein wichtiger und doch fehr fchwer feftzuftellender Faktor ins Auge zu faffen — die Güte der erzogenen Pflanzen! Zwifchen zweijährigen Fichten, in fchmaler Doppelrille kräftig und ftufig erwachfen, und folchen, die in breiten, dicht befäten Rillen auf gleich großer Fläche in doppelter und dreifacher Anzahl mit nahezu ganz gleichen Koften — der einzige Unterfchied ift vielleicht das höhere Samenquantum in letzterem Fall — erzogen wurden, ift eben ein himmelweiter Unterfchied, eine Vergleichung beider bezüglich des Koftenaufwandes gewiß nicht zuläffig! In § 55 haben wir mitgeteilt, wie auf gleich großen Flächen mit verfchiedenem Samenquantum 15306 und 24479 taugliche einjährige Föhrenpflanzen erzogen wurden — aber erftere wogen 1733 g, letztere nur 1300 g pro Taufend; die Erziehungskoften dagegen verhalten fich natürlich nahezu wie 5 : 3 pro Taufend.

Endlich möchten wir noch darauf hinweifen, daß es einerfeits meift ältere, erfahrene Pflanzenzüchter find, welche, nachdem fie in früheren Jahren ihr Lehrgeld bezahlt, die Erfolge ihrer Arbeit mitteilen, und daß anderfeits nur günftige Refultate zur Veröffentlichung zu gelangen pflegen; wer mit oder ohne Verfchulden minder günftige Refultate erzielt hat, pflegt folche nicht zu veröffentlichen!

Damit foll jedoch insbefondere jenen Mitteilungen, welche Durchfchnitte aus großen Zahlen, aus langjährigem Betrieb bieten, in keiner Weife zu nahe getreten werden; diefelben können, unter Beachtung der örtlichen Verhältniffe mit den eigenen Erfahrungen verglichen, dem Pflanzenzüchter gute Anhaltspunkte und manche Anregung geben. Wir fügen nachftehend einige folche Mitteilungen aus der Literatur an und bemerken, daß die Koften der Einfriedigung und Düngung im unmittelbaren Anfchluß an die betreffenden Abfchnitte in den §§ 30 und 40 befprochen wurden, da fie fich uns dort am zweckmäßigften anzufchließen fchienen.

§ 98. Koften der Bodenbearbeitung.

Nichts fchwankt wohl mehr als die Höhe der Koften für die erftmalige Bearbeitung des Bodens bei Anlage eines neuen Saatbeetes. Neben dem überall einflußreichen Faktor der Tagelohnshöhe, die hier befonders ins Gewicht fällt, da nur kräftige, die höchften Tagelöhne beziehende Männer zu dieser Arbeit Verwendung zu finden pflegen, ist es die natürliche Beschaffenheit des Bodens einerseits, die ver= langte Tiefe und Gründlichkeit der Bodenbearbeitung anderseits, welche ausschlaggebend für die Kosten sind. In ersterer Beziehung finden wir alle Übergänge, von eben gelegenem, stein= und wurzel= freien Sandboden zu dem schweren, steinigen, wurzeldurchzogenen Granitboden im Gebirge, dessen Lage an einem Gehänge vielleicht noch Terrassierung erheischt; in letzterer solche von der metertiefen Bodenrajolung E. Heyers zu der nur 10 bis höchstens 30 cm tiefen Lockerung, mit welcher sich Fischbach begnügt (vergl. § 17); so kann es uns auch nicht wundern, wenn die Angaben über die Kosten bezüglich der Bodenbearbeitung außerordentlich schwanken — nach unserer Ansicht haben solche Angaben nur lokalen Wert und müssen stets unter Mitteilung der Tagschichten pro Ar oder doch des orts= üblichen Tagelohns erfolgen.

Als Beleg für das Gesagte mögen einige solche Angaben dienen: Schmitt[1]) gibt als Kosten erstmaliger Bodenbearbeitung an: unter günstigen Verhältnissen 7 Mk., unter ungünstigen 12—15 Mk. pro Ar bei 30—40 cm tiefem Umgraben, sowie einschließlich des Abräumens und Verbrennens des Bodenüberzuges; Tagelohn 2,50 Mk. für den Mann. Pöpel[2]) gibt bei einem Tagelohn von 1,60 Mk. die Kosten pro Ar auf 7—8 Mk. an; den gleichen Betrag bezeichnet Crelinger[3]) als Resultat seiner mehrjährigen Erfahrung (ohne jedoch die Höhe des ortsüblichen Tagelohns anzugeben).

Nach einem von Gayer[4]) mitgeteilten Kostentarif für die bay= rischen Forstämter Kelheim, Landshut und Passau sind zur guten, 0,30—0,40 m tiefen Bearbeitung des Bodens für Neuanlage eines Saatbeetes je nach der Bodenbeschaffenheit $3\frac{1}{2}$—$5\frac{1}{2}$ Männertagelöhne pro Ar nötig.

§ 99. Kosten der Ansaat und Verschulung.

Auch den Mitteilungen über Kosten der Ansaat ist meist nur beschränkter Wert beizulegen. Neben der Holzart ist die Entfernung der Rillen voneinander, wodurch die Zahl der Rillen pro Ar bedingt ist, die Anwendung einfacher, breiter oder schmaler Doppelrillen von

---

[1]) Fichtenpflanzschulen, S. 37.
[2]) Thar. forstl. Jahrb. 32, S. 123.
[3]) Jahrb. des schlef. Forstver. 1880, S. 107.
[4]) Waldbau, 2. Aufl., S. 600.

ſehr weſentlichem Einfluß auf die Höhe der Saatkoſten, und die An=
gabe dieſer Faktoren iſt daher unbedingt nötig, wenn es ſich um die
Vergleichung mit den andern Orts erwachſenen desfallſigen Ausgaben
und um die Entſcheidung handelt, welchen Einfluß die angewendeten
Vorrichtungen zum Eindrücken der Rillen, zur raſchen und gleich=
mäßigen Anſaat auf die Höhe dieſer Koſten ausüben. Durch praktiſche
Apparate — Saatbretter und Säeapparate — können dieſe Koſten
jedenfalls ganz außerordentlich ermäßigt werden, was namentlich bei
Holzarten, welche — wie die Föhre — in größter Menge faſt nur
im Saatbeet erzogen zu werden pflegen, wohl ins Gewicht fällt.
Wir halten es geradezu für ein Zeichen der Rückſtändigkeit, wenn
man in größerem Betrieb die Föhren=, Fichten= und Lärchenſaaten
noch mit der Hand ausführt!

Nach Danckelmanns Mitteilungen[1]) ſind zur Anſaat von
1 Ar — Eindrücken der Rillen, Saat, Überſieben und Anwalzen —
1,2 Männertagelöhne nötig, wobei die Rillen 15 cm (von Mitte zu
Mitte gerechnet) voneinander entfernt und mittelſt des Saatbrettes
eingedrückte Doppelrillen ſind. Pöpel[2]) gibt die Koſten für das
nochmalige Klarrechen der Beete im Frühjahre, Unterbringen von
Humus oder Aſche, Einteilen in Beete, Anſäen und Decken mit Reiſig bei
einem Frauentagelohn von 90 Pf. auf 4,15 Mk. pro Ar an. Als Beiſpiel
dafür, was gute Apparate leiſten, ſei erwähnt, daß wir unter An=
wendung der Sauerſchen Rillenwalze (§ 54) und des Hörmann=
ſchen Säeapparates (§ 56) 10 m lange Saatbeete in durchſchnittlich
acht Minuten angeſät haben!

Bezüglich der Verſchulung haben die ziemlich zahlreichen
Koſtenangaben, die wir in unſerer Literatur finden, ſtets die Be=
antwortung der Frage im Auge: Wieviel Pflanzen kann eine fleißige
Arbeiterin in einem Tage verſchulen? Die desfallſige Angabe bietet
den großen Vorzug, daß ſie unabhängig iſt von dem ſchwankenden
Faktor des ortsüblichen Tagelohns, den dann jeder, der ſich für die
Sache intereſſiert, erſt ſelbſt in die Rechnung einführt, und es wäre
wünſchenswert, daß auch bei anderweiten Koſtenmitteilungen die An=
gabe möglichſt in dieſer Weiſe erfolgte (wie in dem oben berührten
Fall auch durch Danckelmann bereits geſchehen).

Die Zahl der von einer Perſon an einem Tage zu verſchulenden
Pflanzen iſt in erſter Linie durch Holzart und Stärke der Pflanzen

---

[1]) Zeitſchr. f. F.= u. J.=W. 1874, S. 65.
[2]) Thar. Jahrb. 32, S. 123.

bedingt: je kleiner die Pflanze, je schwächer und kürzer deren Wurzeln, um so rascher geht das Einschulen. Aber auch unter Berücksichtigung dieser Verhältnisse finden wir doch sehr abweichende Angaben, und es ist dies erklärlich einerseits durch die angewendeten, mehr oder minder arbeitsfördernden Methoden der Verschulung, anderseits durch die örtlichen Verhältnisse (leichter oder schwerer Boden), endlich auch dadurch, daß in einem Falle alle Hilfsarbeiten — Ausheben und Sortieren der Pflanzen, Anschlämmen u. dgl. — inbegriffen sind, im andern nicht.

Wir entnehmen der Literatur einige Angaben:

Nach Heß[1] kann eine fleißige und geübte Person in einem Tage 1000—1200 (ausnahmsweise selbst 1500!) zweijährige Fichten verschulen, wobei sie das Ausheben, Anschlämmen, Abmessen der Reihen und Riefenziehen selbst besorgen muß — eine jedenfalls sehr hohe Arbeitsleistung! Nach Schmitts Angaben[2] dagegen würde das Maximum der in einem Tage von einer fleißigen Arbeiterin zu verschulenden solchen Pflanzen 1000 Stück betragen, bei minder geübten auf 800, selbst 600 sinken; mit diesen Zahlen stimmen unsere eignen Erfahrungen. Danckelmann[3] dagegen hat unter Anwendung des Harzer Trittbretts etwa 1200 Pflanzen als Resultat einer Tagesarbeit erhalten; nach dem Kulturkostentarif der Oberförstereien Karlsberg, Reinerz und Nesselgrund, mitgeteilt von Gayer[4], würden dagegen nur 500 Stück einjährige Fichten in einem Tage verschult werden können — eine geringe Arbeitsleistung, welche bezüglich der angewendeten Methode wohl zu überlegen gibt.

Ganz wesentlich aber kann die Arbeitsleistung bei der Verschulung namentlich schwacher Nadelholzpflanzen gesteigert werden durch Anwendung der in § 83 beschriebenen Verschulungsgestelle und Maschinen, und wo es sich um großen Pflanzenbedarf handelt, sollten dieselben eine möglich ausgedehnte Anwendung finden. So gibt Forstverwalter Eck an[5], daß mit seinem Verschulungsgestell eine Person bis zu 5000 Stück ein- und zweijährige Pflanzen im Verband von 8 auf 15 cm pro Tag verpflanzen könne; nach Hackers Mitteilung kann ein Mann mit zwei Einhängerinnen bei 5 cm Distanz 12 000 bis

---

[1] Allg. F.- u. J.-Z. 1862, S. 294.

[2] Fichtenpflanzschulen, S. 83.

[3] Zeitschr. f. F.- u. J.-W. 1874, S. 74.

[4] Waldbau, 3. Aufl., S. 593.

[5] Allg. F.- u. J.-Z. 1885, S. 197.

23000 Pflanzen mit Hilfe der Maschine verschulen, und Seka[1] gibt für günstige Bodenverhältnisse und fünf Hilfsarbeiterinnen sogar die Zahl von 40000 Pflanzen an.

Für stärkere Pflanzen sinkt die Zahl der mit einer Tagelohns= arbeit einzuschulenden Pflanzen sofort wesentlich; der zuletzt erwähnte Kulturkostentarif gibt z. B. an, daß von ein= und zweijährigen Ahorn= pflanzen 250—300, von vier= und fünfjährigen nur 125—170 Stück an einem Tage verschult werden können.

Die Verschulung gehört jedenfalls, gleich der Saat, zu jenen Kamparbeiten, bei welchen durch Anwendung zweckmäßiger Methoden, richtige Verteilung und Verwendung der Arbeitskräfte, gute Leitung und Aufsicht ein bedeutender Einfluß auf die Höhe der Kosten in der Hand des Wirtschafters liegt!

§ 100. Kosten der Reinigung und Lockerung.

Die Kosten für diese Arbeiten lassen sich in vielen Fällen nur schwer trennen, da Lockerung und Reinigung insbesondere bei An= wendung mancher Instrumente — Dreizack, Jätekarst — gleichzeitig ausgeführt werden. Auch hier werden sich angesichts der außerordent= lichen Verschiedenheiten, die bezüglich der Neigung des einen oder andern Bodens zum Gras= oder Unkrautwuchs, bezüglich der Locker= heit und Bindigkeit der zu Forstgärten verwendeten Bodenarten und des hierdurch bedingten Bedürfnisses nach Lockerung bestehen, Durch= schnittszahlen von allgemeinem Wert kaum geben lassen. Gayer teilt einige solche Durchschnittszahlen mit[2]; nach denselben betragen die Kosten für Jäten bei dem „zu Gras= und Unkrautwuchs neigenden Gebirgsboden" der Reviere Karlsberg, Reinerz und Nesselgrund pro Ar jährlich 3—4 Arbeitstage, in der Oberförsterei Kottwitz jene für Reinigung und Lockerung nur 2,20 Mk. (Frauentagelohn 65 Pfennige), und letzteren Betrag gibt auch Sturmfeder[3] als einen Durch= schnitt auf gutem, graswüchsigem Boden an. Schoch[4] hat mit Hilfe seines Drei= und Fünfzacks (siehe § 70) die Kosten für Reini= gung und Lockerung seines Forstgartens auf sehr kräftigem, gras= wüchsigem Boden auf den geringen Betrag von 1,90 Mk. pro Ar herabgedrückt — einen Betrag, den man wohl als das Minimum des

---

[1] Forstw. Zentralbl. 1903, S. 414.
[2] Waldbau, 3. Aufl., S. 593 u. 595.
[3] Forstw. Zentralbl. 1866, S. 294.
[4] Forstw. Zentralbl. 1864, S. 54.

für diese Zwecke nötigen Aufwandes nach unsern Erfahrungen betrachten darf.

Für ständige Forstgärten pflegen die Kosten stets höher zu sein als für Wanderkämpe, da letztere bei ihrer Anlage auf bisher bestocktem und dadurch unkrautfreiem Boden meist nur wenig Unkrautwuchs zeigen, während derselbe in länger benutzten Forstgärten stets ein stärkerer wird (siehe § 6).

§ 101. Gesamtkosten der Pflanzenerziehung.

Die Angaben über den zur Erziehung von je hundert oder tausend Pflanzen einer gewissen Art nötigen Gesamtkostenaufwand, welche sich in unserer Literatur finden, erstrecken sich vorwiegend auf die Nadelhölzer, vor allem die Fichte und Föhre, seltener schon die Lärche und Tanne. Der Grund hierfür ist einerseits in dem viel massenhafteren Anbau der erstgenannten beiden Holzarten und insbesondere darin zu suchen, daß dieselben vielfach allein in Saatkämpen und Forstgärten erzogen werden und dadurch die Möglichkeit und Gelegenheit zur Ermittlung richtiger Durchschnittszahlen geben, während von Laubhölzern fast nur die Eiche allein, mit Ausschluß anderer Holzarten, in Forstgärten erzogen wird; in welchem Maße aber Kostenangaben durch die Erziehung verschiedenen Pflanzmaterials im selben Forstgarten erschwert werden, haben wir oben (§ 97) berührt. Anderseits liegt er wohl darin, daß bei jenen Nadelhölzern Saat und Ernte sehr nahe beisammenliegen, letztere der Saat bei der Föhre fast stets schon nach Jahresfrist, bei der Fichte nach 2—4 Jahren folgt, wodurch die Vergleichung in hohem Grade erleichtert wird. Auch der Umstand, daß Fichte und Föhre vielfach in Wanderkämpen erzogen und dadurch alle Kosten, vom ersten Hackenschlag zur Bodenbearbeitung bis zum Ausheben der letzten Pflanze, in die Berechnung einbezogen werden können, bietet eine weitere Erleichterung für vollständige Angaben.

Minder leicht lassen sich solche Angaben schon bezüglich der Eiche machen; der schwankende, unter Umständen sehr hohe Preis des Saatgutes, die Erziehung derselben in längere Zeit benutzten, eingefriedigten Eichelgärten, die längere Dauer dieser Erziehung, das im selben Garten zur Erziehung gelangende, sehr ungleichmäßige Material von der einjährigen Pflanze bis zum Heister hinauf machen verlässige Angaben schwer.

Als Kostenangaben aus großen Durchschnitten mögen hier nun folgende angeführt und gleichzeitig bemerkt sein, daß diese Angaben durchaus schon etwas älteren Ursprunges und ihnen die damals sehr niedrigen Tagelöhne zugrunde gelegt sind; letztere dürften sich vielfach selbst verdoppelt haben!

Für die Föhre:

Danckelmann[1]) gibt die Kosten für Erziehung einjähriger Pflanzen im Choriner Forstgarten, also auf ständig benutzter und durch alljährliche Düngung in Kraft erhaltener Fläche, auf 5 Pfennige pro Hundert an, wobei ein Männertagelohn von 1,50 Mk., ein Frauentagelohn von 0,80 Mk. bezahlt wurde.

Nach Oberförster Schäffers (Buchwerder) Mitteilungen[2]) haben diese Kosten bei der Erziehung von 87358 hundert solcher Pflanzen in Wanderkämpen auf sandigem, also leicht zu bearbeitendem Boden nur 3,45 Pfennige pro Hundert betragen. (Die Höhe des ortsüblichen Tagelohns ist nicht angegeben.)

In der Oberförsterei Woidnig (Posen) ist die Höhe der Erziehungskosten für einjährige Föhren nach größerem Durchschnitt auf 10 Pfennige pro Hundert angegeben[3]); die Tagelohnsangabe fehlt auch hier. — Oberförster Pöpel[4]) hat sich mit Rücksicht auf die Anordnung der königl. sächsischen Regierung, daß die Forstkultur der Privaten und Gemeinden durch Abgabe der nötigen Pflanzen aus den Staatsrevieren um den Selbstkostenpreis zu befördern sei, bemüht, diesen Selbstkostenpreis für die wichtigsten Saatbeetsortimente möglichst genau festzustellen, und kommt für einjährige Kiefern, unter Beachtung der Gefahren (Schütte!), des unverkäuflichen Materials u. dgl. auf Preise von mindestens 5 und höchstens 13 Pfennigen für das Hundert.

Oberförster Elias berechnet (bei einem allerdings sehr niedrigen Tagelohn von 90 Pfennigen bis 1 Mk. für den Mann, 55 bis 60 Pfennigen für eine Frau) die Gesamtkosten für zweijährige verschulte Kiefern auf nur 1,24 Mk., Oberförster Zimmer jene für einjährige Kiefern auf 23 Pfennige pro Tausend[5]).

Wo die Schütte die einjährigen Föhren öfters heimsucht und ganze Saatbeete ruiniert, da werden sich die Erziehungskosten aus längerem Durchschnitt viel höher stellen!

---

[1]) Zeitschr. f. F.- u. J.-W. 1874, S. 71.
[2]) Zeitschr. f. F.- u. J.-W. 1875, S. 255.
[3]) Gayer, Waldbau, 3. Aufl., S. 596.
[4]) Thar. forstl. Jahrb. 32, S. 123.
[5]) Jahrb. des schles. Forstvereins 1880, S. 112.

Für die Fichte:

Für diese gibt Fischbach[1]) aus ebenfalls großen Durchschnitten folgende Erziehungskosten pro Hundert an:

zweijährige unverschulte Pflanzen 10—13 Pfennige
dreijährige   „   „   16—20   „
vierjährige   „   „   20—26   „
vierjährige verschulte   „   35—42   „
fünfjährige   „   „   40—48   „

wobei als Tagelöhne 1,15—1,40 Mk. für den Mann, 70—90 Pfennige für die Frau bezahlt wurden.

Pöpel (s. o.) rechnet als Selbstkostenpreise, um welche die Pflanzen abzugeben wären, für das Hundert einjähriger Fichten 10 Pfennige, zweijähriger 15 Pfennige, dreijähriger ebenfalls 15 Pfennige (welch' letzterer Preis für kräftige dreijährige Pflanzen entschieden zu niedrig ist!).

Schmitt[2]), dessen aus großen Durchschnitten und langjähriger Praxis gezogene Zahlen entschiedene Beachtung verdienen, gibt unter Einrechnung aller Kosten — auch jener für Kulturwerkzeuge, Einfriedigung und Arbeiterhütte, Verzinsung des Anlagekapitals — für verschulte Fichten folgende Kosten an:

vierjährige pro Hundert 50—90 Pfennige } letztere Beträge für
fünfjährige   „   „   80—140   „   } schwierigere Verhältnisse
sechsjährige   „   „   160   „

wobei die Tagelöhne zu 1,20—1,50 Mk. (bei Rodung neuer Flächen zu 2,50 Mk.) angegeben werden.

Oberförster Crelinger[3]) kommt bei der unserer Ansicht nach sehr weitständigen Verschulung von 15 auf 25 cm auf den Selbstkostenpreis von 5 Mk. pro Tausend dreijähriger, einjährig verschulter Fichtenpflanzen.

Sehr mäßig sind die Kosten, die Surauer[4]) an der Hand langjähriger Aufschreibungen angibt. Sie betragen für das Tausend zwei- bis dreijähriger Saatpflanzen in uneingefriedigten Kämpen nur 30 Pfennige, für das Tausend fünfjähriger verschulter Pflanzen (zweijährig verschult, drei Jahre im Schulbeet) unter günstigen Verhältnissen nur 2,05, unter ungünstigen 5,10 Mk. bei einem Männertagelohn von 1,80 Mk., einem Frauentagelohn von 1,20 Mk.

---

[1]) Forstw. Zentralbl. 1866, S. 401.
[2]) Fichtenpflanzschulen, S. 98.
[3]) Jahrb. des schles. Forstver. 1880, S. 108.
[4]) Forstw. Zentralbl. 1894, S. 140.

Auffällig niedrig sind die Kosten, welche Muth[1]) angibt, indem er das Hundert vierjähriger verschulter Ballenpflanzen mit 26 Pfennigen erzogen haben will.

Für die Tanne:

Grebe[2]) gibt an, daß die Kosten für Erziehung von fünfjährigen verschulten Tannenpflanzen (zwei Jahre im Saatbeet, drei Jahre im Pflanzbeet) unter Anwendung sogenannter Schutzschirme und bei einem Frauentagelohn von 80 Pfennigen sich pro Hundert auf 60 bis 75 Pfennige stellten.

Für Ahorn und Esche:

Nach Angaben Crelingers[3]) berechnet sich das Tausend zweijähriger unverschulter Pflanzen auf 4 Mk., drei- bis vierjähriger verschulter Pflanzen aber auf 15—16 Mk.

Als Durchschnittszahlen aus großen, gemeinsam erzogenen Pflanzenmengen an Föhren, Fichten und Lärchen, welche ein, zwei und drei Jahre alt Verwendung fanden, und für welche sich die Kosten nach Alter und Holzart nicht wohl trennen ließen, mögen noch einige Angaben, Beispiele besonders billiger Pflanzenerziehung, hier erwähnt werden.

Sturmfeder[4]) hat auf acht Ar Saatkampfläche in vier Jahren 192 000 Föhren und Fichten, ein- und zweijährig, mit einem durchschnittlichen Aufwand von 7 Pfennigen pro Hundert erzogen.

Nach Duetsch'[5]) Mitteilungen kostete die Erziehung von 245 000 Fichten und Föhren auf 13 Ar Saatbeetfläche pro Hundert nur 3 Pfennige, wobei allerdings Kosten für Einfriedigung, Düngung, Lockerung nicht erwuchsen und die Tagelöhne nur 1 Mk. für den Mann, 72 Pfennige für eine Frau betrugen.

Krobel teilt mit[6]), daß bei der Erziehung großer Pflanzenmengen von drei- bis fünfjährigen Fichten, Weißtannen und Erlen, verschult und unverschult, und bei einem allerdings sehr niedrigen Tagelohn (60—90 Pfennige) das Hundert Pflanzen im Durchschnitt nur auf 20 Pfennige zu stehen kam.

---

[1]) Forstw. Zentralbl. 1906, S. 26.
[2]) Aus dem Walde, Bd. IV, S. 78.
[3]) Jahrb. des schles. Forstver. 1880, S. 108.
[4]) Forstw. Zentralbl. 1866, S. 294.
[5]) Forstw. Zentralbl. 1867, S. 323.
[6]) Das. 1867, S. 401.

Jäger gibt[1]) folgende möglichst genau ermittelten Selbstkosten=
preise pro Tausend an:

Einjährige Eichen 3,84 Mk., verschult dreijährig 8,87 Mk.,
„ Eschen 4,05 „ „ „ 9,07 „
„ Ahorn 3,20 „ „ „ 8,25 „
„ Fichten 0,40 „ „ vierjährig 4,50 „
„ Tannen 1,53 „ „ „ 6,50 „
„ Föhren 0,90 „ „ dreijährig 3,20 „

Besondere Schwierigkeiten bietet, wie nach dem in § 93 Gesagten
wohl erklärlich, die Angabe der Kosten, welche die Erziehung eines
Heisters verursacht, und Mitteilungen hierüber sind denn auch spärlich
zu finden. Als Beleg für die Schwierigkeit einer richtigen Berechnung
ist wohl zu betrachten, wenn in den Verhandlungen des Pommerschen
Forstvereins die Erziehungskosten eines sieben= bis achtjährigen Eichen=
heisters zu 37—41 Pfennigen angegeben werden, während Geyer
die Kosten für einen nach seiner Methode (vergl. § 105) erzogenen,
dreimal verschulten zehnjährigen Heister auf nur 13 Pfennige be=
rechnet; erstere Angabe muß sehr hoch, letztere sehr niedrig erscheinen!

Eine eingehende Besprechung widmet den Holzpflanzenpreisen
Oberförster Dr. Heck[2]); er stellt eine „Berechnung des Kostenwertes
ins Freie versetzbarer (verschulter) Pflanzen" für acht sehr verschiedene
Holzarten auf, unterscheidet allgemeine und besondere Kosten
und rechnet zu ersteren die Verwaltungskosten, Verzinsung des Boden=
wertes und Aufwandes für Forstgärten, dann die Kosten letzterer selbst
(Arbeitslöhne, Einfriedigung usw.), zu letzteren die Kosten für Samen=
und Pflanzenbeschaffung. Die Durchführung seiner Rechnung ergibt
für 100 verschulter Pflanzen beispielsweise für Weymouthskiefer
1,25 Mk., Lärche 0,71, Esche 1,54, Tanne 1,14 Mk.

Zum Schluß dieses Abschnittes geben wir noch auszugsweise den
gegenwärtigen Preistarif eines größeren Pflanzenhandelsgeschäftes.
Bei Würdigung derartiger Preistarife wird ins Auge zu fassen sein,
daß einerseits solche Handelsgärten ein viel größeres Anlagekapital
für Grund und Boden, Gebäulichkeiten u. dgl. erfordern, anderseits
für den Besitzer ein seiner Arbeit, seinem Risiko entsprechender Ge=
schäftsgewinn erzielt werden muß, unter Umständen bei stockendem
Absatz größere Pflanzenmengen unbrauchbar werden können —

---

[1]) Allg. F.= u. J.=Z. 1887, S. 323.
[2]) Forstw. Zentralbl. 1903, S. 310.

Faktoren, die den Preis der Pflanzen gegenüber den Selbstkosten er=
höhen müssen. Dagegen wirken wieder andere Momente günstig,
preiserniedrigend: die große Menge der erzogenen Pflanzen, die
Praxis und Erfahrung der Besitzer, die Anwendung aller Hilfs=
mittel in möglichst vollkommener Weise u. s. f. — kurz alle jene
Momente, welche E. Heyer für möglichste Konzentration der Pflanzen=
erziehung ins Feld führt[1]).

Preisverzeichnis der Baumschule von J. Heins zu Halstenbeck (Holstein) 1906[2]).

Holzart	Alter Jahre	Höhe cm	Preis pro 1000 ℳ	Preis pro 1000 ₰	Holzart	Alter Jahre	Höhe cm	Preis pro 1000 ℳ	Preis pro 1000 ₰
Eiche . .	1	10—30	4	75	Weißtanne .	2	—	1	50
	2	20—50	8	—		4*	12—25	10	—
	4*	40—65	18	—	Fichte . . .	2	7—25	2	40
	Heister	140—180	130	—		2	10—30	3	—
Esche . .	2	15—30	4	50		3*	15—35	6	50
	3—4*	65—100	18	—		4*	20—45	10	—
	Heister	140—180	160	—	Föhre . . .	1	stark	1	50
Ahorn .	1	7—20	2	60		1	schwächer	1	20
	2*	40—65	13	—	Lärche . .	1	7—15	2	20
	2*	65—100	18	—		2	15—40	5	—
	Heister	140—180	140	—		2*	25—50	9	—
Roterle .	1	10—20	2	50	Weymouths=				
	2*	40—65	9	—	kiefer . .	1	—	1	60
	3*	100—140	17	—		2	—	3	—
Rotbuche	1	10—30	2	—		4*	20—35	12	—
	2	25—50	8	50	Schwarzkiefer	1	—	2	—
	3—4*	30—50	20	—		2*	—	6	—
Akazie .	1	30—60	6	50	Douglasie .	1	—	1	20
	2—3*	100—140	22	—		2	12—30	13	—
						3*	20—40	22	—

[1]) Allg. F.= u. J.=Z. 1866, S. 205. (Vergl. § 6 dieses Werkchens.)
[2]) Die mit Sternchen bezeichneten Sortimente sind verschulte Pflanzen.

Anhang.

§ 102. Behandlung verlassener Saat= und Pflanzkämpe.

Es pflegt keine Seltenheit zu sein, daß man inmitten wüchsiger Junghölzer und älterer Bestände kleinere unwüchsige Partien findet, die sich schon durch ihre rechteckige Gestalt dem nur einigermaßen kundigen Auge als verlassene Saat= oder Pflanzbeete zu erkennen geben, und die entweder infolge dichten Pflanzenstandes oder — bei geringerer Größe — infolge des Seitendruckes der weit voraus= gewachsenen Umgebung ganz auffallend kümmern; man hat sie dort, wo große Mengen noch jüngerer, kümmernder Pflanzen beisammen= stehen, wohl auch scherzweise „Pflanzenkirchhöfe" genannt. Zumal da, wo nicht kleine Wanderkämpe auf den Kulturflächen selbst das Pflanzenmaterial zum Kulturbetrieb zu liefern haben, ist diese Er= scheinung nicht selten.

Ursache der letzteren pflegt aber der an manchen Orten geübte Brauch zu sein, daß man etwa solche Pflanzkämpe nach geschehener Ausnutzung, und nachdem die Umgebung schon weit vorgewachsen ist, mit schwachen Pflanzen der gleichen Holzart auspflanzt, oder — was ein noch viel größerer Mißstand und doch nicht selten zu finden! — daß man ganze Beete voll Pflanzen, die man nicht mehr bedurfte oder weil zu alt, zu schlecht, durch Spätfröste wiederholt beschädigt — nicht mehr brauchen konnte, einfach stehen und fortwachsen ließ. Letzteres ist namentlich eine im Gebiet der Fichtenkahlschlagwirtschaft nicht seltene Erscheinung[1]). Diese bedarf großer Pflanzenmengen; um solche sicher zur Verfügung zu haben, legt der eifrige Wirtschafter seine Saatkämpe lieber etwas zu groß als zu klein an, findet für den Überschuß keine Verwendung und Verwertung — der Pflanzenkirchhof ist fertig!

Derartige Mißstände sollen und können aber vermieden werden! Zunächst benutze man ein inmitten einer Kulturfläche gelegenes Pflanz= beet nicht zu lange, da sonst die Pflanzen mit ihrer Umgebung nicht mehr werden mitwachsen können, auch der Seitendruck letzterer sich bemerklich machen wird. Nach beschlossener Auflassung aber bepflanze man dasselbe mit möglichst kräftigen (eventuell selbst Ballen=) Pflanzen

---

[1]) Vergl. den Artikel von Rausch, „Aufgelassene Fichtensaatkämpe" in der Zeitschr. f. F.= u. J.=W. 1888, S. 705.

einer raschwüchsigen Holzart, und wird sich hierzu die genügsame, raschwüchsige und schattenertragende Weymouthskiefer ganz besonders eignen.

Stehen in einem solchen Pflanzkamp Beete voll guter verschulter Pflanzen, so wird man zweckmäßig beim Ausheben derselben bei letzt= maliger Benutzung die nötige Pflanzenzahl in den bestwüchsigen In= dividuen in entsprechenden Abständen stehen und einwachsen lassen.

Finden sich aber in einem Pflanzkamp, der verlassen werden soll, Beete unwüchsiger oder zu alter Pflanzen vor, die wegen Vermagerung des mangelhaft gedüngten Bodens, zu dichten Standes, Beschädigungen oder sonst welchen Gründe unbrauchbar geworden, dann reiße man dieselben sämtlich heraus, verbrenne sie und benütze etwa gleich die Asche zur Düngung der kräftigen Pflanzen, mit welchen man die Fläche alsbald bepflanzt. — Man ist in solchen Fällen etwa auch in der Weise vorgegangen, daß man die Mehrzahl der Pflanzen heraus= riß und nur vereinzelte Pflanzen und Pflanzengruppen stehen ließ oder versuchte, durch gassenweises Durchschneiden den Randpflanzen die Möglichkeit einer guten Entwicklung zu geben; aber auch letzteres ist nach der oben erwähnten Mitteilung von Rausch doch nur als eine halbe Maßregel zu betrachten, die selten zu befriedigendem Erfolg führt, und vollständiges Abräumen wird stets vorzuziehen sein.

Sehr zweckmäßig scheint uns eine seit einiger Zeit in Sachsen für Fichtenkämpe, welche nur 4—5 Jahre benutzt werden sollen, mehrfach angewendete Methode, um diese mit der umgebenden oder an= schließenden Kultur in gleichen Wuchs zu bringen. Sofort bei erst= maliger Benutzung des Kampes werden nämlich in die Beetwege kräftige Fichtenpflanzen in je 1 m Abstand in Hügel gesetzt; bei der Bearbeitung der Beete stören diese Pflanzen nur ganz wenig, und wird nun nach etlichen Jahren der Kamp verlassen, so ist er bereits durchaus mit gutwüchsigen Pflanzen bestockt, die sich in Alter und Entwicklung der Umgebung anschließen. —

Trifft man aber in seinem Bezirk aus früherer Zeit stammende, durch das Belassen von geringwertigen Pflanzbeeten entstandene, dicht bestockte Partien, bei welchen mit Rücksicht auf die schon weit vor= gewachsene Umgebung die Radikalkur der Beseitigung und Neu= bepflanzung nicht mehr zulässig erscheint, dann wird in sehr energischem Durchschneiden der zu dichten Wüchse das einzige Mittel liegen, sie zu etwas besserem Wachstum zu bringen. Um bei sehr spindeligem Wuchs der Pflanzen deren seitliches Umbiegen — etwa bei Schnee= belastung — zu vermeiden, kann es sich empfehlen, nur die

Kronen der besten Individuen durch Köpfen ihrer Umgebung frei zu schneiden und stärkere Eingriffe erst nach Kräftigung dieser letzteren vorzunehmen.

§ 103. Aufbewahrung, Verpackung und Transport der Pflanzen.

Je rascher die aus dem Saat= oder Pflanzbeet ausgehobene Pflanze wieder in den Boden kommt, je weniger sonach die Wurzeln der Gefahr des Austrocknens ausgesetzt sind, um so sicherer erscheint das Gedeihen der versetzten Pflanzen, und es ist ein nicht zu leugnender (auch schon in § 6 hervorgehobener) Vorzug der auf den Kulturflächen selbst befindlichen Wanderkämpe — Saat= wie Verschulungsbeete —, daß bei denselben das Ausheben und Wiedereinpflanzen sich am raschesten folgen, daß es möglich ist, den stärkeren verschulten Pflanzen die bei dem Ausheben den Wurzeln anhängende Erde möglichst zu belassen, während bei weiterem Transport, insbesondere durch Menschenkraft, ein Abschütteln dieser Erde aus Ersparungsrücksichten nicht wohl zu vermeiden ist, vielfach während des Transportes auf Wagen und Karren auch ohne unser Zutun erfolgt.

Aber selbst der eifrigste Verfechter der Wanderkämpe kann nicht auf jeder Kulturfläche ein Saatbeet anlegen, und ein Transport der Pflanzen zunächst innerhalb des Reviers ist nicht zu vermeiden; Konzentrierung der Pflanzenerziehung in einige größere Forstgärten wird einen solchen Pflanzentransport in erhöhtem Maße notwendig machen; der Bezug von Pflanzen aus andern Waldbezirken bez. die Lieferung von Pflanzen in andere Gegenden (vergl. E. Heyers in § 6 besprochene Vorschläge bez. der möglichsten Konzentrierung der Pflanzenzucht!) nötigen zu sorgfältiger Verpackung und oft weitem Transport. Ebenso kann nicht jederzeit dem Ausheben der Pflanzen das Wiedereinsetzen derselben sofort folgen; ein längeres oder kürzeres Aufbewahren erweist sich als nötig, und eine kurze Besprechung[1] der zweckmäßigsten Art und Weise der Aufbewahrung ausgehobener Pflanzen, ihres Transportes auf kürzere Entfernungen und endlich der sorgfältigeren Verpackung zum Zweck weiteren Transportes dürfte vielleicht nicht ohne Interesse und Nutzen sein — sehen wir doch, daß in diesem Punkte in mannigfacher Weise gesündigt wird[2].

---

[1] Vergl. die desfallsige Anregung Baurs, Forstw. Zentralbl. 1883, S. 245.
[2] In eingehender Weise findet sich dieses Thema besprochen in Burckhardt, Aus dem Walde II, S. 137.

Durch die nicht selten schon im Herbst oder zeitig im Früh=
jahre eintretende Notwendigkeit, die Saat= und Pflanzbeete, deren
Material zur Frühjahrskultur bestimmt ist, behufs gründlicher Boden=
bearbeitung, Ausfrieren des Bodens über Winter oder Vornahme
einer Herbst= oder sehr zeitigen Frühjahrssaat zu räumen, tritt die
Aufgabe zweckmäßiger Aufbewahrung der ausgehobenen
Pflanzen auf längere oder kürzere Zeit an uns heran. Insbesondere
wird dies auch in Gebirgsrevieren der Fall sein, in welchen ein Teil
der in tieferen Lagen erzogenen Pflanzen zu Kulturen in höheren, erst
später zugänglich werdenden Lagen verwendet werden soll — hier ist
es nötig, durch rechtzeitiges Ausheben und Aufbewahren an kühlem
Ort das Antreiben der Pflanzen zu verhüten. — Die Versuche, welche
Reuß und Möller[1]) über den Einfluß, welchen die Art und Weise
der Aufbewahrung der Pflanzen auf deren Gedeihen ausübt, in
mannigfaltigster Weise angestellt haben: ganz trocken, durch öfteres
Überbrausen feucht erhalten, die Wurzeln in Lehmbrühe getunkt, in
feuchtes Moos oder frische Erde eingeschlagen — zeigten einesteils die
nachteiligen Folgen des Wurzelaustrocknens in ganz hervorragender
Weise, andernteils den günstigen Erfolg sorgfältigen Einschlagens in
Moos oder frische Erde, und diese beiden letzteren Methoden sind es
denn auch, deren sich die Praxis vorwiegend bedient, weniger jener des
Eintunkens in Lehmbrühe, obwohl nach jenen Versuchen auch hier=
durch für mehrere Tage ein guter Schutz gegeben ist.

Sorgfältige Versuche nach dieser Richtung hin hat auch Bühler[2])
angestellt, indem er jüngere und ältere Pflanzen verschiedener Holz=
arten, Laub= und Nadelhölzer, teils kürzere, teils längere Zeit — von
1 bis zu 20 Tagen, ja bei einer Anzahl zu einer Hochgebirgskultur
verwendeter Pflanzen bis zu zwei Monaten — in feuchte und in
trockene Erde einschlug; das Resultat seiner Erhebungen legt er in
folgenden Sätzen nieder:

1. Der Abgang an Pflanzen infolge des Einschlagens ist bei den
Nadelholzarten größer als bei den Laubholzarten.

2. Die Laubhölzer können bis zu 10 Tagen, einzelne Arten,
nämlich Buchen, Eichen, Weißerlen, ältere Schwarzerlen, in feuchte Erde
sogar bis zu 20 Tagen eingeschlagen werden. Bei den Nadelhölzern,
insbesondere bei einjährigem Alter derselben, ist eine längere Dauer
als 5—6 Tage nicht rätlich.

---

[1]) Seckendorff, Mitt., Bd. II, S. 182.
[2]) Bühler, Mitt., Bd. II, Heft 3.

3. Das Einschlagen in feuchten Boden ist vorteilhafter als das=
jenige in trocknen Boden.

4. Drei= und mehrjährige Nadelholzpflanzen zeigen, die Lärche
ausgenommen, eine geringere Empfindlichkeit gegen das Austrocknen
der Wurzeln als ein= und zweijährige.

5. Wenn im Frühjahr die Temperatur niedrig ist oder niedrig
gehalten wird, kann für die meisten Holzarten das Einschlagen auf
zwei Monate ausgedehnt werden. —

Für den oben erwähnten Fall, daß bei Pflanzen aus tieferen
Lagen behufs ihrer Verwendung in Hochlagen im Frühjahr die Vege=
tation zurückgehalten werden soll, empfiehlt Koszesnik[1]) folgendes
Verfahren: In eine nordseitig gelegene Grube wird 1—1,5 m hoch
Schnee fest eingestampft, darauf eine dünne Nadelholzreisiglage und
eine Schicht frischer Erde gebracht, und auf diese werden nun die
Pflanzen geschichtet und deren Wurzeln mit Erde bedeckt. Darauf
folgt abermals eine Lage Reisig und über das Ganze ein Schutzdach
von grünen Nadelholzästen; die Pflanzen können auf solche Weise,
ohne zu treiben, bis Mitte Juni aufbewahrt werden. —

In der Regel erfolgt nun das Einschlagen der Pflanzen in frische
Erde; man wählt dazu schattige Plätze, vermeidet insbesondere für die
belaubten Nadelhölzer die direkte Einwirkung der Sonne und deckt sie
deshalb wohl auch mit dünner Laubschicht oder mit Nadelholzästen.
Kleinere Pflanzen schichtet man dabei in dünnen Lagen dachziegel=
förmig übereinander, jede Lage von der andern durch eine Schicht
klarer Erde auf die Wurzeln getrennt — es ist dies dem Einschlagen
dickerer Bündel vorzuziehen, da bei solchen die Pflanzen in der Mitte
mit der Erde weniger in Berührung kommen und leichter austrocknen.
Größere Pflanzen, Laubholzloden oder =heister, kommen in mehr auf=
rechter Stellung nebeneinander; die Wurzeln werden mit klarer,
alle Zwischenräume möglichst ausfüllender Erde bedeckt,
die Gipfel gegen die Sonnseite gerichtet, wodurch das Austrocknen des
Fußes tunlichst verhindert wird; je länger die Pflanzen eingeschlagen
bleiben sollen, um so sorgfältiger muß diese Arbeit erklärlicherweise
geschehen. In trockenem Frühjahr wird ein Angießen der stark aus=
trocknenden, locker aufeinanderliegenden Erde unter Umständen zu
empfehlen sein.

Auch jene Pflanzen, welche nur für kurze Zeit, selbst nur für
wenige Stunden, der Verpackung oder etwa der Verwendung auf dem

---

[1]) Zentralbl. f. d. F.=W. 1894, S. 59.

Kulturplatz entgegensehen, sind sorgfältig gegen die so schädliche Aus=
trocknung der Wurzeln zu schützen; hier ist es dann feuchtes Moos,
welches zweckmäßige Verwendung findet.

Was nun den Transport ausgehobener Pflanzen auf kürzere
Entfernungen betrifft, innerhalb des Reviers oder auf Strecken,
für welche ein Transport mit Wagen noch am zweckmäßigsten und
billigsten, so ist hier eine eigentliche Verpackung der Pflanzen nicht
nötig, sondern lediglich ein entsprechendes Verwahren der Wurzeln
gegen das Austrocknen.

Größere Pflanzen werden am besten in sog. Kastenwagen trans=
portiert, welche Luft und Sonne am vollständigsten abhalten, doch
muß man sich bisweilen auch mit Wagen begnügen, die lediglich Vor=
richtungen von Weidengeflecht haben; eigentliche Leiterwagen sind zu
vermeiden. Man stellt die Pflanzen nach vorheriger Bedeckung des
Bodens mit feuchtem Moos dicht neben= und übereinander, stopft an
den Seitenwänden wie in die Zwischenräume ebenfalls feuchtes Moos
ein, überbraust zuletzt die Ladung tüchtig und deckt sie mit Stroh,
Nadelholzästen oder feuchtem Tuch zu. Die Entfernung, auf welche
die Pflanzen zu transportieren sind, vor allem aber auch die eben
herrschende Witterung spielen erklärlicherweise eine sehr bedeutende
Rolle bezüglich der Sorgfalt, mit welcher die Verpackung zu geschehen hat.

Kleinere Pflanzen werden nur bei großer Masse und ent=
sprechend großer Entfernung in Wagen verladen und dann besser
bundweise, immer etwa je zwei Schichten mit den Wurzeln gegen=
einander, in den Wagen eingeschlichtet; Boden, Seitenwände und Decke
wird auch hier durch feuchtes Moos gebildet. — Kleinere Transporte
erfolgen auf Schiebekarren, wobei die Pflanzen auf eine Unterlage
von Fichtenästen mit feuchtem Moos, die Wurzeln nach innen gelegt,
verpackt und in gleicher Weise gedeckt werden; bisweilen benützt man
auch Körbe von Weidengeflecht, und empfiehlt Demontzey[1]) solche
von viereckiger Gestalt, da sich dieselben auf Karren bequemer ver=
laden lassen als runde Körbe. Jährlinge transportiert man eben=
falls auf Schiebekarren oder selbst in Körben, wie sie in vielen Gegenden
von den Frauen auf dem Rücken getragen werden, und eine einzige
Person vermag Tausende ohne Anstrengung zu transportieren; Ein=
legen von etwas feuchtem Moos, Schlichten der Wurzeln nach innen

---

[1]) Studien über die Arbeiten der Wiederbewaldung und Berasung der Ge=
birge. S. 217.

und Decken des Korbes mit feuchtem Moos genügen als Schutzmittel für solchen kürzeren Transport.

Sollen aber Pflanzen auf weitere Entfernungen, etwa mit der Eisenbahn, versendet werden, wie dies heutzutage vielfach geschieht, so ist eine solide Verpackung unbedingt nötig. Für kleinere Pflanzen ist hier der einfach geflochtene runde Weidenkorb am zweckmäßigsten; die Pflanzen — Laubholzjährlinge, ein- bis zweijährige Nadelholzpflanzen — werden in kranzförmigen Schichten, mit den Wurzeln nach innen, eingeschlichtet, nachdem der Boden des Korbes vorher mit feuchtem Moos bedeckt worden. Nach erfolgtem Einschlichten, wobei man auf horizontale Lage der Pflanzen bedacht sein muß, damit sich dieselben beim Transporte nicht verschieben, was durch Einlegen von Moosschichten zwischen die Wurzeln erreicht werden kann, deckt man die Oberfläche des reichlich gefüllten Korbes wieder mit Moos und überspannt denselben mit Sackleinewand oder deckt mit Fichtenzweigen, die durch eingezogene Wieden befestigt werden. Auch in Säcken, in Moos gut und fest verpackt, kann man kleine Nadelholzpflanzen mit gutem Erfolg versenden [1]).

Umständlicher sind größere Pflanzen zu verpacken, und bringt man dieselben in einfache oder bei geringerer Größe in sog. Doppelbunde.

Einfache Bunde mit 20—100 Pflanzen, je nach deren Stärke, werden in der Weise hergestellt, daß auf eine Lage von Fichtenzweigen ein für den Fuß der Pflanzen bestimmtes Moosbett zugerichtet, die Pflanzen mit den Wurzeln auf dieses gelegt und sodann mit feuchtem Moos reichlich eingefüttert werden. Mit Wieden von biegsamem Material — Birken, Weiden usw. —, die vorher entsprechend zugerichtet und gleich unter die Fichtenzweige in gehöriger Lage auf dem Boden ausgebreitet wurden, wird dann der Pflanzenbund so formiert und zusammengeschnürt, daß derselbe allseitig über dem Moos von Fichtenzweigen umgeben ist; etwaige Lücken in dem keulenförmigen Fuß füllt man mit Moos und eingesteckten Fichtenzweigen entsprechend aus und trägt Sorge, daß ein solcher Bund nicht zu schwer wird, gut transportierbar bleibt.

Leichter sind sog. Doppelbunde herzustellen [2]), bei welchen zwei Lagen mittelgroßer Pflanzen mit den Wurzeln gegen- und übereinandergelegt werden; hier fällt die immerhin etwas schwierige Formierung des Fußes weg. Auch hier werden zuerst Wieden, am besten

---

[1]) Jahrb. des schles. Forstvereins 1878, S. 32.
[2]) Aus dem Walde, S. 137.

vier, in entsprechenden Entfernungen parallel auf den Boden gelegt und über dieselben stärkere Fichtenzweige, mit ihrer Achse senkrecht die Wieden kreuzend, die dicken Enden nach außen gerichtet und über die Wieden hinausragend. Auf ein in der Mitte zugerichtetes Moosbett werden die Pflanzen mit übereinander geschlichteten Wurzeln, wie oben angegeben, gelegt, letztere dann wieder mit Moos und Fichtenzweigen gedeckt, und mit Hilfe der unterliegenden Wieden wird nun das Bund hinreichend fest zusammengeschnürt. Die nach beiden Seiten aus dem Bund hervorstehenden Gipfel der Pflanzen werden durch die über=ragenden dicken Enden der Fichtenäste gegen Beschädigungen geschützt.

Fehlen Fichten= oder Tannenäste, so wird man zum Stroh als Packmaterial greifen müssen; die sperrigen und brüchigen Föhrenäste sind nicht verwendbar.

Von großen Pflanzen, starken Heistern, wird man nur 5—10, von Halbheistern bis 30, von kräftigen Loden bis 100 Pflanzen in ein Bund verpacken können, während von ein= und zweijährigen Laub=holzpflanzen 1000 Stück und selbst mehr in ein Doppelbund gebracht werden können. Ast= und Wurzelbildung der Pflanzen bedingen hierbei wesentliche Unterschiede, und während sich z. B. Ahorne und Akazien sehr gut verpacken lassen, bereiten schon die Eichen mit ihrer Beastung mehr Schwierigkeiten, in erhöhtem Maße noch verschulte Nadelhölzer, wie Tannen, Weymouthskiefern.

Eine ganz besondere Technik hat sich bez. der Pflanzenverpackung natürlich bei den großen Pflanzenhandlungen herausgebildet[1]). Die=selben verwenden für kleinere Pflanzen Weidenkörbe, für stärkere Pflanzen haben sie eigene Packmaschinen zur leichteren Formierung der Bunde und verwenden zur Verpackung Stroh, zum Binden Draht.

Die kleineren Pflanzen pflegen in Bunden von 100 Stück in die Körbe eingelegt zu werden; es empfiehlt sich stets, bei Empfang die Bunde vor dem alsbald vorzunehmenden Einschlagen in feuchte Erde aufzuschneiden, da die stärkere Schnürung den Pflanzen nicht zu=träglich ist.

Schließlich sei noch eine von Forstmeister Hauenstein in Siegs=dorf erdachte Vorrichtung zum Pflanzentransport erwähnt, der **Pflanzenschoner**[2]) (Fig. 60). Derselbe ist in erster Linie für das Gebirge bestimmt, in welchem der Pflanzentransport an die meist hoch gelegenen Kulturplätze durch Tragen der Pflanzen auf dem Rücken

---

[1]) Forstw. Zentralbl. 1904, S. 495.
[2]) Forstw. Zentralbl. 1903, S. 628.

der Kulturarbeiter geschehen muß und dann in dem allbekannten Rucksack in oft sehr wenig schonender Weise erfolgt. (Das zu transportierende Pflanzmaterial besteht fast ausschließlich aus unverschulten oder verschulten Fichten.)

Der Pflanzenschoner, dem Rucksack nachgebildet, besteht aus einem leichten rechteckigen Weidengeflecht a b c d von 30 auf 40 cm Seitenlänge, welches an beiden Seiten bogenförmige Erweiterungen (a c g e und b f h d) besitzt, die aus Weide oder Haselnuß hergestellt sind; auch nach oben ist ein als Handhabe dienender Bogen a z b angefügt.

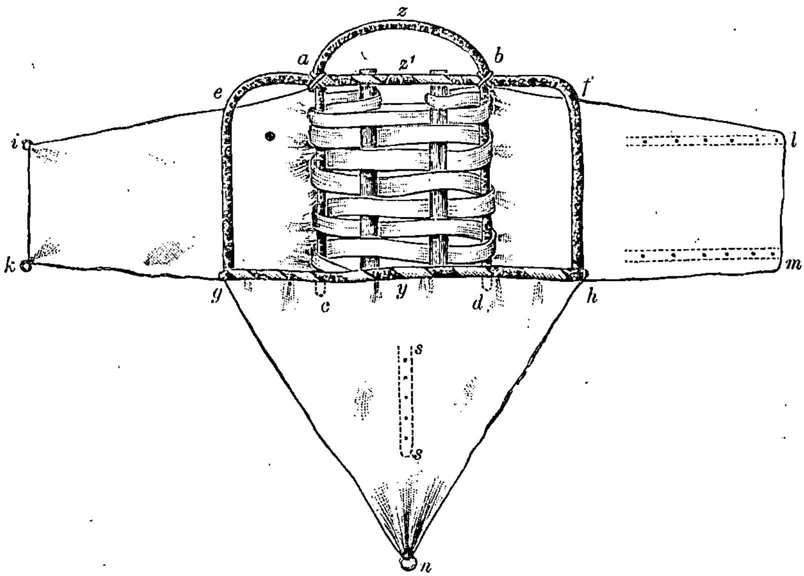

Fig. 60. Hauensteins Pflanzenschoner (offen).

Die Gesamtbreite beträgt 70 cm, kann jedoch für größere Pflanzen bis auf 100 cm erweitert werden. Längs a c, b d und g h sind Stofflappen in ersichtlicher Form und Größe von starkem Leinen, auf der Rückseite zwei Tragbänder befestigt, mit deren Hilfe der Pflanzenschoner auf dem Rücken getragen wird.

Das Bepacken des Schoners geschieht nun in der Weise, daß auf das Geflecht eine leicht angefeuchtete Mooslage kommt, auf welche nun entweder zwei Lagen stärkerer Pflanzen, mit den Wurzeln gegeneinander, den Gipfeln nach e g und f h, oder vier Reihen schwächerer Pflanzen, die Wurzeln längs a c und b d gegeneinander gelegt, in entsprechender, der Körperkraft des Trägers angepaßter Menge geschlichtet werden. Ist der Schoner bepackt, so werden die seitlichen

Lappen hereingeschlagen und mittelst der Ringe i k eingehakt, sodann der dreieckige Lappen in der aus Fig. 61 ersichtlichen Weise über=
geschlagen und mit dem Ring n in einem der längs s s befindlichen Haken befestigt — der Schoner ist nun zum Transport fertig. Das Gewicht desselben beträgt 3 Pfund, die Last desselben mit Pflanzen kann auf 30—40 Pfund gebracht, und können in demselben etwa 1500 Stück verschulte, 2000 Stück unverschulte (dreijährige) Fichten transportiert werden.

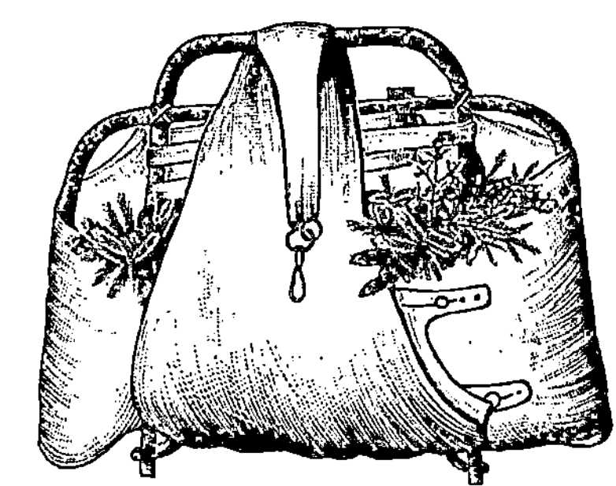
Hauensteins Pflanzenschoner (gepackt).

Der Pflanzenschoner verdient im Gebirge tunlichste Verbreitung und kann bei A. Kind in Hunstig bei Dieringhausen um 4 Mk. bezogen werden.

Zweiter Teil.

Spezielle Regeln
für Erziehung der einzelnen Holzarten im Saat- und Pflanzbeet.

———

§ 104. Allgemeine Erörterungen.

Nachdem wir im ersten, allgemeinen Teil dieses Werkes alle jene Grundsätze erörtert haben, welche für die Pflanzenzucht im allgemeinen gelten, wird es nun Aufgabe dieses zweiten Teiles sein, die für Nachzucht der einzelnen Holzarten im Saat- und Pflanzbeet geltenden speziellen Regeln zu besprechen. Wir halten es hierbei nicht für unzweckmäßig, zunächst die Bedeutung jeder derselben für den Pflanzkulturbetrieb, den Umfang, in welchem demgemäß ihre Nachzucht im Forstgarten erfolgt, einer kurzen Erörterung zu unterziehen und sodann erst anzugeben, wie diese letztere nach dem gegenwärtigen Stand der Praxis stattfindet, welche spezielle Maßregeln bei der Saat, der Verschulung, bei Schutz und Pflege durch die Eigentümlichkeiten jeder Holzart bedingt werden. Es werden sich dabei einzelne Wiederholungen aus dem allgemeinen Teil nicht umgehen lassen, wenn wir für jede Holzart ein abgerundetes Bild ihrer Erziehung geben wollen; doch werden wir uns bemühen, diese Wiederholungen auf ein möglichst geringes Maß zu beschränken, und so viel als möglich auf das im ersten Teil Gesagte zurückverweisen.

Daß jene Holzarten, welche wie Eiche, Fichte, Föhre im ausgedehntesten Maße Gegenstand des Anbaues in unsern Forstgärten sind, eine besonders eingehende Besprechung finden, während die minder wichtigen kürzer abgehandelt werden — so Hainbuche, Birke, Linde — ist wohl selbstverständlich.

Erster Abschnitt.

Die Laubhölzer.

§ 105. Die Eiche.

Die Eiche ist von allen Waldbäumen wohl der erste gewesen, dem Schutz und Pflege zuteil geworden, für dessen Erhaltung und Nachzucht man Sorge getragen; ihre für Wild und Haustiere so hochgeschätzten Früchte, ihr treffliches und vielseitig verwendbares Holz waren es, denen sie solche Sorge zu danken hatte.

Auf mannigfachem Wege wurde und wird ihre Nachzucht an= gestrebt, und Saat wie Pflanzung, letztere von der einjährigen Pflanze bis zum 3 und selbst 4 m hohen Heister, müssen zu derselben helfen; über keine Holzart ist in dieser Richtung wohl so viel geschrieben worden, steht uns eine so reiche Literatur zur Verfügung als über die Eiche[1]); doch entstammt dieselbe durchaus früheren Jahrzehnten.

Obwohl nun die Eiche durch ihre schon im ersten Lebensjahre beginnende starke Pfahlwurzelentwicklung der Verpflanzung manche Schwierigkeiten bereitet, die Verwendung von Wildlingen sehr er= schwert, ein= und selbst zweimaliges Verschulen da nötig macht, wo man stärkere Pflanzen verwenden will und muß: so war doch die Pflanzung der Eiche von jeher ein sehr verbreitetes Kultur= verfahren, und sog. Eichelgärten fand man allenthalben in großer Ausdehnung, in Örtlichkeiten, wo sie am Platz, wie in solchen, wo sie ungeeignet und überflüssig waren. Man strebte die Nachzucht der Eiche nicht selten in Örtlichkeiten an, für die sie überhaupt nicht oder (bei gesunkener Bodenkraft) nicht mehr paßte — es wurde vielerorten ein Stück Eichen=Notzucht getrieben! Die Mißerfolge blieben denn auch nicht aus, und so manche ehemalige Eichenpflanzung liegt nun tief im Schoße einer Föhren= oder Fichtendickung begraben, in welcher nur einzelne Eichenfragmente von der früheren Kultur zeugen.

Mehr und mehr suchte man solche Fehler zu vermeiden, den Eichenanbau auf die besseren und unzweifelhaft geeigneten Örtlich= keiten zu beschränken; die Reinertragslehre mit ihren unerbittlichen Zahlen war der Nachzucht der Eiche mit ihren hohen Umtriebszeiten auch nicht sonderlich günstig, der Schälwaldbetrieb mit seinem großen Bedarf an Eichenpflanzen geht allenthalben zurück, und so hat die Eichenkultur in den letzten Jahrzehnten nicht unwesentlich an Terrain verloren. Immerhin ist letzteres noch ein ziemlich ausgedehntes, und noch sehen wir manch' schönen Eichenhorst und =bestand entstehen, durch Saat wie durch Pflanzung.

Wo die Verhältnisse es gestatten, da gibt man bei der Nachzucht

---

[1]) Wir verweisen in dieser Richtung insbesondere auf die drei Spezialwerke:

von Schütz, Die Pflege der Eiche, 1870;

von Manteuffel, Die Eiche (2. Aufl.), 1874;

Geyer, Die Erziehung der Eiche zum Hochstamm, 1870.

Auch Burckhardt (Säen und Pflanzen, S. 1—98) bespricht sie sehr eingehend.

der Eiche insbesondere im Hochwald der Saat (Einstufung) jetzt meist den Vorzug als dem billigeren und naturgemäßeren Verfahren[1]); das große Gebiet des Spessarts, berühmt durch seine Eichen, vermag zurzeit auch nicht einen Eichelgarten aufzuweisen, wohl aber zahlreiche Eichenhorste und Bestände, durch Einstufung mit bestem Erfolg begründet. Niemandem wird es heutzutage mehr einfallen, die Lücken in Buchenverjüngungen nach erfolgter Räumung mit Eichen auszupflanzen, wie dies früher vielfach und meist mit mangelhaftem Erfolg geschah — das Nadelholz leistet uns hierzu sichere und rentablere Dienste. Dagegen gibt es neben nicht wenig Örtlichkeiten im Hochwald, welche der Pflanzung noch ein dankbares Feld bieten, so insbesondere bei stärkerem Wildstand oder im Wildpark, noch zahlreiche Mittel- und Niederwaldungen (Eichenschälwaldungen, Auwaldungen), welche der Nachbesserung, der Rekrutierung des Oberholzes mittelst Pflanzung bedürfen, Hutungen, die mit Eichenheistern besetzt werden sollen, — so ist die Eiche dennoch gar häufig, und von allen Laubhölzern wohl am meisten, Gegenstand des Anbaues im Forstgarten, und wird es wohl auch bleiben. Ihre eingehendere Behandlung wird dadurch wohl gerechtfertigt.

Als Eigentümlichkeiten der Eiche, welche bei deren Anzucht im Forstgarten vor allem ins Auge zu fassen sind, erscheinen: der große, seine Keimkraft nur bei genügender Sorgfalt bis zum kommenden Frühjahre hinreichend bewahrende Samen, eine beliebte Nahrung für Mäuse, Häher, Wild; die starke Pfahlwurzelentwicklung der jungen Pflanzen schon im ersten Lebensjahre, das rasche Wachstum der letzteren überhaupt auf dem ihr zusagenden, hinreichend frischen und kräftigen Boden; ihre Empfindlichkeit gegen Spätfröste; die Möglichkeit endlich, sie mit gutem Erfolg in jedem Alter, auch als starken Heister, zu verpflanzen.

Schon bei der Auswahl des Platzes für ein Eichensaatbeet werden wir diese Eigentümlichkeiten zu berücksichtigen haben: dasselbe soll eine gegen Spätfröste möglichst geschützte Lage haben, stärkere Seitenbeschattung ist jedoch zu vermeiden, da sich die junge Eiche schon gegen solche empfindlich zeigt; der Boden soll frisch, kräftig, hinreichend tiefgründig sein, lockerer Sandboden, der die Pfahlwurzelbildung begünstigt, und weit ausstreichende Seitenwurzeln, die bei der Verpflanzung beseitigt werden müssen, erzeugt, ist namentlich für jene

---

[1]) Die entgegengesetzte Ansicht spricht auffallenderweise Manteuffel (Die Eiche, S. 38) aus!

Pflanzgärten, in welchen verschulte Pflanzen oder Heister erzogen werden sollen, zu vermeiden[1]). Eine auf die verschiedenste Weise beantwortete Frage ist jene nach dem notwendigen Maße der Tiefgründigkeit und nach der Tiefe, bis zu welcher der Boden bearbeitet werden soll, um einerseits der jungen Pflanze genügendes Gedeihen zu sichern, anderseits einer übermäßigen, die seinerzeitige Auspflanzung und Verschulung erschwerenden Pfahlwurzelentwicklung entgegenzuwirken. Harnikell[2]) wählte für seine Eichensaatbeete Boden mit tonigem Untergrund in 30—45 cm Tiefe, während Manteuffel[3]) sandigen, humosen, tiefgründigen Lehmboden mit durchlassendem Untergrund und 45—60 cm tiefe Bearbeitung empfiehlt, E. Heyer[4]) aber für Saat= und Pflanzbeete überhaupt eine noch tiefere Bearbeitung (75—100 cm) verlangt. Uns will weder die künstliche Beschränkung der Pfahlwurzelentwicklung durch tonigen Untergrund, noch eine zu tiefe Bodenlockerung gefallen, welche diese Entwicklung geradezu begünstigt, — die von Schreiber[5]) ausgesprochene Ansicht, daß mäßige, etwa 30—40 cm tiefe Bodenlockerung und tüchtige Düngung dieser oberen Schichte sich als die vorteilhafteste Methode für Entwicklung eines guten Wurzelsystems — mäßige Pfahlwurzeln und zahlreiche Saugwurzeln — erweise, halten auch wir für die richtigste. Tiefes Umgraben und dazu etwa wenig nahrhafter Boden erzeugt stets unverhältnismäßig lange, ungünstige Wurzelbildung, und man kann es dann wohl erleben, daß zweijährige Eichen eine 60 bis 70 cm lange Pfahlwurzel haben.

Besondere Sorgfalt wendet man der Auswahl des Saatgutes zu, und tritt hierbei zunächst die Frage heran, ob auf den Unterschied: Stiel= oder Traubeneiche? besonderer Wert zu legen sei. Während man für Schälwaldungen hierin keinen Unterschied zu machen pflegt, gibt man für Hochwaldungen im allgemeinen, insbesondere aber für etwas rauhere Lagen, der Traubeneiche entschieden den Vorzug[6]). Allerdings hält es oft schwer, Sameneicheln einer bestimmten Art und bzw. die etwa gewünschten Traubeneicheln rein zu erhalten, und eine Garantie dafür hat man wohl nur bei selbst betätigtem Sammeln. Die durch Samenhandlungen bezogenen Eicheln sind überwiegend, und

---

[1]) Jahrb. des schles. Forstver. 1880, S. 179.

[2]) Allg. F.= u. J.=Z. 1863, S. 365.

[3]) Die Eiche, S. 80.

[4]) Allg. F.= u. J.=Z. 1866, S. 208.

[5]) Forstw. Zentralbl. 1866, S. 435.

[6]) Im Spessart finden nur selbstgesammelte Traubeneicheln Verwendung.

namentlich die aus Ungarn und Slavonien stammenden stets Stiel=
eicheln, — ja es kommt vor, daß unter denselben als sehr schönes,
großes Saatgut auch die Zerreiche (Quercus cerris) in größerer
Menge ist, eine für unsere deutschen Waldungen vollständig unbrauch=
bare Art.

Bezüglich der äußeren Unterschiede beider Eichelarten sei erwähnt,
daß die Stieleichel schmal, länglich, frisch mit grünlichen oder
schwärzlichen Längslinien versehen ist, welche beim Trocknen ver=
schwinden, bei ins Wasser gelegten Eicheln wieder hervortreten (Frömb=
ling), während die Traubeneichel kürzer, rundlicher und ohne jene
Linien ist. Diese Verschiedenheit tritt bald mehr, bald minder deutlich
hervor.

Gerne verwendet man große, wohlausgebildete Eicheln, und an=
gestellte Versuche[1]) mit großen und kleinen Eicheln haben, wie wohl
zu erwarten war, ergeben, daß erstere kräftigere Pflanzen lieferten. Da
die Eicheln stets mit der Hand gelesen werden und hierbei die schon
durch ihr äußeres Aussehen sich als schlecht, wurmstichig, verkümmert
zeigenden zurückgelassen werden können, so ist die Beschaffung guter
Eicheln für die Herbstsaaten nicht schwierig. Müssen dieselben
aber bis zum Frühjahre aufbewahrt werden, so ist eine Sichtung der=
selben vor der Aussaat nötig, denn ohne einigen Verlust an Keimkraft
geht das Überwintern nicht ab. Das Auslesen der schlechten täuscht
hierbei[2]), denn nicht wenige anscheinend gute Eicheln erweisen sich
beim Durchschneiden als schlecht und unbrauchbar; am zweckmäßigsten
dürfte das Scheiden der guten und schlechten mit Hilfe des Wassers
sein: die schlechten und zu stark ausgetrockneten schwimmen obenauf.
Manteuffel[3]) bezeichnet zwar dies Mittel als unsicher, indem auch
kleinere, keimfähige Eicheln nicht selten schwämmen; unsere eigenen
Versuche zeigten sich aber der Methode günstig, und auch Burck=
hardt[4]) erklärt die obenauf schwimmenden mindestens für sehr ver=
dächtig. Ein von Grundner angestellter Versuch[5]) ergab, daß bei
Anstellung der Probe mit gut abgetrockneten Eicheln allerdings

---

[1]) Forstw. Zentralbl. 1880, S. 605. Krit. Bl. XLIX, 2, S. 101.

[2]) Baurs Versuche (Forstw. Zentralbl. 1880, S. 605) mit sehr schönen
überwinterten Eicheln ergaben ein Keimprozent von 73—80, obwohl bei der Sor=
tierung derselben nach der Größe alle ihrem Aussehen nach schlechten Samen be=
seitigt wurden.

[3]) Die Eiche, S. 52.

[4]) Säen und Pflanzen, S. 52.

[5]) Allg. F.= u. J.=Z. 1887, S. 175.

einzelne schlechte Eicheln mit unterſanken (von 815 Stück 27), während
eine Anzahl obenauf ſchwimmender (von 154 Stück 54) zwar klein,
aber doch keimfähig waren, ſo daß die Methode nicht ganz verläſſig
erſcheint; dagegen erwies ſich dieſelbe für friſch geſammelte
Eicheln als ſehr empfehlenswert — unter 1235 zu Boden geſunkenen
Eicheln waren nur 44 ſchlechte, unter 168 obenauf ſchwimmenden
nur 13 Stück geſunder, aber ſehr kleiner Eicheln.

Das ſicherſte Mittel für Scheidung der guten von den ſchlechten
Eicheln iſt die für Frühjahrsſaaten zuläſſige und manchen Orts an=.
gewendete Ankeimung der Eicheln; man breitet dieſelben auf ebenem,
ſonnigem Platz aus, deckt ſie mit Laub oder einer alten Decke (Matte)
und hält ſie durch Angießen feucht. Sobald ſie dann „den Keim im
Munde haben", bringt man ſie ins Saatbeet, wobei es dann aller=
dings wünſchenswert iſt, daß der Boden nicht allzu trocken ſei.

Man hat mit dem Ankeimen auch das Abkeimen in Verbindung
gebracht, um hierdurch der Pfahlwurzelentwicklung entgegenzuwirken,
indem man die Eicheln vor dem Legen bis 3 cm lange Keime treiben
ließ und dieſe bis auf 1 cm Länge abſchnitt[1]). Unſere eigenen Ver=
ſuche in dieſer Richtung haben ſich für dieſes Verfahren inſofern
günſtig erwieſen, als an Stelle einer Pfahlwurzel meiſt deren zwei,
ja drei von etwas geringerer Länge, als jene der nebenan aus
nicht abgekeimten Eicheln erzogenen Pflanzen, mit zahlreichen
Saugwurzeln erſchienen, alſo immerhin ein für die Verpflanzung
günſtigeres Wurzelſyſtem. Auch haben wir mit Eicheln, welche etwas
ſtark angekeimt waren und ihre Keime durch Vertrocknen verloren, eine
eigentümliche Erfahrung gemacht — an Stelle des ſonſt erſcheinenden
einen Triebes erſchienen 2—3 ſchwache Triebe nebeneinander, eine
Erſcheinung, die etwa bei Erziehung von Pflanzen für Schälwald ohne
Nachteil, für Pflanzen in Hochwaldſchläge aber doch bedenklich iſt und
vor dem Abkeimen ſtutzig machen kann. Für den größeren Betrieb
dürfte ſich das Abkeimen zudem als etwas umſtändlich erweiſen. Das
ungleichmäßig eintretende Keimen der überwinterten Eicheln — die
eine zeigt oft erſt die Keimſpitze, während der Keim der andern ſchon
mehrere Zentimeter lang iſt — erſchwert die Anwendung des Abkeimens
ebenfalls.

Man nimmt gerne die Ausſaat der Eicheln im Herbſt vor, um
die Koſten und Gefahren der Überwinterung zu vermeiden; allein
mancherlei Umſtände: das Vorhandenſein vieler Mäuſe, naſſe Herbſt=

---

[1]) Allg. F.= u. J.=Z. 1860, S. 449.

witterung und früh eintretender Winter, spätes Eintreffen des etwa von auswärts bezogenen Saatgutes (es werden gegenwärtig bei ausbleibenden Mastjahren Saateicheln zur Bestellung der Saatbeete vielfach aus Ungarn und Slavonien bezogen!), endlich das etwa erst im Frühjahre erfolgende Räumen der zur Ansaat bestimmten Beete von ihrem Pflanzmaterial — nötigen gleichwohl nicht selten zur Frühjahrssaat; ja es sind selbst Stimmen laut geworden, welche dieser letzteren unbedingt den Vorzug geben wollen[1]), indem man die aufbewahrten Eicheln leichter gegen alle Gefahren schützen könne als die ausgesäten, und wir möchten uns auf Grund langjähriger Erfahrungen diesen Stimmen anschließen! Dagegen halten wir dann zeitige Saat im Frühjahre für angezeigt, da sonst das Aufkeimen namentlich etwas stark ausgetrockneter Eicheln sehr spät erfolgt, die Pflanzen schwächer bleiben und minder gut verholzen[2]). Will oder muß die Frühjahrssaat angewendet werden, so ist eine sorgfältige Überwinterung der Eicheln zu möglichster Erhaltung der vollen Keimkraft nötig, eine Sichtung des überwinterten Materials im Frühjahre nicht zu umgehen.

Zur Erhaltung der Keimfähigkeit ist es nun geboten, durch die Art und Weise der Aufbewahrung das Erhitzen der Eicheln und deren Keimung im Winterlager zu verhindern, ebenso aber auch zu starkes Austrocknen. Das Keimen im Winterlager macht die Eicheln allerdings nicht zur Saat unbrauchbar, wenn die Kernstücke noch entsprechend frisch sind, und abgestoßene Keime ersetzen sich wieder — man schneidet ja, wie oben erwähnt, bisweilen die Keime absichtlich ab; allein solche gekeimte Eicheln sind mit Vorsicht zu behandeln, dürfen nicht mehr trocken werden, und wenn die Keime welk, schwarzfleckig, faulig sind, so sind die betreffenden Eicheln natürlich unbrauchbar; auf eine weitere mißliche Folge des Vertrocknens der Keime haben wir ebenfalls oben hingewiesen. Unsere beiden Eichelarten verhalten sich übrigens nach manchen Beobachtungen bezüglich des Aufbewahrens verschieden[3]), indem die Traubeneichel leichter keimt, viel mehr dem Verderben während des Winters ausgesetzt ist als die Frucht der Stieleiche.

---

[1]) Forstw. Zentralbl. 1870, S. 471.

Genth, Doppelte Riefen. 1874.

[2]) Nach einer Mitteilung Bühlers keimten die Eicheln bei einer erst am 20. Mai vorgenommenen Saat bis in den Monat Juli hinein!

[3]) Forstw. Zentralbl. 1870, S. 471. Burckhardt, Säen und Pflanzen, S. 51.

Die etwa in feuchtem Zuſtand eingeſammelten oder eingelieferten Eicheln ſind vor dem Bringen ins Winterlager durch dünnes Aufſchütten auf einer Tenne gut abzutrocknen. Das Überwintern ſelbſt geſchieht nun auf ſehr verſchiedene Weiſe. Eb. Heyer empfiehlt[1] auf Grund von ihm angeſtellter vergleichender Verſuche die Überwinterung in Sand als beſtes Mittel; zu dieſem Zweck wird auf einem trocknen, etwa von Nadelbäumen gegen zu ſtarke Erwärmung und frühzeitiges Auftauen geſchützten Platz eine $1^1/_2$ m tiefe zylindriſche Grube angefertigt und an deren Wänden eine Anzahl noch etwa 2 m über die Grube hinausragender Stangen eingeſchlagen, die zur Beförderung einiger Luftzirkulation mit Stroh umhüllt werden. In die Grube werden nun die Eicheln, mit reinem Sand ſo innig vermengt, daß möglichſt keine Eichel die andere berührt, eingefüllt und dieſer unterirdiſche Eichelzylinder dadurch in einen oberirdiſchen fortgeſetzt, daß man die über die Grube herausragenden Stangenteile mittelſt Zweigen und Gerten zu einem dichten Zaun verbindet, der in gleicher Weiſe mit Eicheln und Sand gefüllt wird. Auf den Zylinder kommt ſchließlich ein Sandkegel, der mit Fichtenreiſig bedeckt und mit einer Strohhaube verſehen wird; ein Graben rings um die Grube führt alle von der Strohhaube abfließende Feuchtigkeit ab.

Andernorts wird die Alemannſche Methode[2] angewendet: Die Eicheln werden in einen, an einem trocknen Platz hergeſtellten, ca. 30 cm tiefen Graben, ohne jede Miſchung, eingeſchüttet und der Graben mit einem leichten, mit Stroh oder Reiſig gedeckten Giebeldache von der Höhe überdacht, daß ein Mann gebückt darunter ſtehen kann. Die bis zum Grabenrand eingeſchütteten Eicheln werden öfter umgeſchaufelt, zu welchem Zwecke ein reichlich meterlanges Stück des Grabens leer bleibt; bei eintretender ſtrengerer Kälte werden die Giebel mit Strohbunden zugeſtellt und das Dach verſtärkt.

Nach unſern eigenen langjährigen Erfahrungen hat ſich das Überwintern der gut abgetrockneten Eicheln in einfachen Erdgruben vorzüglich bewährt: auf dem Boden der an trocknem Platze angefertigten, rechteckigen und beiläufig 50 cm tiefen Grube wurde etwas Stroh ausgebreitet, die Eicheln 30 cm hoch aufgeſchüttet, mit leichter Strohſchichte überdeckt und nun etwa 30 cm hoch mit Erde überworfen. Die Eicheln zeigten nur ſehr geringen Abgang und begannen meiſt erſt im April etwas anzukeimen, zu einer Zeit alſo, die deren ſofortige

---

[1] Allg. F.- u. J.-Z. 1883, S. 298.
[2] Alemann, Über Forſtkulturweſen, 1861, S. 22.

Aussaat ermöglichte; ein Schimmeln der Eicheln, wie Cieslar es bei solcher Aufbewahrung mehrfach beobachtete, stellte sich nicht oder nur in sehr geringem Maße ein.

Als eine sehr gute Art der Aufbewahrung über Winter empfiehlt Biedermann[1]) folgendes Verfahren: Auf hochgelegenem trocknen Sandboden wird eine rechteckige Grube 1 m tief, 1 m breit und so lang, als es das aufzubewahrende Quantum von Saateicheln erfordert, angefertigt; im November werden die gut abgelufteten Eicheln 25—30 cm hoch in der Grube aufgeschüttet und letztere nun mit Reiserstangen querüber dicht belegt. Auf die Stangen kommt eine dichte Schicht von Rasenplaggen, die Narbe nach unten, und das Ganze wird nun mit der beim Anfertigen der Haube ausgehobenen Erde dachförmig überdeckt.

Weise[2]) hat Eicheln (und Bucheln) in der Art überwintert, daß er sie auf dem Erdboden dünn ausgebreitet und mit Laub leicht überdeckt, im beginnenden Frühjahr aber in Säcke gepackt und in den Eiskeller gebracht hat, um die zu frühe Keimung zu hindern; er rühmt den guten Erfolg.

Oberförster Thiele beschreibt[3]) einen sehr solid aus Bruch- und Backsteinen ausgeführten, mit Ziegeldach versehenen Schuppen, welcher zur Aufbewahrung und Überwinterung von Eicheln in der hessischen Oberförsterei Mittelbick mit einem Kostenaufwand von 800 Mk. (ohne Holzwert) erbaut wurde. Der Bau ist auf 1 m Tiefe in den Boden eingelassen. Die 12 m lange, 4,2 m breite Bodenfläche des Schuppens ist betoniert; gegen das Eindringen des Frostes schützen Doppeltüren sowie ein unter dem Dach liegendes Drahtnetz, zwischen welches und das Dach eine 15 cm starke Mooslage gestopft wird. Die Eicheln (und andere Sämereien) sollen sich in dem großen Raum, der Lüften, Umstechen usw. sehr gut ermöglicht, vortrefflich halten. Der Schuppen ist zur Aufbewahrung größerer Eichelvorräte auch für andere Oberförstereien bestimmt.

Eine ganze Reihe von Versuchen haben Cieslar[4]) und neuerdings Grundner[5]) angestellt, als deren Resultat sich übereinstimmend ergab, daß Eicheln im Freien auf Erd- oder Rasenboden ausgebreitet, mit Sand gemischt und mit Moos bedeckt, sehr gut über-

---

[1]) Zeischr. f. F.- u. J.-W. 1890, S. 671.
[2]) Mündener Hefte II, S. 10.
[3]) Zeitschr. f. F.- u. J.-W. 1906, S. 551.
[4]) Zentralbl. f. d. F.-W. 1896, S. 181.
[5]) Allg. F.- u. J.-Z. 1901, S. 369.

winterten; Moos zeigte sich als besseres Deckungsmaterial wie trockne Waldstreu. Die wohl nur selten angewendete Überwinterung in fließendem Wasser ergab nach Cieslar gute, nach Grundner minder günstige Resultate. In trocknen Kellern und seichten Gruben erlitten die Eicheln starken Wasserverlust und Einbuße an Keimfähigkeit; das Zusammenbringen von Eicheln mit Stroh als Unterlage und Deckung hatte starke und nachteilige Schimmelbildung zur Folge (Cieslar) — letzteres steht mit unserer eigenen Erfahrung in Widerspruch.

Eine ganz eigene Methode der Eichelaufbewahrung empfiehlt Genth[1]), der auf die Erhaltung entsprechender Feuchtigkeit in der Eichel besonderen Wert legt. Derselbe schüttet die gesammelten Eicheln auf einer grasigen Fläche dünn auf und läßt sie so lange liegen, bis sie mit Wasser gesättigt sind, dann werden sie in weit geflochtene Weidenkörbe eingefüllt, mit Stroh oder Sackleinen zugedeckt und in einem Raum zu ebener Erde mit gutem Luftzug eingestellt. Sobald die Eicheln anfangen, ihr Wasser zu verlieren, was sich in der matten Farbe und Verminderung des Gewichts zu erkennen gibt, werden sie wieder auf eine grasige Fläche, selbst auf Schnee, ausgeschüttet, um sich wieder mit Wasser zu sättigen, ein Verfahren, das öfters wiederholt werden muß, und dessen Erfolg Genth als vollkommen sicher bezeichnet.

Schutz der zu überwinternden Eicheln gegen Mäuse durch Fallen, durch Gräben mit eingestochenen Fallöchern oder Gift in Drainröhren ist nötig; auch Umlegen der etwa in oberirdischen Haufen aufbewahrten Eicheln mit Wacholderreisig wird als sicheres Schutzmittel sehr empfohlen[2]).

Die Aussaat selbst geschieht jetzt wohl allenthalben in Rillen, nirgends mehr als Vollsaat. Mit Rücksicht auf die rasche Höhenentwicklung der jungen Eiche, welche im ersten Lebensjahre nicht selten 30 cm und selbst mehr beträgt und ebensoviel unter günstigen Verhältnissen im zweiten Jahre, werden die Rillen etwa 25—30 cm entfernt voneinander gezogen. Diese Entfernung der Rillen gestattet leicht ein Betreten der Zwischenräume durch Arbeiter beim Reinigen und Lockern, und man wählt deshalb für die Eichelsaat meist statt der Beete größere Länder, um die hier entbehrlichen Zwischenwege zu ersparen. Die Rillen werden nach der Schnur mit einer

---

[1]) Doppelte Riefen, S. 56.
[2]) Geyer, Die Erziehung der Eiche.

leichten Haue oder dem Rillenzieher in entsprechender Tiefe — entsprechend der zu gebenden Bedeckung — gezogen, und letztere beträgt nach Baurs Versuchen (siehe § 52) am besten 3—6 cm; man wird sonach, mit Rücksicht auf die Stärke der Eichel, die Rillen 4—7 cm tief anfertigen und für leichteren Boden die größere, für schwereren die geringere Tiefe wählen. Das Decken erfolgt bei leichterem Boden durch Einziehen der seitlich der Rille aufgehäuften Erde mit hölzernem Rechen, bei schwerem Boden empfiehlt sich das Ausfüllen der Rillen mit lockerer, guter Erde, Dammerde u. dgl., während die ausgehobene Erde auf dem Zwischenraum mittelst des Rechens verteilt wird. Ein Andrücken der Erde mit dem Rücken des Rechens oder durch Walze ist zu empfehlen.

Das Einlegen der Eicheln in die Saatrille geschieht stets ohne weitere Säevorrichtung mit der Hand, Eichel an Eichel, bei sehr gutem Samen oder, wenn die Eichen im Saatbeet zweijährig werden sollen, in Entfernungen von 2—3 cm, und man mißt hierbei dem wagrechten Einlegen der Eicheln von manchen Seiten besonderen Wert bei. So gibt v. Schütz[1] an, daß bei nach oben gerichteter Spitze, an welcher bekanntlich Stengelchen und Würzelchen hervorbrechen, die Wurzel sich erst mühsam nach unten krümmen müsse und sich schlechter entwickele, während bei nach unten gerichteter Spitze zwar die Wurzel eine normale Lage habe, der Stengel dagegen erst nach längerem Kampfe verspätet und fadenförmig erscheine. Ein von uns hierüber angestellter vergleichender Versuch hat uns jedoch diese Befürchtungen als ungegründet erscheinen lassen; sowohl die mit der Spitze wie die mit der Basis nach unten in den Boden gesteckten Eicheln zeigten in der Entwicklung der aus ihnen hervorgegangenen Pflanzen keinerlei Zurückbleiben gegenüber den zur Vergleichung nebenan aus horizontal gelegten Eicheln erzogenen. Im ersteren Fall zeigte das Stämmchen, im letzteren das Würzelchen eine durch das Herumwachsen um die Eichel entstandene leichte und wohl bald ganz verschwindende Krümmung, für das weitere Gedeihen der Pflanzen sicher ohne jeden Einfluß.

Die für 1 Ar nötige Samenmenge hängt von der sehr verschiedenen Größe der Eicheln ab — Stieleicheln sind stets wesentlich größer als Traubeneicheln, und auch innerhalb der Art finden sehr bedeutende Größenunterschiede statt — und erfolgt deren Bestimmung teils nach Hektolitern, teils nach Kilogrammen.

---

[1] Die Pflege der Eiche, S. 6.

Nach Baurs[1]) Versuchen enthält ein Hektoliter großer Stiel=eicheln 11 500, mittlerer 14 900, kleiner 20 900 Stück, ein Hektoliter großer Traubeneicheln 26 300, kleiner 41 600 Stück, das Gewicht be=trägt nach Heß'[2]) Angabe von 1 hl Stieleicheln 65—75 kg, von 1 hl Traubeneicheln 55—65 kg. Als Keimprozent gibt letzterer im Mittel nur 65 % an, was für ausgesuchte Eicheln niedrig erscheint. —

Infolge obiger, in weiten Grenzen schwankender Zahlen, wie der wechselnden Entfernung der Saatrillen und des engeren oder weiteren Legens der Eicheln, schwankt die pro Ar nötige Samenmenge sehr bedeutend, und darin ist wohl der Grund zu suchen, wenn die der Eichenerziehung gewidmeten Schriften von Schütz, Manteuffel, Geyer keine Angabe darüber enthalten.

Gayer gibt dieselbe auf 0,15—0,25 hl pro Ar an, also in ziem=lich weiten Grenzen, offenbar mit Rücksicht auf oben berührte Ver=hältnisse; ähnlich ist die Angabe in Judeichs Forstkalender, und würden, wenn wir das Gewicht eines Hektoliters Eicheln zu etwa 65—70 kg annehmen, pro Ar nur 12—18 kg nötig sein. Nach unsern eigenen Versuchen bedurften wir pro Ar Saatfläche (also ohne Wege) bei einer Entfernung der Rillen von 30 cm, in welch' letztere die Eicheln — schönes, großes Saatgut — in je 3 cm Ent=fernung eingelegt wurden, 37 kg, also ein viel höheres Quantum; und ähnlichen Bedarf gibt v. Varendorf[3]) an, der bei gleicher Entfernung der Rillen im Durchschnitt 40 Liter = 28 kg verwendet.

Nach Bühlers[4]) Versuchen ergab das beste Resultat bezüglich der Pflanzenzahl ein Samenquantum von 150 g pro laufenden Meter; dies würde bei 30 cm Abstand der Rillen pro Ar einen Samenbedarf von 49,50 kg ergeben, also wesentlich mehr als die zuletzt angegebenen Mengen.

Die Menge der bei solcher Aussaat erzogenen, tauglichen zwei=jährigen Pflanzen hat nach unsern Zählungen bei gut gelungener Saat 4500—4700 Stück pro Ar betragen.

Was nun den Schutz der Saatbeete betrifft, so sind dieselben gegen Mäuse und Häher zu schützen, und es gilt dies vor allem für die während des langen Winters durch beide Tiere gefährdeten Herbstsaaten; zur Vermeidung von Wiederholungen verweisen wir auf das in § 67 und 68 Gesagte. —

---

1) Forstw. Zentralbl. 1881, S. 607.
2) Holzarten, S. 58 u. 67.
3) Jahrb. des schles. Forstvereins 1880, S. 186.
4) Mitt. Bd. II, Heft 1 u. 2.

Als einen bisweilen schädlich auftretenden, leider durch kein Gegenmittel zu bekämpfenden Feind bezeichnet Altum[1] die sog. Drahtwürmer, die Larven der Springkäfer (Elater), die sich in keimende Eicheln einbohrend die Kotyledonen ausfressen und oft ganze Saatreihen zerstören.

Oberförster Ahrends empfiehlt[2] das Decken der im Herbst angesäten Beete mit Laub oder Nadelreisig, da sonst bei häufig wechselnder Temperatur — starkem Frost und mildem Wetter — die Eicheln im Winterlager gerne verdürben. Ebenso hat man auch durch Aufbringen einer solchen Decke nach eingetretenem starken Frost die Erwärmung des Bodens und mit derselben die Keimung zu verzögern gesucht, um die jungen Eichen in minderem Maße der Gefahr des Spätfrostes auszusetzen. In beiden Fällen ist aber nicht aus dem Auge zu verlieren, daß durch eine solche Laub- oder Reisigdecke die Mäusegefahr außerordentlich erhöht wird!

Gleichen Schutz gegen die Spätfrostgefahr sucht man durch etwas späte Frühjahrssaat — im Mai — zu erreichen, doch setzt dieselbe sehr sorgfältige Überwinterung der Eicheln voraus; die Pflänzchen erscheinen erst im Juni und sind dadurch für dieses Frühjahr allerdings vor jener Gefahr sicher; doch bleiben sie, worauf oben schon hingewiesen wurde, meist im ersten Jahre schwächer und verholzen unvollkommen. — Gegen Trocknis bedarf der tiefliegende und selbst viel Feuchtigkeit enthaltende Samen ebensowenig besonderen Schutz, wie die sofort tiefwurzelnde und durch die Kotyledonen kräftig ernährte junge Pflanze.

Die aufkeimende Eichel läßt bekanntlich die beiden Kotyledonen im Boden und finden sich dieselben noch im zweiten Jahre verschrumpft und ausgesogen an der Pflanze vor. Der erscheinende Keimling ist meist rötlich gefärbt, zeigt zuerst nur rote Schuppen an Stelle von Blättern; die ersten Blättchen zeigen sofort die charakteristische Gestalt des Eichenblattes. Das Aufkeimen erfolgt je nach Zustand der Eicheln, Saatzeit, Tiefe der Bedeckung innerhalb 4—6 Wochen, zieht sich aber, wie schon erwähnt, oft noch weiter hinaus.

Die ein- und mehrjährigen Pflanzen leiden im Herbst und Winter nicht selten durch Frühfrost und stärkeren Winterfrost, durch welche die nicht genügend verholzten sog. Johannistriebe getötet werden; doch ist der Nachteil nur ein mäßiger, und die oberste un-

---

[1] Waldbeschädigungen durch Tiere, S. 18.
[2] Burckhardt, Aus dem Walde III, S. 178.

verſehrt gebliebene Seitenknoſpe übernimmt die neue Gipfelbildung.
Auch ein gänzliches Erfrieren der Wurzeln einjähriger Eichen
durch anhaltenden ſtarken Winterfroſt bei fehlender Schneedecke wurde
ſchon konſtatiert[1]), und Deckung des Bodens mit Laub würde als
Mittel gegen dieſe, allerdings ſeltene, Beſchädigung dienen. Durch
Barfroſt ſind die tiefwurzelnden Eichenpflanzen in keiner Weiſe ge=
fährdet, wohl aber durch ſpät eintretende Maifröſte, gegen welche
das zarte Eichenlaub bekanntlich ſehr empfindlich iſt. Durch Decken
mit Gittern oder Beſtecken der Beete mit Nadelholzreiſig kann der
nötige Schutz gegeben werden.

Als Feind der Eichenſaatbeete erſcheint bisweilen der in § 64
bereits beſprochene Eichelwurzeltöter (Rosellinia quercina). Aus der
Tierwelt iſt es die Moll= oder Schermaus (Arvicola amphibius),
welche durch unterirdiſches Abſchneiden der Wurzeln die Pflanzen tötet.
Giftbrocken in die alsdann zugedeckten Löcher empfiehlt Altum[2]) als
Gegenmittel.

Die Pflege der Eichenſaatbeete beſchränkt ſich zunächſt auf das
Reinhalten von Unkraut und das für alle Pflanzen ſo wohltätige
wiederholte Lockern des Bodens zwiſchen den Pflanzenreihen. Merk=
würdigerweiſe ſpricht ſich Manteuffel[3]) gegen das Behacken der
Saat= und Verſchulungsbeete aus, „weil durch das Behacken die oberen
Wurzeln der Pflanzen vielfach abgehauen werden, die öfters gelockerte
Bodenoberfläche leicht austrocknet und hierdurch Veranlaſſung gegeben
wird, daß ſich die Pflanzen mehr nach untenhin bewurzeln.“ Wir
teilen dieſe Befürchtungen nicht; wäre insbeſondere deren erſte richtig,
dann dürfte man die Saat= und Pflanzbeete der flachwurzelnden
Fichte wohl noch viel weniger behacken! — Auch Einbringung einer
dichten Laubdecke auf die Zwiſchenräume nach erſtmaliger Reinigung
und Bodenlockerung hat man zur Unterdrückung des Unkrautes,
eventuell auch zum Friſcherhalten des Bodens angewendet.

Um die jungen Eichen zu möglichſt kräftiger Entwicklung zu
bringen, wurde auch das ſog. Pinzieren — Abſchneiden des ober=
irdiſchen Keimes 5—6 Tage nach ſeinem Erſcheinen — angewendet
und auf der Pariſer Weltausſtellung zur Anſchauung gebracht[4]); es
ſoll ſich hierdurch zuerſt das Wurzelſyſtem kräftig ausbilden und mit
deſſen Hilfe ſodann der nach einiger Zeit erſcheinende neue Stengel

---

[1]) Allg. F.= u. J.=Z. 1870, S. 409.
[2]) Waldbeſchädigungen durch Tiere, S. 22.
[3]) Die Eiche, S. 85.
[4]) Zentralbl. f. d. F.=W. 1879, S. 97.

sich sehr kräftig und üppig entwickeln. Nach andern Mitteilungen[1]) hat sich dies Verfahren jedoch nicht bewährt, indem bei vergleichenden Versuchen die nicht pinzierten Pflanzen entschieden kräftiger wurden. — Für den größeren Forsthaushalt würde sich das Verfahren wohl ohnehin nicht gut ausführbar erweisen.

Ein Beschneiden der Äste findet in den Eichensaatbeeten, in welchen die Pflanzen in der Regel ein bis höchstens zwei Jahre verbleiben, nicht statt. — Dagegen hat man eine für die Verpflanzung günstigere Wurzelbildung ohne die immerhin kostspieligere Verschulung dadurch zu erreichen gesucht, daß man zu Anfang des zweiten Lebensjahres der Pflanze die Pfahlwurzel auf eine Länge von etwa 10 bis 15 cm durch Abstoßen mit scharfem Spaten von der Seite her kürzt. Die Urteile über dies Verfahren sind verschieden: Laurop[2]) versichert, gute Erfahrungen damit gemacht zu haben, Schreiber[3]) dagegen tadelt dasselbe als ein unsicheres Verfahren, bei welchem ein Abschinden und Quetschen der Wurzeln, zumal wenn der Spaten nicht sehr scharf ist, nicht zu vermeiden sei; Burckhardt[4]) sagt jedenfalls sehr richtig: „in geschickter Hand sind damit gute Erfolge erzielt worden, andernfalls und mit stumpfem Instrument desto schlechtere."

Ein von uns angestellter Versuch, bei welchen den Eichen am Beginn des zweiten Lebensjahres, im April, mit scharfem Spaten die Pfahlwurzeln etwa 12—15 cm tief abgestoßen wurden, ergab ein sehr günstiges Resultat, wie umstehende Figuren 62 zeigen, einige der kräftigsten Pflanzen des betreffenden Saatbeetes darstellend. An Stelle der in den Nachbarreihen am Ende des Jahres 50 bis selbst 70 cm langen, an Saugwurzeln ziemlich armen Pfahlwurzeln (a) war ein vorzügliches Seiten und Saugwurzelsystem (b) getreten, wie man sich ein solches für gesicherte Verpflanzung nur wünschen kann; ein Wurzelsystem, das viel günstiger erscheint, als jenes, welches die nebenan mit gekürzter Pfahlwurzel einjährig verschulten Pflanzen (c) vielfach zeigten. — Auch die oberirdische Entwicklung der in obiger Weise behandelten Pflanzen ließ nichts zu wünschen übrig; die Bildung der Johannistriebe war zwar in den Reihen mit abgestoßenen Wurzeln etwas später erfolgt, so daß sie sich von den Reihen mit ungekürzten Wurzeln anfänglich deutlich unterschieden, bis zum Herbst war jedoch

<hr>

1) Zentralbl. f. d. F.W. 1880, S. 381.
2) Forstw. Zentralbl. 1861, S. 129.
3) Das. 1861, S. 296.
4) Säen und Pflanzen, S. 74.

dieser Unterschied vollständig verschwunden. Den aus gleichem Beet genommenen und ver schulten Pflanzen waren sie am Ende des zweiten Lebensjahres weit voraus.

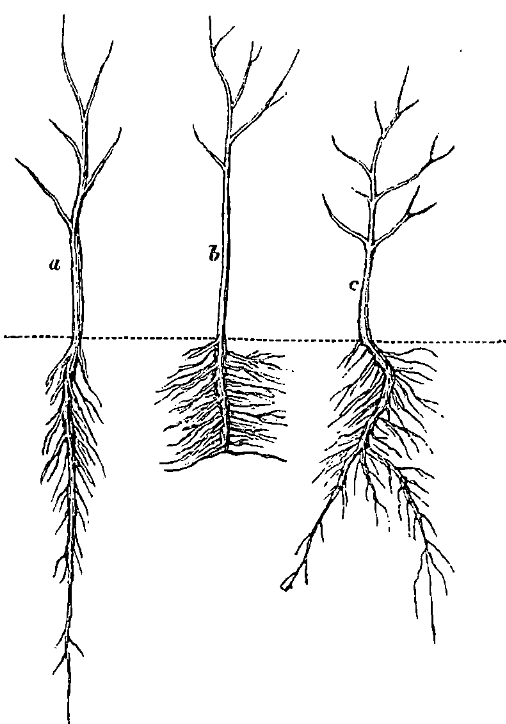

Fig. 62. Eichenpflanzen.

Auch Demontzey[1]) empfiehlt auf Grund seiner Erfahrungen das Abstechen der Wurzeln mit scharfem Spaten in 15 cm Tiefe und rühmt die günstige, das Ver= pflanzen erleichternde Wurzelbildung.

Unbedingt wird sich dies Abstoßen der Wur= zeln empfehlen, wenn man durch irgendwelche Veranlassung genötigt wäre, zweijährige Eichen noch ein Jahr im Saat= beet stehen zu lassen. Das obige Resultat würde vielleicht über= haupt die Frage nahe legen, ob sich durch sorg= fältig ausgeführtes Abstoßen der Pfahl= wurzeln einjähriger, nicht zu eng stehender Eichen kräftige, dreijährige Eichenpflanzen, wie sie zu manchen Kulturen wünschenswert sind, nicht billiger und doch ebensogut erziehen ließen als durch das immerhin teure Verschulen.

Auch das sog. Leuretsche Verfahren[2]) sei hier kurz erwähnt. Bei demselben wird das zu besäende Beet 13 cm tief ausgehoben, auf die hart gebliebene Sohle eine 10 cm hohe Lage 5—6 cm dicker, poröser Steine chausseeartig geschichtet, und auf diese Steine erfolgt die breitwürfige Aussaat der Eicheln, die 2 cm stark mit guter Erde gedeckt werden sollen. Die Pfahlwurzel drängt sich zwischen den

---

[1]) Studien über die Arbeiten der Wiederbewaldung und Berasung der Ge=
birge, übersetzt von A. Frhr. von Seckendorff, 1880, S. 209.

[2]) Von Oberförster Koltz im Forstw. Zentralbl. 1881, S. 152 geschildert.

Steinen durch, bleibt in deren Zwischenräumen mit den Atmosphärilien in beständigem Kontakt, findet infolge der Wasserhaltigkeit der Steine beständige Feuchtigkeit und entwickelt ein sehr reiches Seitenwurzel=system. Die von Ludwig[1]) angestellten vergleichenden Versuche mit der Erziehung von Eichenpflanzen nach dem gewöhnlichen Bier=mans schen und Levretschen Verfahren erwiesen sich zwar für letzteres günstig — gleichwohl dürfte es aus naheliegenden Gründen für den großen Forsthaushalt keine weitere Verbreitung finden.

Wo schwächere Eichenpflanzen genügen: zur Ausfüllung nicht zu kleiner Lücken im Nieder= und Mittelwald, zur Kulturausführung da, wo Hochwild (vor allem Sauen) die sonst zulässige Saat unmög=lich machen[2]) u. s. f., nimmt man dieselben ein= oder zweijährig aus den Saatbeeten und pflanzt sie, erstere oft und letztere immer mit ge=kürzten Wurzeln, ins Freie. Sind aber stärkere Pflanzen nötig, so greift man zur Verschulung.

Die Verschulung der Eiche, teils zur Erziehung kräftiger, bis meterhoher Lodenpflanzen, teils zur Nachzucht starker, selbst 3—4 m hoher Heister, findet in ziemlich ausgedehntem Maße statt; neben der Gewährung eines größeren Standraumes, dem allgemeinen Grund jeder Verschulung, ist es namentlich auch die Notwendigkeit einer Korrektur der für die Verpflanzung in höherem Alter höchst ungünstigen Pfahlwurzelbildung der Eiche, welche zur ein= und selbst zweimaligen Verschulung nötigt.

Für Tiefgründigkeit und sonstige Beschaffenheit des Bodens im Pflanzbeet, für Tiefe der Bodenbearbeitung gelten die gleichen Regeln wie für das Eichelsaatbeet — mäßige Tiefe und fruchtbarer oder gut gedüngter Boden. — Man verschult mit Rücksicht auf die Stärke, welche die Pflanzen bereits haben und im Pflanzbeet erreichen sollen, in Reihenabständen von 30—35 cm und Pflanzenabständen von 20—25 cm und wählt zur Verschulung, mit Rücksicht auf diesen größeren Reihenabstand, größere Länder an Stelle der Beete.

Was die Frage betrifft, ob man lieber ein= oder zweijährige Pflanzen verschulen soll, so wird man bei kräftiger Entwicklung der einjährigen Pflanze den Vorzug geben, andernfalls zur zweijährigen greifen; man verschult grundsätzlich nur gut entwickelte Pflanzen,

---

[1]) Zentralbl. f. d. F.= W. 1882, S. 104.

[2]) Zu Ende der siebziger Jahre mußte man im sog. Pfälzerwald die Ein=mischung der Eiche in die Buchenbestände durch horstweise Einpflanzung ein=jähriger Eichen erstreben, da das zahlreich gewordene Schwarzwild jede Saat vernichtete.

wirft Schwächlinge und Krümmlinge beiseite — und diese notwendige
Auswahl spricht bei langsamer Entwicklung der Pflanzen für Ver=
schulung im zweiten Jahre. Varendorff empfiehlt[1]) die letztere
namentlich um deswillen, weil die einjährige Pflanze die beim Ver=
schulen gekürzte Pfahlwurzel zu rasch wieder ersetze.

Dies Kürzen der Pfahlwurzel hat den Zweck, an Stelle der tief=
gehenden und das spätere Auspflanzen außerordentlich erschwerenden
Pfahlwurzel eine reichere Seitenwurzelentwicklung zu erzeugen; über
die Zulässigkeit, den Grad und Erfolg gehen die Ansichten der Eichen=
züchter nicht unwesentlich auseinander.

Alemann[2]) will die Eichen überhaupt nur mit ganzer, un=
beschädigter Pfahlwurzel verpflanzen, verwirft alles Einstutzen derselben,
wodurch die Entwicklung der Pflanze, ihr Höhenwuchs vor allem, ent=
schieden notleiden müsse. Auch Schreiber[3]) will die Pfahlwurzel
möglichst erhalten wissen. Den schroffsten Gegensatz hierzu bildet wohl
Manteuffel[4]), welcher den zweijährigen Saatpflanzen beim Ver=
schulen die Pfahlwurzel bis auf 3 cm einkürzen will — ein doch gar
zu radikales Verfahren! Die Mehrzahl der Eichenzüchter, so ins=
besondere auch Altmeister Burckhardt[5]), stutzen die Pfahlwurzel
auf etwa 15 cm Länge zurück, beachten hierbei jedoch den Sitz des
möglichst zu schonenden Hauptseitengewürzels und schneiden erst unter=
halb desselben die Wurzel ab. Die Erfahrung zeigt denn auch, daß
eine derartige Behandlung einerseits den Wuchs der Pflanze nur
wenig beeinträchtigt, anderseits den gewünschten Erfolg — Hervor=
rufen mehrerer Seitenwurzeln an Stelle der einen Pfahl=
wurzel — mehr oder weniger erreichen läßt.

Mehr oder weniger — denn wie Schütz ganz richtig sagt[6]),
strebt die Pflanze, die verlorenen Teile möglichst rasch wieder zu er=
setzen, und die an der Abschnittsfläche erscheinenden 2—4 Seiten=
wurzeln streben gleichfalls wieder nach der Tiefe, so daß bei der
seinerzeitigen Auspflanzung oder Verschulung in den Heisterkamp ein
abermaliges Einstutzen nötig wird. Schütz empfiehlt daher ein Um=
krümmen der Pfahlwurzel, ja selbst ein knotenförmiges Verschlingen
(Fig. 63), wovon keinerlei üble Folgen für die Pflanze zu fürchten

---

[1]) Jahrb. des schles. Forstver. 1880, S. 187.
[2]) Über Forstkulturwesen, S. 30, 34.
[3]) Forstw. Zentralbl. 1860, S. 435.
[4]) Die Eiche, S. 83.
[5]) Säen und Pflanzen, S. 76.
[6]) Die Pflege der Eiche. Auch Manteuffel, Die Eiche, S. 58.

feien. Was fich Pflanzen bezüglich des Verkrümmens der Wurzeln ohne allzu große Benachteiligung ihres Wuchfes bieten laffen, hat Borggreve durch feine mit zweijährigen Eichen angeftellten Verfuche[1] nachgewiefen. Auch die von Heß[2] angeftellten vergleichenden Verfuche haben ergeben, daß die Schürzung eines Knotens an der Pfahlwurzel durchaus keine Schmälerung des Höhenwuchfes zur Folge hatte, und daß letzterer entfchieden beffer war als jener der Pflanzen mit auf ca. 15 cm gekürzten Wurzeln. — Immerhin aber werden jene zwei und mehr fich bildenden ftärkeren Seitenwurzeln mit ihren zahlreichen Saug= wurzeln felbft bei nochmaliger Kürzung fich günftiger verhalten als die e i n e Pfahl= wurzel, insbefondere wenn letztere nicht z u l a n g belaffen wurde, fo daß diefe Seiten= wurzeln nicht zu tief fitzen, kein zu ftarkes Zurückfchneiden bei dem feinerzeitigen Ver= pflanzen erfordern. Letzteres hat wohl M a n t e u f f e l im Auge, wenn er die Pfahl= wurzel in fo ftarker Weife, wie oben er= wähnt, zurückfchneidet, und das möchten wir auch der Anficht B o r g g r e v e s gegenüber geltend machen, welcher, die Berechtigung

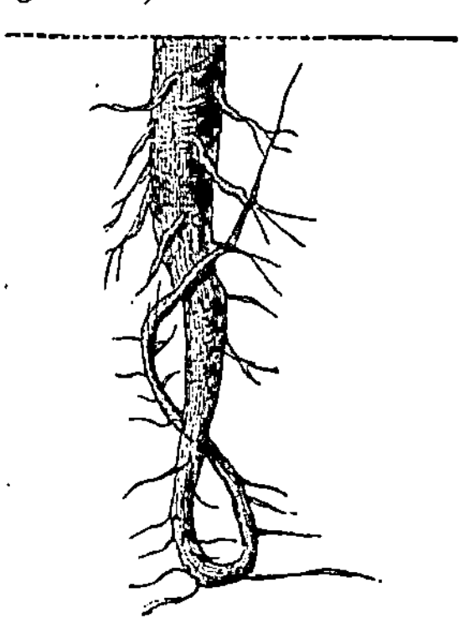

Fig. 63. Eichenpflanzen.

eines Wurzelfchnitts bei der Verfchulung anerkennend, fagt[3]: „Für einen Heifter müffen wir ein fußtiefes Pflanzloch machen — es liegt alfo gar kein Grund vor, jungen Eichen mit zwei Fuß langen Pfahl= wurzeln bei der Verfchulung mehr als die Hälfte diefer Pfahlwurzeln zu nehmen."

Im übrigen möchten wir hier nochmals auf die viel günftigere Wurzelbildung beim Abftoßen der Pfahlwurzel gegenüber jener bei der Verfchulung (Fig. 62) hinweifen. —

Auch darüber, welche Korrekturen mit M e f f e r oder S c h e r e (D i t t m a r f c h e Aftfchere) an den S t ä m m c h e n der ein= oder zwei= jährigen Eichen vorzunehmen feien, gehen die Anfichten der Eichen= züchter nicht unwefentlich auseinander. B u r c k h a r d t will[4] nur etwa fchwächliche Johannistriebe, überzählige Gipfel wegnehmen, fonft aber an den kleinen Pflanzen möglichft wenig fchneiden, während eine von

---

[1] Forftl. Blätter 1878, S. 306.

[2] Forftw. Zentralbl. 1882, S. 385.

[3] Forftl. Blätter 1878, S. 306.

[4] Säen und Pflanzen, S. 76.

der preußischen Regierung im Jahre 1865 veröffentlichte „Anleitung
über das Verfahren bei dem Schneideln der Eiche in Pflanzkämpen“ [1])
(verfaßt bei der Regierung in Trier) ausspricht: „eine ganz sorgfältige
Schneidelung der Eiche gerade in einjährigem Alter sei die Grundlage für die künftige Ausbildung des Stämmchens“.

Nach dieser Anleitung soll nun jede ausgehobene Pflanze vor
dem Einschulen genau besichtigt und an derselben je nach Befund die
eine oder andere der nachfolgenden Operationen vorgenommen werden:

1. Ein Ausbrechen der am Ende des Gipfeltriebes oft sehr ge-
häuft stehenden Seitenknospen, um dadurch die Entwicklung der Haupt-
knospe zu befördern, quirlartige Gipfelbildung zu vermeiden. Die
Knospen müssen zu dieser Operation gut ausgebildet sein, so daß sie
sich leicht auslösen; bei Johannistrieben pflegt dies nicht der Fall
zu sein.

2. Unreife Johannistriebe werden bis auf eine gute Seitenknospe
zurückgeschnitten, und bei sehr gehäufter Knospenbildung am Ende des

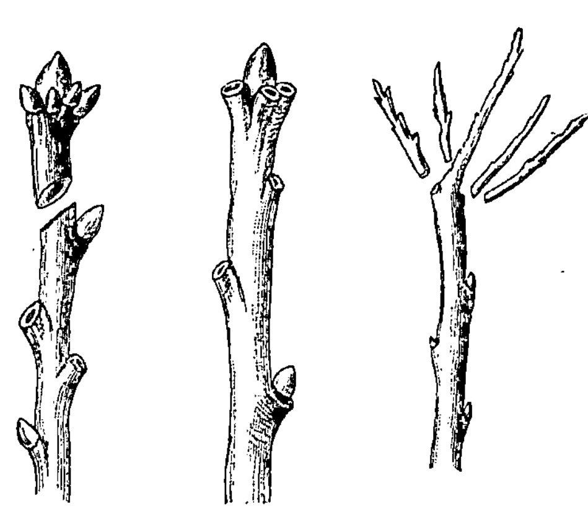

Fig. 64. Eichenpflanzen.

Triebes schneidet man denselben ebenfalls oberhalb
einer kräftigen Seiten-
knospe ab.

3. Überzählige Gipfel-
triebe werden, unter Aus-
sonderung des zum bleibenden Höhentrieb geeignetsten,
entfernt oder zurückge-
stutzt [2]). (Die Abbildungen, Fig. 64, sind jener
Instruktion entnommen.)

Wir gehören zu jenen,
welche, gleich Burckhardt,
an den zu verschulenden
Eichen, namentlich den erst einjährigen, außer der Pfahlwurzel wenig
zu schneiden finden und das Beschneiden als einen Teil der Pflege
im Pflanzbeet betrachten. Insbesondere dürfte das Ausbrechen
der Knospen denn doch ein zeitraubendes und mißliches Geschäft sein!

Das Einschulen der Pflanzen nach erfolgter Pfahlwurzel-

---

[1]) Allg. F.- u. J.-Z. 1866, S. 270.

[2]) Eine Pflanze mit vier oder fünf Gipfeltrieben, wie die obenstehend abgebildete, würde wohl am zweckmäßigsten von der Verschulung ganz ausgeschlossen!

kürzung erfolgt entweder durch Einlegen in Gräbchen, welche nach einer Schnur mit der Haue hinreichend tief gezogen werden, und Festpflanzen mit der Hand oder mit Hilfe eines genügend starken Setzholzes (Buttlarschen Eisens), auch eines Keilspatens, wobei man sich zur Arbeitsförderung und um das Zusammentreten des ge= lockerten Bodens beim Arbeiten auf den Ländern zu vermeiden, zweckmäßig des in § 83 beschriebenen Pflanzbrettes und sog. Lauf= bretter bedient.

Die Pflege, welche man den verschulten Eichen angedeihen läßt, beschränkt sich im ersten Jahre auf entsprechende Lockerung des Bodens und Reinigung der Beete von Unkraut; im zweiten und eventuell dritten Jahre dagegen, welches die Eiche im Pflanzbeet zubringt, wird angesichts der großen Neigung derselben zur Ast= verbreitung auf Kosten des Höhenwuchses der Pflege durch richtiges Beschneiden ein ziemlich weites und dankbares Feld geboten sein. Während ihres Verbleibens im Pflanzbeet, welches sich nur ausnahms= weise über mehr als drei Jahre erstrecken wird, soll die Eiche jene Gestalt erhalten, welche man bei ihrer Verwendung ins Freie oder der Umschulung in den Heisterkamp fordert, so daß bei dem Verpflanzen oder Umschulen keinerlei Beschneiden nötig wird. — Jene verschulten Pflanzen, welche zur Lückenpflanzung in Schälwaldungen bestimmt sind und nach zweijährigem Stehen im Pflanzbeet zur Verwendung kommen sollen, bedürfen einer Pflege durch Beschneiden nur in geringstem Maße.

Beim Beschneiden sind nun mit Hilfe der Dittmarschen Ast= schere oder eines guten Gartenmessers starke und tiefangesetzte Seiten= äste sowie etwaige Doppelwipfel durch einen Schnitt, hart am Stämmchen, zu entfernen, schwächere Seitenäste zu kürzen, und ist hierdurch auf eine stufige Gestalt des Stämmchens hinzuwirken. Wir können bezüglich der Vornahme dieser Operationen auf das im § 91 Gesagte zurückverweisen — es bezieht sich dasselbe in erster Linie auf die Eiche, als auf jene Holzart, bei welcher das Beschneiden am meisten notwendig ist und zur Ausführung kommt.

Schutzmittel gegen Spätfröste, unter denen in rauheren Lagen die Eichen nicht selten leiden, lassen sich für die starken Pflanzen des Pflanzbeets nicht wohl mehr in Anwendung bringen; der beste Schutz, den die gegen Spätfroste empfindliche Eiche genießt, besteht in ihrem spät erfolgenden Ausschlagen, so daß es doch nur besonders spät eintretende Fröste sind, die sie gefährden.

Nach zwei= bis dreijährigem Stehen im Pflanzkamp und sonach

in einem Gesamtalter von 3—5 Jahren wird die Eiche stets jene
Höhe und Stärke erreicht haben, um entweder als kräftige Pflanze
ins Freie verwendet werden zu können oder um des abermaligen Um=
schulens, der Gewährung größeren Standraumes zu bedürfen, wenn
es sich um Erziehung von Heistern handelt[1]).

Bezüglich der allgemeinen Grundsätze und Regeln für Heister=
erziehung verweisen wir auf § 84 und bemerken, daß die früher
häufiger betriebene Eichenheisterzucht angesichts der bedeutenden Kosten,
welche die Erziehung und Verwendung von Heistern verursacht, gegen=
wärtig aufs Notwendigste beschränkt wird. Die Bepflanzung von Hut=
plätzen oder von vorzugsweise zur Grasproduktion bestimmten Flächen
im Wildpark, die Ergänzung des Oberholzes im Mittelwald, die Aus=
füllung einzelner Lücken am Bestandsrand[2]) sind es, für welche sich
noch die Verwendung des Eichenheisters: des etwa 2 m hohen
Halbheisters, des 3 bis selbst 4 m hohen Vollheisters emp=
fehlen kann.

Nur ausnahmsweise[3]) wird man Heister direkt aus Saaten oder
natürlichem Aufschlag entnehmen können; die Pfahlwurzelbildung der
Eiche steht dem entgegen, und auch die Beastung und Bekronung solcher
Wildlinge wird nur selten entsprechen. Gleichwohl finden wir, etwa
bei großem Bedarf im Wildpark, solche Wildlinge verwendet, doch
gehen stets Jahre hin, bis dieselben zu normalem Wuchs und kräftiger
Entwicklung kommen. Wo Heister benutzt werden sollen, wird dies
jederzeit am besten geschehen mit Stämmchen, welche im Saatbeet er=
zogen, ein= oder zweijährig mit gekürzter Wurzel verschult und nach
abermals 2—3 Jahren, unter nochmaliger Wurzelkorrektur, in die
Heisterschule gebracht wurden — ja zur Erziehung sehr starker Heister
findet bisweilen selbst eine dritte Verschulung statt. — Heister
dadurch erzielen zu wollen, daß man die Pflanzen gleich bei der erst=
maligen Verschulung in weitem Verband einpflanzt, oder daß man
von den enger verschulten Pflanzen je die zweite Reihe und Pflanze
zur Gewährung des nötigen größeren Standraumes aushebt, wie dies
etwa für Ahorn und Esche geschieht, ist bei der Eiche nicht wohl zu=
lässig: ihre große Neigung zur Astbildung spricht gegen ersteres, die
wiederholt notwendige Wurzelkorrektur gegen ersteres und letzteres

---

[1]) Vergl. über die Erziehung von Eichenheistern auch die Mitteilungen
v. Barendorffs (Jahrb. des schles. Forstvereins 1880, S. 179).

[2]) Aus dem Walde V, S. 130.

[3]) Aus dem Walde III, S. 178.

Verfahren. Doch hat auch dieses seine Verteidiger gefunden: Weise[1]) teilt mit, daß er durch einmalige Verschulung von Saatbeetpflanzen in 60 cm Verband — wobei der anfangs überflüssig große Wachsraum durch Nadelholzverschulungen nutzbar gemacht wurde, und ein Ersatz krüpplig gewordener Eichenpflanzen durch kräftige, geradwüchsige stattfand — gute Heister erzogen habe; ja in einem Falle wurden schöne, 160—180 cm hohe Eichen ohne Verschulung aus Saat durch stete Herausnahme des Überschusses binnen sechs Jahren erzogen. Stamm- und Wurzelbildung sei vorzüglich gewesen[2]).

Bei der zweiten Umschulung wird man alle minder schönen Stämmchen zu anderweiter Verwendung ausscheiden, die zu stark nach der Tiefe oder Seite gehenden Seitenwurzeln einer entsprechenden, auf das notwendige Maß beschränkten Kürzung unterwerfen, an den Stämmchen selbst aber möglichst wenig schneiden — das Beschneiden der Äste soll teils im Jahre vor der Umschulung, im übrigen aber nach erfolgter Anwurzelung im Heisterkamp erfolgen. Über die Entfernung, welche den Pflanzen zu geben ist, die Art des Einpflanzens u. dgl. m. ist bereits in § 84 das Nötige gesagt.

Bezüglich der Pflege des Heisterkamps steht nun das für die Eiche geradezu unentbehrliche Beschneiden und mit Hilfe desselben die Heranbildung einer möglichst günstigen Bekronung obenan. Man sucht eine nicht zu hoch angesetzte, möglichst pyramidale Bekronung zu erzeugen und vermeidet rutenförmiges Aufschneideln; Erziehung stufiger Stämmchen ist mit Rücksicht auf deren spätere Einzelstellung vor allem im Auge zu behalten. Auch hier verweisen wir im übrigen auf § 91, welcher die Pflege der Pflanzen durch Beschneiden bespricht.

Im weiteren sind die Heisterkämpe durch Reinigen von Unkraut und Lockern des Bodens zu pflegen; ersteres kann natürlich mit minderer Sorgfalt als bei schwächeren Pflanzen geschehen, das Lockern aber erfolgt tiefer, mit kräftiger Hacke, und grobscholliger. Auch Laubeinstreu zur Unterdrückung des Unkrautes, Feuchterhaltung des Bodens und etwa selbst Düngung wird von manchen Eichenzüchtern angewendet und ist nach unsern eigenen Erfahrungen nur zu empfehlen. Eine Zwischendüngung mit guter Walderde, Rasenasche oder Mineraldüngern, je nach der Beschaffenheit des Bodens, wird sich für längere Zeit im Heisterkamp stehende Pflanzen überhaupt nicht selten empfehlen.

---

[1]) Mündener Hefte 2, S. 13.
[2]) Aber die Pfahlwurzelbildung?

Als einen Feind der Eichenpflanzschule bezeichnet Burckhardt[1] die Wühlmaus, welche selbst stärkere Pflanzen in der Erde abnagt und durch Fangen, Vergiften, Ausräuchern zu beseitigen ist; Schütz teilt mit[2], daß die große Waldameise besonders die umgeschulten und sich dadurch spät entwickelten Eichen heimsuche und jeden Blattkeim abnage, weiß aber keine Hilfe gegen diesen Feind. Maikäfer sind, wenn in größeren Mengen in den Heisterkämpen auftretend, zu sammeln und zu vernichten.

An den stärkeren Eichenpflanzen finden sich nicht selten die grauen Rüsselkäfer Strophosomus coryli und Polydrosus micans, auch der Grünrüßler Phyllobius argentatus blatt- und knospenzerstörend ein. Altum[3] empfiehlt bei stärkerem Auftreten einen Ring von Raupenleim um jedes Stämmchen, welcher die bei der geringsten Erschütterung sich fallen lassenden Käfer an der Wiederersteigung verhindert.

Je nach der Stärke und Höhe, welche der Heister erlangen soll, wird die Eiche 3—5 Jahre im Heisterkamp stehen und sonach ein Alter von 8—10 Jahren bis zu ihrer Verwendung erreichen. Einzelne Eichenzüchter[4] nehmen sogar, wie oben schon erwähnt, zur Erziehung starker Heister eine dritte Verschulung in meterweitem Verband vor, nachdem die Pflanzen drei Jahre in der Heisterschule gestanden; die Kosten der Heistererziehung erfahren hierdurch allerdings eine nochmalige, nicht unbedeutende Steigerung, und es wird sich eine solche dritte Verschulung daher nur ausnahmsweise rechtfertigen lassen.

Ein eigentümliches Verfahren empfiehlt Oberförster Geyer[5]. Den in einjährigem Alter verschulten Eichen soll nach zweijährigem Stehen im Pflanzbeet im Monat April das Stämmchen etwa 3 cm über dem Boden mit der Schere scharf und glatt abgeschnitten, die Wundfläche aber sofort mit Steinkohlenteer überstrichen werden, um den Saftausfluß zu verhindern.

Teils auf der Abschnittsfläche, zwischen Holz und Rinde, teils unterhalb derselben erscheinen nun neue Triebe, welche Mitte Mai durch einen geübten Arbeiter bis auf den kräftigsten beseitigt werden; hierbei erhält ein an der Abschnittsfläche stehender Trieb um der schnelleren Überwallung willen den Vorzug vor den tiefer unten am

---

[1] Säen und Pflanzen, S. 78.
[2] Die Pflege der Eiche, S. 72.
[3] Waldbeschädigungen durch Tiere, S. 23.
[4] Geyer, Die Erziehung der Eiche zum Hochstamm, 1870.
[5] Geyer, Die Erziehung der Eiche zum Hochstamm; Aus dem Walde I, S. 81.

Wurzelhals erscheinenden. Dieses Beseitigen überflüssiger Triebe muß nötigenfalls wiederholt werden, wenn nochmals Ausschläge erscheinen würden. Bis zum Herbste soll nun die Wunde vollständig überwallt sein, der belassene Trieb aber eine Länge von 90 cm und mehr besitzen.

Im darauffolgenden Frühjahre wird die so erzogene Pflanze zum zweiten Male verschult, und zwar im Abstand von 60 cm im Quadrat; den Pflanzen werden beim Umschulen möglichst die Ballen belassen, die herausragenden Wurzeln aber zurückgeschnitten.

Nachdem die Pflanzen im zweiten und dritten Jahre nach dieser Verschulung die nötige Pflege bezüglich der Kronenbildung während des Sommers durch Auskneifen der Spitzen oder Umdrehen der entbehrlichen noch krautartigen Triebe — beides geschieht einfach mit der Hand, und wird durch derartiges, rechtzeitiges Operieren jede Verwundung des Stammes vermieden — erhalten haben, werden sie nach abermals drei Jahren, im ganzen also siebenjährig, zum dritten Male verschult. Diese Verschulung erfolgt möglichst mit Ballen, unter abermaliger Wurzelkorrektur, in 1 m Quadratverband; die Pflanzen erfahren während der nächsten Jahre wieder die nötige Pflege durch Beschneiden mit der Astschere, und soll deren Krone etwa 1,20 m über dem Boden beginnen und eine möglichst pyramidenförmige Gestalt er= halten, bis sie endlich nach abermals etwa drei Jahren, und sonach im ganzen zehnjährig, als starke, 3—4 m hohe Vollheister tunlichst mit Ballen ausgepflanzt werden. Die Kosten eines so erzogenen Heisters gibt Geyer nur auf 13 Pfennige an, ein Betrag, der für dreimalige Verschulung entschieden zu niedrig erscheint.

Burckhardt spricht sich[1] über den Wert dieses Verfahrens auf Grund seiner Wahrnehmungen etwas zweifelhaft aus: Die so erzogenen Pflanzen erfreuen das Auge nach Wurzel, Stamm und Zweigen, nur darf man nicht nach dem Wurzelhalse sehen, woselbst sich eine ver= dächtige Auftreibung zeigt! — Diese Auftreibungen wurden in Burck= hardts Gegenwart in einem Geyerschen Pflanzkamp an zwölf= jährigen, jedoch erst vor sechs Jahren gestummelten Heistern bei einer größeren Zahl (40) aufgeschnitten, und zeigten sich nur 20 % gesund, während die übrigen schadhafte Stellen an der überwallten Abhiebsfläche zeigten. Bei in jüngerem Alter gestummelten Pflanzen mag dies besser sein. — Ein im hiesigen Forstgarten angestellter Ver= such mit der Geyerschen Erziehungsmethode ergab einen nur wenig befriedigenden Erfolg, indem die Loden bei mäßigem Wachstum eben=

---

[1] Aus dem Walde V, S. 113.

falls jene unschöne Auftreibung am Wurzelhals zeigten, und ebenso haben wir bei andernorts auf solche Weise erzogenen Eichen jene von Burckhardt konstatierte Faulstelle an der Basis ebenfalls gefunden.

Ein bez. der Eichenheistererziehung in Eberswalde angestellter vergleichender Versuch ergab nach Schwappachs Mitteilung[1]) die günstigsten Resultate für eine zweimalige Verschulung mit mäßiger Kürzung der Pfahlwurzeln, während sich das Geyersche Verfahren nach keiner Seite hin empfahl, indem es einerseits die mindest schön entwickelten Pflanzen, anderseits die obenerwähnte Mißbildung und Faulstelle am Fuß zeigte. —

§ 106. Die Rotbuche.

Die Buche war eine in früheren Zeiten den Saat- und Pflanzgärten fast völlig fremde Holzart. Ihre Verjüngung erfolgte ausschließlich auf natürlichem Wege, und wo man zur Schlagvervollständigung Pflanzen bedurfte, da griff man zu jenen Ballen- oder Büschelpflanzen, welche die Schläge stets in reichster Fülle boten. Wollté man aber Buchen da oder dort auf künstlichem Wege unter Schutzbestand nachziehen, so wählte man in der Regel die Saat — und so bestand keinerlei Veranlassung, Buchen im Forstgarten zu erziehen.

Der infolge so vieler Schädigungen, welche unsere reinen Nadelholzbestände in den letzten Dezennien heimgesucht haben, vielerorten hervorgetretene Wunsch, die Buche jenen Beständen wieder mehr oder weniger beizumischen, dem Laubholz wieder größere Verbreitung zu verschaffen, mehr aber noch der eifrige Betrieb des Unterbaues von Eichen- und Föhrenbeständen, wozu eben keine Holzart geeigneter ist als die Buche, haben dem Anbau dieser letzteren in neuerer Zeit größere Ausdehnung gegeben, und zwar derem Anbau durch Pflanzung als dem rascheren und sichereren Verfahren.

Wo man schon zahlreiche Buchenbestände, wohlgelungene natürliche Verjüngungen im Revier hat, da wird man das zu obigen Zwecken nötige Pflanzmaterial meist in einfachster und billigster Weise dem in Überzahl vorhandenen Aufschlage entnehmen, die Kosten der Erziehung von Buchenpflanzen ersparen können. Nicht überall ist aber diese Gelegenheit geboten; nicht immer sind die Verjüngungen so dicht, die Pflanzen so kräftig entwickelt als wünschenswert; bezüglich der Wurzelbildung ist die aus dem Kamp stammende Pflanze der im Freien erwachsenen wohl stets überlegen, und so wird denn sehr oft

---

[1]) Zeitschr. f. F.- u. J.-W. 1887, S. 2.

der Forstgarten die nötigen Pflanzen liefern. So ist denn auch die Buche seit einiger Zeit Gegenstand der Nachzucht in letzterem; an manchen Orten ist dies schon länger der Fall, und im Hannöverschen zog man für bestimmte Verhältnisse seit Jahren Buchenheister. —

Legt man ein Saatbeet vorwiegend oder ausschließlich zur Erziehung von Buchenpflanzen an, so wird man eine möglichst geschützte Lage, am liebsten eine nicht zu große Blöße inmitten eines älteren Bestandes, mit Rücksicht auf den der gegen Frost und Hitze so empfindlichen jungen Buche hierdurch gebotenen Seitenschutz wählen, außerdem aber den Buchensaatbeeten wenigstens die geschütztesten Plätze in dem auch für andere Holzarten bestimmten Forstgarten zuweisen. Man hat Buchensaatbeete selbst in der Weise angelegt, daß man zur Erhaltung des Schutzes einzelne alte Buchen auf der zur Saat=beetanlage gerodeten Fläche stehen ließ; allein wir halten dies für un=zweckmäßig aus mancherlei Gründen (f. § 13), unter denen die nachteilige Einwirkung der direkten Überschirmung, zumal der dichtbelaubten Buche, welche insbesondere auch die schwächeren atmosphärischen Niederschläge der Pflanzen entzieht, obenan steht[1]. Licht von oben, Schutz von der Seite ist auch der Buche am zuträg=lichsten, und durch nicht zu breite Saatbeete im alten Bestand erreicht man beides; wir haben selbst Abteilungslinien, am Gehäng gelegen und daher nicht als Abfuhrwege benutzt, mit gutem Erfolg für Buchen=saatbeete benutzt gesehen. Wesentlich anders liegt die Sache bezüglich der Erziehung von Buchenpflanzen unter dem Schutz eines lichten Föhrenbestandes, die wir weiter unten besprechen werden.

Die Bodenbearbeitung braucht nur mäßig tief zu sein; eine solche von nur 9 cm, wie sie ein Buchenzüchter empfiehlt[2], würden wir jedoch aus allgemeinen Gründen gegen jede zu seichte Boden=lockerung (siehe § 17) verwerfen, eine solche von 25—30 cm auch für die Buche empfehlen.

Wo Hochwild, Sauen, ein stärkerer Rehstand, da wird eine ent=sprechende Einfriedigung des Buchenkampes nicht wohl entbehrlich sein; am wenigsten scheinen nach unsern Erfahrungen die Hasen den Buchenknospen gefährlich zu sein, so daß, wo bloß letztere Wildart oder ein geringer Rehstand vorhanden, auch die einfacheren Schutz=mittel — Stangengerüste, Überspannen mit Schnüren, Verwittern usw. (siehe § 69) — genügen. Immerhin wird man in der Regel die geringen

---

[1] Forstl. Mitt. XI, S. 119.
[2] Allg. F.- u. J.-Z. 1862, S. 322.

Kosten der Einfriedigung etwa mit dem stets wieder verwendbaren Drahtgitter nicht scheuen.

Der Auswahl entsprechenden Saatgutes wendet man selbstverständlich auch volle Aufmerksamkeit zu, und es wird dies auch durch die leichte Erkennbarkeit der Keimfähigkeit durch die einfache Schnittprobe sehr unterstützt, zumal für die Herbstsaat, während im Frühjahre ein zu starkes Austrocknen des sonst guten Samens während des Winters und eine dadurch wesentlich verringerte Keimfähigkeit desselben zu fürchten ist.

Nach Kienitz' Angabe[1]) bewährt sich als ein gutes Mittel zur Erprobung der Keimkraft das Einwerfen der frisch gesammelten, noch nicht getrockneten Bucheln in Wasser, wobei fast nur gute Körner zu Boden sinken, während die obenauf schwimmenden schlecht oder doch sehr gering entwickelt sind. Sind die Bucheln jedoch schon stärker abgetrocknet, so schwimmt anfangs die Mehrzahl, während das Untersinken sehr allmählich erfolgt und sich auf gute wie auf einen Teil der schlechten Eckern erstreckt. — Grieb[2]) hat einen eigenen Samenschneideapparat zur Erprobung der Keimfähigkeit der Bucheln konstruiert (s. § 46), der aber nur wenig Eingang in die Praxis gefunden hat.

Nach Heß'[3]) Angabe wiegt ein Hektoliter Bucheln 40—50 kg und enthält 190 000—220 000 Stück Bucheckern. Die Keimfähigkeit wird mit 60—80 % angegeben, und erhält sich dieselbe bekanntlich nur bis zum nächsten Frühjahr.

Was nun die zweckmäßigste Zeit der Aussaat betrifft, so wird man für größere Samenmengen — Untersaaten, Saatbeete unter Bestandesschutz (s. u.) — im allgemeinen, dem Beispiel der Natur folgend, der Herbstsaat den Vorzug geben, um hierdurch die Kosten der Überwinterung und den trotz aller Sorgfalt schwer zu umgehenden Verlust eines Teiles der Keimkraft zu vermeiden. Dagegen ist die Buchel im Winter manchen Gefahren durch Mäuse, Häher, Eichhörnchen (die sie selbst aus dem Boden holen) ausgesetzt; die Pflanzen erscheinen im Frühjahr sehr zeitig und sind infolgedessen durch Spätfröste sehr gefährdet — und so gilt für Saatbeete die Frühjahrssaat doch überwiegend als Regel. Letzterer Grund gibt selbst Anlaß zu später Saat im Frühjahre — Alemann[4]) säte seine Bucheln nach dem

---

[1]) Forstl. Blätter 1880, S. 5.

[2]) Allg. F.- u. J.-Z. 1890, S. 122.

[3]) Holzarten, S. 44.

[4]) Forstkulturwesen, S. 43.

10. Mai! Nach Angabe Wieses[1] haben jedoch, gegenüber dem guten Erfolg von Herbst- oder zeitig vorgenommenen Frühjahrssaaten, späte Saaten im Frühjahre bei eintretender Trockne schlechten Erfolg; ja nicht selten bleiben dann die Bucheln ein volles Jahr im Boden liegen und keimen, wenn auch nur spärlich, erst im zweiten Jahre[2]. Auch stärkeres Decken, durch welches man das Keimen der im Herbst gesäten Bucheln etwa zurückzuhalten sucht, hat manches Bedenken gegen sich; am zulässigsten erscheint für Herbstsaaten das Decken der Beete mit Laub oder Nadelreisig n a ch e i n g e t r e t e n e m F r o s t, um hierdurch das Eindringen der Wärme in den Boden im Frühjahre zu verzögern. Bei solcher Deckung ist aber doppelte Vorsicht gegen Mäuse, die unter der Decke ihr Geschäft der Samenzerstörung ungestört und oft lange unentdeckt treiben, nötig. — Im übrigen aber stehen uns ja im Saatbeet mancherlei Schutzmittel gegen Spätfröste zur Verfügung, und darum wird die z e i t i g e Frühjahrssaat meist den Vorzug verdienen.

Hat man sich aber für letztere entschlossen — Mäusejahre n ö t i g e n uns direkt dazu —, so ist die zweckgemäße Ü b e r w i n t e r u n g der im Herbst gesammelten Bucheln unsere Aufgabe; dieselbe erfordert, gleich jener der Eicheln, viele Aufmerksamkeit, wenn die Keimfähigkeit nicht Not leiden soll, ja sie ist schwieriger als erstere. Selbsterhitzung der etwa zu dicht aufeinanderliegenden Bucheln, infolge deren diese verstocken, ist ebenso zu vermeiden wie zu starkes Austrocknen, und auch das stärkere oder zu frühe Ankeimen vor der Saat ist bei der Empfindlichkeit des an der Luft sehr rasch vertrocknenden Keimes unerwünscht, zumal eine Buchel, deren Keim vertrocknet, als verloren zu betrachten ist, nicht gleich der Eichel nachkeimt.

Mancherlei Methoden der Durchwinterung sind angesichts dessen versucht und empfohlen worden[3], teilweise die gleichen wie für die Eicheln: so namentlich das Aufschütten in nicht zu dünner Lage an gegen Nässe geschütztem, jedoch nicht zu trocknem Orte, auf mit Steinpflaster oder Lehmbeschlag versehenem Boden (Bretterböden verursachen leicht zu starkes Austrocknen) und Decken mit Stroh oder Matten, verbunden mit öfterem Umschaufeln, eine Methode, die auch durch einen erfahrenen Samenhändler[4] (Appel in Darmstadt) empfohlen

---

[1] Allg. F.- u. J.-Z. 1866, S. 358.

[2] Allg. F.- u. J.-Z. 1865, S. 120; Alemann, S. 42.

[3] Vergl. Burckhardt, Säen und Pflanzen, S. 137; Gayers Forstbenutzung, S. 495.

[4] Thar. Jahrb. Bd. 32, S. 69.

wird. Auch die Alemannsche Eichelhütte (siehe § 105) wurde zur
Durchwinterung der Buchel benutzt. Widersprechende, günstige[1]) wie
ungünstige[2]) Urteile hört man über das Durchwintern der Bucheln
in Mischung mit feuchtem Sand wie mit trocknen Materialien, indem
bei ersterer Methode Verstocken oder zu frühes Keimen, bei letzterer
zu starkes Austrocknen der Bucheln in dem einen oder andern Fall
eingetreten ist.

Oberförster Genth[3]) empfiehlt auf Grund seiner Erfahrungen
folgende einfache Methode: Man lasse die Bucheln auf einem luftigen
Boden, der keine Unterfeuerung hat, etwa 30 cm hoch aufschütten und
mit einer 2 cm dicken Strohmatte so überdecken, daß der Rand, des
Luftzuges wegen, am Boden freibleibt. Vor dem Decken werden die
Bucheln durch Überbrausen mit einer Gießkanne angefeuchtet und dies
Verfahren alle 14 Tage wiederholt, bei trocknem Wetter noch öfter;
bei feuchtem Wetter entfernt man die Strohmatte und schaufelt die
Bucheln tüchtig um. Wir haben dies Verfahren etwas modifiziert (die
Bucheln auf steingeplattetem Boden nur handhoch aufgeschüttet) wieder=
holt mit sehr gutem Erfolg angewendet.

Sehr eingehend hat seinerzeit E. Heyer[4]) die Buchelüberwin=
terung besprochen. Er schlägt dieselben in den oben bei der Eiche
geschilderten Samenzylinder, jedoch nur oberirdisch, ein, und zwar in
Mengung mit bereits im Sommer ausgegrabenem und dadurch gut
ausgetrocknetem Sand. Er läßt ferner die Beete zur Aussaat im
Herbst vollständig zubereiten, gute Erde zum Decken der Saat in
Haufen bringen, durch Deckung mit Laub, Reisig usw. vor dem Naß=
werden schützen und die Aussaat im zeitigen Frühjahre vornehmen,
sobald die öfter zu untersuchenden Bucheln zu keimen beginnen (letztere
Vorsicht wird auch für Eichelsaatbeete empfohlen).

Das Erhalten der kastanienbraunen Farbe der Bucheln ist ein
Zeichen, daß dieselben noch genügend Feuchtigkeit enthalten, während
gelbbraune Färbung auf Austrocknen und damit auf Verlust der Keim=
kraft hindeutet.

Vor der Aussaat im Frühjahre wird mit Rücksicht auf das
Austrocknen, welchem die Buchel während der Überwinterung so gerne
ausgesetzt ist, und welches, wenn nicht den vollständigen Verlust der
Keimkraft, so bei minderem Austrocknen doch sehr verspätetes Auf=

---

1) Forstw. Zentralbl. 1862, S. 52.
2) Thar. Jahrb. Bd. 31, S. 79.
3) Doppelte Riesen, S. 48.
4) Allg. F.= u. J.=Z. 1883, S. 301.

gehen zur Folge hat, das Einweichen der Bucheln in Wasser oder das vollständige Ankeimen derselben — Malzen — empfohlen, letzteres zugleich als sicherstes Mittel, um sich von der Keimfähigkeit des Samens zu überzeugen. E. Heyer[1]) empfiehlt das Mischen der Bucheln mit feuchtem Sand in einem 8—10 Tage lang liegenden, mit Reisig bedeckten und öfter angenetzten Haufen. Burckhardt[2]) dagegen läßt den Sand weg, schüttet die Bucheln lediglich im Freien auf, sie stark begießend und öfter umschaufelnd, jede trockne Hitze im Innern der Haufen sorgfältig vermeidend; letztere werden mit alten Säcken oder Reisig gedeckt. Sobald die Bucheln den Keim zeigen oder wenigstens die ursprüngliche frische, braune Farbe wiedererlangt haben, sollen sie mit entsprechender Vorsicht gegen das Austrocknen ausgesät werden. Schon angekeimte Bucheln sind bei der Empfindlichkeit des Keimes mit besonderer Sorgfalt zu behandeln. — Ein mehrtägiges Anfeuchten der Bucheln vor der Aussaat erweist sich nach unsern Erfahrungen stets vorteilhaft.

Die Aussaat selbst nimmt man am besten in Rillen vor, welche, quer über die Beete laufend, mit einer etwa 3 cm starken Saatlatte oder einem Rillenbrett eingedrückt werden; die Entfernung dieser einfachen (nicht Doppel=) Rillen ist durch die Stärke bedingt, welche die Pflanzen im Saatbeet erreichen sollen, und wird eine solche von 15 bis 20 cm die entsprechendste sein. Nach der bayrischen Anleitung vom Jahre 1862[3]) können die Rillen in einfacher Weise mit Rechen angefertigt werden, deren 3 cm breite Zinken 10 cm voneinander abstehen; letztere Entfernung will uns jedoch etwas gering erscheinen. In Halstenbeck wird der in § 54 beschriebene und abgebildete Rillenzieher mit 9 cm breiten und an der Spitze 16 cm voneinander abstehenden Zähnen benutzt. — Was die Tiefe der Rillen und bzw. die durch letztere bedingte Stärke der Bedeckung betrifft, so haben die bereits erwähnten Versuche Baurs (siehe § 52) eine Bedeckung von 2 cm Stärke als die günstigste ergeben, während eine solche von 5 cm sich bereits der Keimung sehr nachteilig erwies, eine noch stärkere dieselbe fast vollständig verhinderte. Auch Burckhardt empfiehlt eine 2—2,5 cm starke Bedeckung, die bei lockerem Boden und zur Verhütung zu frühen Keimens (bei Herbstsaat) etwas verstärkt

---

[1]) Allg. F.= u. J.=Z. 1866, S. 210.

[2]) Säen und Pflanzen, S. 138.

[3]) Forstl. Mitt. XI.

werden kann. Damit nähert er sich der Angabe Bühlers[1]), der die besten Resultate bei einer Deckung von 3—4 cm erreichte.

Die Saat selbst erfolgt aus der Hand ohne Anwendung von Sävorrichtungen, und läßt sich bei der Größe des Samens eine gleichzeitliche Verteilung leicht erzielen, eine zu dichte Saat vermeiden. In den 2—3 cm breiten Rillen darf der Samen wohl so dicht liegen, daß in der Längsrichtung sich Korn an Korn befindet. Das Decken geschieht durch Ausfüllen der eingedrückten Rillen mit guter Komposterde; sind die Rillen mit dem Rechen oder Häckchen gefertigt worden, so zieht man auch wohl die zur Seite liegende Erde mit hölzernem Rechen wieder bei, auf diese Weise deckend, und drückt die Erde etwas an.

Als Samenbedarf gibt Burckhardt[2]) pro Ar bei einem Rillenabstand von 30 cm 10 Liter an; bei dem geringeren Abstand aber, welcher meist den Rillen gegeben wird, ist dieses Samenquantum entsprechend zu erhöhen, wie denn auch Judeich dasselbe auf 20 bis 40 l pro Ar angibt. Bühler[3]) empfiehlt ein Samenquantum von 20—30 g pro laufenden Meter, was bei einer Entfernung der Saatrillen von 20 cm (inkl. Rillenbreite) pro Ar 500 laufende Meter und sonach einen Samenbedarf von 10—15 kg ergeben würde; da, wie oben angegeben, ein Hektoliter Bucheln 40—50 kg wiegt, so würde dies einem Samenquantum von 25—40 l pro Ar entsprechen.

Die Bucheln keimen je nach dem Zustand der Austrocknung, in welchem sie sich befanden, rascher oder langsamer, am raschesten natürlich die durch Ankeimen vorbereiteten Samen; ebenso keimen die im Herbst gesäten sehr zeitig. Bei der Keimung wird die braune Fruchtschale von den noch eingeschlossenen Kotyledonen mit aus dem Boden gehoben und erst bei Ausbreitung der letzteren — den bekannten, saftigen, oben grünen, unten weißlichen nierenförmigen Samenlappen — abgestreift; letztere schrumpfen nach einigen Wochen bzw. nach Erscheinen der ersten Laubblätter und fallen ab.

Schutz der Saaten ist dringend nötig, da dieselben durch mancherlei Tiere sowohl im Boden als nach dem Aufgehen gefährdet und durch Spätfröste bedroht sind. Herbstsaaten sind gegen Mäuse durch Gräben, eventuell durch Vergiftung, gegen Häher durch eine Decke von Dornen zu schützen; auch Eichhörnchen gehen den Samen begierig nach und lassen sich selbst durch Saatgitter (nach unsern Er-

---

[1]) Bühler, Mitt., Bd. II, Heft 1 u. 2.
[2]) Säen und Pflanzen, S. 139.
[3]) Mitt., Bd. II, Heft 1 u. 2.

fahrungen) nur schwer abhalten, wenn sie das Saatbeet entdeckt haben, so daß nur Abschuß derselben helfen kann. Besondere Sorgfalt erheischen dieselben aber im Frühjahre gegenüber den Spätfrösten, denen sie in höherem Grade ausgesetzt sind als die später keimenden Frühjahrssaaten. Bei später Frühjahrssaat, die allerdings wieder anderweite Bedenken hat (s. o.), fällt die Frostgefahr im ersten Jahre allerdings weg. — Am größten ist erklärlicherweise die Spätfrostgefahr für Keimlinge, welche durch eine Temperatur von — 1 Grad wohl immer getötet werden; der empfindlichste Teil scheint hierbei der Stengel, namentlich an der Anheftungsstelle der Kotyledonen, zu sein, und das Anhäufeln der Keimlinge bis an diese Stelle ist daher als ein Schutzmittel zu empfehlen. Auch durch eine Deckung der Räume zwischen den Rillen mit Laub, so daß nur der obere Teil der Kotyledonen sichtbar bleibt, hat man guten Schutz gegeben[1]). Am besten wird man aber den Keimlingen stets den nötigen Schutz gegen Spätfröste durch aufgestecktes Reisig, besser noch durch Schutzgitter, bieten, und soll nach Pfeils Angabe[2]) hierdurch bei genügend dichter Deckung selbst eine Temperatur bis — 6 Grad unschädlich gemacht werden können. — Eine leichte Deckung (Pflanzgitter) wird sich da, wo Seitenbeschattung fehlt, auch gegen die grelle Einwirkung der Sonne im Hochsommer als nützlich erweisen.

Auch in den nächsten Jahren — älter als dreijährig läßt man die Buche im Saatbeet wohl nicht werden, zumal deren Entwicklung im gut vorbereiteten Saatbeet eine rasche zu sein pflegt — gibt man derselben im Frühjahre gerne durch Schutzgitter die nötige Sicherung gegen Spätfröste, welche die kräftigere Pflanze, wenn auch nicht töten, so doch im Wuchs sehr zurücksetzen.

Bezüglich einer den Buchenkeimlingen drohenden Gefahr durch einen Pilz, den Keimlingspilz (Phytophthora omnivora), welcher Keimlinge jeder Art, insbesondere aber auch jene der Buchen, befällt, Stengel und Kotyledonen schwärzend und den Keimling tötend, sei auf die Besprechung in § 64 verwiesen. Bei feuchter Witterung im Mai ist nach unsern Erfahrungen diese Gefahr eine große!

Im übrigen erhalten die Pflanzen im Saatbeet die nötige Pflege durch Reinigen der Beete von Unkraut und Lockern der Räume zwischen den Rillen: ihre Entwicklung pflegt jener ihrer Altersgenossen im Besamungsschlag, Dank der Lockerung des Bodens, sowie

---

[1]) Allg. F.= u. J.=Z. 1862, S. 322.
[2]) Krit. Blätter XXXV, 1.

dem höheren Lichtgenuß stets nicht unwesentlich voraus zu sein. Man kann sie zu Unterpflanzungen wohl schon einjährig verwenden, nimmt aber lieber zweijährige, auch dreijährige kräftige Pflanzen.

Als eine einfache, billige und darum sehr zweckmäßige Methode zur Erziehung großer Mengen unverschulter zwei- bis vierjähriger Buchenpflanzen, wie sie zum Unterbau an manchen Orten nötig sind, sei jene unter einem Föhrenschutzbestand genannt, wie sie zuerst in dem hessischen Forstrevier Viemheim angewendet und von Ed. Heyer[1]) beschrieben wurde. Wir haben dieselbe dort wie in verschiedenen andern Waldungen gesehen und als sehr empfehlenswert befunden!

In einem 40—60jähr. Föhrenbestand auf genügend frischem Boden wird eine Fläche von entsprechender Größe — man kann rechnen, daß pro Ar bis zu 6000 Pflanzen erzogen werden können — ausgesucht, kräftig durchforstet und dann (zweckmäßig mittelst Drahtgitter) eingefriedigt. Der Boden wird mittelst Hacke zeitig im Herbst bearbeitet, in der Regel noch im Spätherbst die Vollsaat mit etwa 6 kg guter Bucheln pro Ar (rund 25 000 Stück) vorgenommen, und letztere werden mittelst Rechen gut in den Boden gebracht; die aufgehenden Bucheln genießen den Schutz des lichten Föhrenbestandes gegen Spätfröste wie später gegen Trocknis; jede Lockerung und Reinigung entfällt, und im dritten Jahr — nach Heyer sogar schon im zweiten — beginnt das Ausstechen der kräftigsten Pflanzen, am besten mit starken Gabeln zur Schonung der Wurzeln. Diese Ausnutzung des Pflanzkampes setzt sich etwa bis zu vierjährigem Alter der Pflanzen fort, und beläßt man schließlich so viele, als zur Deckung des Bodens auf der Kampfläche erwünscht sind. — Nach Heyers Angabe kam das Tausend dergestalt erzogener Buchenpflanzen nur auf 33 Pfennige, wozu nur noch die Kosten des Ausstechens zu rechnen sind.

Eine Verschulung der im Saatkamp erzogenen Buchen nimmt man wohl nur ausnahmsweise vor; zu Unterpflanzungen genügen die billigeren Saatbeetpflanzen, die ja durch den betreffenden Bestand gegen Graswuchs, Frost und Hitze geschützt sind; Buchenpflanzungen ins Freie aber, die stärkere verschulte Pflanzen erfordern würden, pflegen zu den Ausnahmen zu gehören. Bedarf man aber in besonderen Fällen solcher stärkerer Pflanzen oder gar Heister, so verschult man die im Saatbeet erzogenen Pflanzen ein- oder zweijährig, schult etwa auch Wildlinge aus natürlichen Verjüngungen in solchem Alter ein, wählt den Abstand von 20 cm in den Reihen und 25—30 cm für

---

[1]) Allg. F.- u. J.-Z. 1888, S. 348.

die Entfernung letzterer voneinander und läßt die Pflanzen, je nach ihrer Entwicklung, zwei bis drei Jahre im Pflanzbeet stehen.

Man hat wohl auch Keimlinge[1]), die sich nach einer das Sammeln von Samen nicht ermöglichenden Sprengmast in größerer Zahl in den Beständen vorfinden, zur Deckung des Pflanzenbedarfs ausgehoben, sobald sie das erste Blattpaar getrieben haben, und sie eingeschult; dieselben bedürfen jedoch bei dem Ausheben, Transport und Einschulen großer Vorsicht. Die Arbeit sollte nur bei feuchter Witterung geschehen; entsprechende Deckung durch Gitter zum Schutz gegen die Sonne ist unerläßlich, und eine derartige Manipulation wird daher stets kostspielig und nur unter besonderen Verhältnissen gerechtfertigt sein, zeigt jedoch unter den angegebenen Voraussetzungen nach unsern wiederholten Versuchen guten Erfolg.

Noch seltener findet man die Buche als stärkere Pflanze, als Heister, im Forstgarten, und Süddeutschland zumal kennt einen Buchenheisterkamp wohl gar nicht. Wo man, wie z. B. im Spessarter Wildpark der Fall gewesen, mit Rücksicht auf die den schwächeren Pflanzen durch das Wild drohenden Gefahren genötigt war, zur Unterpflanzung der Eichenbestände starke, 1—1½ m hohe Buchen zu verwenden, da gewann man solche aus älteren Verjüngungen durch sorgfältige Rodung und köpfte die zu schwanken Pflänzlinge in einer Höhe von 1—1½ m; der Erfolg dieser Kulturen, die anfänglich aller= dings kein schönes Bild boten und sich nur langsam von dem starken Eingriff in Wurzeln und Stämmchen erholten, war doch schließlich ein durchaus befriedigender und die Kosten verhältnismäßig gering.

Häufiger wurde nach Burckhardts Mitteilungen die Pflanzung mit Buchenheistern in Hannover angewendet: zur Verpflanzung von sog. Hudewaldungen, meist in Mischung mit der Eiche, auch zur Aus= füllung von Lücken in Hoch= und Niederwaldungen, und der Erfolg solcher Kulturen war vielfach ein sehr günstiger[2]). Zu solchen Pflan= zungen ins Freie sind nun starke Buchenpflanzen, die bisher in dichtem Schluß standen, wenig verwendbar; dieselben legen sich leicht zur Seite; die empfindliche Rinde der schwach beasteten Pflanzen wird durch die Einwirkung der Sonne gerne brandig; eine rauhe, tiefer herabgehende, die Rinde schützende Beastung ist daher wünschenswert. Teilweise lieferten die Ränder der Verjüngungen taugliches Material;

---

1) Burckhardt, Säen und Pflanzen, S. 164.
2) Vergl. Burckhardt, Aus dem Walde V, S. 123; Säen und Pflanzen, S. 164.

der Hauptsache nach erzog man sich dasselbe jedoch in der Heister=
pflanzschule entweder durch wiederholte Verschulung von Saatbeet=
pflanzen oder durch Einschulung kräftiger Wildlinge aus Verjüngungen.
Abstand der Pflanzen und Zeit des Stehens im Pflanz= und Heister=
kamp sind abhängig von der Stärke der Pflanzen beim Umschulen
wie jener, welche die Heister erlangen sollen. Nach Burckhardt
verschult man die einjährigen Saatbeetpflanzen in Reihen von 40 cm
Abstand und 20 cm Pflanzenentfernung und setzt die so erzogenen
Pflanzen drei= bis vierjährig in etwa 70 cm Quadratverband in den
Heisterkamp, wo sie weitere vier Jahre verbleiben.

Zu beschneiden ist an den Buchen wenig; die Erhaltung einer
rauhen Beastung ist, wie oben erwähnt, geradezu nötig; doch sind zu
lange Seitenäste zu kürzen und solche Korrekturen, durch welche man
der Bekronung eine pyramidenförmige Gestalt zu geben strebt, im
Jahre vor der Verschulung bzw. Auspflanzung vorzunehmen. An
den Wurzeln werden beschädigte Teile, zu lange Seitenwurzeln ent=
fernt bzw. gekürzt; im allgemeinen schneidet man auch hier nicht viel.

Im ganzen aber wird der Buchenheister stets eine untergeordnete
Rolle spielen, nur ausnahmsweise Verwendung finden, da in den meisten
Fällen die Verwendung billigeren Materials ebenfalls zum erwünschten
Ziel führen wird.

§ 107. Die Esche.

Die Esche, früher in unsern Waldungen häufiger zu finden als
jetzt, hat, wie Gayer richtig sagt[1]), bezüglich ihrer Verbreitung der
menschlichen Kunst wenig zu danken; für ihre Nachzucht ist in früherer
Zeit nur wenig geschehen; der gleichalte Hochwaldbetrieb, die natür=
liche Verjüngung mittelst Dunkelschlag waren wohl geeignet, diese
entschieden lichtbedürftige Holzart mehr und mehr zu verdrängen,
zumal wenn der Standort nicht ein die Esche besonders begünstigender
war. In neuerer Zeit wendet man der wertvollen Esche, gleich dem
Ahorn, größere Aufmerksamkeit zu, sucht sie dem Buchenhochwald in
geeigneten Örtlichkeiten einzeln oder besser in kleinen Horsten
einzumengen, ihr im Nieder= und Mittelwald als Unterholz und Ober=
holz einen Platz zuzuweisen, so daß sie jetzt vielfach Gegenstand des
forstlichen Anbaues geworden ist. Insbesondere aber ist dies in Fluß=
niederungen, in den sog. Auwaldungen der Fall, wo sie ein vorzüg=
liches Wachstum und hohe Massen= wie Wertsproduktion zeigt.

---

[1]) Waldbau, S. 97.

Der Anbau geschieht aber vorwiegend durch Pflanzung — im Nieder- und Mittelwald immer, im Hochwald in den meisten Fällen, da auch in diesem die beabsichtigte mäßige Einmischung hierdurch sicherer und entsprechender erreicht wird als durch die Saat —, und deshalb finden wir die Esche in den Saat- und Pflanzbeeten unserer Forstgärten von der schwachen Saatpflanze bis zum kräftigen Heister, wie ihn etwa der Mittel- und Auwald verlangt, vor.

Die Wahl eines hinreichend frischen Bodens ist, bei dem bekannten Feuchtigkeitsbedürfnis der Esche, bei Auswahl des Platzes wohl zu beachten, der Versuch, sie auf trocknerem Boden zu erziehen, zu unterlassen. — Die Bodenbearbeitung braucht für die Esche, selbst wenn es sich um Erziehung stärkerer Pflanzen handelt, eine nur mäßig tiefe zu sein, 40 cm auch für den Heister nicht zu überschreiten.

Was nun die Saat derselben betrifft, so ist hier eine Eigentümlichkeit der Esche ins Auge zu fassen: ihr Samen keimt fast ausnahmslos erst im zweiten Jahre nach der Reife und bzw. Aussaat. Nach einer Mitteilung[1] soll derselbe zwar, im Herbst nach der Samenreife sofort mit Sand vermischt und über Winter in Gruben aufbewahrt, aus diesen letzteren aber im Frühjahre ins Saatbeet gebracht, alsbald aufgehen; nach einer weiteren Notiz[2] soll durch einstündiges Einweichen in heißem Wasser die lederartige Umhüllung des Samenkorns, unbeschadet der Keimkraft, erweicht und dadurch gleichfalls Keimung im ersten Frühjahre ermöglicht werden; aber ersteres Verfahren scheint uns doch kaum wirksam, und letzteres hat nirgends weitere Empfehlung gefunden; ein von uns selbst angestellter Versuch zeigte das erwartete Resultat nicht, und die Keimung des Eschensamens erst im zweiten Frühjahre nach der Samenreife erscheint daher als Regel. — Nach Pfeils Angabe[3] würde der sofort nach eingetretener Samenreife im Herbst ausgesäte Samen vielfach schon im ersten Frühjahre keimen, der noch längere Zeit an den Bäumen hängende und dadurch stärker ausgetrocknete aber erst im zweiten. Durch alle die genannten Mittel bringt man aber doch wohl nur einen Teil des Samens zum Keimen, der andere keimt im zweiten Jahre nach, und eine derartig ungleich aufgehende Saat bringt so entschiedene Nachteile mit sich, daß eine erst im zweiten Jahre gleichmäßig aufgehende Saat vorzuziehen ist.

---

[1] Allg. F.- u. J.-Z. 1863, S. 275.
[2] Forstw. Zentralbl. 1858, S. 341.
[3] Deutsche Holzzucht, S. 283.

Dieses lange Liegen des Samens bis zum Aufgehen hat aber die unangenehme Folge, daß die Saatbeete während des Sommers stark verunkrauten, bei dem Reinigen derselben aber namentlich mit dem tieferwurzelnden Unkraut der Samen leicht herausgerissen wird, ein Nachteil, den alle im zweiten Jahre erst keimenden Samen mit sich bringen. Man schlägt deshalb den Samen an weder zu feuchtem noch zu trockenem Orte in der Weise ein, daß man eine etwa 30 cm tiefe Grube von entsprechender Größe, je nach der Menge des auf= zubewahrenden Samens, herstellen läßt, deren Boden mit Laub oder Stroh deckt, den Samen, mit Erde vermischt, einschüttet und nach abermaliger Aufbringung einer Laub= oder Strohschichte die Grube gar mit Erde ausfüllt; oder man deckt die im ersten Frühjahre angesäten Beete mit einer dichten, durch aufgelegtes Reisig festgehaltenen Laub= oder Moosdecke, welche die Entwicklung des Unkrauts verhindert. Im ersteren Falle versäume man jedoch nicht, die Saat im zweiten Frühjahre sehr zeitig vorzunehmen, da der Samen meist bald zu keimen beginnt und bei vorgeschrittener Keimung nicht mehr verwend= bar ist; im letzteren entferne man im Spätherbst die Laubschichte, unter der sich im Winter sonst gerne die Mäuse sammeln (siehe § 48).

Hat man den Samen in Gruben aufbewahrt, so nimmt man ihn im Frühjahre unmittelbar vor der Saat heraus, entfernt, etwa durch Siebe, die Erde zur Erleichterung der Saat und nimmt letztere sofort vor. Will man aber die Saat gleich im ersten Frühjahre vornehmen und den Samen in den Beeten ein Jahr liegen lassen, so bewahrt man den im Herbst gesammelten und entsprechend abgetrockneten Samen über Winter einfach in Säcken auf. — Die Keimprobe erfolgt beim Eschensamen lediglich durch die Schnittprobe, bei welcher sich das Samenkorn im Innern bläulichweiß und wachsartig zeigen muß.

Die Aussaat selbst erfolgt in Rillen, welche mit der Saatlatte oder dem Rillenbrett (Fig. 18, S. 112) eingedrückt werden; auch der Rillenzieher (Fig. 20, S. 114) findet wohl Anwendung. Über die zweckmäßigste Stärke der Deckung des Samens, wodurch die Tiefe der Rille bedingt wird, hat Baur bezüglich der Esche keine Versuche an= gestellt; eine solche von 1,5—2 cm dürfte nach der Größe des Samens und unsern Erfahrungen die entsprechendste sein. Die Entfernung der Rillen — einfacher, etwa 2—3 cm breiter Rillen — wird man bei beabsichtigter Verschulung der Pflanzen in einjährigem Alter zu 15 cm, bei zweijährigem Stehen derselben im Saatbeet zu 20—25 cm wählen. Die Saat selbst, welche ohne Hilfsmittel aus der Hand ge= schieht, darf so dicht vorgenommen werden, daß Korn an Korn liegt, und ist nach Burckhardts Angabe bei 30 cm Rillenentfernung pro Ar ein Quantum von drei Pfund nötig, ein Quantum, das nach unsern Erfahrungen etwas gering und bei den oben angegebenen Rillenentfernungen auf sieben und bzw. fünf Pfund zu erhöhen ist.

Nach Heß' Angabe[1]) enthält ein Kilogramm etwa 14 000 Samenkörner, die Keimkraft beträgt 50—60 %, die Dauer der Keimfähigkeit 1—3 Jahre; da die Esche jedoch fast jährlich Samen trägt, wird man zumeist in der Lage sein, frischen Samen zu verwenden.

Die Esche keimt mit zwei langen, schmalen, oben dunklen, unten hellgrünen, zugespitzten Kotyledonen, die einige Ähnlichkeit mit den ebenfalls zungenförmigen Kotyledonen des Ahorns haben, sich aber von diesen durch die Nervatur — einen Mittelnerv, von welchem Seitennerven nach dem Rand abgehen, während der Samenlappen des Ahorns drei parallele Längsnerven zeigt — in deutlicher Weise unterscheiden. Auf die Kotyledonen folgt ein Paar gegenständiger Blättchen, und dem erst folgen die für die Esche charakteristischen Fiederblätter.

Die zeitig erscheinenden Keimpflanzen sind gegen Fröste sehr empfindlich und durch Reisig oder Schutzgitter entsprechend gegen dieselben zu schützen. Die jungen Pflanzen aber sind während des Winters durch Verbeißen seitens der Rehe und Hasen gefährdet und eine genügend dichte Einfriedigung daher nötig.

Nur selten werden die Eschen unverschult, etwa als zweijährige Pflanzen, verwendet; in den meisten Fällen bedarf man zur Schlagvervollständigung im Niederwald, zur Einpflanzung in den Hochwald stärkerer Pflanzen, zumal die Esche stets auf frischen, zu Graswuchs geneigten Lokalitäten angepflanzt wird; man erzieht daher durch Verschulung meterhohe kräftige Pflanzen, nach Umständen aber noch viel stärkere Heister. Ihr Wurzelsystem, neben wenigen stärkeren Wurzeln eine große Zahl feinerer, vielverzweigter Wurzeln zeigend, sichert ihr Verpflanzen in jedem Alter, jeder Stärke.

Man verschult die Esche mit gutem Erfolg schon als Keimling (Krautpflanze) nach dem Erscheinen des ersten Blattpaares und kann solche Pflanzen nicht selten zahlreichem natürlichen Anflug in der Nähe alter Eschen entnehmen. Solche eingeschulte Keimlinge erreichen schon im ersten Lebensjahre eine ziemliche, die unverschulten Pflänzchen im Saatbeet wesentlich überragende Höhe und Stärke, und der Gewinn durch das Einschulen solcher Pflanzen ist daher angesichts des langen Liegens des Samens und der damit verbundenen Umstände

---

[1]) Holzarten, S. 88.

ein doppelter. Doch ist bei dem Versetzen derselben ins Pflanzbeet, welches mit dem einfachen Setzholz rasch erfolgt, auf vorhandene entsprechende Bodenfeuchtigkeit zu sehen, für solche nötigenfalls durch Gießen zu sorgen und bei eintretendem sonnigen Wetter den Pflänzchen der nötige Schutz durch Gitter zu geben.

Außerdem verschult man vorzugsweise einjährige, kräftige Saatbeetpflanzen, bei geringer Entwicklung derselben wohl auch noch zweijährige, und zwar mit Rücksicht auf die rasche Entwicklung der Esche in nicht zu engem Verband, etwa von 20 auf 30 cm. Nach zweijährigem Stehen im Pflanzbeet haben die mittlerweile bis meterhoch gewordenen Pflanzen jene Stärke erreicht, in der sie entweder in die Schläge ausgepflanzt oder zum Zweck der Heisterzucht nochmals in weiterem Verband verschult werden müssen. Dieser wird sich nach der Stärke richten, welche die Heister erreichen sollen, und hiernach 0,50—0,70 m Quadratverband betragen, letzteres für die wenig zur Astverbreitung geneigte Esche wohl das Maximum; in einem Alter von sechs Jahren werden die Heister der raschwüchsigen Esche auf gutem Boden fast stets die nötige Stärke erreicht haben — bei keiner Holzart pflegt die Heisterzucht dankbarer zu sein, raschere Erfolge und schöneres, durchaus brauchbares Material zu liefern als bei der Esche!

Keine Holzart hat ferner ein für die Verpflanzung günstigeres Wurzelsystem als die Esche: mäßig starke Hauptwurzeln mit einem außerordentlich reichen Geflecht von Faserwurzeln. Ein Beschneiden der ersteren erscheint bei der erstmaligen Verschulung nicht nötig, wohl aber sind dieselben zu kürzen, wenn zum Zweck der Heisterzucht eine zweitmalige Verschulung stattfindet; das reich verzweigte Saugwurzelsystem läßt die Esche solche Eingriffe bei Verschulung wie bei Auspflanzung ins Freie sehr leicht ertragen. Deswegen erscheint es auch bei der Esche am ersten zulässig, stärkere Pflanzen dadurch zu erziehen, daß man zur Ersparung nochmaliger Verschulung im Pflanzbeet je die zweite Reihe und die zweite Pflanze in der Reihe nach etwa zweijährigem Stehen im Beet vorsichtig heraushebt, hierdurch den Standraum der verbleibenden Pflanzen vergrößernd und sich auf solche Weise Heister erzieht. Auch findet sich bei der Esche in den Pflanzbeeten bei weitem nicht so viel zur Heisterzucht untauglicher Ausschuß als bei der Eiche, — ein weiterer Grund für die Zulässigkeit dieses Verfahrens.

Eine Pflege der Pflanzbeete, des Heisterkampes durch Beschneiden der Äste ist bei der geringen Neigung der jungen Esche zur Astverbreitung nur in beschränktem Maße nötig — nötig fast nur

zur Beseitigung der in den Pflanzbeeten wie auch an den schon
stärkeren Stämmen bekanntlich so häufig auftretenden Gabel= oder
Zwillerbildungen. Dieselben erscheinen stets als Folge einer
Beschädigung der Mittelknospe oder des Gipfeltriebes, an deren Stelle
dann die beiden gegenständigen Seitenknospen oder =triebe die
Gipfelbildung zu übernehmen pflegen; die beiden Triebe wachsen dabei
nicht selten längere Zeit in gleich starker Entwicklung fort, oder es
wird bald der eine dominierend — um sich häufig schon nach nicht
allzu langer Frist wieder zu gabeln! Ein Spätfrost hat oft die Folge,
daß nahezu sämtliche Pflanzen eines Beetes sich gabeln, und stets
wird es dann Aufgabe der Pflege sein, den schwächeren der beiden
Triebe baldig durch einen scharfen Schnitt mit der Astschere zu ent=
fernen, wodurch in wenig Jahren die Spuren jener Frostwirkung am
Stämmchen verschwinden. Das rechtzeitige Ausbrechen einer
Seitenknospe hat den gleichen Erfolg.

Auch ein Insekt, die Eschenzwieselmotte (Prays curtisellus)
zerstört nicht selten durch ihre Raupe die kräftige Terminalknospe und
gibt hierdurch Veranlassung zu der unangenehmen Gabelbildung[1]).

Stehen ältere Eschen in der Nähe des Forstgartens, so zeigt sich
die erstere heimsuchende spanische Fliege (Lytta vesicatoria) wohl auch
auf den Pflanzbeeten und muß durch fleißiges Absuchen entfernt werden.

§ 108. Der Ahorn.

Der Ahorn (und zwar fassen wir unter dieser Bezeichnung zunächst
den Berg= und Spitzahorn zusammen) zeigt manches mit der Esche
Gemeinsame. Gemeinsam ist ihm mit jener das mehr vereinzelte oder
horstweise Auftreten, der Anspruch an genügende Frische des Bodens,
das Lichtbedürfnis, das Verschwinden in den gleichaltrigen natürlichen
Verjüngungen der Buche oder Nadelhölzer, gemeinsam aber auch die
Berücksichtigung, welche diese edle Nutzholzart in neuerer Zeit als
Mischholz im Hoch= wie im Niederwald findet. Ähnlich der Esche
läßt sich aber auch der Ahorn sicherer und zweckmäßiger durch Pflan=
zung als durch Saat in die Bestände einbringen[2]), und darum sehen
wir denn den Ahorn auch vielfach als eine Holzart unserer Forstgärten.
Dabei wird man den Bergahorn (Acer pseudoplatanus) vorzugsweise
im Berg= und Hügelland, den Spitzahorn (A. platanoïdes) in der

---

[1]) Das Insekt wurde vom Forstmeister Borgmann zuerst entdeckt, s.
Zeitschr. f. F.= u. J.=W. 1887, S. 689.
[2]) Vergl. Jahrb. des schles. Forstver. 1879, S. 74 u. 78.

Ebene, dem tiefergelegenen Lande nachziehen[1]); der Feldahorn (A. campestre) ist wohl nirgends Gegenstand künstlicher Nachzucht. Beim Anbau beider erstgenannter Arten im Forstgarten aber besteht kein wesentlicher Unterschied.

Dieser Anbau erfolgt nun wohl in den meisten Fällen durch Erziehung in Saatbeeten mit nachfolgender Verschulung, um dadurch meterhohe Loden oder stärkere Heister zu erlangen; eine Verpflanzung ohne vorgängige Verschulung findet mit Rücksicht auf die durch Graswuchs, Wild, im Niederwald durch Überwachsen den schwächeren Ahornpflanzen drohenden Gefahren nur seltener, bei besonders günstiger Entwicklung der im Saatbeet nicht zu dicht stehenden Pflanzen aber in etwa zweijährigem Alter statt.

Wie für Eschen- so auch für Ahorn-Saatbeete, welche mit Rücksicht auf die den Pflanzen durch Verbeißen drohende Gefahr stets im gut eingefriedigten Forstgarten liegen, ist zu freudigem Gedeihen ein frischer, kräftiger Boden nötig. Stärkerer Seitenschatten ist zu vermeiden, da der Ahorn eine lichtliebende Holzart ist, weshalb man für die Nachzucht des Ahorns die Beete unmittelbar an der Bestandswand vermeidet.

Eine Bodenbearbeitung von 30—40 cm Tiefe genügt für Saat- und Pflanzbeet.

Der im Oktober reifende Samen wird sehr häufig direkt seitens der Waldbesitzer gesammelt; in diesem Falle beachte man die Qualität des Saatgutes, sammle nicht schwach ausgebildeten, kleinen Samen von jungen Stämmchen, sondern nehme Rücksicht auf mannbare Mutterbäume und auf gut ausgebildete, kräftige Samen. Zumal bei dem starken, runden Korn des Bergahorns fallen die oft bedeutenden Größenunterschiede desselben ins Auge.

Nach Heß'[2]) Angabe enthält 1 kg Bergahornsamen 10 000 bis 11 000 Körner, die Keimkraft beträgt 50—65 % und ist bei beiden Ahornarten durch die Schnittprobe leicht festzustellen. Die Keimfähigkeit erstreckt sich wohl nur bis zum ersten Frühjahr, und da fast alljährlich Samen wächst, wird man stets nur frischen Samen verwenden.

Die Aussaat des Samens kann nun im Spätherbst alsbald nach der Samenreife oder erst im Frühjahr erfolgen.

---

[1]) In Süddeutschland, insbesondere in Bayern, wird der Bergahorn in viel reicherem Maße nachgezogen als der Spitzahorn, während der erstere in der norddeutschen Ebene ein Fremdling ist.

[2]) Holzarten, S. 92; für Spitzahorn fehlt dort die Angabe der Samenkörnerzahl für 1 kg.

Die Herbstsaat hat den Vorzug, daß der ausgesäte und im Boden entsprechend feucht gehaltene Samen im Frühjahr bei dem Bergahorn vollständig, beim Spitzahorn wenigstens zum großen Teil keimt, während der etwa erst im April ausgesäte Samen bei ersterer Holzart teilweise, bei letzterer zum größten Teil überzuliegen pflegt, ja in trockenen Jahrgängen nach unsern Erfahrungen selbst ganz zugrunde gehen kann.

Um dem stets sehr mißlichen Überliegen des Samens vorzubeugen, ist es empfehlenswert, die Saat schon im Herbst vorzunehmen und die in solchem Falle allerdings oft sehr zeitig im Frühjahre erscheinenden Keimpflanzen durch entsprechende Schutzvorrichtungen gegen die Spätfrostgefahr zu schützen; auch ein Decken der gefrorenen Beete mit Reisig wird ein Mittel gegen allzu frühe Keimung sein.

Hat man sich aber für die Frühjahrssaat entschieden, wozu der Umstand, daß die Beete erst dann leer werden, das erwünschte Ausfrieren des frisch umgearbeiteten Bodens bei neuer Saatbeetanlage, die drohende Gefahr für den Samen durch Mäuse, vor allem aber die Sorge vor den Spätfrösten manchen Pflanzenzüchter veranlassen[1], dann muß, soll die Saat sicher aufkeimen, die Aussaat möglichst frühzeitig erfolgen und der Samen während des Winters vor zu starkem Austrocknen geschützt werden. Ein erfahrener Laubholzzüchter empfiehlt uns für diesen Fall öfteres Überbrausen des an einem trockenen Orte aufbewahrten Samens oder Aufschütten des Samens einige Zentimeter hoch im Walde und Bedecken desselben mit Laub, und nach eigenen inzwischen gesammelten Erfahrungen bewährt sich das Einschlagen des im Herbst gesammelten Ahornsamens in Erde während des Winters sehr. — Bezüglich zu später Frühjahrssaat bemerkt übrigens Pfeil[2], daß die spät erscheinenden Pflanzen häufig nur mangelhaft verholzen und im Winter dann ganz oder teilweise erfrieren, und müssen wir späte Saat nach unsern Erfahrungen verwerfen.

Die Aussaat selbst erfolgt in Rillen, welche, wie bei der Esche, mit der Saatlatte oder dem Rillenbrett (Fig. 18) eingedrückt werden, und zwar mit Rücksicht auf die oft schon im ersten Jahre bedeutende Höhenentwicklung der Ahornpflanze[3] in einer Entfernung von 20 bis

---

¹) Allg. F.- u. J.-Z. 1863, S. 274 u. 370.
²) Deutsche Holzzucht, S. 257.
³) In den Saatbeeten des hiesigen Forstgartens haben einjährige Ahorne in größerer Zahl eine Höhe von 40—50 cm erreicht.

Fürst, Pflanzenzucht im Walde. 4. Aufl. 20

25 cm; die Rille wird etwa 3 cm breit und so tief eingedrückt, daß
der Samen bei deren Ausfüllung mit guter Erde eine Decke von 2 cm
erhält. Nach den Versuchen Baurs ist dies die zweckmäßigste Stärke
der Decke, während eine solche von 3—4 cm die Keimung schon be=
deutend beeinträchtigt[1]). Baur weist hierbei noch darauf hin, wie
für den Ahorn eine lockere, nicht zur Verkrustung geneigte
Decke besonders notwendig sei, indem, wenn diese letztere nach Regen=
wetter eintreten sollte, die langen Kotyledonen nicht mit den fort=
wachsenden Stengelchen aus dem Boden kommen können und abbrechen.

Die beiden Ahornarten keimen mit zwei langen, schmalen, jenen
der Esche ähnlichen Kotyledonen, die durch ihre Nervatur — drei
parallele Längsnerven ohne Seitennerven — jedoch leicht von ersteren
zu unterscheiden sind. Die Kotyledonen des Spitzahorns kenn=
zeichnen sich gegenüber denen des Bergahorns durch eine oder einige
Querknickungen[2]).

Die ersten Blättchen beider Ahornarten aber unterscheiden
sich dadurch, daß jene des Spitzahorns durch zwei kleine Einbuchtungen
am sonst glatten Rand die Lappen der späteren Blätter andeuten,
während bei dem Bergahorn der gekerbte Rand diese Lappen
nicht zeigt.

Das Säen erfolgt mit der Hand, da die starken Flügel
Säevorrichtungen ausschließen, und, je nach der untersuchten Qualität
des Samens, mehr oder minder dicht; etwas dünnere Saat bietet den
Vorzug viel kräftigerer Pflanzenentwicklung im ersten Jahre!
Burckhardt bezeichnet 3—4 Pfund als das nötige Samenquantum
pro Ar; von dem schwereren Samen des Bergahorns wird man etwas
mehr bedürfen.

Was den Schutz der Saatbeete anbelangt, so können Mäuse
dem Samen im Winterlager (oder Aufbewahrungsorte) gefährlich
werden, und sind die Saatbeete entsprechend im Auge zu behalten.
Im Frühjahre ist es der Spätfrost, der die früh erscheinenden
Keimpflanzen der Herbstsaat bedroht und deren Beschützung durch
Schutzgitter nötig macht, während in späteren Jahren die stärkeren
Pflanzen minder empfindlich sind. Gegen das Verbeißen durch

---

[1]) Bühler empfiehlt nach seinen Saatversuchen allerdings eine Decke von
selbst 5—6 cm; unsere eigenen Saaten haben bei nur 2 cm Deckung stets sehr
gute Resultate ergeben.

[2]) Vergl. v. Tubeuf, Samen, Früchte und Keimlinge der in Deutschland
heimischen oder eingeführten forstlichen Kulturpflanzen, 1891, dem die Angaben
über Keimlinge zumeist entnommen sind.

Rehe und Hasen ist Schutz durch hinreichend dichte Einfriedigung notwendig.

Ähnlich wie bei der Buche, jedoch viel seltener, tritt auch bei den Ahornkeimlingen der in § 64 besprochene Keimlingspilz Phytophthora omnivora sowie eine weitere Krankheit auf, ebenfalls veranlaßt durch einen Pilz (Cercospora acerina)[1]), welcher zahlreiche schwarze Flecken auf den Kotyledonen und ersten Laubblättern erzeugt, denen das Schwarzwerden und Absterben der ganzen Pflanze folgt. Die Wiederansaat eines mit solchen Pflanzen besetzt gewesenen Beetes mit Ahornsamen wird jedenfalls zu meiden sein.

Bei kräftiger Entwicklung der Pflanzen wird man dieselben in der Regel einjährig, bei minder guter zweijährig verschulen und, wie schon oben erwähnt, nur ausnahmsweise kräftige Pflanzen aus der Saatschule direkt ins Freie verwenden. Namentlich zur Einpflanzung in Niederwaldschläge, zur Einsprengung in den Buchenhochwaldschlag nach bereits vollzogener Räumung des Oberholzes verwendet man lieber und mit sicherem Erfolge die durch Verschulung erzogene meterhohe Lodenpflanze.

Die Verschulung, bei welcher etwa zu lange Seitenwurzeln entsprechend gekürzt werden, erfolgt mit starkem Setzholz, und zwar mit Rücksicht auf die rasche Höhenentwicklung der Pflanzen in etwa 30 cm Quadratverband oder in 30 cm entfernten Reihen mit 20 cm Pflanzenentfernung. Gute Sortierung der in der Höhenentwicklung oft sehr verschiedenen Saatbeetpflanzen nach der Größe (siehe § 76) ist hierbei besonders zu empfehlen, ebenso ziemlich frühzeitige Verschulung mit Rücksicht auf das baldige Schwellen der Knospen und Antreiben der Pflanzen.

Eine Pflege durch Beschneiden ist bei den verschulten Ahornpflanzen nur in geringstem Maße nötig, da der Höhenwuchs ein sehr ausgeprägter, die Entwicklung von Seitenästen eine geringere ist; ja nicht selten, zumal bei etwas enger Verschulung, wiegt der erstere so bedeutend vor, daß die Pflanzen allzu schwank in die Höhe wachsen, sich bei starker Belaubung des Gipfels kaum selbständig tragen können. Nur Gabelbildungen, die in gleicher Art wie bei der Esche und aus gleichen Gründen nicht selten auftreten, sind rechtzeitig zu beseitigen.

Nach zwei, längstens dreijährigem Stehen im Pflanzbeet, also

---

[1]) Zentralbl. f. d. F.-W. 1880, S. 435. Hartig, Untersuchungen aus dem forstbot. Institut in München, 1880.

drei= bis vierjährig, hat der Ahorn unter normalen Verhältnissen jene
Höhe von etwa 1 m erreicht, welche für seine Auspflanzung in die
Schläge wünschenswert erscheint. Wünscht man aber aus besonderen
Gründen — für Anlagen, Alleen, Wildparke usw. — starke Heister,
so wird eine nochmalige Verschulung der Pflanzen unter Auswahl der
bestwüchsigen Exemplare vorgenommen. Die Wurzeln der aus=
gehobenen Pflanzen werden einer nochmaligen Korrektur durch Be=
seitigung allzu langer Seitenwurzeln unterstellt und erstere sodann in
einer Entfernung von 60—70 cm (Quadratverband) in hinreichend
große Pflanzlöcher eingeschult. In einem Alter von 6—7 Jahren
wird der Ahornheister wohl stets eine allen Anforderungen ent=
sprechende Stärke und Höhe erreicht haben[1]); eine dreimalige
Verschulung, wie sie Crelinger[2]) zur Erziehung starker Heister an=
wendet, halten wir nach unsern Erfahrungen für überflüssig und
allzu kostspielig. Auch der Heister braucht, ähnlich der Esche, nur
wenig Pflege durch Beschneiden, da seine seitliche Beastung eine sehr
geringe zu sein pflegt: ist eine solche nötig, so soll sie nach Ansicht
von Lignitz[3]) stets im Herbst geschehen, da beim Beschneiden im
Frühjahre der Stamm zu stark blute, eine Menge Saft also für den=
selben verloren gehe, und selbst ein Austrocknen und Absterben des
Holzes an der Schnittstelle erfolge. Wir haben bei allerdings sehr
mäßigem Beschneiden von Ahornpflanzen im Frühjahre solche Nach=
teile nicht wahrnehmen können.

§ 109. Die Ulme.

In viel minderem Maße als Ahorn und Esche ist die Ulme
Gegenstand forstlichen Anbaues; sie ist überhaupt mehr eine südliche
Holzart, die in Italien und Frankreich in größerer Verbreitung vor=
kommt, während sie bei uns vorwiegend nur in den Flußtälern und
Niederungen, weniger im Bergland und eigentlichen Gebirge auftritt,
und zwar auch hier nur als Mischholz, wohl nur ausnahmsweise be=
standesbildend. In vielen Örtlichkeiten, in denen sie früher vorkam,

---

[1]) Welche rasche Entwicklung der Ahorn unter günstigen Umständen haben
kann, zeigten uns eine Anzahl von Spitzahornpflanzen im hiesigen akademischen
Forstgarten, welche sehr vereinzelt auf einem Beet standen — dieselben waren
im ersten Jahre nach der im Frühjahre erfolgten Saat aufgegangen, die im zweiten
Jahre nachgekeimten Pflänzchen aber erfroren —; sie erreichten als zweijährige
unverschulte Pflanzen eine Höhe von durchschnittlich 1½, teilweise selbst 2 m!

[2]) Jahrb. des schles. Forstver. 1880, S. 110.

[3]) Daselbst 1879, S. 75.

ist sie jetzt mehr oder weniger verschwunden, woran nach Burck=
hardts Ansicht der große, breitgeflügelte und leichte Samen, welcher
nur schwer an den wunden Boden kommt, die der Ulme nachteilige
starke Beschattung in der natürlichen Buchenverjüngung, andern Orts
der Unkrautwuchs oder überwachsende andere Holzarten die Schuld
tragen[1]), — außerdem aber wohl vor allem die geringe Berücksichti=
gung, welche sie bei dem Kulturbetrieb zu finden pflegt.

In geeigneten Örtlichkeiten, auf frischem, kräftigem Boden in
nicht zu rauher Lage, bemüht man sich wohl da und dort um Er=
haltung und Nachzucht dieser schönen und wertvollen Holzart, sei es
als Mischholz im Hochwald, sei es als kräftig vom Stock ausschlagendes
Unterholz im Mittel= oder Niederwald; in Parkanlagen, in Alleen
wird die Ulme ebenfalls gern verwendet. In allen diesen Fällen aber
erfolgt die Nachzucht wohl nur durch die sichere Pflanzung mit im
Forstgarten erzogenen und einmal verschulten Pflanzen oder
zweimal verschulten Heistern.

Der bereits Anfang Juni reifende Samen, von dem 100 000
bis 150 000 Körner auf 1 kg gehen, wird am besten sofort nach
der Einsammlung ausgesät, da bis zum Herbst oder gar zum
Frühjahr aufbewahrter Samen durch Austrocknen einen nicht ge=
ringen Teil seiner an sich nicht großen Keimfähigkeit verliert, während
sich diese letztere im Freien, am Boden, bis zum nächsten Frühjahr
dann zu erhalten vermag, wenn der Samen wegen trockener Witterung
nicht zu alsbaldiger Keimung gekommen ist. Unter dem fast alljähr=
lich in großer Menge reifenden Ulmensamen findet sich sehr viel
tauber Samen (nach Heß beträgt die Keimkraft nur 10—25, selten
30 %), der zuerst abfliegt; man vermeidet daher das Sammeln dieses
zuerst abfliegenden Samens. Jedenfalls aber untersuche man stets
die Keimkraft des zur Verfügung stehenden Samens durch Zerschneiden
einer entsprechenden Anzahl von Körnern; es kommen Jahre vor,
in welchen sich unter denselben kaum ein keimfähiges Korn findet,
sonach jede Aussaat vergeblich wäre. — Älterer Samen ist völlig
unbrauchbar.

Die Aussaat erfolgt, mit Rücksicht auf die geringe Keimkraft,
ziemlich dicht in flach eingedrückte, 2 cm breite und etwa 15 cm
voneinander entfernte Rillen, womöglich bei feuchter Witterung; fehlt
diese, so muß durch Gießen und Deckreisig das Saatbeet sowohl bei
der Ansaat wie während und nach dem Keimen frisch erhalten

---

[1]) Säen und Pflanzen, S. 188.

werden[1]). Man wird überhaupt gut tun, den Ulmensaatbeeten die frischesten und gegen das Austrocknen geschütztesten Teile des Forstgartens anzuweisen, also etwa die Beete nächst der gegen Süd und West schützend vorliegenden Bestandswand, was um so mehr zulässig, als Seitenbeschattung den jungen Pflanzen nicht nachteilig wird[2]). Bei anhaltender Trockne ohne die genannten Maßregeln keimt nach unsern Erfahrungen kaum ein Korn im Laufe des Sommers auf, nach Burckhardts Mitteilungen aber in solchem Falle nicht selten ein großer Teil des Samens im folgenden Frühjahr nach; hat also die Sommersaat wegen Trockne keinen Erfolg, so sind die Saatbeete deswegen noch nicht als verloren zu erachten.

Kann man nicht im Sommer säen, so nehme man die Saat wenigstens im Herbst vor, damit der Samen während des Winters nicht noch weiter austrockne.

Das nötige Quantum des sehr leichten Samens beträgt mit Rücksicht auf die geringe Keimkraft etwa 3 Pfund pro Ar.

Ebenso nötig als das Feuchthalten ist aber auch eine möglichst schwache Deckung des Samens mit Erde; nach Baurs mehrerwähnten Versuchen (siehe § 51) ergab eine 1,5 cm starke Deckung mit Erde bereits vollständiges Versagen der Keimkraft, leichtes Übersieben oder bloße Vermengung mit Erde dagegen gute Resultate. — Gerade diese schwache Erddecke macht anderweiten Schutz gegen Austrocknen doppelt nötig!

Die Ulme keimt mit zwei kleinen, fleischigen Kotyledonen von verkehrt-eiförmiger Gestalt; dieselben sind oben dunkler, unten heller grün, fast ohne jede Nervatur und fallen bald ab; die ersten Blättchen sind grob gesägt, rauh behaart und fast stiellos.

Die bei der Sommersaat unter günstigen Feuchtigkeitsverhältnissen schon etwa nach 8—10 Tagen erscheinenden Pflänzchen erreichen unter günstigen Umständen noch im selben Jahre eine Höhe von 15 bis selbst 25 cm, verholzen dagegen bisweilen nur mangelhaft und leiden durch

---

[1]) Zentralbl. f. d. F.-W. 1883, S. 348.

[2]) Über die Fähigkeit der jungen Ulmen, sich von der Beeinträchtigung durch längere Überschattung rasch zu erholen, hat uns ein Versuch im akademischen Forstgarten in interessanter Weise belehrt. Wir verschulten fünfjährige, durch dichte Saat entstandene und in einem stark überschatteten und neben dichter Fichtenhecke liegenden Saatbeet stehengebliebene verkümmerte Ulmenpflanzen von 25 bis 30 cm Höhe — deren verschulte Altersgenossen bereits 2 m hohe Heister waren! — im Frühjahr 1886; dieselben trieben sofort kräftig an, entwickelten im ersten Jahre bis 50 cm lange Triebe und haben im Jahre 1887 teilweise schon eine Höhe von 120 cm erreicht.

Früh= und Winterfröste; es wird dies selbst als Grund gegen die sonst wohl sehr übliche Sommersaat geltend gemacht[1]).

Ist die Saat gut ausgefallen, dicht aufgegangen, und haben sich die Pflänzchen günstig entwickelt, so verschult man dieselben wohl schon im nächsten Frühjahre, kann die Verschulung aber auch ganz gut ins zweite Jahr verschieben. Die Ulme entwickelt anfänglich eine ziemlich tiefgehende Pfahlwurzel, die man beim Verschulen etwas kürzt; Pfeil[2]) behauptet allerdings, daß eine mit gekürzter Wurzel verpflanzte Ulme keinen entsprechenden, zu Nutzholz geeigneten Schaft entwickle (?).

Die Verschulung selbst erfolgt rasch und leicht mittelst des Setzholzes in nicht zu engen Abständen, etwa von 20 auf 30 cm. Die Entwicklung der Pflanzen ist auf gut gedüngtem Boden von genügender Frische eine rasche, und nach zweijährigem Stehen im Pflanzbeet haben dieselben in der Regel schon eine Höhe von reichlich 1 m und damit die Stärke zum Auspflanzen in die Schläge erreicht. Will man aber zu besonderen Zwecken, so namentlich zur Anlage von Alleen, für Parkanlagen, stärkere Heister erziehen, die sich ebenfalls noch mit Sicherheit verpflanzen lassen, so verschult man die besten Loden nochmals in Abständen von 0,60—0,70 m und erhält in einem Alter von 6 bis höchstens 8 Jahren genügend starke Heister, wie denn überhaupt die Entwicklung der Ulme in der Jugend eine sehr rasche ist.

Was Schutz und Pflege der Ulmensaat= und =pflanzbeete anbelangt, so ist das rauhe Blatt der Ulme gegen Spätfröste wenig empfindlich, und nur etwa bei Anwendung der Frühjahrssaat sind die frisch aufgegangenen Pflänzchen durch Schutzgitter oder Äste gegen deren Einwirkung zu schützen. — Im übrigen läßt man denselben die nötige Pflege durch Reinigung und Lockerung angedeihen; die verschulten Pflanzen bedürfen aber auch entsprechenden Beschneidens, indem sie Neigung zur Gabelbildung und zur Entwicklung stärkerer Seitenäste nach den in unsern Pflanzgärten gemachten Wahrnehmungen zeigen. Im Heisterkamp ist diese Pflege noch weniger zu entbehren, und sind namentlich die zahlreichen schwächeren Triebe, welche an dem unteren Teile des Stammes meist zu erscheinen pflegen, rechtzeitig zu entfernen.

Erwähnt möge schließlich noch sein, daß es fast nur die Feldulme (Ulmus campestris) und die Bergulme (U. montana) sind, welche

---

[1]) Allg. F.= u. J.=Z. 1863, S. 275.
[2]) Deutsche Holzzucht, S. 269.

bei uns künstlich nachgezogen werden, weniger die Flatterulme
(U. effusa), deren Holz minder geschätzt ist.

§ 110.　Die Erle.

Die Erle (und zwar haben wir zunächst nur die weitaus wichtigere
Schwarzerle, Alnus glutinosa, im Auge) ist eine in unserm
Forsthaushalt geradezu unentbehrliche Holzart. Zahlreiche größere
oder kleinere Flächen in unsern Waldungen würden schwer kultivier=
bar sein, keine oder nur sehr geringe Erträge an Stelle der oft sehr
bedeutenden Nutzung geben, wenn uns nicht in der Erle eine Holzart
zur Verfügung stände, die, auf feuchtem Boden vorzüglich gedeihend,
selbst auf nassem Standort noch gutes Wachstum zeigt und den
eigentlichen Bruchboden auf oft ausgedehnten Flächen bedeckt. Es
wird wenige Reviere geben, in welchen die Erle nicht in kleineren
oder größeren Horsten auf nassem oder bruchigem Boden, in feuchten
Mulden und Einsenkungen, am Rand der Wasserläufe vorkommt, und
fast jeder Forstmann hat in geringerem oder höherem Grade mit ihrer
Nachzucht zu tun. Ihr zu mancherlei Nutzholzzwecken wie zur Pulver=
fabrikation gesuchtes und gut bezahltes Holz hat an nicht wenig Orten
ihrem Anbau größere Ausdehnung verschafft, und die schnellwüchsige
Erle gehört entschieden zu den einträglichsten Holzarten.

Ihr Anbau aber muß fast ausschließlich durch die Pflanzung
geschehen, nachdem die Saat auf den für die Erle geeigneten feuchten,
graswüchsigen Örtlichkeiten zu unsicher ist, die erscheinenden Pflänzchen
durch Graswuchs, Ausfrieren zu häufig wieder vernichtet werden.
Zur Pflanzung taugliches Material findet sich nun zuweilen als natür=
licher Anflug an Grabenrändern, Aufwürfen und ähnlichen Stellen
vor, und lassen sich solche Wildlinge zur Kultur benutzen; in den
meisten Fällen aber wird man doch zu im Saatbeet erzogenen
Pflanzen greifen müssen.

Die Erziehung von Erlenpflanzen in unsern auch für andere
Holzarten bestimmten Forstgärten stößt bisweilen auf Schwierig=
keiten, da die Erle, wie zur Keimung, so zu freudigem Gedeihen der
Pflanzen schon in frühester Jugend mehr Feuchtigkeit bedarf, als
den meisten Holzarten zuträglich und, mit Rücksicht auf Graswuchs
und Auffrieren, für unsere Forstgärten erwünscht ist; es gilt dies
insbesondere für die Erlensaatbeete. Man wird daher in den
meisten Fällen gut tun, für die Erlennachzucht einen eigenen kleinen
Saatkamp in geeigneter, hinreichend frischer oder feuchter Örtlichkeit

anzulegen, und richtet hierbei sein Augenmerk auf frischen, sandig=
lehmigen Boden, der mäßig tief bearbeitet wird, sich aber mit Rück=
sicht auf die Gefahr des Auffrierens vor der Ansaat wieder tüchtig
gesetzt haben soll, eventuell etwas angedrückt wird. Nach Burck=
hardt[1]) beschafft man sich ein entsprechendes Saatbeet auch dadurch,
daß man guten, frischen Waldboden lediglich oberflächlich reinigt,
ebnet und mit etwas guter Erde (zur Beschaffung des Keimbetts)
überwirft, und auch E. Heyer[2]) empfiehlt die Anlage von Erlen=
saatbeeten auf kleinen, feuchten Blößen und Bestandslücken in älteren
Laub= und Nadelholzbeständen, welch' letztere den Keimlingen zugleich
den nötigen Seitenschutz gegen Fröste geben, ja, er hat selbst feuchte,
humose Stellen unter gelichtetem Kiefernschutzbestand mit gutem Erfolg
dazu verwendet. Forstmeister Schrötter[3]) hatte sehr befriedigenden
Erfolg von der Anlage eines Saatkampes mit frischem, humosem
Sandboden inmitten eines alten Rotbuchenbestandes; nach Umgraben
und Ebnen der Fläche ließ er diese noch mit Dammerde überfahren,
eine Düngung, die nach jedesmaliger Benutzung wiederholt wurde;
sowohl die Saatpflanzen wie die einjährig verschulten entwickelten sich
vorzüglich.

Seitenschutz gegen die Sonne durch einen vorstehenden Bestand
ist stets erwünscht; eine Einfriedigung des Kamps kann aber unter=
bleiben, da das Wild die Erle nicht verbeißt.

Nach den Untersuchungen von Ramann und Will[4]) ist die
Erle eine Holzart, welche nicht unbedeutende Ansprüche an den
Mineralgehalt des Bodens überhaupt, an Kalkgehalt insbesondere
stellt. Es wird sonach auf kalkarmem Boden eine Düngung mit kalk=
haltigen Stoffen (Asche, Knochenmehl u. dgl.) für die Saatbeete zu
empfehlen sein.

Der im Spätherbst reifende Erlensamen wird durch Sammeln
der Zäpfchen im November und Ausklengen im warmen Zimmer ge=
wonnen; nach Heß enthält 1 kg 4—500000 Körner, und besitzt der
Samen eine Keimkraft von nur 20—35 %. Da nun die letztere schon
binnen Jahresfrist zum großen Teil verloren geht, so ergibt sich hier=
durch die Frühjahrssaat mit frischem Samen von selbst als
Regel. Die Keimkraft des Samens untersuche man stets durch Zer=

---

[1]) Säen und Pflanzen, S. 227.
[2]) Allg. F.= u. J.=Z. 1883, S. 302.
[3]) Zeitschr. f. F.= u. J.=W. 1904, S. 771.
[4]) Zeitschr. f. F.= u. J.=W. 1892, S. 54.

schneiden einer größeren Anzahl von Körnern; bisweilen findet man, ähnlich wie beim Ulmensamen, nahezu die ganze Samenmenge taub — vielleicht Samen von sehr jungen Pflanzen oder Ausschlägen herrührend. — Im Frühjahre durch Auffischen aus dem Wasser gesammelter Samen soll nach oberflächlichem Abtrocknen sofort ausgesät werden, da er seine Keimkraft rasch verliert[1]).

Die Aussaat selbst erfolgt vielfach als Vollsaat, die insbesondere auch E. Heyer[1]) und ebenso Weise[2]) befürwortet, ziemlich dicht auf die, wie oben angegeben, zugerichtete Saatbeetfläche; auch in Halftenbeck findet für Erle (auch Ulme, Birke) ausschließlich Vollsaat statt. Doch wird mit Rücksicht auf die leichtere und auf frischem Boden doppelt nötige Reinigung auch die Rillensaat angewendet und zu derselben das Saatbrett zum Eindrücken seichter Rillen, das Klappbrett (Fig. 23) zum Ansäen benutzt. Das Samenquantum ist darnach zu bemessen, ob man die Pflanzen etwa einjährig verschulen oder als zwei= und dreijährige Saatbeetpflanzen verwenden will, in welch' letzterem Falle entsprechend dünner zu säen ist. In ersterem Falle wird man zur Rillensaat bei nur 10—12 cm Rillenentfernung 6 Pfund, in letzterem Falle bei einem Abstand der Rillen von etwa 25 cm kaum die Hälfte verwenden.

Die Bedeckung des kleinen Samens darf nur eine schwache sein, ja, es würde selbst eine bloße Vermischung mit der oberen Bodenschicht, wie sie selbst durch Saat im Winter auf dem Schnee erzielt wird[3]), genügen. Doch bringt solch' geringe Deckung die Gefahr des Austrocknens in der Keimperiode in erhöhtem Maße mit sich, und bei der Empfindlichkeit des Samens hiegegen wird man lieber die nach Baurs Versuchen zulässige und zweckmäßige Deckung von 1 cm Stärke wählen, eine stärkere aber vermeiden; eine solche von 1,5 cm beeinträchtigte bereits die Keimung, eine solche von 3 cm hinderte sie vollständig.

Bei trockener Witterung wird der ausgesäte Samen zweckmäßig sogleich mit der Gießkanne überbraust; von großer Bedeutung für den Erfolg der Saat ist aber auch ein entsprechendes Feuchthalten des Saatbeetes während der Keimperiode; durch aufgelegtes Nadelholzreisig oder durch Schutzgitter sucht man die vorhandene Bodenfeuchtigkeit zu erhalten und greift, wo letztere fehlt oder verloren ging, zur

---

[1]) Allg. F.= u. J.=Z. 1883, S. 302.
[2]) Mündener Hefte II, S. 16.
[3]) Allg. F.= u. J.=Z. 1863, S. 368.

Gießkanne[1]). Wird dies unterlassen, so keimt nach unsern Erfahrungen in trockenem Frühjahre und bei fehlendem Seitenschutze kaum ein Korn; nach Burckhardts Angabe läuft zwar nicht selten ein Teil des Samens im zweiten Jahre nach — aber als verunglückt ist die Saat doch zu betrachten!

Die Erle keimt mit zwei sehr kleinen rundlichen, ganzrandigen Kotyledonen, welche oben dunkelgrün, unten glänzend grasgrün sind und bald abfallen. — Die ersten Blättchen sind glatt, derbgesägt und zugespitzt, die späteren zeigen die vorn abgerundete Gestalt des Schwarzerlenblattes.

Den aufkeimenden Erlenpflänzchen drohen zwei Gefahren: der Spätfrost und die Trocknis. Gegen ersteren schützt man die zarten Keimpflänzchen durch ein Schutzdach von Reisig (Föhrenäste, Besenpfriemen), das man nach Heyers Rat jedoch unter Tag abnehmen soll, da sonst die Pflänzchen verstocken; gegen letztere muß bei trockenem Wetter abermals die Gießkanne helfen, soll nicht ein großer Teil der Pflänzchen zugrunde gehen. Liegt das Saatbeet gegen die Sonne geschützt, und hat der Boden viel natürliche Frische, so ist solche Pflege durch Gießen natürlich in geringerem Maße nötig. — Als einen den Keimlingen speziell gefährlichen Feind bezeichnet Baur[2] die Regenwürmer, welche dieselben in ihre Gänge ziehen und verzehren. — Die einjährigen Pflänzchen leiden auf feuchterem Boden leicht durch Auffrieren. Auch Gras- und Unkrautwuchs wird auf letzterem in ziemlichem Grade sich einstellen und ist mit Vorsicht zu entfernen, damit die sehr schwachen Keimpflänzchen nicht mit herausgerissen werden; in Vollsaaten wird man das Unkraut vorsichtig herausstechen.

In den meisten Fällen wird man die Erle als unverschulte zwei- oder dreijährige Saatbeetpflanze verwenden können; sie erreicht in diesem Alter eine für die meisten Örtlichkeiten genügende Stärke. Sie im Saatbeet noch älter werden zu lassen — Pfeil, der sich gegen jedes Verschulen der Erle ausspricht, erklärt dies selbst bis zum fünften Lebensjahre für zulässig[3] —, möchten wir für die schnellwüchsige Erle nicht empfehlen.

Sind aber die Pflanzen im Saatbeet verhältnismäßig dicht auf-

---

[1] In den Rheinwaldungen bei Speyer, wo Erlenpflanzen in großer Menge erzogen werden, findet bei trockener Witterung ein täglich zweimaliges Begießen der Erlensaatbeete statt.

[2] Forstw. Zentralbl. 1875, S. 349.

[3] Krit. Blätter XXXI, S. 79.

gegangen, für die beabsichtigten Kulturen aber kräftige, stärkere Pflanzen nötig, so verschult man die einjährigen Erlen mit bestem Erfolg, etwa im Verband von 15 auf 25 oder 30 cm, und wird dann nach weiteren zwei Jahren bereits meterhohe, sehr kräftige Pflanzen haben; ja, bei Verwendung kräftiger, einjähriger Pflanzen und gutem, frischem Boden genügt nach unsern Erfahrungen schon einjähriges Stehen in der Pflanzschule zur Erziehung hinreichend starker Pflanzen. — Irgendwelcher Wurzelkorrektur bedürfen die zu verschulenden Erlen=pflanzen nicht, und ebensowenig ist eine Pflege der Pflanzbeete durch Beschneiden der Äste nötig.

Eigentliche Erlenheister erzieht man wohl nirgends; bedarf man besonders starker Pflanzen, so verschult man die einjährigen Pflanzen in etwas weiterem Verband, als oben angegeben, und läßt sie ein Jahr länger in der Pflanzschule. Es geht dann beim Aus=pflanzen allerdings nicht ohne einigen Wurzelverlust ab, den aber die Erle auf zusagendem Standorte leicht erträgt. Ihr Gedeihen ist auf solchem ein außerordentlich sicheres.

An Stelle der vorstehend besprochenen Schwarz= oder Roterle tritt im gesamten Alpengebiet überwiegend die Weißerle (Alnus incana) und erscheint dort nach Fankhausers Mitteilungen[1]) als eine sehr wichtige Holzart, als ein Pionier des Waldes, sich auf Schutthalden und Geröll ansiedelnd und den Boden für wertvollere Holzarten vorbereitend. Wohl findet sie sich auch in den Alpen überall längs der Wasserläufe, ist aber in keiner Weise an diese gebunden, sondern gedeiht auch auf trockeneren Örtlichkeiten, wenn der Boden nur genügend locker ist. — Aber auch in Norddeutschland sehen wir die Weißerle vielfach an Stelle der im mittleren und südlichen Deutsch=land ausschließlich herrschenden Schwarzerle treten, und die großen Pflanzenvorräte in Halstenbeck zeigen, daß sie dort eine viel verlangte Holzart ist.

Ihre Erziehung im Forstgarten unterscheidet sich in keiner Weise von jener der Schwarzerle. Fankhauser empfiehlt die Verwendung zweijähriger unverschulter Sämlinge und betont deren leichtes Angehen.

§ 111. Die Edelkastanie.

Die Edelkastanie hat bisher in unsern forstlichen Lehrbüchern nahezu keine Beachtung gefunden, und es ist der Grund hierfür wohl vorzugsweise in ihrem lokal begrenzten Vorkommen zu suchen; hatte

---

[1]) Schweiz. Zeitschr. 1902, S. 33, 74.

ſie doch innerhalb der deutſchen Grenzpfähle ihr Gebiet lediglich in einem Teil der Rheinpfalz, und war doch ſelbſt dort dies Gebiet durch ihren Genoſſen, den Weinſtock, nach und nach nicht unweſentlich eingeengt worden. Durch die Einverleibung Elſaß-Lothringens in das Deutſche Reich iſt aber die Kaſtanie in erhöhtem Maße ein deutſcher Waldbaum geworden, da im Elſaß ziemlich bedeutende Flächen mit derſelben beſtockt ſind[1]), und angeſichts der hohen Erträge, welche der Kaſtanienniederwald durch die Verwendung der Stangen als Rebpfähle und Reifſtangen zu liefern vermag[2]), angeſichts der Fähigkeit der Kaſtanie, auch auf geringerem, oberflächlich vermagertem Boden noch hinreichend zu gedeihen, denſelben durch reichen Laubabfall wieder zu verbeſſern, iſt ihr Gebiet dortſelbſt in ſtarkem Wachſen begriffen. Auch in der Rheinpfalz ſucht man die edle Holzart möglichſt zu verbreiten, und ihre eben erwähnten Eigenſchaften laſſen ſie als zur Beſtockung und Verbeſſerung der heruntergekommenen Vorberge des Pfälzerwaldes in Miſchung mit der Föhre vielen Orts ſehr geeignet erſcheinen. Das Klima und bzw. die Höhenlage ziehen allerdings dieſer Verbreitung der Kaſtanie in der Pfalz und im Elſaß wie für das übrige Deutſchland entſprechende Grenzen, die mit jenen für den Weinbau nahe zuſammenfallen.

Eigentliche Kaſtanien-Hochwaldungen kommen in Deutſchland kaum vor; die Kaſtanie wird faſt ausſchließlich als Niederwald, im kleinen Privatbeſitz auch als Mittelwald oder Plenterwald behandelt — ſo iſt von einer natürlichen Verjüngung und Nachzucht bei ihr nur wenig die Rede, und die Neubegründung wie Vervollſtändigung von Kaſtanienbeſtänden erfolgt auf künſtlichem Wege, durch Saat oder Pflanzung.

Die Saat wird aber im ganzen nur wenig angewendet; der bekanntlich eßbare Samen iſt teuer, hat unter den Nachſtellungen der Mäuſe, Häher, Eichhörnchen und des Wildes zu leiden, und namentlich wo Wildſchweine vorkommen, iſt er in hohem Grade gefährdet; daher gibt man der Pflanzung den Vorzug, und wo ihr Anbau überhaupt betrieben wird, iſt die Kaſtanie Gegenſtand der Anzucht im Saatbeet.

----

[1]) Auch in Öſterreich, ſpeziell in Niederöſterreich, tritt nach Böhmerles Mitteilungen (Zentralbl. f. d. F.-W. 1906, S. 289, 355) die Edelkaſtanie hochwaldartig vereinzelt und in Horſten im Laub- und Nadelholzwalde, zahlreich als Frucht- und Zierbaum außerhalb des Waldes auf.

[2]) Forſtl. Blätter 1877, S. 70. Vergl. auch Hallbauer, „Edelkaſtanie und Akazie als Waldbäume" (Allg. F.- u. J.-Z. 1896, S. 249).

Die Erziehung der Kastanienpflanzen[1]) erfolgt nun in Saat=
kämpen, für welche man guten, frischen Boden und eine, namentlich
gegen Spätfröste geschützte Lage aussucht, und die hinreichend tief
rajolt und gut gedüngt werden; eine Bodenbearbeitung von etwa
40 cm Tiefe wird hierbei als zweckmäßig erachtet, zur Düngung aber
namentlich kalireicher Dünger empfohlen. Ein Mengedünger, bestehend
aus gleichen Gewichtsteilen Kalisuperphosphat, Knochenmehl und
Humus, und angewendet in einer Quantität von 15 kg pro Ar, hat
sich insbesondere auf dem mineralisch armen Boden des Buntsand=
steins bewährt. Auch Stalldünger wird mit sehr gutem Erfolg ver=
wendet. — Wo einiger Wildstand vorhanden, sind die Saatkämpe
entsprechend einzufriedigen, weshalb Wanderkämpe minder am Platze sind.

· Die Ansaat der Beete erfolgt mit Rücksicht auf die oben bereits
erwähnten Gefahren, die dem Samen im Winterlager drohen, stets im
Frühjahre, und werden die in günstigen Lagen fast alljährlich ge=
deihenden Früchte entweder in den Hüllen (Igeln) oder durch Ein=
schlagen in trockenen Sand, wobei Früchte und Sand in dünnen Lagen
abwechseln, über Winter aufbewahrt.

Die Früchte schwanken in der Größe sehr bedeutend; nach
Heß[2]) wiegt 1 hl 55—63 kg und enthält 9900—15 900 Stück,
sonach 1 kg 160—260 Stück; Böhmerle[3]) gibt für 1 kg nur 90
bis 180, im Mittel 135 Stück an. Das Keimprozent beträgt 55 bis
65 %, die Keimfähigkeit erhält sich nur bis zum ersten Frühjahr nach
der Samenreife. — Mit Rücksicht auf den Kostenpunkt gibt man wohl
der kleineren Kastanie den Vorzug vor der großen sog. Marone. Das
Saatmaterial ist aus zuverlässiger Quelle zu beziehen, weil die im
Handel vorkommenden Früchte zur Verhütung des Keimens etwas
gedörrt werden und dann natürlich zur Aussaat unbrauchbar sind.

Trotz guter Aufbewahrung beginnen die Kastanien gegen das
Frühjahr hin nicht selten zu keimen. Während nun ein Kastanien=
züchter[4]) sorgfältige Schonung dieser Keime und frühzeitige Saat, vor
Mitte April, welche sonst als die richtigste Zeit betrachtet wird, ver=

---

[1]) Vergl. hierüber die Aufsätze: Forstw. Zentralbl. 1876, S. 489; 1877,
S. 273; Forstl. Blätter 1877, S. 70; Allgem. F.= u. J.=Z. 1879, S. 205; dann
Pannewitz, Der Anbau der Lärche, süßen Kastanie usw., 1855. Ferner Kay=
sing, Der Kastanienniederwald, 1884.

[2]) Holzarten; S. 102.

[3]) Zentralbl. f. d. F.=W. 1906, S. 358.

[4]) Oberförster Weidmann in Pannewitz, Der Anbau der Lärche usw., S. 59.

langt, keimt ein **anderer**[1]) dieselben in der Art, wie es da und dort bei Eicheln geschieht, ab, nachdem sie etwa 3 cm lang getrieben haben, jedenfalls in der Absicht, hierdurch an Stelle der ziemlich ausgeprägten Pfahlwurzelbildung eine für die Verpflanzung günstigere Bewurzelung zu erzielen.

Die **Aussaat** selbst erfolgt, wie erwähnt, etwa Mitte April, und zwar in mit der Hacke oder dem Rillenzieher gezogene, etwa 6 cm tiefe Rillen, deren Entfernung 15—30 cm beträgt; erstere Entfernung ist jedoch nur zulässig, wenn die Verwendung einjähriger Pflanzen in Absicht liegt, während bei beabsichtigtem, zwei oder gar drei Jahre dauerndem Verbleiben der Pflanzen im Saatbeet eine größere Entfernung der Rillen — bis zu 30 cm — zu wählen ist.

In die Rillen werden die Früchte **einzeln** in etwa 5 cm Entfernung eingelegt und sodann durch Beiziehen der Erde mit dem Rechen 3—4 cm stark gedeckt. Oberförster **Kaysing**[1]) empfiehlt hierbei, sehr darauf zu achten, daß die Spitzen der Früchte nach unten liegen, wodurch eine günstigere Wurzelbildung erzielt werde, während ein anderer erfahrener Kastanienzüchter, Oberförster **Osterheld**[2]), diese Vorsicht nicht für nötig hält.

Die Angabe des pro Ar nötigen **Samenquantums** schwankt von $^1/_2$—$1^1/_2$ hl, wobei die Größe der Früchte wie die Entfernung der Rillen von wesentlichem Einfluß sein werden.

Einige Wochen nach der Aussaat, während welcher die Saatbeete gegen Häher und Mäuse zu schützen sind, keimen die Pflänzchen unter Rücklassung der Kotyledonen im Boden auf. Das erste Blättchen des Keimlings ist ganzrandig, die späteren zeigen die charakteristische Gestalt und den grobgesägten Rand des Edelkastanienblattes. Die Keimlinge sind gegen **Spätfröste** empfindlich und durch Reisig oder Schutzgitter gegen dieselben zu sichern.

Bei entsprechender **Pflege** durch Lockerung des Bodens und Reinhalten von Unkraut können die Pflanzen schon im ersten Jahre auf gut gedüngtem Boden eine Höhe bis zu 40 cm und selbst mehr erreichen[3]) und dann sofort im nächsten Frühjahre zur Auspflanzung verwendet werden; bei geringerer Entwicklung bleiben sie ein weiteres Jahr im Saatbeet und gelangen also zweijährig zur Verwendung, in welchem Alter sie der Hauptmasse nach wohl stets die nötige Stärke

---

[1]) Forstw. Zentralbl. 1876, S. 489.

[2]) Das. 1877, S. 273.

[3]) Nach Böhmerles Angaben erreichten die Sämlinge im Durchschnitt eine Höhe von 22 cm mit einer Wurzellänge von 27,5 cm.

erreicht haben. Sie noch ein drittes Jahr im Saatbeet stehen zu lassen, ist mit Rücksicht auf die starke Entwicklung der Pfahlwurzel nicht zu empfehlen; deren Kürzung erweist sich schon bei zweijährigen Pflanzen nötig.

Sowohl unter den ein= wie zweijährig zur Verwendung bestimmten Pflanzen werden sich stets eine Anzahl minder gut entwickelter, zur Schlagnachbesserung noch zu schwacher Pflänzlinge finden, welche sodann, in nicht zu engem Verband verschult, nach etwa zweijährigem Stehen im Pflanzbeet zur Benutzung kommen. Die Verschulung gilt sonach für die Edelkastanie als Ausnahme, nicht als Regel.

Durch Frost stark beschädigte[1]) oder sonst krüppelhaft gewachsene Pflanzen schneidet man tief am Boden ab, worauf kräftige Loden er= scheinen, deren Zahl man durch Ausbrechen reduziert. Die im Saat= und Pflanzbeet erzogenen Pflanzen werden überhaupt nicht selten als sogenannte Stutzpflanzen verwendet, indem man das Stämmchen vor dem Einpflanzen mit scharfer Baumschere etwa 2 cm über dem Wurzel= stock abschneidet und, wenn nötig, die Schnittfläche an den Rändern mit einem Messer etwas glättet. Andere nehmen das Stutzen erst vor, wenn die Pflanze bereits ein Jahr verpflanzt und entsprechend an= gewurzelt ist. — Der Erfolg des Stutzens hat sich vielfach als ein sehr günstiger gezeigt.

§ 112. Die Hainbuche.

Die Hain= oder Weißbuche hat bekanntlich für den Hochwald in Deutschland nur geringe Bedeutung, ist in demselben mehr geduldet als erstrebt und vorzugsweise nur als Lückenbüßer für die Buche in kalten Frostlagen, in Mulden und Einbeugungen mit frischem Boden und öfteren Spätfrösten am Platze. Größer ist ihre Bedeutung im Niederwald, dank ihrem trefflichen Brennholz wie ihrer reichen Ausschlagsfähigkeit. Als Bodenschutzholz unter Eichen findet man sie da und dort, ja, man gibt ihr bisweilen sogar den Vorzug vor der Rotbuche[2]), die andern Orts entschieden zu diesem Zwecke höher geschätzt wird. Außerdem findet die Hainbuche bekanntlich bei der Anlage von Hecken vielfach Verwendung (siehe § 36).

Im ganzen wird die Hainbuche nur selten Gegenstand forstlichen

---

[1]) Der strenge Winterfrost 1879/80 ließ die einjährigen, kräftigen Kastanien= pflanzen des hiesigen Forstgartens bis zum Boden herab erfrieren.

[2]) Beiträge zur Kenntnis der forstlichen Verhältnisse von Hannover (Fest= schrift zur 10. deutschen Forstversammlung, S. 39).

Anbaues sein; man überläßt fast allenthalben ihre Nachzucht der Natur, welche da, wo die Hainbuche einmal vorhanden, durch früh=zeitige, ofte und reichliche Samenproduktion auch zur Genüge für solche zu sorgen pflegt. Deshalb, und weil man das etwa benötigte Pflanzmaterial vielfach den natürlichen Anflügen entnehmen kann, pflegt die Hainbuche ein seltener Gast in unsern Forstgärten zu sein, dem wir um der Vollständigkeit willen gleichwohl einen Platz hier anweisen.

Der Samen der Hainbuche, von welchem 30—32 000 Stück auf 1 kg gehen, besitzt frisch eine Keimfähigkeit von 50—70 %[1]) und bewahrt seine Keimkraft 2—3 Jahre; da aber fast alljährlich Samen erwächst, so wird man meist in der günstigen Lage sein, frischen Samen verwenden zu können. Derselbe keimt, dank seiner harten Samenschale, regelmäßig erst im zweiten Jahre, und man wird ihn daher gleich jenem der Esche behandeln: ihn entweder in frischem Boden hinreichend tief eingeschlagen bis zum nächsten Herbst auf=bewahren oder die im ersten Frühjahre mit dem während des Winters gesammelten frischen Samen angesäten Beete mit Moos oder Laub, das durch aufgelegte Äste festgehalten wird, so dick decken, daß Gras= und Unkrautwuchs dadurch verhindert werden. Nach unsern Erfahrungen möchten wir das erstere Verfahren empfehlen, da der Samen in den Saatbeeten während des Winters von den Mäusen sehr stark dezimiert werden kann, während der ähnlich der Esche eingeschlagene Samen (siehe § 107) leichter zu schützen ist. Doch ist auch bei der Hainbuche die dort empfohlene Vorsichtsmaßregel zeitiger Frühjahrssaat, ehe der Samen in den Gruben zum Keimen kommt, zu beachten. — Die Aussaat nimmt man am zweckmäßigsten in Rillen, welche mit einem Rillenbrett (Fig. 18) mit 2 cm starken Leisten in Abständen von 20 cm eingedrückt werden, vor und gibt dem Samen eine entsprechende Be=deckung; Burckhardt[2]) empfiehlt 1½ cm; eigene Erfahrungen haben uns eine solche von ca. 2 cm als zweckmäßig gezeigt, wie sie sich durch Ausfüllen der Rillen mit lockerer Erde von selbst ergibt. Die Samenmenge beträgt etwa 1½ kg für das Ar.

Der Samen keimt ziemlich frühzeitig mit zwei rundlichen, ganz=randigen dicken Kotyledonen, die oben glänzend dunkelgrün, unten hellgrün sind und kräftige, fein verzweigte Nervatur zeigen; die ersten Blättchen ähneln bereits dem Hainbuchenblatt.

---

[1]) Heß, Holzarten, S. 73.
[2]) Säen und Pflanzen, S. 197.

Die Entwicklung der Pflanzen im zweiten und dritten Lebensjahr pflegt eine rasche zu sein, und dreijährige Pflanzen sind 50—60 cm hoch. — Will man stärkere und recht stufige Pflanzen erziehen, wie sie z. B. für Hecken zu empfehlen sind, so verschult man die einjährigen Sämlinge etwa in 20 cm Quadratverband und beläßt sie zwei Jahre im Pflanzbeet.

Mit gutem Erfolg nimmt man bei der Hainbuche das Einschulen von Keimlingen vor, die in Beständen mit einzelnen alten Hainbuchen fast alljährlich in Menge erscheinen, in den dicht geschlossenen Beständen aber bis zum Herbst fast regelmäßig wieder verschwunden sind. Hebt man diese Keimlinge etwas vorsichtig mit möglichster Erhaltung einiger Erde um das Würzelchen aus und schult sie im Verband von 10 auf 20 cm ein — eine Arbeit, die man bei der Empfindlichkeit der zarten Keimlinge am besten bei trübem, etwas regnerischem Wetter vornimmt —, so erzieht man auf solche Weise in 2—3 Jahren den etwaigen Bedarf an kräftigen Pflanzen zu Nachbesserungen im Nieder- und Mittelwald oder zu Heckenanlagen. Den eingeschulten Keimlingen gibt man durch Gitter Schutz gegen die Sonne, kommt ihnen auch nötigenfalls mit der Gießkanne zu Hilfe.

Von dem Feind, der die Hainbuche im Freien oft so wesentlich bedroht, von den Mäusen, hat dieselbe als Pflanze im Forstgarten weniger zu fürchten, da die Mäuse, hier der Deckung durch Gras und Laub entbehrend, nur selten Pflanzen benagen, sondern nur unterirdisch zu arbeiten, den Sämereien nachzugehen pflegen. — Gegen Fröste ist die Hainbuche bekanntlich ganz unempfindlich, bedarf also keinerlei Schutzes.

Will man Heister, etwa zu Kopfholzstämmen, erziehen, was immerhin ein seltenerer Fall sein wird, so wird man die verschulten Hainbuchenpflanzen unter Auswahl der bestgeformten Exemplare im Alter von 3—4 Jahren in etwa 50 cm Entfernung nochmals verschulen und denselben die bei ihrer Neigung zur Astbildung unentbehrliche Pflege mit der Schere angedeihen lassen.

§ 113. Die Akazie.

Die Akazie, seit etwa 200 Jahren aus Nordamerika bei uns eingeführt und nun vollständig eingebürgert, wurde vielfach als eine auch für den Wald sehr wertvolle Holzart betrachtet und warm empfohlen[1]).

---

[1]) Vergl. das Schriftchen von Pannewitz, „Der Anbau der Lärche, Kastanie und Akazie", 1855.

Ihre Schnellwüchsigkeit, ihre Fähigkeit, kräftige Stock= und Wurzel=
ausschläge zu liefern, ihre geringen Ansprüche an den Boden im Zu=
sammenhalt mit der mannigfachen Verwendbarkeit ihres Holzes zu
Rebpfählen, Gruben= und Wagnerholz (früher auch zu Schiffsnägeln)
schienen ihr eine Zukunft unter unsern Waldbäumen zu sichern —
allein so manche andere mißliche Eigenschaften: das baldige Nachlassen
im Wuchs, die ästige und vielfach gabelige, schlechte Stammform, der
schwache Laubschirm und die mangelhafte Deckung des Bodens treten
namentlich ihrer Verwendung im Hochwaldbetrieb entgegen. Viel
günstiger liegen aber die Verhältnisse für sie im Niederwald, und in
diesem hat sie sich insbesondere in Ungarn große Flächen erobert[1]),
ist überhaupt in der Neuzeit wieder mehr in den Vordergrund ge=
treten, wie den zahlreichen Veröffentlichungen zu entnehmen[2]). Außer
im Walde hat sie aber auch außerhalb desselben zur Befestigung von
Schutthalden, Bahnböschungen u. dgl., ebenso aber auch in Anlagen
und Alleen eine nicht unbedeutende Verbreitung gewonnen und ist
darum kein seltener Gast in unsern Forstgärten.

Der Anbau der Akazie erfolgt bei uns stets durch Pflanzung
mit unverschulten und verschulten Pflanzen, da die Saat der Gefahr
des Verbeißens durch Hasen, welche diese Holzart jeder andern vor=
zuziehen scheinen, in hohem Grade ausgesetzt ist; in Ungarn wird
jedoch auch die Freisaat angewendet[1]).

An den Boden stellt die Akazie auch im Saatbeet keine großen
Anforderungen, Lockerheit oder gründliche Lockerung aber ist nötig;
doch düngt man im Interesse der Erziehung kräftiger Pflanzen den
etwa benutzten geringeren Boden in entsprechender Weise. Seitenschutz
ist für die gegen Trocknis wenig empfindliche Akazie entbehrlich, voller
Lichtgenuß aber Bedürfnis.

Der Samen der Akazie, fast alljährlich gedeihend, ist leicht zu
gewinnen und aufzubewahren, behält seine Keimkraft auch mehrere
Jahre; da man gleichwohl am liebsten frischen Samen verwendet und
die Einsammlung während des Winters erfolgt, so gilt die Früh=
jahrssaat als Regel.

---

1) Zeitschr. f. F.= u. J.=W. 1899, S. 199.
2) Weise in Mündener Heften 12; Eberts in Allg. F.= u. J.=Z. 1899,
S. 168 u. 290; Hallbauer in Allg. F.= u. J.=Z. 1896, S. 249. In Preußen
wurde durch Ministerialerlaß die Beachtung der Akazie besonders empfohlen
Zentralbl. f. d. F.=W. 1900, S. 37.

1 kg Samen enthält 40—50 000 Körner und das Keimprozent schwankt zwischen 40 und 60[1]).

Die Aussaat selbst erfolgt in Rillen, welche mit Rücksicht auf den raschen Wuchs, die bedeutende Höhenentwicklung, welche die Akazie schon im ersten Lebensjahre zu zeigen pflegt, in einer Entfernung von etwa 20—30 cm zu ziehen sind und am besten mit dem Fig. 18 abgebildeten Lang'schen Rillenbrett hergestellt werden.

Die Tiefe der Rillen darf eine im Verhältnis zur geringen Größe des Samenkorns bedeutende sein; nach den schon mehrfach erwähnten Versuchen Baur's macht nämlich die Akazie eine merkwürdige Ausnahme von der sonst gültigen Regel, daß die Stärke des Samenkorns mit der zweckmäßigsten Stärke der demselben zu gebenden Bedeckung in engem Zusammenhang stehe. Jene Versuche haben nämlich ergeben, daß der Akazienfamen eine verhältnismäßig starke Bedeckung — bis zu 7 cm! — nicht nur verträgt, sondern bei einer etwas starken Deckung (bis zur erwähnten Grenze) sogar reichlicher keimt, kräftigere Pflanzen entwickelt als bei einer schwachen Deckung von 1—2 cm, wie sie etwa der Stärke des Korns entsprechen würde[2]). Selbst bei einer 10 cm starken Decke gingen noch Pflanzen auf, wenn auch spärlicher.

Die Aussaat selbst erfolgt aus der Hand oder mit Hilfe des in Fig. 27 dargestellten Klappbrettes und darf mit Rücksicht auf den hohen Prozentsatz keimfähiger Körner, welchen frischer Samen zu haben pflegt, und auf die rasche Entwicklung der Pflanzen nicht zu dicht erfolgen; man erhält sonst viel schwachen Ausschuß neben den besseren, aber doch von ersterem beeinträchtigten Pflanzen. Burckhardt[3]) rechnet 1½ kg pro Ar bei 30 cm weit entfernten Rillen, ein Quantum, das nach unsern Versuchen etwas knapp bemessen ist; nach diesen letzteren würden bei dieser Rillenentfernung immer noch 2½—3 kg pro Ar treffen, was auch mit Bühlers Angabe (2,8 kg pro Ar) stimmt.

Forstverwalter Bund[4]) gibt an, daß in Ungarn der Samen durch Brühen zu raschem und gleichmäßigem Keimen vorbereitet wird. Man übergießt ihn in einem Gefäß mit siedendem Wasser, welches sofort wieder abgegossen und nach einiger Abkühlung abermals über

---

[1]) Heß, Holzarten, S. 144.

[2]) Bühlers Versuche (Mitt. der schweiz. Versuchsanstalt Bd. II Heft 1 u. 2) haben diese Angaben bestätigt.

[3]) Säen und Pflanzen, S. 483.

[4]) Zeitschr. f. F.= u. J.=W. 1899, S. 205.

ben Samen geschüttet wird und nun etwa 15 Minuten auf demselben steht bleibt. Sodann wird der Samen ausgebreitet, abgetrocknet und sofort ausgesät; Bedingung des Erfolgs ist aber feuchter Boden oder alsbald eintretender Regen — ohne diese Voraussetzungen soll man lieber ungebrühten Samen verwenden.

Nach meinen eigenen Erfahrungen keimt frischer Samen sehr gut und sicher, und dürfte das Brühen entbehrlich sein!

Die Akazie keimt bei nicht zu früher Saat, welche wegen der Spätfrostgefahr zu empfehlen ist (Ende April, Anfang Mai), nach 14 Tagen mit zwei großen, fleischigen, grünen Samenlappen von ovaler Gestalt mit derbem Mittelnerv ohne Seitennerven und entwickelt sodann zunächst einige Blättchen, welche mit dem gefiederten Blatt der Akazie keinerlei Ähnlichkeit haben. Das erste Blättchen ist lang gestielt und kreisrund, das zweite ebenfalls gestielt und rund, aber wesentlich kleiner, zeigt unterhalb zwei sehr kleine Fiederblättchen; bei den weiteren Blättern tritt nun die normale Gestalt ein.

Das Aufgehen des Samens erfolgt rasch und sicher, die Saatbeete bedürfen weder des Bedeckens noch Besteckens mit Reisig und während des Sommers nur der nötigen Pflege durch Ausjäten und Lockern, während des Winters aber eines genügenden Schutzes gegen die Hasen und Kaninchen durch hinreichend dichte Einfriedigung; diese äsen sonst die einjährigen Pflanzen bis auf den Boden ab und scheinen, wie schon oben erwähnt, die Akazien jeder andern Holzart vorzuziehen. Durch Winterfrost werden die weniger verholzten Spitzen der Pflanzen nicht selten getötet; doch ist der Nachteil für die Pflanzen kein großer, indem die oberste gut gebliebene Seitenknospe (eine eigentliche Terminalknospe zeigt die Akazie überhaupt nicht) im Frühjahre die Bildung des neuen Gipfeltriebes übernimmt, den erfrorenen Teil allmählich abstoßend; doch kann man durch Zurückschneiden bis aufs gesunde Holz zweckmäßig helfen. — Geht der Frostschaden tief herab, was bei strenger Kälte wohl der Fall, so empfiehlt Burckhardt das Setzen der Pflanzen auf die Wurzeln und Erziehung einer neuen Pflanze aus einer Ausschlagslobe, die eine sehr kräftige Entwicklung zu zeigen pflegt.

Durch Spätfröste ist die Akazie infolge ihres späten Ergrünens nur bei spätem Eintreten derselben gefährdet, in letzterem Falle allerdings gegen dieselben sehr empfindlich.

Unter günstigen Verhältnissen, namentlich bei minder dichter Saat, erreichen die Pflanzen schon im ersten Lebensjahre eine Höhe von

40 cm und darüber[1]) und können dann meist im nächsten Frühjahre verwendet werden; war ihre Entwicklung minder kräftig, oder bedarf man stärkerer Pflanzen, so läßt man sie noch ein Jahr im Saatbeet stehen (und ist, wenn letzteres schon ursprünglich in Absicht liegt, ein größerer Rillenabstand — bis 30 cm — zu empfehlen), oder man verschult die einjährigen Pflanzen. — In vielen Fällen wird es am zweckmäßigsten sein, die kräftigen einjährigen Pflanzen eines Beetes sofort zu verwenden, die schwächeren zu verschulen.

Die in einem Abstand von 25—30 cm verschulten Pflanzen entwickeln sich meist schon binnen Jahresfrist zu genügender Stärke und erreichen eine Höhe bis zu 1,5 m; zwei Jahre im Pflanzbeet stehend werden sie bis 2 m und darüber hoch und entsprechend stark, zu stark zur bequemen bzw. billigen Verpflanzung — es zeigt wohl keine Holzart eine so rasche Entwicklung in den ersten Jugendjahren wie die Akazie. Das Ausheben und die Verpflanzung solch' stärkerer Pflanzen geht nicht ohne Wurzelverlust vor sich; doch ist die Akazie hiergegen wenig empfindlich.

Die Erziehung stärkerer Heister für Alleen, Schneisen u. dgl. geschieht durch weitständigere, eventuell zweimalige Verschulung unter entsprechendem Wurzelschnitt — Kürzen der oft ziemlich weit ausstreichenden Seitenwurzeln —, unter Auswahl der bestgewachsenen Individuen, unter entsprechender Pflege der Stämmchen durch Entfernung tief angesetzter Äste, und genügen 4—5 Jahre zur Erziehung eines solchen Heisters. Sie wird mehr Sache des Gärtners als des Forstmannes sein!

§ 114. Die Birke.

Gleich der Hainbuche ist auch die Birke eine Holzart, die nur ausnahmsweise Gegenstand eigentlichen forstlichen Anbaues ist und noch seltener in unsern Forstgärten angetroffen wird; die Entfernung eines schädlichen Übermaßes von Birken ist viel öfter Aufgabe des Forstmannes als ihre Nachzucht! Wo sie einmal vorhanden, da pflegt,

---

[1]) Wir haben in günstigen Jahren schon einjährige Akazien von über 1 m Höhe erzogen! Wenn dagegen Weise (Mündener Hefte II, 17) als durchschnittliche Höhe 80 cm angibt, so geht das über unsere Resultate weit hinaus und noch mehr über jene Bühlers, der nur durchschnittlich 13—18 cm hohe Pflanzen erzielte.

Bund (Zeitschr. f. F.= u. J.=W. 1899, S. 199) gibt für Ungarn die Höhe der einjährigen Pflanzen zu 0,5—1,5 m an; letzteres dürfte doch seltene Ausnahme sein!

dank dem fast alljährlich in Menge erzeugten und durch seine Leichtig=
keit sich überallhin verbreitenden Samen dieser Holzart, Birkenanflug
in großer Menge da zu erscheinen, wo Licht und wunder Boden dies
gestatten, und diesem Anflug werden wir denn meist auch jene
Pflanzen entnehmen können, die wir etwa als Schutzholz für empfind=
liche Holzarten, zur Bildung von sogenannten Feuermänteln in aus=
gedehnten Kiefernforsten und zu ähnlichen Zwecken bedürfen. Es ist
dies ein weiterer Grund, weshalb die Birke in Saatkämpen und Forst=
gärten auch dort nur selten angebaut zu werden pflegt, wo zu den
genannten Kulturen Birkenpflanzen notwendig sind. — Dagegen hat
solcher natürlicher Anflug, zumal auf ärmerem Boden, oft eine
für das Verpflanzen ungünstige Wurzelbildung; die Wurzeln streichen
ziemlich weit aus, die Faserwurzeln sitzen der Hauptsache nach am
Ende dieser langen Wurzeln und gehen beim Ausheben und Ver=
pflanzen zum nicht geringen Teile verloren, und infolgedessen sieht
man die Pflanzen vielfach verkümmern und eingehen. Dies wird
Veranlassung werden, sich gut bewurzelte Pflanzen im Saatbeet und
durch Verschulung zu erziehen.

Die Erziehung der Pflanzen im Saatbeet ist nun nicht so
leicht, als man glauben sollte. Der schwache Samen verträgt durchaus
keine stärkere Bedeckung, kommt unter solcher nicht zum Keimen —
dagegen ist er anderseits wieder dem Austrocknen in hohem Grade
ausgesetzt, und ebenso verhindert eine nach Regenwetter eintretende
Verkrustung der Beetoberfläche den Durchbruch der Kotyledonen; so
haben denn (wie wir aus eigener Erfahrung sagen müssen) die Birken=
saaten im Saatbeet oft sehr geringen Erfolg! Um aber einen guten
Erfolg zu erzielen, gibt Oberförster Biedermann folgende An=
leitung [1]): Der mäßig tief umgegrabene Boden wird wieder angedrückt,
sodann vor der Aussaat nochmals leicht überrecht und nun zeitig im
Frühjahre mit frischem Samen (der ja alljährlich zu haben ist) dicht
voll angesät — dicht, weil das Keimprozent des Samens ein geringes
zu sein pflegt. Nach der Aussaat wird der Samen mit der flachen
Schaufel fest angeklopft, bei trockenem Wetter mit der Gießkanne über=
braust und nun mit klein gehackten Kiefernzweigen so überdeckt, daß
die Sonne nicht direkt auf den Boden gelangen kann, aber auch die
Wirkung verkrustender Schlagregen abgehalten wird; bei trockener

---

[1]) Bericht der Verf. des märkischen Forstver., 1882, S. 41. Ein sofort nach
obiger Vorschrift vorgenommener Versuch in unserm Forstgarten hatte einen außer=
ordentlich günstigen Erfolg!

Witterung werden die Beete öfter überbrauſt — auch hier hindern die Kiefernzweige wieder das Verſchwemmen des Samens wie das Verkruſten der Oberfläche, ebenſo aber auch deſſen zu raſches Ab=trocknen. Iſt die Keimung erfolgt, ſo nimmt man die Kiefernäſtchen vorſichtig weg.

Der Samen, der etwa im Auguſt reift[1]), jedoch zum großen Teil erſt im Laufe des Winters abfliegt, iſt bekanntlich ſehr klein und leicht — nach Heß gehen 1 600 000—1 900 000 Körnchen auf 1 kg —, hat aber nur geringe Keimkraft (10—20, nach Weiſe ſogar nur 6—8 %) und erhält dieſe nur bis zum Frühjahr; er kann wohl ſtets im eigenen Revier geſammelt werden, wodurch Garantie für Verwendung friſchen Samens geboten iſt.

Mit Rückſicht darauf, daß der über Winter trocken aufbewahrte Samen leicht zu ſtark austrocknet und an Keimkraft verliert, kann man die Saat auch ſchon im Spätherbſt vornehmen, wird ſie aber dann vor allem in obiger Weiſe gegen Verſchwemmen und Verhärten des Bodens ſchützen müſſen.

Die Birke keimt mit zwei ſehr kleinen ovalen Samenlappen, die oben grün, unten rötlich ſind; die beiden erſten Blättchen ſind drei= bis fünflappig und ſtark behaart.

Die Saatbeetpflanzen werden in der Regel zweijährig zur Ver=wendung kommen; bedarf man aber ſtärkere Pflanzen, wie ſie etwa zur Erziehung eines Schutzbeſtandes, zu Randpflanzungen, auf Graben=aufwürfe uſw. bisweilen nötig, ſo greift man zur Verſchulung, wenn man ſolche nicht dem natürlichen Anflug in Schlägen entnehmen kann, oder wenn dieſelben dort die oben erwähnte ungünſtige Wurzelbildung zeigen; man verſchult dann entweder die auf eben angegebene Weiſe erzogenen einjährigen Saatbeetpflanzen oder ein= und zweijährige Sämlinge aus den Schlägen. Es muß dies Einſchulen zeitig im Frühjahre geſchehen, da die Birke ſich bekanntlich ſehr bald begrünt; ein Verſuch, ſchon angetriebene Birken einzuſchulen, iſt uns vollſtändig mißglückt, und glauben wir davor warnen zu ſollen. Die Verſchulung wird man etwa im Verband von 30 auf 30 cm vornehmen, und bei der raſchen Entwicklung der Birkenpflanzen genügen zwei Jahre im Pflanzbeet wohl ſtets, um Pflanzen der gewünſchten Stärke zu er=ziehen. Schutz irgendwelcher Art, gegen Froſt, Trocknis, Wild, bedürfen die Birken nicht, und ihre Pflege erſtreckt ſich auf das gewöhnliche Jäten und Lockern.

---

[1]) „Wann reift und fliegt der Birkenſamen?" Weiſe in Münd. Heften 7, S. 176.

In etwas höherem Alter und Heisterstärke läßt sich die Birke nicht mehr mit gutem Erfolg verpflanzen, und selbst wenn sie dabei nicht zugrunde geht, so bleibt doch ihr Wuchs lange ein kümmerlicher[1]). Das beginnende Weißwerden der Rinde am unteren Stammteile gilt bekanntlich als Zeichen, daß die Zeit der Verpflanzbarkeit vorüber sei.

§ 115. Die Linde.

Die Linde hat f o r ſ t l i ch nur geringe Bedeutung, und dieſe letztere wird, wo ſie bei uns in Deutſchland noch beſteht, ſtets geringer; die in unſern Hochwaldungen da und dort noch vorhandenen älteren Linden verſchwinden bei unſern regelmäßigen Verjüngungen im Dunkelſchlag wie beim kahlen Abtrieb, und der verhältnismäßig geringe Wert des Holzes gibt auch keine Veranlaſſung, ihre Nachzucht beſonders anzuſtreben. Auch im Niederwald iſt ſie, obwohl reich ausſchlagend und von langer Dauer des Stockes, um des geringen Holzwertes willen lediglich geduldet — es iſt nur die H o l z z u c h t a u ß e r = h a l b d e s W a l d e s oder die W a l d v e r ſ c h ö n e r u n g, für welche ſie eine, allerdings geradezu hervorragende Bedeutung hat: als Allee= baum, in Parkanlagen, als Einzelbaum im Dorf und Gehöfte· finden wir die Linde allenthalben. So wird ſie denn auch hier und da in mäßiger Zahl in unſern Forſtgärten erzogen, mehr zum Verkauf als zum eigenen Gebrauch; doch überlaſſen wir dies wohl beſſer dem Handelsgärtner, uns auf die Erziehung der eigentlichen Waldpflanzen beſchränkend[2]).

Wohl ſtets wird es ſich bei der Linde um Erziehung ſtärkerer Pflanzen und ſelbſt von Heiſtern handeln, wozu einmalige und im letzteren Falle ſelbſt zweimalige Verſchulung nicht zu umgehen iſt.

Die Linde liefert faſt alljährlich S a m e n, und man wird daher meiſt in der Lage ſein, ſolchen friſch verwenden zu können. Jener von T. grandifolia, von welchem 11 000—12 000 Stück auf 1 kg gehen, hat größere, verkehrt eiförmige Nüßchen mit harter Samenſchale und 4—5 deutlich erhabenen Längsrippen, während die kleineren (erbſengroßen) Nüßchen von T. parvifolia rundlich, mit dünner Samenſchale und ſchwachen Längskanten ſind. Die Keimkraft pflegt bei beiden nur eine mittlere — 40—50 % — zu ſein. (Bezüglich

---

[1]) Pfeil, Deutſche Holzzucht, S. 313.

[2]) Viel größer iſt die Bedeutung in Rußland, wo ſie zum Teil in ausgedehnten Beſtänden vorkommt; auch im nordoſtdeutſchen Tiefland tritt ſie häufiger und in ſehr gutem Wachstum auf.

der Nachzucht. besteht ein Unterschied zwischen den beiden Lindenarten nicht.)

Der Samen der Linde keimt fast regelmäßig erst im zweiten Frühjahre (nach Pfeils Angabe[1]) soll allerdings im Herbst aus=gesäter Samen schon im nächsten Frühjahre zur Keimung gelangen) und wird daher zweckmäßig in der bei der Esche angegebenen Weise in Gräben bis zum zweiten Frühjahre aufbewahrt und dann zeitig ausgesät. Auch dieser Samen ist durch Mäuse gefährdet, und dürfte vielleicht die Anwendung von Mennige für ihn zu empfehlen sein.

Die Kotyledonen sind verhältnismäßig groß und handförmig ge=lappt, mit keiner andern Holzart zu verwechseln.

Die aufgehenden Pflänzchen sind durch Gitter gegen Frost und Hitze zu schützen, erreichen im ersten Jahre eine Höhe bis zu 20 cm und werden dann ein= oder zweijährig verschult. Mit gutem Erfolge haben wir auch Keimlinge, die unter alten Linden im frischen Waldboden in größerer Zahl erschienen, nach Hervorbrechen der ersten Laubblätter mit kleinen Bällchen eingeschult[2]) und hierdurch die Auf=bewahrung des Samens und der Saat erspart.

Die Stammbildung der jungen Pflanzen zeigte sich in unserm Forstgarten nicht sehr günstig, und Gabelbildung wie starke seitliche Verästelung machten ziemliche Pflege durch Beschneiden nötig. — Als etwa meterhohe Pflanzen werden sie sodann, etwa drei= bis vierjährig, in den Heisterkamp versetzt und erreichen dort unter entsprechender Pflege, namentlich durch Beschneiden, dessen sie bei ihrer Neigung zur Astbildung nicht entbehren können, immerhin erst in acht= bis zehnjährigem Alter jene bedeutendere Stärke, welche man für Allee=bäume u. dgl. fordert; sie sind deshalb, wie auch aus den Preislisten unserer Gärtner zu ersehen, ein teures Material! — Auch stärkere Wildlinge kann man wohl in den Heisterkamp einschulen und dadurch rascher zum Ziele kommen, ja selbst Wurzelbrut kann hierzu verwendet werden, und die leichte Verpflanzbarkeit der Linde läßt auch solche mit schwacher Bewurzelung noch Gedeihen finden[3]).

---

[1]) Deutsche Holzzucht, S. 291.

[2]) Auch von Burckhardt empfohlen, siehe Säen und Pflanzen, S. 479.

[3]) Burckhardt, Säen und Pflanzen, S. 479; ferner freundliche Mitteilungen des Herrn Oberförsters Clausius zu Sobbowitz, der schöne Heister durch Einschulen von stärkeren Wildlingen und Wurzelbrut ohne nochmalige weitere Umschulung erzog.

Weise (Münbener Hefte II, 15) hat günstigere Erfahrungen als wir mit der Lindenzucht gemacht, in fünf Jahren und mit einmaliger Verschulung schon Alleebäume erzogen. Es ist uns dies trotz günstiger Pflanzbeetverhältnisse nicht gelungen!

§ 116. Die Pappeln.

Die forstliche Bedeutung der Pappeln ist im allgemeinen in Deutschland bis jetzt eine geringe. In unsern Waldungen findet sich, vielfach als lästiges Unkraut, die Aspe oder Zitterpappel (Populus tremula), in den Auwaldungen der Flußniederungen die Schwarz= pappel (P. nigra) und die Silberpappel (P. alba), in neuerer Zeit auch noch die aus Nordamerika zu uns gekommene und sehr gerühmte kanadische Pappel (P. canadensis)[1]. Die italienische Pappel (P. italica, pyramidalis, dilatata) ist zwar viel verbreitet, aber mehr als Baum der Alleen.

In der neueren Zeit hat sich jedoch die Aufmerksamkeit der Forst= wirte wie vieler Landwirte den Pappeln auch bei uns in erhöhtem Maße zugewendet[2]. Das weiche, weiße und leichte Holz der Pappeln, das noch den weiteren Vorzug besitzt, in der Arbeit gut zu „stehen", nicht mehr zu schwinden und zu quellen, hat infolge dieser Eigen= schaften vielseitige Verwendung gefunden und erzielt gute Preise, die um so mehr ins Gewicht fallen, als der Wuchs der Pappeln nament= lich auf ihnen zusagendem Boden ein außerordentlich rascher ist, so daß schon dreißig= bis vierzigjährige Stämme wertvolles Nutzholz liefern; dazu ist die Nachzucht bei den meisten Arten eine leichte, und so finden die Pappeln sowohl im Walde als außerhalb desselben — an Wegen, Wiesenrändern, feuchten Stellen u. ä. — zurzeit vielfach Verwendung. Es dürfte darum auch angezeigt sein, deren Anzucht hier zu besprechen.

Diese letztere erfolgt nun teilweise durch sog. Setzstangen — stärkere, bis 2 m lange Äste, die einfach in den etwas zubereiteten Boden eingestoßen werden —, mehr aber durch stärkere, bewurzelte Pflanzen, Heister, die in Forstgärten aus Stecklingen erzogen wurden. Diese letztere Methode ist allerdings bei der Aspe nicht anwendbar, da nach meinen Versuchen deren Stecklinge ebensowenig anschlagen wie jene der Sahlweide. Heß (Verhalten der deutschen Holzarten) sagt nur, daß solche bei der Aspe „weniger gut" angehen, während bei der Sahlweide eine Äußerung hierüber fehlt.

Was nun zunächst die Erziehung von Heistern für die übrigen oben genannten Pappelarten aus Stecklingen anbelangt, so ist diese eine höchst einfache und sichere. Man läßt im April vor beginnendem

---

[1] S. Allg. F.= u. J.=Z. 1895, S. 343; dann Kern, Erfahrungen im Korb= weidenbau und Bandstockbetrieb, nebst Anhang „Die kanadische Pappel".

[2] In Frankreich ist dies schon länger der Fall — f. Allg. F.= u. J.=Z. 1905, S. 92.

Austreiben der Knospen die etwa 30 cm langen und bis kleinfinger=
dicken Stecklinge am besten aus einjährigen Pappelzweigen schneiden
und in dem gut bearbeiteten Land (nicht Beet) des Forstgartens in
50 cm Quadratverband so tief in den Boden stecken, daß nur die
oberste Knospe mehr zu sehen ist. Schon im ersten Jahre erreicht der
Trieb eine Höhe bis zu 1 m, und in dreijährigem Alter wird die
Mehrzahl die erforderliche Stärke und Höhe haben. Da die Ent=
wicklung nicht bei allen Individuen gleich günstig sein wird, so sticht
man zweckmäßig im dritten Jahre die stärksten heraus und läßt die
schwächeren noch ein Jahr stehen.

Die Pflege besteht lediglich in alljährlichem Reinigen und Lockern
des Bodens sowie im etwaigen Abstreifen der schwachen unteren Triebe,
da man astreine Heister zu erziehen bestrebt sein muß.

Anders ist zu verfahren, wenn man in Auwaldungen oder sonst
geeigneten Örtlichkeiten die durch rücksichtslose Schlag= und Bestands=
reinigung in unsern deutschen Waldungen als stärkerer Stamm geradezu
selten gewordene Aspe nachziehen will, deren Holz speziell von der
Zündholzindustrie sehr gesucht und gut bezahlt wird. Ich folge nach=
stehend der Mitteilung des Herrn Forstrat Hofmann in Rosenheim[1]),
der diese Nachzucht mit gutem Erfolg betreibt.

Wie schon oben erwähnt, läßt sich die Aspe durch Stecklinge
nicht fortpflanzen, und die Verwendung bewurzelter Wurzelbrut
ergibt wenig günstige Resultate, da diese häufig den Keim zur Kern=
fäule schon in sich trägt. So muß also die Nachzucht aus Samen
erfolgen, und die erste Aufgabe ist daher die nicht gerade leichte Ge=
winnung guten Samens.

Etwa gegen Ende Mai, wenn der Aspensamen durch Aufspringen
der Kätzchen und Abfliegen einzelner Samenwolle seine Reife zeigt,
ist mit dem Einsammeln der Kätzchen zu beginnen; diese werden, um
das Verfliegen des Samens zu hindern, tunlichst bei trübem Wetter oder
in frühen Morgenstunden gepflückt, ehe sich die Samenkapseln unter
der Einwirkung der Sonne öffnen. Der Samen der Aspe, ein kleines,
ovales, gelblich=braunes Körnchen mit weißer Wolleumhüllung, wird
nun in der Weise gewonnen, daß die gesammelten Kätzchen in einem
geschlossenen, gegen Luftzug geschützten Raum dünn ausgebreitet
werden; unter dem Einfluß der Luft= und Sonnenwärme öffnen sich
die Kapseln, die Samenwolle quillt hervor und wird nun durch
Arbeiterinnen gesammelt. Aus 5 kg Kätzchen werden etwa 500 g
Samenwolle gewonnen.

---

[1]) Forstw. Zentralbl. 1902, S. 360.

Der gesammelte Samen soll nun als bald ausgesät werden, da seine Güte durch längeres Liegen beeinträchtigt wird. Die Aussaat erfolgt auf frisch umgearbeitete Beete, deren Oberfläche mit einem Brett wieder etwas angedrückt wurde, und die mäßig feucht gehalten werden muß. Die Saat geschieht am besten in flach eingedrückte, etwa 12 cm entfernte Rillen in der Weise, daß der Arbeiter eine kleine Portion Samenwolle mit Daumen und Zeigefinger faßt und an den feuchten Boden andrückt; die aufgelegte Samenwolle wird dann ganz schwach mit feiner Erde überdeckt und mit der Gießkanne über= braust, das Beet selbst mit dürren Fichten= oder Tannenzweigen zum Schutz gegen Austrocknen und Regengüsse bedeckt. Die Zweige werden einige Zeit nach dem Keimen des Samens an den Seiten des Beetes zum Schutz gegen die Sonne aufgesteckt und bis zum Herbst belassen. Die Beete sind unter Zuhilfenahme der Gießkanne stets feucht zu halten.

Die Keimung erfolgt bereits nach 5—6 Tagen mit zwei länglich= ovalen, bräunlich=grünen, glattrandigen Kotyledonen an rötlichen Stengelchen, und es erreichen die in ihrer Entwicklung oft sehr un= gleichen Keimlinge im ersten Jahre eine durchschnittliche Höhe von 12 bis 17 cm.

Die sehr starke Wurzelentwicklung der jungen Pflanzen läßt deren Verschulung im nächsten Jahre zweckmäßig erscheinen, und erfolgt diese mit Rücksicht auf die rasche Entwicklung der Pflanzen im Abstand von etwa 25 auf 30 cm; sie erreichen im ersten Jahre bereits eine Höhe von 1,60—1,80 m und sind nun zur Auspflanzung ins Freie geeignet. Solche Saatpflanzen unterscheiden sich durch ihre günstige, geschlossene und kräftige Schaftbildung in vorteilhafter Weise von den aus Wurzelbrut entstandenen und da und dort zur Pflanzung ver= wendeten Aspenpflanzen. —

Der Umstand, daß die fortgesetzte Erziehung von Pappeln durch Setzstangen oder Stecklinge zu deren allmählicher Degeneration führt, die sich insbesondere in frühzeitiger Wipfeldürre zu erkennen gibt, hat nach Thalers Mitteilung[1] Veranlassung gegeben, auch für die übrigen eingangs genannten Pappelarten die Nachzucht aus Samen nach obigem Rezept zu versuchen, und war der Erfolg ebenfalls ein günstiger, nur durch die den Keimlingen sehr gefährlichen Würmer und Schnecken beeinträchtigter. Bei Sammlung des Samens ist — wie bei der Aspe — zu beachten, daß in der Nähe der weiblichen

---

[1] Allg. F.= u. J.=Z. 1906, S. 117.

Bäume, von denen man die Kätzchen sammelt, auch ein männliches Exemplar steht, da sonst die Samenkapseln nur Wolle, aber keinen keimfähigen Samen enthalten.

Zweiter Abschnitt.
Die Nadelhölzer.

§ 117. Die Weißtanne.

Gleich der Rotbuche, der sie ja bezüglich ihres Verhaltens in manchen Stücken ähnelt, war auch die Weißtanne in den Forstgärten früher ein seltener Gast. Wo sie bereits im reinen oder gemischten Bestand vorhanden war, da überließ man die Sorge für ihre Nachzucht der Natur, und zwar meist mit gutem Erfolge, wenn die Verjüngung der Bestände in entsprechender Weise auf dem Wege der rascheren oder langsameren Femelschlagwirtschaft erfolgte. Wollte man einzelne Lücken mit Tannen auspflanzen, so griff man zur kräftigen Ballenpflanze, die sich in den Nachhieben, auf Blößen und Lücken in den älteren Beständen in jeder Zahl und Stärke vorfand; zur künstlichen Nachzucht aber, wo solche überhaupt stattfand, benutzte man in der Regel die Saat unter Schutzbestand — und so war wenig Veranlassung zur Erziehung der Tanne im Forstgarten gegeben.

Das ist nun vielfach anders geworden! Die großen Schädigungen, unter denen die Rivalin der Tanne im Mittelgebirge, die Fichte, in ihren künstlich durch Kahlschlagbetrieb mit nachfolgender Kultur erzogenen, ausgedehnten reinen Beständen durch Schneebruch, Windwurf, Insekten namentlich in den letzten Dezennien gelitten hat, ließen den Wert der Tanne und einer Beimischung derselben in die Fichtenbestände in erhöhtem Maße erkennen, die Erzielung einer solchen selbst zum Wirtschaftsgrundsatz in nicht wenigen Waldgebieten werden. Zur Ausfüllung der durch Schnee und Sturm entstandenen Lücken in Föhren- und Fichtenbeständen, zum Unterbau der sich frühzeitig lichtenden Föhrenbestände erschien ebenfalls die schattenertragende Tanne vielfach als die geeignetste Holzart, und ebenso erkannte man ihren Wert als Nutzholz lieferndes Mischholz für die Buchenbestände.

Man sah aber auch, daß die Pflanzung meist rascher und sicherer als die Saat, ja in manchen Fällen allein zum ge-

wünschten Ziele führe — so z. B. bei der Aufforstung der Wind=
bruchflächen, bei dem Einbringen der Tanne in zu verjüngende Buchen=
bestände, in denen die Keimlinge durch Überlagerung mit Laub vielfach
wieder zugrunde gingen —, und da Wildlinge dort, wo die Tanne
erst eingebürgert werden sollte, gar nicht, andern Orts wenigstens
nicht in der gewünschten Menge und Qualität zur Verfügung standen,
so mußte man sich seinen Pflanzenbedarf künstlich erziehen, und infolge
dieser Verhältnisse sehen wir die Tanne jetzt vielfach in unsern Forst=
gärten, ihre Erziehung als eine Aufgabe des Forstverwalters.

Diese Aufgabe besteht nun meist in der Anzucht kräftiger ver=
schulter Tannen, und es wird das Material für die Pflanzbeete
entweder im Saatbeet erzogen oder, jedoch in minderem Maße, den
natürlichen Anflügen entnommen. Fassen wir zunächst den ersten Fall
ins Auge.

Für die Anlage eines Tannensaatbeetes ist die Auswahl eines
gegen Spätfrost wie gegen die grelle Einwirkung der Sonne ge=
schützten Platzes von besonderer Wichtigkeit. Bestandslücken, hin=
reichend groß, um direkte Überschirmung des Beetes und den Fall
der Traufe auf dasselbe zu vermeiden, wählt man besonders gerne,
obwohl man die Saatbeete auch ohne solchen Seitenschutz anlegen
kann, in welch' letzterem Falle jedoch Schutzvorrichtungen gegen Frost
und Hitze nicht zu umgehen sind[1]). Wir würden aber einen solch'
ungeschützten Platz nur im Notfall wählen! Bezüglich der Anlage
von Saatbeeten unter schützendem Oberstand auf der Saat=
beetfläche selbst, wie solche wohl auch geschieht, gilt das bei der Rot=
buche hierüber Gesagte.

Die Bearbeitung des hinreichend frischen Bodens erfolgt in
üblicher Weise unter Vermeidung zu tiefer Lockerung und Düngung,
um die Bildung einer zu starken Pfahlwurzel, zu welcher die junge
Tanne geneigt ist, nicht noch mehr zu befördern; 25—30 cm ge=
nügen stets.

Der Samen der Weißtanne, der vielfach auf den betreffenden
Revieren selbst gesammelt wird, wodurch gute Qualität vor allem ge=
sichert erscheint, erhält sich nur bis zum kommenden Frühjahr
keimfähig und bedarf zu möglichster Erhaltung dieser Keimfähigkeit
einer aufmerksamen Behandlung während des Winters. Er ist nament=
lich vor Erhitzung, die durch dichtes Aufeinanderliegen leicht eintritt,

---

[1]) Vergl. über Tannenerziehung: Burckhardt, Aus dem Walde IV, S. 67
(Grebe) und III, S. 168 (Forstrat Lang).

zu bewahren und wird zu diesem Zwecke am besten folgendermaßen behandelt[1]): Die noch grünen, geschlossenen Zapfen, in der zweiten Hälfte des Septembers gesammelt, werden auf der Tenne des Samen= magazins ca. 20—25 cm hoch aufgeschüttet, dreimal täglich mit festem Rechen tüchtig umgestoßen und damit vier bis fünf Wochen fort= gefahren, bis die Schuppen der zerfallenen Zapfen sich trocken anfühlen. Dann wird der Samen samt Schuppen auf dem Dachboden ein= gelagert und im Frühjahre eventuell mit diesen (ins Saatbeet aber wohl besser nach vorheriger Trennung durch Rütteln in Sieben, in denen sich die Schuppen oberhalb des schwereren Samens ansammeln) ausgesät. — Die Keimkraft erprobt man am besten durch die Schnitt= probe, bei welcher sich der frische, weiße Kern im Innern des stark nach Terpentin riechenden Samenkorns zeigen muß; doch ist nach Kienitz' Angabe[2]) dies Kennzeichen nicht untrüglich. Will man Keimproben (etwa auf der Keimplatte) mit Tannensamen anstellen, so ist wohl zu beachten, daß der frisch gesammelte Samen einer Nachreife bedarf; nach Kienitz' Versuchen sowie nach solchen, die wir selbst angestellt, keimte derselbe, im Februar geprüft, sehr rasch, während im Herbst auf die Keimplatte gebrachte Samen 50 Tage und darüber brauchten, bis sie zur Keimung gelangten[3]). Höhere Wärmegrade werden hierbei dem Samen verderblich.

Nach Bühler[4]) enthält 1 kg rund 25 000 Samenkörner; als durchschnittliches Keimprozent gibt derselbe nur 20 an; unsere eigenen Untersuchungen ergaben jedoch wesentlich höhere Prozente, bis 50 steigend. (Heß gibt 35—40 % an.)

Angesichts der immerhin etwas umständlichen Überwinterung des Samens wendet man bei der Weißtanne gerne die Herbstsaat an, und kann dies um so eher tun, als der Samen im Winterlager weder durch Mäuse noch durch Vögel[5]) bedroht ist; der starke Terpentingehalt scheint ein Schutz gegen die Tierwelt zu sein. Doch ist man bei Be= zug des Samens von weiterher oder frühzeitig eintretendem Winter

---

[1]) Mitt. des Forstmeisters Zenker in der Vereinsschrift des böhm. Forst= vereins pro 1882, 2. Heft.

[2]) Forstl. Blätter 1880, S. 1.

[3]) Das gleiche Resultat ergeben die Versuche von Zederbauer (Zentralbl. f. d. F.=W. 1906, S. 314). Auch er bezeichnet die Schnittprobe als das beste Verfahren.

[4]) Bühler, Mitt. Bd. II, Heft 1.

[5]) Ein einziges Mal wurden uns Tannensaatbeete durch Meisen, die den Samen aus den Beeten aushackten, schwer geschädigt.

nicht selten zur Frühjahrsfaat genötigt; Grebe empfiehlt solche bei anhaltend feuchtem Herbstwetter und schwerem Boden, und Gerwig[1]) bezeichnet die Frühjahrsfaat als zweckmäßig wegen der Spätfröste, durch welche die sehr frühzeitig erscheinenden Keimlinge der Herbstfaat gefährdet sind. Immerhin ist möglichst zeitige Saat im Frühjahr anzuraten.

Die Aussaat erfolgt in etwa 2 cm tiefe und 2 cm breite, mit dem Rillenbrett (Fig. 18, § 54) eingedrückte Rillen, deren Abstand bei der geringen Entwicklung der Tanne in den beiden ersten Lebens=jahren nur etwa 12 cm zu betragen braucht, und wird der starke, von Flügeln, Schuppenresten u. dgl. möglichst gereinigte Samen aus der Hand — ohne Anwendung der hier entbehrlichen Säevorrichtungen — möglichst gleichmäßig und in der Güte des Samens entsprechender Menge eingestreut. E. Heyer läßt auch den Weißtannenfamen bei der Frühjahrsfaat zur Beförderung des Keimens acht Tage lang in feuchten Sand einschlagen, was jedoch nach eigenen Erfahrungen nicht nötig sein dürfte. — Das nötige Samenquantum gibt Grebe[2]) pro Ar auf 5—6 Pfund bei der nach unserer Meinung überflüssig großen Entfernung der Rillen von 21 cm an; bei dem von uns empfohlenen geringeren Abstand derselben wird sich dieser nach unsern Erfahrungen knapp bemessene Bedarf wesentlich erhöhen, bei Frühjahrsfaat ohnehin etwas reichlicher zu bemessen sein, und ist die Angabe Jubeichs[3]), daß 8—12 kg pro Ar nötig seien, als richtig zu betrachten, stimmt auch mit den uns von andern erfahrenen Pflanzenzüchtern gemachten Angaben. Bühler kommt mit 40—50 g pro laufenden Meter zu viel höheren Zahlen.

Eine Deckung des Samens zu 1—2 cm hat sich nach Baurs Versuchen für die Tanne als die der Keimung zuträglichste erwiesen, eine solche von 3 cm schon als sehr nachteilig; nach Grebes An=gabe dagegen wurde im Thüringer Walde eine Decke von 2,6 cm noch mit gutem Erfolg angewendet, und auch Bühler empfiehlt 2,5 bis 3 cm; der Lockerheitsgrad des verwendeten Deckmaterials spielt eben hierbei seine Rolle!

Herbstfaat keimt, wie schon oben erwähnt, zeitig im Frühjahr, Frühjahrsfaat wesentlich später. Der Keimling zeigt 5—6 Kotyle=bonen, welche die flache Gestalt der Tannennadeln besitzen, die weißen

---

[1]) Die Weißtanne im Schwarzwald, S. 137.

[2]) Aus dem Walde IV, S. 167.

[3]) Forst= und Jagdkalender 1882, S. 113.

Längsstreifen jedoch auf der Oberseite tragen. Die nun erscheinenden ersten Nadeln, zwischen den Kotyledonen stehend, sind nur halb so lang als letztere; mit diesem zweiten Blattkreis und einer Terminal=knospe schließt das Wachstum des ersten Jahres ab. —

Zum Schutz gegen das Austrocknen deckt man die angesäten Beete mit Nadelholzreisig; die im Herbst besäten Beete aber deckt man in solcher Weise etwa nach eingetretenem stärkeren Frost, um dadurch allzufrüher Keimung entgegenzuwirken. Durch Aufstecken des Reisigs oder durch Schutzgitter aber schützt man die empfindlichen Keimlinge gegen Spätfröste wie grelle Sonneneinwirkung und Trocknis, welch' letztere die schwachen Pflänzchen während des Sommers ebenfalls ge=fährdet, und wo der Seitenschutz gegen Süd und West fehlt, da sind Schutzgitter, allmählich höher gestellt, oder Schutzschirme, aus leichtem Stangengerüst mit Nadelholzreisig gedeckt, das allmählich abgenommen und zuletzt, gleich den Schutzgittern, ganz entfernt wird, zur Sicherung unserer Tannenpflänzchen nicht wohl entbehrlich.

Als einen Feind der keimenden Tannen nennt uns Dreßler[1]) den Erdfloh, einen Feind, gegen welchen uns nur mangelhafte Mittel zur Verfügung stehen (siehe § 66).

Wo Auergeflüg vorhanden, bedürfen die Tannenpflänzchen im Saatbeet gegen dasselbe des in § 68 angegebenen Schutzes, da das=selbe nicht nur die Knospen, sondern auch die Nadeln abäst und die Pflanzen dadurch ruiniert.

Im übrigen pflegen wir unsere Tannensaatbeete, die wir auch im nächsten Frühjahre noch durch Schutzgitter gegen Spätfröste schützen, durch Jäten und Lockern in gleicher Weise wie die andern Holz=arten. Pfeil[2]) empfiehlt nach erfolgtem Aufgehen das Eindecken mit Moos, so daß nur die Nadeln herausschauen, als ein Verfahren, das sich durch Erhaltung der Bodenfrische für die junge Tanne besonders empfehle.

Nur ausnahmsweise werden die bekanntlich sich sehr langsam entwickelnden Tannenpflänzchen — Grebe gibt als Resultat angestellter Messungen die durchschnittliche mittlere Stammlänge der einjährigen Pflanze zu 5, der zweijährigen zu 12 cm an — im Alter von zwei oder drei Jahren direkt verwendet; es wäre dies nur etwa zu Unter=pflanzungen zulässig. In der Regel aber werden die Pflänzchen zu weiterer Erstarkung aus dem Saatbeet ins Pflanzbeet versetzt, und

---

[1]) Die Weißtanne, S. 55.
[2]) Deutsche Holzzucht, S. 524.

zwar am liebsten im zweijährigen Alter; die einjährigen Pflanzen
sind noch zu klein; die dreijährigen aber erschweren durch ihre schon
tiefergehende Pfahlwurzel die Verschulung.

In die ebenfalls möglichst geschützt liegenden Pflanzbeete ver=
schult man die Pflänzchen am einfachsten mittelst des Setzholzes nach
der Schnur, und erleichtert die Pfahlwurzelbildung der Tanne diese
Art der Verschulung. Auch das Eck'sche Verschulungsgestell (Fig. 43)
haben wir mit sehr gutem Erfolge angewendet. Ist die Pfahlwurzel
etwas zu stark entwickelt, so ist sowohl zum leichteren Einschulen wie
behufs Erzielung günstigerer Wurzelbildung für die spätere Aus=
pflanzung ein mäßiges Kürzen derselben angezeigt. — Bei der Ver=
schulung (wie später bei der Auspflanzung ins Freie) empfiehlt Ger=
wig[1]) eine „an Ängstlichkeit grenzende Vorsicht" bezüglich des
Feuchterhaltens der Wurzeln. — Die Entfernung der Pflanzreihen
wählt man mit Rücksicht auf das etwas längere Verbleiben der Tanne
im Pflanzbeet und auf die in den ersten Jugendjahren vorwiegende
Entwicklung der Seitenäste nicht zu eng und jedenfalls weiter als bei
der Fichte; wir würden den Verband von 12—15 cm in den Reihen
bei 20 cm Reihenabstand für den entsprechendsten, den von Gerwig
empfohlenen von nur 6 cm in den Reihen (bei 24 cm Abstand) für
einen zu engen halten. Die Stärke, welche die Pflanzen im Ver=
schulungsbeet erreichen, die Zeit, die sie hiernach in demselben ver=
bleiben sollen, kann allerdings den geringeren Abstand zulässig oder
den größeren notwendig machen; in der Regel und bei normaler Ent=
wicklung wird man die zweijährig verschulten Pflanzen zwei bis
höchstens vier Jahre im Pflanzbeet belassen und dadurch genügend
starke Pflanzen erziehen. Eine nochmalige Verschulung zur Er=
ziehung besonders starker Pflanzen[2]) erweist sich unserer Ansicht nach
entschieden als zu kostspielig und wohl auch als unnötig, und wird
daher nur in ganz besonderen Fällen Platz greifen können.

An Stelle der im Saatbeet erzogenen Pflanzen kann man auch
mit gutem Erfolg Wildlinge einschulen[3]), und zwar sowohl kleinere,
zwei= bis dreijährige, wie auch stärkere, bereits 25—30 cm hohe
Pflanzen, welche zu besonderer Stärke herangezogen werden sollen.
Die ersteren haben wir selbst mit bestem Erfolge verwendet; die in
den etwa durch Sturm etwas gelichteten alten Beständen nach

---

[1]) Die Weißtanne im Schwarzwald, S. 132.

[2]) Vergl. Dreßler, Die Weißtanne, S. 59, und Forstw. Zentralbl. 1879,
S. 10.

[3]) Gerwig, Die Weißtanne, S. 140.

reichen Samenjahren oft in großer Menge und kräftiger Ent=
wicklung vorhandenen Pflänzchen (am besten die zweijährigen)
werden mittelst eines kleinen Schippchens ohne Ballen herausgehoben,
in mit feuchtem Moos belegten Körben gesammelt und alsbald wieder
eingeschult. Wo die ebengenannten Vorbedingungen gegeben sind, die
Pflänzchen also nicht etwa zusammengesucht werden müssen, sind
solche Wildlinge entschieden billiger als die in Saatbeeten erzogenen
Pflanzen. — Die stärkeren Wildlinge werden ebenfalls ohne Ballen
ausgehoben, die Seitenzweige etwas zurückgestutzt, und die Verschulung
erfolgt sodann in mindestens 30 cm entfernten Reihen in einem
Pflanzenabstand von etwa 12 cm[1]). Doch möchten wir hier vor
älteren, schon länger unter stärkerer Überschirmung gestandenen Pflanzen
sehr warnen, über drei= bis vierjährige Pflanzen nicht hinausgehen!
Alle diese aus dem Bestandsschutz in freigelegene Saatbeete ver=
schulten Wildlinge bedürfen aber eines entsprechenden Schutzes, da —
wie allen Pflanzen, so insbesondere den Tannen — ein plötzlicher
Übergang vom Schatten ins volle Licht sehr nachteilig wird; im
Pflanzbeet sind sie allmählich an den freien Stand zu gewöhnen,
und zu diesem Behuf gibt man ihnen nach dem Einschulen eine Art
Hochdeckung, indem man etwa 70—100 cm hohe, leichte Stangen=
gerüste mit Tannenästen durchflicht und die zuerst dichtere Decke durch
allmähliche Wegnahme der Äste lichtet, zuletzt aber ganz entfernt.
Den am Rand liegenden Beeten gibt man durch eingesteckte Äste an
der Süd= und Westseite noch weiteren Schutz; wo genügender
Seitenschutz durch vorliegende Bestände geboten, kann dies unterbleiben.

Schutz und Pflege der Tanne im Pflanzbeet besteht neben dem
Jäten und Lockern, das aber nach dem im zweiten Jahre meist schon
erfolgenden Ineinandergreifen der Äste entbehrlich und bzw. untunlich
wird, zunächst in möglichster Bewahrung vor Spätfrösten, gegen
welche die Tanne ja bekantlich sehr empfindlich ist. Dies bezwecken
wir nun durch Anwendung von Schutzgittern, und deren Anwendung
ist für die Tanne ganz besonders zu empfehlen. Die Verschulung in
Beete (statt in Länder) erleichtert deren Verwendung. Günstig ist die
Eigentümlichkeit der Tanne, die Gipfelknospe erst spät und nach den
Seitenknospen zu entwickeln, so daß häufig nur die Seitentriebe vom
Frost getroffen werden. Haben aber die jungen Weißtannen durch

---

[1]) Aus dem Walde III, S. 173. (Dieser Abstand von nur 12 cm, wie ihn
Lang empfiehlt, dürfte für stärkere Wildlinge wohl etwas gering sein. Ein
Kürzen der Pfahlwurzel wird nicht zu umgehen sein.)

Froſt den Höhentrieb verloren und bilden ſich infolgedeſſen aus Seiten=
knoſpen mehrere Gipfel, ſo ſchneide man baldigſt alle dieſe Triebe bis
auf den dienlichſt ſcheinenden ſogleich mit der Schere ab[1]).

Manchen Orts üblich iſt auch das oben ſchon erwähnte Stutzen
der Seitenäſte ſowohl beim Einſchulen der ſtärkeren Wildlinge wie
auch der ſchon länger im Pflanzbeet ſtehenden Pflanzen; nach Lang's
Angabe[2]) ſoll durch dies alljährlich wiederholte Verfahren eine dichte
Veräſtelung, ſtufiges Wachstum und kräftiger Höhentrieb erzielt werden.
Auch Gerwig will dadurch den Höhenwuchs befördern. Dreßler[3])
wendet dies Stutzen der Seitenäſte, wozu die Aſtſchere benutzt wird,
nur dann an, wenn ſich dieſelben beſonders ſtark entwickeln und in=
einander zu verflechten drohen; nach unſern eigenen Erfahrungen
würde dasſelbe in den meiſten Fällen entbehrlich ſein. Im Thü=
ringer Wald ſcheint man das Stutzen der Äſte gleichfalls nicht an=
zuwenden.

Als ein bisweilen angewandtes Verfahren zur Erziehung billiger
Tannenpflanzen ſei auch noch das von uns ſchon oben (§ 84) ge=
ſchilderte hier nochmals kurz erwähnt; dasſelbe beſteht darin, daß
man in Heiſterſchulen (Eichen) zwiſchen je zwei Heiſter eine Tanne,
zwiſchen je zwei Heiſterreihen eine Tannenreihe einſchult und hierdurch
mit ſehr geringen Koſten unter dem Schutz der Heiſter kräftige
Tannen zieht.

§ 118. Die Fichte.

Keine Holzart iſt wohl in unſern Forſtgärten, unſern Saatkämpen
ſeit nun ſchon geraumer Zeit mehr zu Haus als die Fichte; Millionen
von Fichtenpflanzen werden alljährlich in Deutſchland verwendet, und
nur die Föhre mag, ſeit die Pflanzung derſelben mit Jährlingen ſo
vielfach an Stelle der Saat getreten, ſie vielleicht an Zahl der all=
jährlich erzogenen Pflanzen übertreffen. Über keine Holzart iſt auch
im letzten Jahrzehnt auf dem Gebiet der Pflanzenzucht und Forſt=
kultur mehr gearbeitet und geſchrieben worden[4]) als über die Fichte,

---

[1]) Gerwig, Die Weißtanne, S. 140.

[2]) Aus dem Walde III, S. 173.

[3]) Die Weißtanne, S. 59.

[4]) Vergl. Gareis, Der Pflanzgartenbetrieb im Forſtamt Anzing, Forſtw.
Zentralbl. 1903, S. 233.

von Uiblagger, Die Fichte, ihre Erziehung im Pflanzkamp und Kultur
im Freien, Forſtw. Zentralbl. 1904, S. 463.

Petith, Ein Beitrag zur Erziehung und Pflanzung der Fichte, Allg.
F.= u. J.=Z. 1904, S. 187.

und nicht wenige Erfindungen auf dem Gebiete des Forstkulturwesens (Säe= und Verschulapparate, Wurzelschneider u. a.) haben in erster Linie die Fichte im Auge.

Der Gründe für diese ausgedehnte Verwendung der Fichte sind viele: zunächst ist das Verbreitungsgebiet der Fichte an sich ein sehr ausgedehntes, im weiteren aber ist sie vielfach an Stelle der minder ertragsreichen, bezüglich des Bodens aber anspruchsvolleren Buche getreten, auch an Stelle der Tanne, wo man von der natürlichen Verjüngung abging oder, durch Windbruch gezwungen, abgehen mußte. Auch bei Aufforstungen von Ödungen, früheren Feldern u. ä. kommt die Fichte viel in Anwendung.

Es wurde aber ferner, je länger je mehr, die Pflanzung die vorwiegende Methode der Fichtennachzucht. Die natürliche Verjüngung stieß auf manche Schwierigkeiten: durch die Ausbringung der großen Nutzholzmassen litten die Anflüge in hohem Grade, in den dem Wind ausgesetzten Lagen erwies sich die natürliche Verjüngung oft geradezu unmöglich, und nirgends haben die Windstürme des letzten Jahrzehnts ärger gehaust als in den Fichtenangriffs= und =nachhieben. Die künstliche Verjüngung durch Saat, früher in großer Ausdehnung angewendet, fand auf frischem Boden, in dem starken Gras= und Unkrautwuchs, wohl auch im Ausfrieren der Pflänzchen bedeutende Hemmnisse, während auf oberflächlich vermagertem Boden die noch dazu oft dichtstehenden Saaten lange kümmerten. Der dichte Stand der durch Saat entstandenen Dickungen und Stangenhölzer führte schwere Beschädigungen durch Schneedruck und Schneebruch herbei — und so ist, angesichts dieser Mißstände, mehr und mehr die Pflanzung bei der Fichte zur Herrschaft, ja fast zur Alleinherrschaft gelangt, die Erziehung entsprechender Fichtenpflanzen eine wichtige Aufgabe zahlreicher Forstwirte geworden.

Auch die Methode der Pflanzung hat seit einem Menschenalter bedeutende Wandelungen durchgemacht, und mit ihr die Aufgabe des Pflanzenzüchters. — Nachdem man mit sogenannten gezogenen Pflanzen — Pflanzen, die aus dichten, natürlichen Anflügen oft ziemlich schonungslos ausgezogen wurden — erklärlicherweise vielfach geringen Erfolg gehabt, wandte man sich der Ballenpflanzung zu; das Material für dieselbe lieferten zunächst wohl natürliche Anflüge, später, bei größerem Bedarf, die immer noch ausgedehnten Saaten, auch wohl Saaten auf kleineren Flächen speziell zum Zweck der Erziehung von Ballenpflanzen vorgenommen, bis man schließlich auch solche Pflanzen durch Verschulung erzog. — Der dichte Stand der

Pflanzen in den Saaten führte beim Ausstechen der Pflanzen von selbst zu Büschelpflanzen, die eine Zeitlang an manchen Orten (Harz!) sehr in Ansehen standen. (Vergl. hierüber auch Abschnitt V unseres Buches.)

Man glaubte überhaupt lange, die Fichte lasse sich nur mit Ballen verpflanzen; sagt doch Pfeil[1]) noch im Jahre 1858: „Das dichte Gewirr der kleinen, zahlreichen Faserwurzeln bedingt das Ausheben und Versetzen mit der sie umgebenden Erde, die Ballenpflanzung, da es schwer und oft ganz unmöglich sein würde, die entblößten Wurzeln alle wieder in ihre natürliche Lage zu bringen.“ Auch Heß spricht in seiner Schilderung des Kulturbetriebes in Thüringen[2]) im Jahre 1862 nur von der Erziehung von Ballen- und Büschelpflanzen im Pflanzgarten, glaubt aber, daß künftig mehr ballenloses Material zur Verwendung kommen werde — eine Prophezeiung, die bekanntlich in vollstem Maße in Erfüllung gegangen ist. Doch wurden auch zu jener Zeit schon vielfach ballenlose, unverschulte Fichten verpflanzt, so namentlich in Bayern, und ebenso das Verschulen zur Erziehung kräftiger, mit bloßen Wurzeln zu verwendender Fichtenpflanzen angewendet[3]), welch' letzteres Verfahren mittlerweile bekanntlich außerordentliche Verbreitung gefunden hat.

In der Neuzeit kehrt man aber doch, bei aller Anerkennung der Vorzüge verschulter Pflanzen, vielfach wieder zu der viel billigeren unverschulten Fichte zurück, die in nicht zu dichtem Stande erzogen und infolgedessen gut bewurzelt und beastet als zwei- und dreijährige Pflanze in vielen Fällen dem angestrebten Zweck vollständig zu genügen vermag.

Die Aufgabe des Pflanzenzüchters ist nun bezüglich der Fichte: die Erziehung derselben im Saatbeet zur Verschulung oder zu unmittelbarer Verwendung ins Freie; die Erziehung kräftiger, verschulter Pflanzen im Pflanzbeet, und endlich, wenn auch seltener, die Erziehung von Ballen- oder Büschelpflanzen durch Saat wie durch Verschulung. Betrachten wir die Lösung dieser Aufgabe in der angegebenen Reihenfolge.

Die Auswahl eines Platzes für ein Fichtensaatbeet erfolgt nach den im allgemeinen Teil gegebenen Regeln. Der Umstand, daß Fichtensaatbeete da, wo weder Hochwild, noch Sauen vorhanden, einer

---

[1]) Deutsche Holzzucht, S. 471.
[2]) Allg. F.- u. J.-Z. 1862, S. 285.
[3]) Forstl. Mitt. XI, S. 114, 130.

Einfriedigung vielfach nicht oder doch nur in einfachster Art bedürfen, erleichtert die Auswahl des Platzes, da man bezüglich der Gestalt freie Hand hat, statt eines größeren, in kupiertem Terrain oft schwer zu findenden Platzes mehrere kleinere, besonders geeignete Örtlichkeiten verwenden kann. Auch Wanderkämpe werden infolge dieses Umstandes nicht selten angewendet. — Seitenschutz gegen Süd und West ist der Fichte sehr wohltätig, und Frostlagen sind mit Rücksicht auf die Spätfrostgefahr sorgfältig zu meiden. — Tiefgründigkeit des Bodens ist nicht nötig; doch vermeidet man flachgründige und infolgedessen rasch austrocknende und zum Auffrieren geneigte Böden auch bei der Wahl eines Saatbeetes für die flachwurzelnde Fichte, und aus gleichen Gründen möchten wir uns gegen die allzuseichte Bodenbearbei-tung von nur 12—15 cm, wie sie wohl da und dort üblich ist, aus-sprechen, eine solche von 25—30 cm auch hier empfehlen.

Bezüglich des zur Aussaat zu verwendenden Samens spielt die Frage nach dessen Herkunft bei der Fichte wohl sicher eine nicht unwesentliche und bisher noch zu wenig beachtete Rolle. Keine Holz-art hat ein so ausgedehntes und klimatisch verschiedenes Verbreitungs-gebiet wie die Fichte, von der Baumgrenze des Hochgebirges bis herunter zur meeresgleichen Ebene, und der Gedanke, daß bei solcher Verschiedenheit des Standorts die Provenienz des Samens von Ein-fluß sein werde, lag nahe; es haben sich denn auch neben Andern in der Neuzeit besonders Cieslar[1), Engler[2) und Reuß[3) mit dieser Frage beschäftigt und verdienen die Resultate ihrer Untersuchungen die Beachtung der Forstwirte in hohem Grade.

Es ist nun nicht möglich, hier eingehend die Einzelheiten jener mühsamen Untersuchungen und Kulturversuche mit Samen ver-schiedenster Herkunft und ausgeführt in verschiedenen Höhenlagen zu besprechen und müssen wir auf die angegebenen Originalmitteilungen verweisen. Übereinstimmend weisen aber diese darauf hin, daß man in den Hochlagen unserer Gebirge nicht Fichtenpflanzen verwenden soll, welche aus Tieflandssamen in tiefgelegenen Forstgärten erzogen sind, sondern daß man für sie Pflanzen benutzen sollte, welche aus Hochlandssamen in mäßig hochgelegenen Forstgärten — eigentliche Hochlagen sind für solche nicht geeignet — erzogen wurden, da diese langsamer und stufiger erwachsenen und reicher bewurzelten Pflanzen

---

1) Zentralbl. f. d. F.-W. 1899, S. 49.
2) Mitt. der Schweiz. Versuchsanstalt Bd. VIII, Heft 2.
3) Naturw. Zeitschr. f. Land- u. Forstw. 1904, S. 180.

besseres Gedeihen, größere Widerstandsfähigkeit gegen Schnee usw. zeigen, als die schlanken, üppiger gewachsenen Tieflandsfichten. Es haben insbesondere Englers eingehende Untersuchungen gezeigt, daß im Bau der Nadeln und Rinde der Hochlandsfichten auch anatomische und morphologische Unterschiede gegenüber jenen des Tieflandes be= stehen, die als Anpassung an das Hochgebirgsklima zu betrachten und gewiß von Bedeutung sind[1]).

Neuere Untersuchungen der österreichischen Versuchsanstalt in Mariabrunn[2]) haben ergeben, daß größere Fichtenzapfen schwereren Samen liefern, der früher keimt und kräftigere einjährige Pflanzen erzeugt — es wird dies namentlich dort von Bedeutung sein, wo man die Fichte einjährig verschulen will. Jedenfalls sollte gerade bei dieser wichtigen Holzart der Auswahl des Samens mehr Beachtung geschenkt werden als bisher — kommt doch Reuß[3]) zu dem Leitsatz, daß die **Regiebeschaffung des Samens** unter entsprechender Auswahl der Mutterstämme zu den wichtigsten Pflichten des Forsthaushaltes gehöre, und will den Samenbezug aus fremder Hand prinzipiell ver= werfen! Geht die Forderung in dieser Allgemeinheit auch zu weit, so dürfte sich doch für Staaten mit Hochgebirgsforsten (Österreich, Bayern, Schweiz) die Gewinnung des für diese Forsten nötigen Fichtensamens aus geeigneten Örtlichkeiten (Hochlagen) in Regie empfehlen.

Nach Heß[4]) enthält 1 kg Fichtensamen 120 000—150 000 Körner entflügelten Samens, wie solcher zu Kulturen jederzeit verwendet wird. Seine Keimfähigkeit erhält sich 4—6 Jahre[5]), nimmt jedoch rasch ab[6]), und 3—4 Jahre alter Samen zeigt meist so geringe Prozente,

---

[1]) Vergl. Forstw. Zentralbl. 1905, S. 581.

[2]) **Friedrich**, Über den Einfluß des Gewichtes der Fichtenzapfen und des Fichtensamens auf das Volumen der Pflanzen. Zentralbl. f. d. F.=W. 1903, S. 233.

[3]) Forstl. naturw. Zeitschr. 1904, S. 187.

[4]) Holzarten, S. 237.

[5]) Nach Englers Versuchen (Mitt. der Schweiz. Versuchsanstalt Bd. VIII, Heft 2) hatte Fichtensamen aus tieferen Lagen nach sechs Jahren noch 28 % Keim= kraft, während letztere bei Hochgebirgssamen schon früher erlosch.

[6]) Siehe die von Reuß angestellten Versuche mit Fichtensamen (Zentralbl. f. d. F.=W. 1884, S. 65 u. 175). Dieselben ergaben das Resultat, daß die Keimkraft zweier untersuchter Samenproben im 1., 2., 3., 4. Jahre von 77 auf 40, 21, 7, im andern Falle von 80 auf 57, 3, 0 % sank; hiernach wäre die Verwendung eines älteren als zweijährigen Samens ausgeschlossen, wenn derselbe nicht bis zur Verwendung in den Zapfen belassen wurde.

daß er zur Aussaat ins Saatbeet nicht mehr zu verwenden ist; die
Art und Weise der Aufbewahrung spielt hierbei jedoch auch eine
wesentliche Rolle, und nach Zenkers[1]) Angabe ist selbst vierjähriger
Samen noch brauchbar, wenn die gesammelten Zapfen trocken ins
Magazin gebracht und erst kurz vor dem Verbrauch ausgeklengt
werden.

Jedenfalls wird es zweckmäßig sein, die außerordentlich wechselnde
Keimkraft des Fichtensamens, die von 90 bis auf wenige Prozente
sinken kann, vor der Verwendung zu prüfen, was entweder mit Hilfe
der sog. Lappenprobe oder der in § 46 angegebenen Keimapparate
geschieht. Sollen wir uns aber sofort ein Urteil über seine Güte
bilden, so nehmen wir die allerdings minder verlässige Schnittprobe
zu Hilfe.

Einen Samen, welcher 70 % keimfähiger Körner zeigt, erklären
wir noch für einen guten, einen solchen unter 40 % für einen
schlechten Samen. — Nach Reuß' Angabe spricht dunkle, gleich=
mäßige Färbung, länglich schlanke (dicht dickbauchige) Gestalt und
höheres Gewicht für bessere Qualität des Samens[2]).

Die Aussaat erfolgt bei der Fichte jederzeit nur im Frühjahre,
Ende April oder Anfang Mai, in rauhen Lagen selbst erst in der
zweiten Hälfte des Mai. Ein Einquellen des Fichtensamens halten
wir für unnötig und überhaupt nur für zulässig, wenn das zum
Gießen während der Keimperiode im Falle eintretender Trocknis nötige
Wasser vorhanden ist; vollständiges Abtrocknen des Samens vor dem
Aussäen ist aber nötig, um das klumpenweise Zusammenkleben des
Samens und infolgedessen ungleichmäßige Saat zu vermeiden. Droht
Gefahr durch Vögel, so wird sich die Anwendung der Mennige
(§ 68) empfehlen.

Die Saat geschieht zumeist in eingedrückte Rillen, doch findet
auch die Vollsaat Anwendung, so z. B. in den großen Handelsgärten
in Halstenbeck, woselbst diese für alle Nadelholz= und kleinen Laub=
holzsämereien gebräuchlich ist. Doch dürfte die Ansaat in Rillen aus
den in § 49 angegebenen Gründen im allgemeinen den Vorzug ver=
dienen, und zwar in schmalen, nur 2—3 cm breiten Rillen, wie sie
mit den Saatbrettern oder der Rillenwalze rasch und leicht hergestellt
werden. Eine Entfernung der Rillen von 10—12 cm, gerade weit
genug, um das Lockern und Reinigen des Bodens zu ermöglichen,

---

1) Zeitschr. des böhm. Forstvereins 1882, Heft 2.
2) Siehe die Note 6 auf vorhergehender Seite.

wird als vollkommen genügend zu erachten, ein Rillenabstand von
20 cm und mehr aber als überflüssig zu betrachten sein.

Die Tiefe der Rillen und die hierdurch bedingte Stärke der
Bedeckung soll nach Baurs Versuchen 1—2 cm betragen und ist eine
Bedeckung von 2 cm Stärke schon zu viel, wenn man mit schwererem
Boden deckt — ein Deckungsmaterial, das nach dem in § 57 Gesagten
jedoch tunlichst zu vermeiden ist. — Bei Anwendung der in § 56 be=
schriebenen Hackerschen Säemaschine erfolgt die Saat nicht in Rillen,
sondern oben auf das Beet, und wird eine leichte Deckung von etwa
1 cm mit lockerer Erde aus der Hand gegeben.

Die Ansaat selbst geschieht im Interesse rascher und gleichmäßiger
Saat jetzt wohl allenthalben mit Säevorrichtungen und ist deren Vor=
nahme aus der Hand geradezu als ein Fehler zu bezeichnen! Die in
§ 56 beschriebenen Säeapparate, insbesondere die Eßlingersche
Säelatte oder Hörmanns Rillensäer, leisten hierbei vortreffliche
Dienste.

Was die nötige Samenmenge betrifft, so schwanken die An=
gaben der Pflanzenzüchter in ziemlich weiten Grenzen, von 1—2,5 kg
pro Ar. Die bayrische Instruktion[1]) vom Jahre 1862 fordert nur
1 kg, Gareis[2]) verwendet 1,8 kg, Danckelmann[3]) gibt 1,5 bis
2 kg und endlich Schmitt[4]) 2$\frac{1}{2}$ kg als die entsprechende Samen=
menge an; die bedeutende Differenz zwischen der ersten und letzten
Angabe dürfte ihre Erklärung wohl darin finden, daß die bayrische
Instruktion kräftige Saatbeetpflanzen zum sofortigen Verpflanzen (in
der Regel dreijährig) ins Freie, Schmitt lediglich schwächere Pflanzen
zum Verschulen erziehen will. Ersteres erfordert selbstverständlich
dünnere Saat. Im allgemeinen dürften 1,5—2 kg, je nach Güte
des Samens und Entfernung der Rillen, das entsprechende Quantum
sein. — Zur Vollsaat verwendet man in Halstenbeck 1,75 kg auf
das Ar.

Ein Andrücken der Erde, mit welcher der Samen bedeckt wurde,
mittelst des umgedrehten Rillenbrettes oder einer Saatwalze ist stets
zu empfehlen.

Durch aufgelegtes Föhren= oder Tannenreisig, das nach erfolgtem
Keimen und Aufgehen des Samens rechtzeitig aufgesteckt und allmählich
entfernt wird, oder durch Schutz= und Deckgitter (weniger praktisch

---

[1]) Forstl. Mitt. XI, S. 123.
[2]) Forstw. Zentralblatt 1903, S. 233.
[3]) Zeitschr. f. F.= u. J.=W. V, S. 73.
[4]) Fichtenpflanzschulen, S. 64.

durch Moos) schützt man den Samen gegen ·Trocknis, Ab=
schwemmen durch Regengüsse und Aufzehren durch Vögel,
welch' letztere dem keimenden wie dem bereits aufgegangenen Samen
bis zum Moment des Abstreifens der Samenhülle sehr gefährlich
werden. Der Anwendung der Mennige als Schutzmittel gegen Vögel
haben wir schon oben gedacht. — Durch Mäuse ist der Fichtensamen
nur wenig gefährdet.

Die Fichte keimt mit 6—10 spitzen, nach oben gekrümmten
und an der Innenkante sägezähnigen Kotyledonen — letzteres ein
Kennzeichen gegenüber den nicht gezähnten Kotyledonen der Föhre;
dieselben fallen erst im dritten Jahre ab.

Die Keimung beginnt bei nicht zu früher Saat (zweite Hälfte
des April) etwa nach vierzehn Tagen und ist nach drei Wochen der
Hauptsache nach beendet. Die Witterung — Wärme und Feuchtig=
keit — spielt natürlich hierbei eine sehr wesentliche Rolle.

Die nötige Pflege der Saatbeete durch öfteres Reinigen von
Unkraut und Lockern des Bodens mit dem Gartenhäckchen oder
Dreizack erfolgt in der im „Allgemeinen Teil" angegebenen Weise.
Gegen das Auffrieren, dem die flachwurzelnden Fichtenpflänzchen
besonders ausgesetzt sind, sucht man dieselben durch das Anhäufeln der
Rillen im Herbst, auch durch in die Zwischenräume eingelegtes Moos
(in geschützt gegen den Wind liegenden Saatbeeten) zu schützen; Forst=
meister Gareis[1]) wendet Humus aus verfaulten Stöcken oder Torf=
streu als Deckungsmittel zwischen den Pflanzenreihen an, welche
Einlagen im Frühjahr einfach untergehackt werden. Gehobene Pflanzen
und Pflanzenbüschel werden, etwa unter gleichzeitigem Übererden der
Zwischenräume, bald tunlichst angedrückt. — Ein Decken der Saat=
beete im Winter mit Reisig u. dgl. ist nicht nötig; dagegen sind
Schutzgitter im Frühjahre, zur Zeit der Spätfröste, für die gegen
letztere sehr empfindliche Fichte empfehlenswert.

Eine Gefahr für Fichtensaatbeete, welcher nicht selten plötzlich
eine große Zahl von Keimlingen unterliegt, rasch vertrocknend und
absterbend, ist der Keimlingspilz, bezüglich dessen wir auf § 64 ver=
weisen.

Eine Zwischendüngung wird, wenn die Beete vor der An=
saat hinreichend gedüngt wurden, bei den nur zwei Jahre im Saatbeet
verbleibenden Pflanzen überflüssig sein, bei dreijährigem Stehen im
Saatbeet dagegen sich etwa zu Anfang des dritten Jahres sehr emp=

---

[1]) Forstw. Zentralbl. 1903, S. 236.

fehlen, ebenso dann, wenn in mangelhaft gedüngten Saatbeeten die Pflanzen gelbliche Färbung zeigen, und dann in der im § 29 näher bezeichneten Weise gegeben.

Von großer Wichtigkeit ist aber noch für jene Saatbeete, deren Material nicht schon im ersten Jahre zur Verschulung gelangt, die rechtzeitige Pflege durch entsprechendes Durchrupfen der etwa zu dicht stehenden Saatrillen, eine Manipulation, die um so notwendiger ist, je dichter die Pflanzen stehen, und je länger sie im Saatbeet ver= bleiben sollen. Es ist dieses kräftige Durchrupfen insbesondere ein Mittel, um schöne und etwas stufige Fichtenpflanzen bis zum Alter von drei Jahren — länger bleiben die Pflanzen nur ausnahmsweise, bei besonders langsamer oder durch Spätfröste beeinträchtigter Ent= wicklung im Saatbeet — auch ohne Verschulung zu erziehen, ein Mittel, das nach unsern Wahrnehmungen vielfach wohl nicht energisch genug gehandhabt wird[1]). Über die Art und Weise, wie das Durch= rupfen zur Anwendung gebracht wird, besagt § 72 das Nähere und gilt das dort Gesagte insbesondere für Fichtensaatbeete.

Bezüglich der Zahl tauglicher Fichtenpflanzen, welche pro Ar er= zogen werden können, gibt Pöpel[2]) an, daß er auf gut bestockten Saatbeeten 40 000 Stück (zwei= oder dreijährige Pflanzen?) pro Ar gefunden habe. Wir haben in unserm Forstgarten pro Quadratmeter Saatbeetfläche (einschließlich der Wege) 400 taugliche dreijährige Pflanzen im Durchschnitt von ebenfalls gut bestockten, jedoch durch= rupften Beeten erhalten; ein Resultat, das mit Pöpels Angabe ge= nau stimmt, ebenso mit jener von Gareis für zweijährige Fichten; auch die Angabe Jägers[3]), nach welcher pro Ar im günstigsten Falle 60 000, im ungünstigsten 20 000 Stück zweijähriger Pflanzen stehen, trifft mit diesen Angaben zusammen. — Höhere Zahlen gibt Schröder[4]) an; nach Zählungen im Tharandter Pflanzgarten stunden dort pro Ar einjährige Fichten 133 000 Stück,

zweijährige   „   103 000   „

dreijährige   „   73 000   „

Zu hohe Pflanzenzahlen werden aber stets mit minder kräftiger, spindeliger Entwicklung der Pflanzen in engem Zusammenhang stehen.

In nicht wenigen Fällen und insbesondere da, wo man es mit

---

[1]) Im hiesigen Forstgarten angestellte vergleichende Versuche ergaben auf= fallend günstige Resultate zugunsten kräftigen Durchrupfens.

[2]) Thar. Jahrb. 32, S. 123.

[3]) Allg. F.= u. J.=Z. 1887, S. 230.

[4]) Thar. Jahrb. Bd. 43, Heft 2.

keinem stärkeren Gras= oder Unkrautwuchs zu tun hat, lassen sich kräftige, unverschulte Fichten im Alter von zwei oder drei Jahren mit sehr gutem Erfolge zu Kulturen verwenden, und die Kostenersparung gegenüber der Anwendung verschulter Fichten ist bei den nicht unwesentlichen Kosten, welche die Verschulung verursacht, sowie bei den höheren Kosten, welche die Pflanzung größerer Pflanzen überhaupt veranlaßt, eine nicht geringe! Man ist, bestochen von den allerdings sehr günstigen Resultaten der Verschulung, der Ver= wendung verschulter Pflanzen, nicht selten mit letzterer zu weit ge= gangen[1]), und glaubte selbst, unverschulte Fichten überhaupt nicht verwenden zu sollen, kommt aber jetzt vielfach hiervon zurück und läßt auch der unverschulten Pflanze ihr Recht.

In allen etwas mißlicheren Fällen aber: auf ungünstigerem Boden, bei starkem Graswuchs, größerer Bodenfeuchtigkeit, dann bei Lücken= pflanzungen, bei welchen rasches An= und Fortwachsen besonders wünschenswert erscheint, verdient dagegen die kräftige Schulpflanze den entschiedenen Vorzug, und die Verschulung der Fichte findet denn gegenwärtig auch die weiteste Ausdehnung.

Für Auswahl des Platzes und Tiefe der Bodenbearbeitung werden für Fichtenpflanzschulen die gleichen Regeln wie für Fichtensaat= beete zu gelten haben. — Die Verschulung findet stets im Frühjahre statt, und zwar nimmt man dieselbe gerne zeitig vor, jedenfalls vor den Saatkulturen und ehe die Fichten angetrieben haben; letzteres ist zwar ohne Nachteil bei genügend feuchter Witterung, und wir haben schon Verschulungen im Juni mit stark angetriebenen Fichten ausführen sehen, allein bei eintretender längerer Trocknis wird ziemlicher Abgang die Folge sein, und wir möchten so späte Verschulung daher in keiner Weise empfehlen.

Die Frage, ob man zur Verschulung Beete oder Länder (Ge= wannen) verwenden soll, ist gerade bei der Fichte noch sehr strittig, und finden die einen wie die andern ihre Verteidiger. Indem wir auf das hierüber in § 42 Gesagte verweisen, bekennen wir uns für die Fichte im allgemeinen als einen Anhänger der Beete, die zum Zwecke des Lockerns und Reinigens nicht betreten werden müssen, infolge dessen eine bei der Fichte mit Rücksicht auf ihre Entwicklung sehr wohl zulässige engere Verschulung, eine intensive Ausnutzung

---

[1]) In Bayern wurde im Jahre 1862 durch Ministerialverfügung angeordnet, es sei das Verschulen der Fichten nicht weiter auszudehnen, als die Umstände ab= solut gebieten. (Forstl. Mitt. XI, S. 230.)

des Raumes gestatten und hierdurch die Ersparung an Wegfläche bei
Anwendung größerer Länder mehr als ausgleichen. Auch als Mittel
gegen das Auffrieren, durch welches die Fichte im Pflanzbeet viel zu
leiden hat, sind die als seichte Entwässerungsgräben dienenden Wege
zwischen den Beeten oft von Vorteil. Selbstverständlich sind diese
Wege jederzeit tunlichst schmal zu halten.

Die jetzt soviel im Gebrauch stehenden Verschulapparate, so jene
von Hacker, setzen stets Beete voraus.

Was die Entfernung anbelangt, in welcher man verschulen
soll, so gestattet die geringe Größe, in welcher die Fichte verschult
wird, die mäßige, nur 25—30 cm betragende Höhe, in welcher sie das
Pflanzbeet wieder verläßt, eine ziemlich enge Verschulung und nur
die (seltnere) Erziehung besonders starker Pflanzen erfordert größere
Pflanzenabstände. Für die gewöhnlich zur Anwendung kommenden
drei- bis vierjährigen Pflanzen genügt ein Abstand der Pflanzreihen von 15 cm; bei Anwendung größerer Länder ist, behufs Er-
möglichung des Betretens derselben, ein solcher von mindestens 20 cm
nötig. Die Entfernung der Pflanzen in den Reihen wählt man meist
zu 10 cm; Schmitt geht auf 8 cm herunter, und nicht selten sieht
man noch geringere Entfernungen angewendet. Zu einem vergleichenden
Versuch über den Einfluß dieser Entfernungen auf die Entwicklung
der Pflanzen haben wir im hiesigen Forstgarten einjährige Fichten
auf einem größeren
Land in Entfer-
nung von 20 auf
10 cm verschult,
auf einem an-
stoßenden Beet
aber die Verschu-
lung der Pflanzen

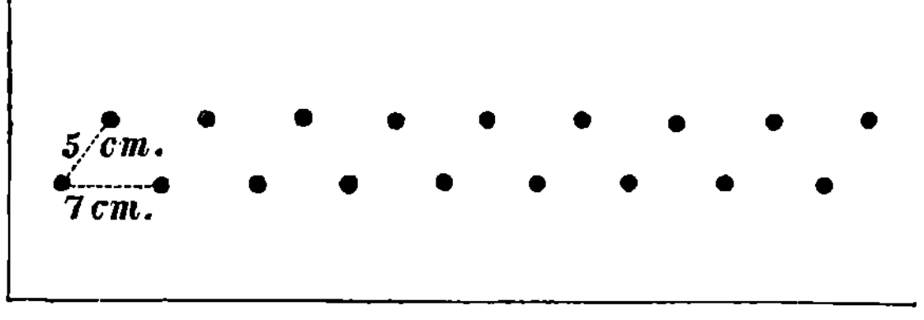

Fig. 65. Zapfenbrett.

mit Hilfe eines Zapfenbrettes (siehe § 83) vorgenommen, in dessen
doppelter Zapfenreihe die 10 cm langen Zapfen in Entfernungen
von 7 cm in der Reihe und 5 cm vom nächsten Zapfen der Nachbarreihe standen (siehe Fig. 65); die doppelten Pflanzreihen waren
20 cm von der nächsten Doppelreihe entfernt. Die Entwicklung
dieser eng verschulten Pflanzen ließ nichts zu wünschen übrig und
blieb hinter jener der in weitem Verband verschulten Pflanzen kaum
in sichtbarer Weise zurück. — Jedenfalls bewies dieser zur Instruktion
der Studierenden alljährlich wiederholte Versuch, daß eine größere
Pflanzenentfernung als jene von 15 auf 10 cm völlig überflüssig und

ohne Einfluß auf die Entwicklung der Pflanzen ist, und spricht für Anwendung tunlichst geringer Entfernungen mit Rücksicht auf die dadurch erzielte Kostenersparung [1]).

Was das Alter betrifft, in welchem die Fichte am zweckmäßigsten verschult wird, so gehen hier die Ansichten der Pflanzenzüchter insofern auseinander, daß die einen entschieden für die Verwendung einjähriger Pflanzen eintreten (so Uiblagger) [2]), andere nur zweijährige verwenden (so Gareis) [3]); auch in Halstenbeck werden stets zweijährige Fichten verschult, und Weise [4]) tritt für letztere ein, weil die schon besser entwickelten zweijährigen Pflanzen eine bessere Sichtung der stärkeren von den schwächeren, eine Zuchtwahl, gestatten. Unsere eigenen Erfahrungen sprechen für die Verwendung kräftiger einjähriger Pflanzen, die nach zweijährigem Stehen im Pflanzbeet ein vorzügliches Pflanzmaterial liefern. Wo aber in rauherem Klima die einjährigen Pflänzchen schwach sind, wird man jedenfalls besser zweijährige Pflanzen verschulen; dagegen werden stark in die Länge entwickelte Pflanzen, wie sie etwa auf gutem Boden in gedrängtem Stand etwas spindelig emporgewachsen sind, ein für die Verschulung minder gutes Material liefern. Dreijährige Fichten, wie sie Schmitt unter besonders ungünstigen Verhältnissen noch zur Verschulung verwendet hat, wird man nur ganz ausnahmsweise benutzen; sie entwickeln sich immerhin, wenn auch langsam, noch zu brauchbarem Material [5]).

Die Verschulung von Fichtenkeimpflanzen, 3—3½ Monate nach deren Aufkeimen (also im August?), wie sie Pannewitz in Böhmen angewendet fand [6]) und wie sie nach einem von Gayer

---

[1]) Gareis hat mit der Hackerschen Maschine bei Verschulung von 15 auf 7,5 cm sehr befriedigende Resultate erzielt; ja ein Versuch mit nur 2,5 cm Pflanzenentfernung gab überraschend gutes Resultat. Ein von Heck vorgenommener Versuch (Forstl. naturw. Zeitschr. 1896, S. 244) mit Verbänden von 10:10, 15:15, 20:20 cm ergab für die engere Verschulung höhere, für die weitere wesentlich stufigere Pflanzen.

[2]) Forstw. Zentralbl. 1904, S. 463.

[3]) Forstw. Zentralbl. 1903, S. 233.

[4]) Mündener Hefte II, S. 20.

[5]) v. Oppen hat nach Mitteilung im Thar. Jahrb. 1893, S. 170 in rauher Lage mit gutem Erfolg dreijährige Fichten verschult und 3—4 Jahre im Pflanzbeet stehen lassen; ein von mir mit gleichem, durch zu dichten Stand zurückgebliebenen Material angestellter Versuch führte ebenfalls zu befriedigendem Resultat.

[6]) Forstw. Zentralbl. 1866, S. 51.

mitgeteilten Kulturkostentarif auch in Schlesien bisweilen stattzufinden scheint, möchten wir Rücksicht auf das empfindliche Pflanzmaterial und die kritische Verschulungszeit für wenig praktisch und auch nicht für nötig halten, sondern der Verwendung einjähriger Pflanzen den Vor= zug geben. Das Resultat von Versuchen, die wir selbst angestellt, war in keiner Weise günstig, insbesondere ist auch das Arbeiten mit den sehr schwachen Keimlingen mißlich.

Bei der Verschulung einjähriger Fichten werfe man rücksichtslos alle Schwächlinge weg — ein vorsichtiger Wirtschafter wird sich stets Saatbeete in der Größe anlegen, daß der Verschulungsbedarf r e i c h l i c h gedeckt ist. Auch von den zweijährig zur Verwendung gelangenden Saatbeetpflanzen scheide man alle schlechtwüchsigen, doppelwipfeligen, ebenso aber auch zu lange und spindelige Pflanzen aus.

Dem Frischerhalten der Würzelchen wendet man natürlich die ent= sprechende Sorgfalt zu; die kleinen, einjährigen Pflänzchen stellt man beim Verschulen zu diesem Zwecke in kleine Wassergefäße, Häfen u. dgl., stärkere Pflanzen legt man in feuchtes Moos. — Anschlämmen der Wurzeln ist entbehrlich, ebenso jedes Beschneiden derselben, und nur bei zu langer Wurzelbildung ein Kürzen derselben angezeigt. Bei An= wendung des Zapfenbrettes wird es zweckmäßig sein, die Wurzeln der büschelweise zusammengelegten Pflanzen in einer der Länge der Zapfen (10—12 cm) entsprechenden Weise zu kürzen, was bei den hier aus= schließlich zu verwendenden einjährigen Pflänzchen nur in sehr geringem Maße nötig sein wird.

Die V e r s c h u l u n g selbst, früher vielfach nach der Schnur mit dem Setzholz vorgenommen, erfolgt jetzt zumeist mit Hilfe der mannig= fachen Verschulungsvorrichtungen, die wir in § 83 beschrieben haben; insbesondere sind es die H a c k e r schen Apparate, welche sich im letzten Jahrzehnt weite Verbreitung errungen haben, und wird sich die Ver= schulmaschine für den Großbetrieb, der billige Verschulapparat für den kleineren Betrieb empfehlen. U i b l a g g e r[1]) empfiehlt dabei zu be= achten, daß einjährige Sämlinge bis zum Nadelansatz, zweijährige aber nie tiefer eingeschult werden, als sie im Saatbeet standen.

Was nun Schutz und Pflege der verschulten Fichten anbelangt, so bedürfen dieselben zu ihrem Gedeihen zunächst der rechtzeitigen Entfernung des Unkrautes und öfterer Bodenlockerung, gleich allen andern Pflanzen. Sehr vorteilhaft erweist sich auch der Schutz gegen S p ä t f r ö s t e, durch welche die Fichtenpflänzchen oft schwer beschädigt,

---

[1]) Forstw. Zentralbl. 1904, S. 468.

F ü r s t, Pflanzenzucht im Walde. 4. Aufl.

in ihrer Entwicklung um ein volles Jahr zurückgeworfen werden; ja durch wiederholte Frostbeschädigung verkrüppelt oft ein großer Teil der verschulten Pflanzen bis zur Unbrauchbarkeit. Schutzgitter sind ein sehr empfehlenswertes Mittel gegen diese Gefahr.

Eine Decke gegen Winterfrost ist nicht nötig, da unter gewöhnlichen Verhältnissen die jungen Fichten selbst den strengsten Winterfrost gut ertragen; nur strenge Kälte bei Nacht im Wechsel mit verhältnismäßig hoher Temperatur am Tage, wie dies an klaren Wintertagen häufig der Fall, zeigt sich nachteilig, kann Erfrieren der Nadeln zur Folge haben [1]).

Durch den Barfrost werden namentlich schwächere verschulte Fichten infolge ihrer flachen Bewurzelung häufig gehoben, ja ausgezogen; durch etwas tieferes Einpflanzen, Anhäufeln im Herbste, Zwischendecke von Moos, Humus, Torf beugen wir der Beschädigung möglichst vor, durch Andrücken der gehobenen Pflanzen und Einstreuen von Erde zwischen die gehobenen Pflanzenreihen gleichen wir den eingetretenen Schaden wieder aus und retten dadurch mit geringem Aufwand oft große Pflanzenmengen.

Als Folge heftiger Regengüsse zeigen namentlich die verschulten Fichtenpflänzchen nicht selten die sog. Erdhöschen, einen die Nadeln oft bis zur Spitze der Pflanze umhüllenden Erdüberzug, der nach erfolgtem Trockenwerden rasch und fast ohne Kosten durch Überfahren der Pflanzen mit einem Stock beseitigt wird (siehe § 63).

Eine Zwischendüngung wird, wenn die Pflanzen nicht über die normale Zeit von zwei Jahren im Pflanzbeet bleiben, nur dann nötig sein, wenn das Beet vor der Verschulung fehlerhafterweise nicht oder nicht genügend gedüngt wurde und die Pflanzen insbesondere durch gelbliche Färbung der Nadeln den Nahrungsmangel andeuten; sie wird dann mit rasch wirkenden Düngemitteln in schon besprochener Weise gegeben.

Ein Beschneiden der Äste findet bei Fichtenpflanzen nicht statt; bei durch Spätfröste beschädigten Pflanzen kann man etwa die dann häufige Doppelwipfelbildung durch Wegnahme des schwächeren Triebes beseitigen.

Die Zeit, welche die verschulten Fichten im Pflanzbeet zu verbleiben haben, beträgt in der Regel zwei Jahre. Ein kürzeres, also

---

[1]) In dem strengen Winter 1879/80, welchem so viele Koniferen zum Opfer fielen, haben auch die Fichtensaat- und -pflanzbeete viel gelitten, indem namentlich in sonnigen Lagen die aus der nur geringen Schneedecke hervorragenden Teile erfroren.

nur einjähriges Stehen im Pflanzbeet zeigt verhältnismäßig wenig Erfolg; die Wirkung des größeren Standraumes kommt erst im zweiten Jahre zur vollen Geltung, zumal die verschulte Pflanze doch erst die Folgen des Versetzens überwinden, erst kräftig anwurzeln muß. — Als ein energischer Vertreter der Verwendung zweijähriger, einjährig verschulter Fichtenpflanzen ist Oberförster v. Uiblagger[1] aufgetreten; er hat gefunden, daß Pflanzen, welche zwei Jahre im Pflanzbeet stehen, ein ziemlich weit ausstreichendes Wurzelsystem entwickeln, von dem beim Ausheben und Verpflanzen ein nicht geringer Teil verloren geht, was vielfach ein Stocken im Wuchs nach dem Verpflanzen zur Folge habe. Die nur ein Jahr im Pflanzbeet stehenden Pflanzen zeigen zwar nur mäßige oberirdische Entwicklung, dagegen ein für die Verpflanzung sehr günstiges Wurzelsystem; bedarf Uiblagger für ungünstige Verhältnisse: feuchten Boden, starken Graswuchs — stärkere Pflanzen, so verschult er die zweijährigen Pflanzen mittelst der Hackerschen Maschine ein zweites Mal (ebenso zweijährige Pflanzen, welche sich beim Ausheben der Pflanzen aus den Beeten nach einjährigem Stehen in diesen als zu schwach erweisen), und erzieht sich auf diese Weise stärkere, gut bewurzelte Pflanzen. In gutem, ausreichend gedüngtem Boden wird allerdings die horizontale Verbreitung der Wurzeln von zwei Jahre im Pflanzbeet stehenden Fichten zumeist keine so bedeutende sein, daß sie zu den von Uiblagger hervorgehobenen Folgen des stärkeren Wurzelverlustes beim Ausheben Anlaß gäbe, und die obige Angabe, daß ein zweijähriges Stehen im Pflanzbeet Regel sei, kann wohl aufrecht erhalten bleiben. Immerhin ist einiger Wurzelverlust durch Abstechen der horizontal ausstreichenden Wurzeln unvermeidlich und hat Veranlassung zu dem vom Ratsoberförster Muth empfohlenen Wurzelverschnitt gegeben[2].

Mittelst eines von ihm erfundenen Instruments, des Wurzelverschneiders (Fig. 66), bei welchem sich zwischen zwei hintereinander laufenden Doppelrädern ein bis zu 12 cm Tiefe verstellbares starkes und scharfes Messer befindet, werden alle zu weit nach der Seite strebenden Wurzeln der verschulten Fichten im Sommer vor ihrer Auspflanzung im Boden dadurch abgeschnitten, daß die Maschine

---

[1] Forstw. Zentralbl. 1904, S. 473.

[2] Bericht über die sächsische Forstversammlung in Bischofswerda, 1898. Forstw. Zentralbl. 1906, S. 18. Forstw. Zentralbl. 1899, S. 237. Das Instrumentchen ist bei der Firma Göhlers Wwe. in Freiberg (Sachsen) zu beziehen; Preis 25 Mk.

mittelst einer Leine in zwei sich rechtwinkelig kreuzenden Richtungen genau durch die Mitte der Pflanzreihen gezogen wird, während ein zweiter Arbeiter mittelst der sich an der Maschine befindenden Führungsvorrichtung diese gleich einem Pfluge lenkt und durch entsprechenden Druck das Eindringen des Messers in den Boden und das Abschneiden der Wurzeln bewirkt.

Möglichst steinfreier Boden, strengste Regelmäßigkeit beim Einschulen der Pflanzen (in 12—15 cm Quadratverband), Ausführung bei durchfeuchtetem Boden, da trockener zu großen Widerstand leistet, und Vornahme etwa im Juli vor der im nächsten Frühjahr erfolgenden Auspflanzung sind Bedingungen für die Anwendung des Wurzelverschnittes, eine rasche Ausheilung der Verwundung und reiche Saugwurzelbildung innerhalb des umschnittenen Ballens der sich ergebende Erfolg. Muth rühmt den letzteren auf Grund vieljähriger Erfahrung als einen sehr guten. — An Stelle der Maschine

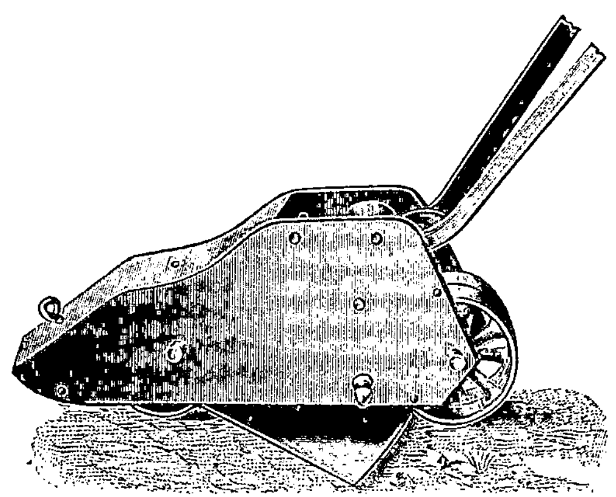

Fig. 66. Muthscher Wurzelverschneider. (1/7 natürl. Größe.)

kann zu Versuchen auch ein scharfer Spaten angewendet werden.

Ähnlichen Zweck verfolgt das Kaisersche Wurzelschneidemesser[1]), das auch zum Beschneiden der Wurzeln von Laubholzheistern im Boden dienen soll.

Ein längeres Verbleiben im Pflanzbeet als zwei Jahre wird nur bei langsamer Entwicklung der Pflanzen (in rauhen Lagen), bei Beschädigung derselben durch Spätfrost oder bei Bedarf besonders starker Pflanzen zweckmäßig sein; in letzterem Falle würde man aber schon bei der Verschulung auf Gewährung eines entsprechend größeren Standraumes durch Verschulung in etwas weiterem Verband Bedacht zu nehmen haben. Über drei Jahre wird man aber mit Rücksicht auf die starke horizontale Verbreitung, welche die Wurzeln der Fichte dann erlangen, und welche schon im dritten Jahre eine die Verpflanzung erschwerende werden kann, nicht hinausgehen; namentlich

---

[1]) Allg. F.- u. J.-Z. 1906, S. 356.

auf ärmerem oder schwach gedüngtem Boden macht sich ein weites Ausstreichen der Seitenwurzeln bemerklich. Hier würde wohl ein Wurzelverschnitt am ersten notwendig und zweckmäßig sein.

Unter günstigen Verhältnissen wird man sonach in drei Jahren — ein Jahr im Saatbeet, zwei im Pflanzbeet —, unter minder günstigen in vier Jahren — zwei und zwei Jahre —, unter ungünstigen in fünf Jahren — zwei und drei Jahre — Pflanzmaterial von der nötigen Stärke erziehen. Man wird annehmen können, daß auf kräftigem Boden erwachsene, einjährig verschulte Fichten in einem Alter von drei Jahren (also nach zweijährigem Verbleiben im Pflanzbeet) eine durchschnittliche Höhe von 25—30 cm, im Alter von vier Jahren eine solche von 35—40 cm erreichen werden; eine kleine, unter besonders günstigen Umständen sogar eine größere Zahl von Pflanzen überschreitet diese Grenzen oft nicht unbedeutend.

Die Fichte findet endlich noch Anwendung als Ballen- und als Büschelpflanze und wird als solche entweder aus Saaten und natürlichen Anflügen gewonnen oder, wenn auch seltener, durch Verschulung im Pflanzgarten erzogen. Wir können jedoch bezüglich dieser Erziehung auf den Abschnitt V vorliegenden Werkes verweisen; das dort Gesagte gilt in erster Linie von der Fichte.

§ 119. Die Föhre.

Gleich der Fichte hat auch die Föhre in den deutschen Waldungen eine sehr große Verbreitung; was die Fichte für das Hügel- und Bergland, das ist die Föhre für die Waldungen der Ebene. Der stetige Rückgang, in welchem sich so viele Privat- und Gemeindewaldungen, ja leider auch nicht wenige durch Streuberechtigungen heruntergekommene Staatswaldungen befinden, hat ihr Gebiet in diesem Jahrhundert außerordentlich anwachsen und sie als die genügsamste Holzart an Stelle anspruchsvollerer Holzarten treten lassen, und noch ist das erstere in stetiger Zunahme. Auch die ausgedehnten Aufforstungen armen Ackerlandes wie ausgedehnter Heideflächen Norddeutschlands tragen zu diesem Wachstum des Föhrengebietes bei. Während nun anfänglich die Nachzucht der Föhre vorwiegend mittelst Saat erfolgte und die Pflanzung, wo solche zu Nachbesserungen oder in Örtlichkeiten, die für die Saat minder geeignet waren, angewendet wurde, mittelst solchen Ansaaten entnommener Ballenpflanzen stattfand, die Föhre demgemäß nahezu ein Fremdling in den Forstgärten war, trat später die Pflanzung einjähriger, in Saatbeeten erzogener Pflanzen an Stelle der Saat, die letztere durch

die guten Erfolge, die mit ihrer Hilfe erzielt wurden, nahezu ver=
drängend, und so spielt seit langer Zeit die Erziehung guter Föhren=
pflanzen eine ganz bedeutende Rolle im Kulturbetrieb vieler Wald=
gebiete. Allerdings sind gegen die Pflanzung einjähriger Föhren auch
entschiedene Bedenken ausgesprochen worden, hervorgerufen wohl vor
allem durch die Mißhandlung, welche deren Wurzeln bei mangelhafter
Anwendung der Kleinpflanzung in ungelockerten Böden und mit un=
geeigneten Werkzeugen erfuhren[1]), und die Saat findet als Vollsaat
und namentlich Streifensaat wieder vielfach Anwendung; immerhin
aber ist die Erziehung von Föhrenpflanzen in unserm Forstgarten=
betrieb eine sehr ausgedehnte geblieben. Sie beschränkt sich aber über=
wiegend auf die Erziehung kräftiger Jährlinge; eine Verschulung
derselben, um für mißliche Kulturobjekte stärkere, zwei bis höchstens
dreijährige Pflanzen zu erziehen, findet zwar statt, jedoch in nur be=
schränkterem Maße. Die Zahl der nötigen Pflanzen aber ist bei dem
engen Pflanzenabstand, den man zur raschen Deckung des meist
ärmeren Bodens und zur Vermeidung von Nachbesserungen den Jähr=
lingen zu geben pflegt, oft eine sehr große.

Die Frage: ständige oder Wanderkämpe? findet nun ins=
besondere bei der Föhre eine verschiedene Beantwortung[2]). Der Um=
stand, daß man in dem vorwiegend ebenen Terrain der Föhren=
waldungen allenthalben und fast auf jeder Hiebsfläche eine entsprechende
Örtlichkeit für einen Saatkamp findet, daß die Kosten der erstmaligen
Bearbeitung auf dem meist steinfreien, sandigen oder lehmigen Boden
nicht bedeutend sind, daß die Kämpe vielfach eine Umfriedigung nicht
bedürfen: all' diese Umstände in Verbindung mit der Annehmlichkeit,
die Pflanzen auf der Kulturfläche selbst oder doch in deren nächster
Nähe zu haben, das Ausheben derselben in der gerade benötigten
Menge durch den die Kultur beaufsichtigenden Forstbediensteten stets
überwachen lassen zu können, die Verpackung zu ersparen, haben viel=
fach zu kleineren, einmal oder doch nur einige Male benutzten Wander=
kämpen geführt. Auch die Schütte spielte hierbei eine Rolle. Gestützt
auf die Wahrnehmung, daß auf demselben Revier ein Saatkamp
schüttete, der andere nicht, der in einem Saatkamp auftretenden
Schütte aber meist alle Pflanzen zum Opfer fielen, wollte man mit
Recht nicht alles auf eine Karte setzen, sondern erzog die Pflanzen
in verschiedenen Örtlichkeiten und wählte statt des einen großen —

[1]) Oberforstmeister v. Dücker in der Zeitschr. f. F.= u. J.=W. 1882, S. 65.
[2]) Vergl. hierüber insbes. Zeitschr. f. F.= u. J.=W. 1874, S. 255, 1876, S. 403.

manche nicht zu leugnende Vorteile bietenden — Forstgartens eine Anzahl kleiner und dann meist wandernder Saatkämpe. — Unter solchen Verhältnissen haben diese dann gewiß ihre Berechtigung.

Was nun die Auswahl des Platzes für einen Saatkamp betrifft, so hat man bei der wenig empfindlichen Föhre bezüglich der Lage ziemlich freie Hand, doch wählt man auch für sie gerne eine Örtlich=keit, die einigen Seitenschutz gegen Süd und West bietet, ohne jedoch zu nahe an die Bestandswand heranzurücken. Die Schütte ist auch bezüglich der Wahl des Platzes nicht selten ausschlaggebend gewesen. Gestützt auf die Wahrnehmung, daß Pflanzen unter lichtem Oberstand selten und schwächer von der Schütte befallen werden, legte man Föhren=saatbeete gerne auf mäßig großen Bestandslücken (Windbruchlöchern) an, um hierdurch allseitigen Seitenschutz zu erzielen, ja selbst unter lichtem Oberstand, unter welchem man nach Nördlingers An=gabe[1]) zwar kein sehr kräftiges, aber doch ein gut verwendbares, schüttefreies Pflanzmaterial erziehen kann. Wir möchten letzteres nicht empfehlen!

Der Boden soll unter allen Umständen hinreichend locker und tiefgründig zur Ausbildung einer kräftigen Pfahlwurzel sein. Der Vorteil, den man mit der Jährlingspflanzung gegenüber der Saat insbesondere auf den trockneren Sandböden erreicht, besteht neben den sonstigen Vorteilen der Pflanzung vor allem darin, daß die lang=bewurzelte, einjährige Pflanze dem Vertrocknen im heißen Sommer leichter entgeht als der schwache Keimling; die Erziehung hinreichend lang bewurzelter Pflänzlinge ist daher in der Mehrzahl der Fälle von besonderer Wichtigkeit, und die Wahl eines an sich lockeren, tief=gründigen und entsprechend tief bearbeiteten und gedüngten Bodens das Mittel zur Erreichung dieses Zieles. Man tat hierbei aber viel=fach des Guten zu viel, suchte durch tiefe Rajolung und tiefes Unter=bringen des guten Bodens oder des Düngematerials den Pflanzen sehr lange Wurzeln — bis zu 40 cm! — anzuerziehen[2]). Solche Pflanzen sind aber schwer ohne Wurzelbeschädigung auszuheben und zu verpflanzen, leiden leicht durch Umstülpen oder verkrümmte Lage der Wurzeln beim Einpflanzen, und man begnügt sich besser mit kräftigen Pflanzen, deren Wurzeln etwa 20—25 cm lang sind; für minder leichten Boden ist eine Länge der Wurzeln von 15 cm schon ausreichend.

---

[1]) Zentralbl. f. d. F.=W. 1878, S. 389.
[2]) Burckhardt, Säen und Pflanzen, S. 293.

Der ausgewählte Boden soll durchaus nicht nahrungsarm sein, da sonst die Wurzeln lang und fadenförmig in die Tiefe gehen, die Pflanzen selbst aber schwächlich bleiben; Burckhardt empfiehlt ausdrücklich die Verwendung guten Bodens zu Föhrensaatbeeten. Die Menge von Nahrungsstoffen, die durch die einjährigen Föhren dem Boden bei kräftiger Entwicklung der Pflanzen entzogen werden, ist nach Ausweis angestellter Untersuchungen (siehe § 23) keine geringe; wo also der Boden an sich nicht kräftig ist, wird schon bei der erstmaligen Benutzung, außerdem aber nach jedesmaliger Wiederholung derselben eine entsprechende Düngung einzutreten haben.

Die Bodenbearbeitung findet bei neuangelegten Kämpen auch bei der Föhre zweimal — im Herbst und Frühjahr — statt, und zwar auf eine Tiefe von etwa 25—30 cm; bei wiederholter Benutzung werden die Beete im Frühjahre nach erfolgter Verwendung der Pflanzen ebenso tief umgegraben und gleichzeitig gedüngt, wobei sich für Sandböden namentlich eine Beigabe von guter, humoser Walderde empfiehlt, indem hierdurch zugleich deren physikalische Eigenschaften verbessert werden. Bei wiederholter Benutzung würde sich etwa alle drei Jahre auch eine Gründüngung empfehlen. — Wünschenswert ist, daß der Boden sich vor der Ansaat wieder genügend gesetzt hat, und ist dies nicht der Fall, so ist ein Andrücken, bei sehr sandigem Boden selbst ein Antreten desselben zu empfehlen; hierdurch soll dem Austrocknen des Bodens vorgebeugt und während der Keimperiode das kapillare Aufsteigen der Bodenfeuchtigkeit bis zu den Samen und Keimlingen gesichert werden[1]).

Was nun die Beschaffung des Samens betrifft, so erfolgt dieselbe mit wenig Ausnahmen[2]) durch Ankauf von Samenhandlungen, und ist bekanntlich vor allem Darmstadt ein Mittelpunkt des Samenhandels bezüglich der Föhre. Da der in Deutschland gewonnene Samen den Bedarf nicht völlig zu decken vermag, so wird auch solcher aus Frankreich, Belgien, Ungarn, Rußland, in geringem Grade aus Norwegen dorthin gebracht. Während man nun früher auf die Herkunft des verwendeten Samens wenig achtete, haben neuere Beobachtungen und Untersuchungen ergeben, daß diese nach verschiedenen Richtungen hin von wesentlicher Bedeutung sei, und zwar nach Seite der günstigeren Jugendentwicklung und Wuchsform einerseits, nach

---

[1]) Zeitschr. f. F.- u. J.-W. 1874, S. 67.
[2]) Die preußische Staatsforstverwaltung gewinnt den nötigen Föhrensamen in eigenen Klenganstalten.

jener des Verhaltens gegen die Schütte anderseits. Hinsichtlich der
Wuchsform ist v. Sievers[1]) zugunsten der livländischen Föhre
gegenüber der aus Darmstädter Samen erzogenen aufgetreten, hat
dieser Krummwüchsigkeit vorgeworfen, während Mayr[2]) dies auf
andere Ursachen, mangelhafte Kulturen auf geringwertigen Kahlflächen,
zurückführt, die erbliche Eigenschaft der Krummwüchsigkeit in Abrede
stellt und bei Mangel an einheimischem Samen die Benutzung von
solchem aus kühlerem oder wärmerem Klima für unbedenklich hält. —
Sehr eingehend hat sich Dr. Schott[3]) mit dieser Frage beschäftigt,
ausgedehnte Versuche mit Föhrensamen verschiedenster Provenienz angestellt und ist zu wesentlich andern Resultaten als Professor Mayr
gekommen. Er hält es nach diesen Versuchen durchaus nicht für unbedenklich, Föhrensamen fremder Herkunft zu benutzen und will nötigenfalls nur solches Saatgut anwenden, das dem einheimischen in seinen
physiologischen Eigenschaften nahesteht. So zeigte sich südfranzösisches
und westungarisches Saatgut für deutsche Verhältnisse wenig geeignet,
während belgisches wohl zu verwenden ist, nordisches schwächere
Pflanzen liefert.

Immerhin wird es bei angekauftem Saatgut sehr schwierig sein,
genügende Garantie für dessen Herkunft zu erhalten und eine solche
nur die eigene Gewinnung bieten.

Die Güte des Samens, von dem nach Heß 140 000 bis
160 000 Körner auf 1 kg gehen, prüft man wie bei der Fichte angegeben; frischer Samen keimt dabei ziemlich rasch, innerhalb 14 Tagen,
und keimen nur wenige Prozente mehr nach; älterer Samen keimt
wesentlich langsamer, verliert auch rasch an Keimkraft. Auch hier
bezeichnen wir einen Samen von 70 % und darüber als gut, von 50
bis 70 % als mittelmäßig, von weniger als 50 % als gering. Eine
auffallende Erscheinung ist, daß der dunkel gefärbte Samen etwas
höhere Keimkraft besitzt als der hellere, gelbliche[4]). — Samen, der
älter ist als zwei Jahre, wird man nicht gerne verwenden, da dessen
Keimkraft bereits zu gering geworden zu sein pflegt.

Bezüglich des Anquellens des Samens gilt für die Föhre das
gleiche wie für die Fichte, und ebenso bezüglich der Art und Weise
der Aussaat: Anwendung des Rillenbrettes oder der Rillenwalze zur

---

[1]) Allg. F.- u. J.-Z. 1900, S. 308.
[2]) Allg. F.- u. J.-Z. 1900, S. 81 ff.
[3]) Forstw. Zentralbl. 1904, dann Bericht über die deutsche Forstversammlung
in Danzig.
[4]) Schwappach in Zeitschr. f. F.- u. J.-W. 1906, S. 514.

Herstellung schmaler Rillen in 10—12 cm Entfernung, dann von Säevorrichtungen — vergl. hierüber § 56 —, welche bei den oft großen Flächen, welche zur Pflanzenerziehung angesät werden müssen, von besonderem Vorteil sind; leichtes Decken des Samens, 1—1,5 cm stark, und nur bei leichtem, humosem Deckmaterial bis zu 2 cm stark[1]).

Die nötige Samenmenge beträgt pro Ar 1—1,75 kg, ersteres wohl als Minimum, letzteres als Regel zu betrachten[2]); v. Varendorff[3]) dagegen hält mit Rücksicht auf die für dichtere Saaten besonders zu fürchtende Schütte eine sehr dünne Saat mit nur ½ kg pro Ar für das richtigste. Über den Einfluß der Samenmenge auf Zahl und Stärke der Pflanzen verweisen wir auf den in § 55 mitgeteilten Versuch von Riebel. Wollte man ausnahmsweise die Pflanzen im Saatbeet zweijährig werden lassen, so müßte man das Samenquantum natürlich mit Rücksicht auf die rasche Entwicklung der jungen Föhre bedeutend ermäßigen, will man nicht spindelige, schwache Pflanzen erziehen.

Den Samen schützt man durch Saatgitter, übergespannte Fäden, Netze und namentlich durch Färben mit Mennig gegen Vögel, durch Gitter oder zuerst aufgelegtes, nach dem Aufgehen aufgestecktes Reisig Samen und Keimlinge gegen Trocknis und Regengüsse, und verweisen wir bezüglich dieser Schutzmittel auf das in § 58 ff. hierüber Gesagte.

Das Aufkeimen des Samens erfolgt im Frühjahr bei nicht zu zeitiger Saat innerhalb 2—3 Wochen mit 4—7, meist 6 säbelig nach oben gebogenen, glatten Kotyledonen, während die alsdann erscheinenden Primärblättchen beidkantig gesägt sind. Die meisten Pflanzen bilden nur einen kurzen Längstrieb mit Endknospe, stärkere auch einzelne Seitenknospen, während Seitentriebe sich im ersten Jahre nur bei besonders kräftigen, etwa einzeln stehenden Pflanzen entwickeln. Im zweiten Jahre erscheinen am jungen Trieb Doppelnadeln; die Kotyledonen sterben im Winter, die Primärblätter im Laufe des Jahres ab, im dritten Lebensjahre bildet sich der erste Quirl.

Zu den gefährlichsten Feinden der Föhrensaatbeete gehören die Engerlinge, die in dem mehr lockeren Boden und den trockenen Örtlichkeiten, die wir für erstere häufig benutzen und benutzen müssen,

---

[1]) Forstw. Zentralbl. 1875, S. 352.
[2]) Zeitschr. f. F.- u. J.-W. 1873, S. 65, 1876, S. 403.
[3]) Forstl. Blätter 1890, S. 97.

in vielen Fällen auftreten und schweren Schaden verursachen; auch Werren werden in Föhrensaatbeeten lästig und sind zu bekämpfen, ebenso die Raupen zweier Ackereulen (Agrotis tritici und vestigialis). Gegen Spätfröste und Aufffrieren bedarf die frostharte und tiefwurzelnde Föhre keinen besonderen Schutz, und nur besonders starke und spät eintretende Spätfröste vermögen auch die Föhre zu schädigen [1]).

Der gefährlichste Feind der Saatbeete aber wie der Freisaaten ist die Schütte, diese Kinderkrankheit der Föhre, der alljährlich Millionen ein= und mehrjähriger Pflanzen zum Opfer fallen, und über die im Laufe der Zeit eine umfangreiche Literatur herangewachsen ist. Wir müssen uns hier auf das beschränken, was bezüglich der Vorbeugung, des Schutzes gegen diese Krankheit von Bedeutung ist.

Die Schütte tritt nun bekanntlich in der Weise auf, daß an den Sämlingen bisweilen schon im Herbst die Nadeln etwas braunfleckig werden, im Frühjahre — März und April — aber sowohl an diesen wie an älteren Pflanzen sehr rasch braun werden und absterben, wo= bei jene an den Keimlingen hängen bleiben, an den älteren Pflanzen abfallen (schütten). Ein großer Teil namentlich der Sämlinge geht zugrunde, kräftigere Pflanzen erholen sich wieder; doch sind die schütte= kranken Pflanzen auch in letzterem Falle zur Verpflanzung unbrauchbar.

Als Grund dieser Krankheit hat man Frost, Vertrocknen und Pilze betrachtet, und jede dieser Erklärungen hatte ihre Vertreter.

Die Frosttheorie, namentlich von Nördlinger, Alers, Holz= ner vertreten, betrachtete Frühfröste im Herbst sowie stärkere Winter= fröste mit nachfolgendem Sonnenschein als Ursache, wollte durch ge= schützte Lage der Saatbeete, rechtzeitige Deckung mit Gittern und Zweigen dem Übel vorbeugen. Sie darf wohl als überwunden be= trachtet werden.

Die Vertrocknungstheorie, zuerst von Ebermayer aufgestellt und auch neuerdings noch von Hartig [2]) als die Ursache des Bräunens und Absterbens der Nadeln wenigstens in vielen Fällen anerkannt, betrachtet die Schütte als Folge eines Mißverhältnisses zwischen der Verdunstung durch die Nadeln und der Wasseraufnahme aus dem Boden. In ganz ähnlicher Weise, wie etwa frisch versetzte Pflanzen im Sommer bei anhaltender Trocknis absterben, sehen wir im zeitigen Frühjahre bei sonnigem Wetter, aber noch gefrorenem oder doch sehr

---

[1]) Hartig, Lehrbuch der Pflanzenkrankheiten, 1900, S. 218.
[2]) Hartig, Lehrbuch der Pflanzenkrankheiten, 1900, S. 92.

kaltem Boden ein rasches Vertrocknen der Nadeln. Auch hier müßte Abhaltung der Verdunstung durch Decken der Beete, frühzeitiges Ausheben der Pflanzen und Einschlagen derselben Abhilfe schaffen — was aber durchaus nicht immer der Fall ist, so daß auch durch diese Theorie die Schütte nur ungenügend erklärt erscheint.

Am sichersten geschieht dies durch die zuerst von Göppert aufgestellte, von Prantl, Tursky, Hartig, Tubeuf weiter verfolgte Pilztheorie, die Lehre von dem parasitären, epidemischen Charakter der durch einen Pilz, Hysterium (Lophodermium) pinastri, hervorgerufenen Schütte, als deren entschiedenster Vertreter in der Neuzeit Professor Mayr[1]) aufgetreten ist. Er kommt auf Grund seiner Beobachtungen wie seiner wiederholten, sorgfältig ausgeführten Versuche zu dem Resultat, daß es weder eine Frost- noch Trockenschütte gebe und die Schütte lediglich eine durch den genannten Pilz verursachte Infektionskrankheit sei. Der Pilz befällt die Keimlinge zur Zeit des Wachstums ihrer Nadeln, die Nadeln älterer Pflanzen in der Zeit vom Mai bis Dezember; die infizierenden Sporen haben nur geringe Flugfähigkeit, so daß die seitliche Verbreitung nur gering ist. Die Infektion ist stets schon im Sommer und Herbst erfolgt; von der Witterung des Winters hängt somit nur die Schnelligkeit des Absterbens der Nadeln, nicht die Ausbreitung der Krankheit ab. Der an schüttenden Pflanzen lebende Pilz wirkt sehr ansteckend auf Pflanzen; dagegen zeigt merkwürdigerweise der an den alljährlich absterbenden Nadeln älterer Föhren als Saprophyt auftretende gleiche Pilz keine infektiösen Eigenschaften, so daß also Föhrenzweige zum Bestecken und Decken von Föhrensaatbeeten benutzt werden können.

Als Vorbeugungsmaßregel empfiehlt Mayr die Verteilung der Föhrensaaten auf eine größere Anzahl von kleinen, womöglich durch niedrige Hecken von Fichten, Eiben, Thujen usw. zum Schutz gegen seitliche Infektion getrennten Beeten; eine größere Anzahl kleiner Kämpe in einem Kiefernrevier wird daher einem großen Forstgarten vorzuziehen sein.

Die durch die Schütte getöteten Pflanzen sind nach Mayr durch Untergraben oder Verbrennen zu beseitigen, die infiziert gewesenen Beete für andere Holzarten zu benutzen, einzelne etwa übrig gebliebene Pflanzengruppen aus schüttekranken Beeten nicht zu Ausbesserungen in Föhrenkulturen zu verwenden.

Bekanntlich bekämpft man die Schütte in den Kulturen mit

---

[1]) Forstw. Zentralbl. 1902, S. 473, 1903, S. 547.

gutem Erfolg durch Bespritzen mit Bordelaiser Brühe im Juli und August — für die im ersten Lebensjahre stehenden Föhrensaatbeete hat sich dies auffallenderweise völlig nutzlos erwiesen.

Dagegen glaubt Forstmeister Schalk[1]) nach von ihm angestellten Versuchen durch kräftige Düngung der Schütte entgegenwirken, die Pflanzen widerstandsfähiger gegen den Pilz machen zu können und schreibt das vollständige Fehlen der Schütte in den großen Halstenbecker Handelsgärten der dortigen rationellen Düngung zu. Jedenfalls dürften die von ihm erzielten Erfolge eine neue Mahnung zu reichlicher Düngung der Saatbeete sein!

Wenn nach Mitteilungen von Zerweck[2]) und Stötzer[3]) sich dünner Pflanzenstand als ein sehr gutes Vorbeugungsmittel erweist, so deckt sich dies wohl einigermaßen mit Schalks Angabe; die dünner stehenden Pflanzen werden eben kräftiger entwickelt und daher ebenso wie die reichlich gedüngten widerstandsfähiger gegen die Pilzinfektion sein.

Als besonders auffallend muß noch hervorgehoben werden, daß bei den von Professor Mayr[4]) und Dr. Schott[5]) angestellten Versuchen sich die aus Samen verschiedener Herkunft erzogenen Pflanzen der Schütte gegenüber sehr verschieden verhielten. In den nebeneinander gelegenen Saatbeeten Mayrs schütteten die aus Darmstädter und Rigaer Samen hervorgegangenen Pflanzen sehr stark, jene aus finnländischem und norwegischem blieben völlig gesund; in Schotts Versuchsbeeten schütteten Pflanzen aus westungarischem und südfranzösischem Samen sehr stark, jene aus deutschem, belgischem und finnländischem Samen nur ganz schwach. Professor Mayr spricht sich dahin aus, daß bei der Wichtigkeit der Sache für den Samenhandel mehrseitige Prüfung der Frage, ob die Föhren aus nordischem Samen stets schüttesicher seien, erwünscht sein müsse.

Was die Folgen der Schütte anbelangt, so werden die von derselben befallenen Pflanzen meist als für den Kulturbetrieb verloren zu betrachten sein. Ein großer Teil derselben stirbt gleich direkt ab, und zwar ein um so größerer, je dichter die Pflanzen standen, je schwächer also das einzelne Individuum war; die andern, welche sich erholen, wachsen meist zu kümmerlichen zweijährigen Pflanzen heran,

---

[1]) Forstw. Zentralbl. 1905, S. 561.
[2]) Das. 1887, S. 196.
[3]) Das. 1887, S. 638.
[4]) Das. 1903, S. 547.
[5]) Das. 1904, S. 590.

deren Verwendung im nächsten Jahre einen jedenfalls sehr zweifel=
haften, der Regel nach aber schlechten Erfolg hat. Häufig schütten
sie im zweiten Jahre wieder und sind dann um so sicherer verloren.

Schüttekranke einjährige Föhren, deren Knospen gesund und kräftig
sind, können nach Alers Ansicht[1] und Erfahrungen dann mit Er=
folg verpflanzt werden, wenn sofort nach der Pflanzung fruchtbares
Wetter mit warmem Regen eintritt, so daß die Knospen sich rasch
entwickeln und die Ernährung der jungen Pflanzen mit übernehmen.
Gewagt ist bei der Unsicherheit, der man bezüglich des Wetters
ausgesetzt ist, eine solche Verwendung jedenfalls, und man wird sich
daher nur ausnahmsweise zu solcher entschließen.

Die Pflege der Föhrensaatbeete besteht in der nötigen Rei=
nigung und dem entsprechenden Lockern des Bodens, welch' letzteres
bei dem vielfach ohnehin lockeren Sandboden, der in einem großen Teil
des eigentlichen Föhrengebietes zu den Saatbeeten verwendet werden
muß, auf eine einmalige Auflockerung beschränkt werden kann, auf
bindigerem Boden aber wiederholt erfolgt. — Sind die Saaten gar
zu dicht aufgegangen, so ist ein baldiges Verdünnen derselben in
der Weise, daß man in der Mitte der Rille eine Gasse durchrupft,
sehr zu empfehlen.

Länger als ein Jahr läßt man die Föhrenpflanzen zweckmäßiger=
weise nicht im Saatbeet stehen, nachdem erfahrungsgemäß die zwei=
jährigen Saatbeetpflanzen fast stets schütten und dadurch zur
Verwendung unbrauchbar werden, außerdem aber auch die Verpflanzung
gesunder zweijähriger Saatbeetpflanzen erfahrungsgemäß geringeren
Erfolg erzielt als die kräftiger einjähriger Pflanzen, was mit der
durch den meist engen Stand der zweijährigen Pflanzen bedingten
verhältnismäßig schwächeren Wurzelentwicklung zusammenhängen dürfte.

Unter gewöhnlichen Verhältnissen reichen für unsere Kulturen gute
Föhrenjährlinge vollkommen aus; dagegen erweist sich für ungünstige
Standortsverhältnisse sowie bei Nachbesserungen die verschulte und
dadurch insbesondere auch in der Bewurzelung allseitig kräftig ent=
wickelte Föhrenpflanze als ein gutes Pflanzmaterial, geeignet ins=
besondere als Ersatz für die kostspielige und in Sandrevieren oft nicht
zu beschaffende Ballenpflanze[2]. So finden wir denn in der Neuzeit
in den Forstgärten, wenn auch nur in beschränktem Maße, verschulte
Föhren.

---

[1] Zentralbl. f. d. F.=W. 1878, S. 133.

[2] Aus dem Walde IV, S. 147; Zeitschr. f. F.= u. J.=W. 1879, S. 329;
Jahrb. des schles. Forstvereins 1880, S. 24.

Die Verschulung, zu welcher kräftige Jährlinge mit bis 25 cm langen Wurzeln verwendet werden — noch längere Wurzeln stutzt man an den büschelweise zusammengelegten Pflanzen unbedenklich ein —, erfolgt für Pflanzen, die zweijährig verwendet, also nur ein Jahr im Schulbeet stehen sollen, im Verband von 7—8 cm in der Reihe und 10—12 cm Reihenentfernung rasch und gut mit den Hackerschen Apparaten, bei Mangel solcher auch mit starkem Setz= holz nach der Pflanzleine, und sollen die Pflanzen bis an die untersten Nadeln in den Boden kommen. Die Pflanzen entwickeln sich meist kräftig und haben, nach einjährigem Stehen im Pflanzbeet mit ent= sprechender Vorsicht und namentlich mit sorgfältiger Bewahrung der Wurzeln gegen Austrocknen verpflanzt, nur geringen Abgang; doch wird die einfache Klemmpflanzung (mit Beil, Spaten, Buttlarschem Eisen) sich für die mit reicher Bewurzelung versehenen Pflanzen nicht empfehlen, sondern Löcherpflanzung vorzuziehen sein, und unbedingt ist letzteres nötig, wenn die Pflanzen ein zweites Jahr im Pflanzbeet verbleiben. Den verschulten Föhren wird auch nachgerühmt[1]), daß sie von der Schütte verschont bleiben, was sich aber bei den in unserm Garten dahier verschulten Jährlingen nicht bewährt hat; dieselben schütteten vielmehr stark, entwickelten sich aber trotzdem der Mehr= zahl nach kräftig und vermochten die Folgen der Krankheit rasch zu überwinden.

Die auf solche Weise meist auf leichtem Boden in obigem Ver= band erzogenen Pflanzen werden ballenlos verwendet — aber auch Föhrenballenpflanzen hat man schon durch Verschulung von Jähr= lingen erzogen[2]). Der Boden muß dann etwas bindender sein und darf selbstverständlich nach der Verschulung nicht mehr behackt werden; auch soll das Unkraut nur ausgeschnitten, nicht ausgezogen werden; auf leichterem Boden verschult man selbst, um das Stechen von Ballen zu ermöglichen, ohne vorherige Lockerung nach einfacher Entfernung des Bodenüberzuges. Die Entfernung der Pflanzen muß für Er= ziehung von Ballenpflanzen etwas größer, etwa 16 cm im Quadrat, gewählt werden.

Solche durch Verschulung erzogene zwei= bis dreijährige Ballen= pflanzen zeichnen sich durch kräftige Entwicklung vor den durch Saat erzogenen und daher meist in dichterem Stand erwachsenen aus.

---

[1]) Zeitschr. f. F.= u. J.=W. 1878, S. 555.
[2]) Daf. S. 556.

Selbstverständlich kann das Pflanzbeet nur einmal benutzt werden, und wird eine derartige Pflanzenerziehung überhaupt eine etwas kostspielige sein.

Auch auf die in § 94 geschilderte Erziehung von Ballenpflanzen in Töpfen von Asphaltpapier, durch welche zugleich den Pflanzen bei dem seinerzeitigen Auspflanzen ins Freie ein Schutz gegen Engerlinge gegeben wird[1]), sei hier ebenfalls hingewiesen.

Erwähnung möge auch hier noch das von Fischbach[2]) geschilderte Verfahren der Bildung künstlicher Ballen für einjährige Föhren finden. Der Arbeiter nimmt die linke Hand voll guter Erde, legt mit der rechten Hand auf die geebnete Oberfläche ein Pflänzchen so, daß dessen Wurzeln gut ausgebreitet auf der Erde liegen, deckt mit der nun freigewordenen Rechten eine zweite Handvoll Erde auf dieselben und formt unter mäßigem Drücken einen kleinen, länglichen Ballen. — Daß solche Pflanzen sehr sicher anschlagen und für ungünstige Standörtlichkeiten das Gedeihen der Kultur sichern, läßt sich wohl denken; lange Wurzeln dürfen aber die Jährlinge erklärlicherweise nicht haben, da dieselben sonst in einem solchen Ballen nicht unterzubringen sind.

Auch die Verwendung einjähriger Föhrenballenpflänzchen, auf nur oberflächlich durch Übereggen gelockertem Boden mittelst Saat erzogen und mit sehr kleinem, 4—8 cm im Durchmesser haltendem Ballen gestochen, wurde als sicheres, billiges und ebenfalls durch die Schütte minder gefährdetes Verfahren empfohlen[3]).

Im übrigen möge bezüglich der Gewinnung von Föhrenballenpflanzen, die bei Bedarf an besonders starken Pflanzen auch durch volle Ansaat geeigneter Flächen und Ausstechen in drei- bis fünfjährigem Alter geschieht, auf Abschnitt V verwiesen sein. Älter als fünf Jahre läßt man solche Pflanzen jedoch nicht werden, indem sonst beim Stechen der Pflanzen die schon stark entwickelte Pfahlwurzel abgestochen werden muß, wodurch einerseits das Gedeihen der Pflanze beeinträchtigt, anderseits infolge der durch das Abstoßen bedingten Prellung nicht selten das Zerfallen der Ballen bei minder bindendem Boden hervorgerufen wird.

---

[1]) Vergl. auch Forstw. Zentralbl. 1903, S. 556 (Dr. Rörig über Schutzmäntel für Kiefern gegen Engerlingsfraß).

[2]) Forstw. Zentralbl. 1871, S. 201.

[3]) Das. 1879, S. 388.

§ 120. Die Lärche.

Ursprünglich vorwiegend ein Baum des Gebirges, in Deutschland namentlich der Alpen, ist die Lärche seit etwa 100 Jahren durch Kultur fast über ganz Deutschland verbreitet worden. In der raschwüchsigen, ohne große Schwierigkeit anzubauenden Holzart glaubte man das beste Mittel zu sicherer und ertragsreicher Aufforstung vieler Flächen, zur Nachbesserung von Lücken, zur Erziehung wertvollen Nutzholzes gefunden zu haben, und ausgedehnter Anbau war die Folge dieser Ansicht.

Aber nicht überall hat die Lärche diesen Hoffnungen entsprochen — im Gegenteil hat man vielen Orts recht bedauerliche Erfahrungen mit derselben gemacht. Der anfänglich freudige Wuchs der Pflanzen und Stämme ließ bald früher, bald später nach; dieselben überzogen sich mit Flechten, kümmerten und kränkelten, zuletzt absterbend und mißliche Lücken in den Beständen zurücklassend. Eine als „Lärchenkrankheit" bezeichnete und insbesondere von Reuß[1] näher besprochene Krankheit ließ die Lärchen oft in Menge frühzeitig absterben. Die Lärchenmotte (Coleophora laricella) entnadelte sie oft in sehr bedeutendem Maße, Pilzkrankheiten (Peziza Willkommii) befielen die Stämmchen und Stangen, dieselben in kränkelnden Zustand versetzend oder ganz tötend[2] — kurz man fand sich vielfach enttäuscht und unterließ wohl den Anbau der wertvollen und immerhin in vielen Örtlichkeiten gedeihenden Holzart ganz, statt sich auf die Wahl der richtigen Örtlichkeit mit ihrer Nachzucht zu beschränken[3].

Es kann hier nicht unsere Aufgabe sein, näher anzugeben, welches die richtige Örtlichkeit für Nachzucht der Lärche, und welches der rechte Platz für sie innerhalb unserer Bestände sei. In letzterer Beziehung möchten wir nur berühren, daß sie im Laub- und Nadelholzhochwald[4] weniger als einzeln eingesprengte vorwüchsige Pflanze, besser als größerer Horst, bei der Verwendung zu Schlagnachbesserungen

---

[1] Die Lärchenkrankheit, 1870.

[2] Vergl. hierüber insbesondere R. Hartig, Lehrbuch der Pflanzenkrankheiten, S. 101 ff.

[3] Vergl. hierüber insbesondere:
Bühler, Forstw. Zentralbl. 1886, S. 1.
Dotzel, Das. 1905, S. 356.
Cieslar, Zentralbl. f. d. F.-W. 1904, S. 1.
Walther, Forstw. Zentralbl. 1906, S. 497.

[4] Im Spessart wendet man der Einsprengung der Lärche in die Buchenschläge besonderes Augenmerk zu.

Fürst, Pflanzenzucht im Walde. 4. Aufl. 24

aber nur auf Lücken von solcher Größe, daß sie nicht durch Seiten=
beschattung leidet, am Platze ist; daß sie im Mittelwald sich zu Ober=
holz vorzüglich eignet[1]) und hier größere Verbreitung verdient, als
wohl bisher der Fall gewesen; daß sie endlich als vorwüchsiges Schutz=
und Schirmholz zur Nachzucht empfindlicher Holzarten an ungeschützten
Orten mit gutem Erfolg verwendet werden kann.

Wo es sich nun um Lärchennachzucht handelt, da werden wir es
stets mit künstlicher Nachzucht zu tun haben, wenn auch vielleicht
da, wo ältere Lärchen stehen, sich im Lichtschlag des Hochwaldes oder
auf den Lücken des Mittelwaldschlages einiger natürlicher Anflug zeigt.

Zu solch' künstlicher Nachzucht wurde nun früher vielfach die
Saat benutzt, sei es, daß man Plattensaaten zur Einsprengung an=
wandte oder in Nadelholzstreifensaaten je den dritten, vierten Streifen
mit Lärchensamen ansäte, sei es — und dies war nach unsern Wahr=
nehmungen der häufigere Fall —, daß man Fichten=, Föhren= und
Lärchensamen in verschiedenem Verhältnis mengte und gemeinsam
aussäte.

Das eine wie das andere Verfahren hatte aber entschiedene Nach=
teile. Im ersteren Falle überwuchsen die Lärchenstreifen ihre Nachbarn
und insbesondere die Fichtenstreifen oft in solchem Maße, daß diese
letzteren im Wuchse stockten, während eine Entfernung der Lärchen doch
nicht gut ohne Verursachung von Lücken zulässig war; im letzteren
Falle dominierten ebenfalls die Lärchen entweder mehr als wünschens=
wert war, oder sie litten, vereinzelter stehend, in der dichten Umgebung
der gleichalten Föhren unter Seitenbeschattung — kurz, die Resultate
waren fast stets wenig günstig. So ist jetzt die Pflanzung als
entschieden vorwiegende Kulturmethode für die Lärche in den Vorder=
grund getreten; die oben angegebenen Verwendungsarten der Lärche
bedingen dieselbe ohnehin fast ausschließlich, und der Umstand, daß
sich die Lärche bei entsprechender Vorsicht in jedem Alter, von der
einjährigen Pflanze bis selbst zum Heister hinauf, verpflanzen läßt,
hat der Anwendung der Pflanzung noch weiteren Vorschub geleistet.
Die Lärche zeigt in letzterwähnter Beziehung, wie in ihrem alljähr=
lichen Laubabwurf, der fehlenden Quirlbildung, der Fähigkeit zur
Entwicklung von Stammsprossen eine entschiedene Ähnlichkeit mit den
Laubhölzern.

―――――――

[1]) In den Mittelwaldungen bei Aschaffenburg (am sog. Hahnenkamm) wird
die hier auf dem kräftigen Gneißboden sehr gut gedeihende Lärche mit Vorliebe
als Oberbaum benutzt. Siehe auch Burckhardt, Säen und Pflanzen, S. 416.

Die Örtlichkeit für einen Saatkamp wird nach den allgemeinen Regeln gewählt, und soll der Boden nicht zu gering sein — die Lärche ist entschieden anspruchsvoller als die Föhre. Seitenschutz ist wohltätig, aber nicht unbedingt nötig, Seitendruck unter allen Umständen bei der lichtfordernden Lärche zu meiden, und liegt ein Forstgarten unter dem Seitenschutze eines älteren Bestandes, so werden wir der Lärche stets die von der Bestandswand entfernteren Beete zuweisen.

Die Bodenbearbeitung erfolgt nicht zu seicht, und dürfte eine Tiefe derselben von etwa 30 cm die entsprechende sein.

Was die Beschaffung des nötigen Samens betrifft, so hat man der Provenienz desselben schon seit längerer Zeit Bedeutung beigelegt. So weist Burckhardt[1] darauf hin, daß der ausgezeichnete Wuchs der oldenburgischen Lärchenbestände wohl der Sorgfalt zu verdanken sei, mit der man nur Samen möglichst vollkommener Mutterstämme benutze, und Reuß behauptet, daß die schon oben erwähnte Lärchenkrankheit, wie der bald nachlassende schlechte Wuchs so vieler Lärchen überhaupt damit zusammenhänge, daß Samen von schlechten Beständen in unpassenden Örtlichkeiten gesammelt und in den Handel gebracht werde. Letzterer will daher Samen aus den Alpenregionen, in denen die Lärche ihre natürliche Heimat habe, verwendet wissen — während eine andere Stimme[2] gerade diesen Samen als für das übrige Deutschland unpassend bezeichnet, nur Samen von bei uns normal erwachsenen Stämmen als geeignet erachtet.

In neuerer Zeit hat sich Cieslar[3] mit der Frage, welche Bedeutung die Herkunft des Samens bei der Lärche habe, nach der Richtung hin beschäftigt, daß er Anbauversuche mit Samen aus den Alpen und den Sudeten anstellte; auf Grund dieser Versuche kommt er zu dem Schluß, daß es sich hier um physiologische Varietäten handle, und daß nach ihrem Wuchse — Habitus und Raschwüchsigkeit — die Sudetenlärche außerhalb des Alpengebietes den Vorzug verdiene.

Angesichts des Umstandes, daß man sich den schwer auszuklengenden Lärchensamen fast stets durch Ankauf aus Samenhandlungen beschaffen muß, wird die Beachtung der Samenprovenienz bei der Lärche auf nicht geringe Schwierigkeiten stoßen.

---

[1] Säen und Pflanzen, S. 420.
[2] Forstw. Zentralbl. 1867, S. 301.
[3] Zentralbl. f. d. F.-W. 1899, S. 99.

24*

Der gelblich=braune Samen der Lärche ist infolge der Ge=
winnungsart (Zerreiben der Zapfen) stets mit Schuppenresten ge=
mischt, und enthält 1 kg nach Heß 160 000—180 000 Samenkörner.
Seine Keimkraft, die sich rasch abnehmend 3—4 Jahre erhält,
prüft man in gleicher Weise wie jene des Fichten= und Föhrensamens,
und hat nach den Untersuchungen von Zederbauer[1] nach drei
Wochen aller keimfähiger Samen gekeimt. Die Keimkraft des Lärchen=
samens ist eine auffallend geringe, nur selten über 40 % ansteigend,
nicht selten aber wesentlich hinter diesem Prozentsatz zurückbleibend,
was bei der Aussaat wohl zu beachten ist.

Eine weitere Eigentümlichkeit des Lärchensamens ist ferner sein
ungleichmäßiges Laufen; bei etwas trockener Frühjahrswitterung
pflegt viel Samen im zweiten Jahre nachzukeimen, und in dem auf
den sehr trockenen Sommer des Jahres 1881 gefolgten feuchten Herbst
hat hier der im Frühjahre gesäte Samen teilweise im August und
September gekeimt. Burckhardt[2] und ebenso E. Heyer und
andere Pflanzenzüchter empfehlen daher ein Einquellen des Samens
in Wasser, rein oder mit etwas Kalk oder Salzsäure versetzt, für den
Lärchensamen ganz besonders, und dürfe der Samen längere Zeit,
selbst bis zu 14 Tagen, im Wasser liegen; andern Orts schlägt man
ihn zu gleichem Zweck in feuchte Erde ein. Oberförster v. Lassaulx
beschreibt[3] sein erprobtes Verfahren folgendermaßen: Der Samen
wird in einem Gefäß mit Wasser übergossen, bis letzteres über dem
Samen steht; ist alles Wasser aufgesaugt, so schüttet man den Samen
auf gedielten Boden, rührt ihn täglich um, und wenn sich die ersten
Keimspitzchen zeigen, nimmt man die Aussaat vor, nachdem man behufs
leichteren, gleichmäßigen Säens und um das Ballen des nassen Samens
zu vermeiden, den Samen mit feiner, trockener Erde gemischt[4].

Auf die Menge des pro Ar zu verwendenden Samens ist neben
der geringen Keimkraft auch noch der oben schon erwähnte Umstand
von Einfluß, daß der Lärchensamen stets mit viel Schuppenresten (in=
folge der üblichen Gewinnungsart) vermischt zu sein pflegt[5], ein

---

[1] Zentralbl. f. d. F.=W. 1906, S. 306.

[2] Säen und Pflanzen, S. 419.

[3] Zeitschr. f. d. F.= u. J.=W. 1873, S. 85.

[4] Eigene vergleichende Versuche haben ergeben, daß ein vier= bis sechstägiges
Einweichen des Samens ein viel rascheres und gleichmäßigeres Keimen desselben
zur Folge hat.

[5] Bühler gibt an, daß diese Beimischungen bis 14 % betragen. (Mitt.
Bd. I, Heft 3.)

Umstand, der ebenfalls Erhöhung des Samenquantums bedingt; in weiterem wird die Art und Weise der Ansaat — breitwürfig oder in Rillen —, in letzterem Falle die Entfernung der Rillen voneinander von Einfluß auf die Samenmenge sein. Burckhardt gibt dieselbe für Vollsaat auf 4, für Rillensaat auf 2 kg pro Ar an, während unsere eigenen Versuche über die nötigen Samenquantitäten für die Ansaat mit dem bayrischen Rillenbrett einen, den Burckhardtschen nicht unwesentlich übersteigenden Bedarf (bis 3 kg) ergaben. Auch Bühler empfiehlt bei der geringen Keimkraft eine entsprechend dichtere Saat.

Die Ansaat der Saatbeete erfolgt im Frühjahre, wobei zeitige Aussaat namentlich für den nicht angequellten Samen empfohlen wird, um demselben die Frühjahrsfeuchtigkeit zu sichern. Burckhardt empfiehlt breitwürfige Saat, bei welcher der gut bearbeitete Boden zuerst wieder etwas angedrückt und dann, nach erfolgter Aussaat, der Samen bis zum Verschwinden mit guter Erde übersiebt wird. Beim Ausjäten soll dann zugleich der da oder dort zu dichte Pflanzenstand gelichtet und hierdurch das Gedeihen der Pflänzchen gefördert werden.

Wenn nun gleich die breitwürfige Saat manchen Vorteil durch mehr vereinzelten Stand der Pflanzen bieten mag, so halten wir doch auch bei der Lärche die Vorteile der Rillensaat (siehe § 49) für überwiegend, haben dieselben auch an den meisten Orten in Anwendung gefunden. Die Entfernung der Rillen wird einigermaßen dadurch bedingt, ob man die jungen Pflanzen ein= oder zweijährig verwenden will; im ersteren Falle genügt eine Entfernung der Rillen von 10 bis 15 cm, im andern wird eine solche von 20—25 cm vorzuziehen sein.

Das Eindrücken der Rillen erfolgt in gleicher Weise wie bei Fichten und Föhren, und können zur Saat dieselben Säevorrichtungen in Anwendung kommen.

Das Decken des Samens erfolgt mit lockerer Erde oder mit Rasenasche etwa 1 cm stark; Baur[1]) sagt auf Grund seiner Versuche, daß die Lärche gegen eine stärkere oder zur Verkrustung geneigte Decke empfindlich sei und eine schwächere Bedeckung als Fichte und Föhre liebe, und auch Bühler stimmt dem zu, empfiehlt Deckung mit Humus.

Ein Decken der angesäten Beete mit Nadelholzästen, die nach erfolgtem Aufgehen zu beiden Seiten des Beetes aufgesteckt werden, oder

---

[1]) Forstw. Zentralbl. 1875, S. 355.

mit Schutzgittern ist — wie zum Schutz gegen Vögel und Regen=
güsse — so zur Erhaltung der Feuchtigkeit sehr zu empfehlen und
namentlich bei eingequelltem Samen nötig.

Die Lärche keimt mit 4—8 ganzrandigen, etwas blaugrünen
Kotyledonen und rötlichem Stengelchen; auch die Primärblätter zeigen
jene bläulich=grüne Färbung, die den Keimling der Lärche leicht er=
kennen läßt. Die Kotyledonen und ein Teil der Primärblättchen
sterben im Herbst ab, während die oberen Nadeln des Pflänzchens
über Winter grün bleiben, erst im Frühjahr absterben.

Die Pflege der Lärchensaatbeete erfolgt während des Sommers
durch Jäten und Lockern. Durch Wild sind die jungen Lärchen
während des Winters nur wenig gefährdet, und wo weder Hochwild
noch Sauen vorhanden, läßt sich die Lärche mit Fichte und Föhre in
uneingefriedigten Kämpen erziehen. Gegen Spätfröste ist die
Lärche zwar nicht empfindlich, aber doch auch nicht so unempfindlich,
wie Fischbach angibt[1]), und nach Burckhardts Mitteilung[2]) ist
es namentlich der im Moment des Laubausbruches, der ja sehr frühe
erfolgt, etwa eintretende Spätfrost, der sie schädigt, im Wuchs zurück=
setzt; werden die Pflanzen daher nicht schon einjährig verpflanzt oder
verschult, so ist die Anwendung von Pflanzgittern immerhin auch für
die Lärche zu empfehlen.

Unter günstigen Umständen erreicht die junge Lärche schon im
ersten Lebensjahre eine Höhe von 20—25 cm und kann entweder im
Spätherbst — und ihr frühzeitiges Ausschlagen im Frühjahre läßt
Herbstpflanzung für sie nicht selten als zweckmäßig erscheinen — oder
im nächsten Frühjahre bereits zur Verwendung kommen. Häufiger
aber läßt man sie zwei Jahre im Saatbeet stehen, und geringe Ent=
wicklung im ersten Jahre oder das Bedürfnis etwas kräftigerer
Pflanzen nötigen selbst hierzu; länger als zwei Jahre läßt man sie
keinesfalls im Saatbeet, da die sich rasch entwickelnden Pflanzen sich
gegenseitig zu sehr beengen, sondern greift, wenn man noch stärkere,
bis 1 m hohe Pflanzen wünscht, wie man sie etwa zur Einpflanzung
in schon stärkere Laubholzschläge oder in Mittelwaldungen bedarf, zur
Verschulung, die übrigens bei der Lärche in minderem Maße als
bei Fichte und Tanne Platz zu greifen pflegt[3]).

---

[1]) Praktische Forstwirtschaft, S. 207.

[2]) Säen und Pflanzen, S. 414.

[3]) Weise spricht (Münbener Hefte II, S. 21) auf Grund seiner Beobachtungen
die Ansicht aus, daß die mit der Verschulung eintretende größere Lichtwirkung
und bzw. der Fortfall des Schlußzwanges die Ursache der bei der Lärche so häufigen

Zur Verschulung verwendet man ausschließlich einjährige Pflanzen, die dann, zwei Jahre im Pflanzbeet stehend, zu bis meter= hohen, kräftigen Pflanzen heranwachsen. Die Verschulung muß frühzeitig erfolgen, da deren Vornahme nach Aufbruch der Knospen bedenklich ist[1]) und bei eintretender trockener Witterung bedeutenden Abgang zur Folge hat — wir sehen auch hier wieder eine Verwandt= schaft mit dem Laubholz! Durch frühzeitiges Ausheben der Pflanzen und Einschlagen derselben an kühlem, schattigem Ort kann man dem zu frühen Treiben vorbeugen (ein Verfahren, das auch unter Um= ständen für die Auspflanzung ins Freie zu empfehlen ist). — Die Verschulung darf mit Rücksicht auf die rasche Entwicklung der Lärche, namentlich auch auf deren kräftige, allseitige Beastung nicht zu eng erfolgen, etwa im Verband von 20 auf 30 cm; ja Burckhardt empfiehlt sogar 24 auf 36 cm.

Bei der Verschulung, die mit starkem Setzholz erfolgen kann, kürzt man nötigenfalls die Pfahlwurzeln etwas, wenn dieselben all= zu lang entwickelt sind.

Die Pflege der Pflanzbeete bietet nichts Besonderes, erfolgt durch Reinigen von Unkraut und Lockern des Bodens im ersten Jahre, während im zweiten infolge der raschen Entwicklung der Lärche letzteres oft nicht mehr möglich sein wird. — Auch den Pflanzbeeten werden Spätfröste gefährlich, wenn sie intensiv und zur kritischen Zeit ein= treten; sie setzen die Pflanzen im Wuchs zurück, und zwei Jahre ein= ander folgend, bringen sie die Pflanzen fast zum Verkrüppeln. Schutz= gitter werden auch gegen diese Gefahr in Anwendung gebracht werden können, doch geschieht dies, da die Lärche doch nicht zu den sehr empfindlichen Pflanzen gehört, bei verschulten Lärchen wohl seltener.

Länger als zwei Jahre wird man die verschulten Lärchen nicht im Pflanzbeet stehen lassen, da sie sonst bei normaler Entwicklung eine für die Verpflegung ungünstige Größe erreichen. Wollte man sich ausnahmsweise, etwa für den Wildpark, besonders starke Pflanzen, Heister, erziehen, so würde dies durch nochmalige Verpflanzung unter entsprechender Wurzelkorrektur zu geschehen haben. Bei entsprechender

---

Stammkrümmungen seien; tabellose Pflanzen finden sich einige Monate nach der Verschulung gekrümmt und zeigen sogar bisweilen keinen Höhentrieb. (Diese Er= scheinung müßte dann aber doch wohl auch bei der unverschult verpflanzten Lärche eintreten?)

[1]) Fischbach, Praktische Forstwirtschaft, S. 207.

Auch wir haben mit etwas später Lärchenverschulung schlechte Erfahrungen gemacht!

Sorgfalt läßt sich die Lärche auch in solcher Stärke noch verpflanzen; dagegen wird man mit stärkeren unverschulten Lärchen geringen Erfolg haben.

§ 121. Die Schwarzkiefer.

Die Heimat dieser Holzart ist bekanntlich eine eng begrenzte; Niederösterreich, die Vorberge in Kärnten und Steiermark allein beherbergen sie in größerer Ausdehnung, während sie in den südlichen Alpenländern, in Kroatien und Dalmatien, nur wenig mehr angetroffen wird [1]). Eine Reihe vorzüglicher Eigenschaften: große Genügsamkeit bezüglich des Standortes, insbesondere Gedeihen auch noch auf trockenem, hitzigem (Kalk-)Boden, Unempfindlichkeit gegen Fröste, geringe Gefährdung durch Wild und Insekten, starker Nadelabwurf — haben aber schon seit längerer Zeit [2]) die Aufmerksamkeit der Forstleute auf sie gelenkt, sie namentlich als eine Holzart erscheinen lassen, welche zur Aufforstung trockener, steiniger, flachgründiger Standorte besonders geeignet ist. Namentlich sind es die bei unvorsichtiger Abholzung so leicht veröbenden, so schwer wieder in Bestockung zu bringenden Kalkgehänge, für welche die kalkliebende Schwarzkiefer ein Mittel zur Wiederbestockung bietet, und so sehen wir denn dieselbe nun vielfach auch außerhalb der oben angegebenen natürlichen Grenzen ihrer Verbreitung angebaut. Fast ausschließlich ist es aber dann wohl die Pflanzung, welche zur Aufforstung angewendet wird, und so ist die Erziehung der Schwarzkiefer im Saat- oder Pflanzbeet da und dort Aufgabe des Forstmannes.

Bezüglich der Wahl der Örtlichkeit und Zurichtung der Saatbeete gelten die allgemeinen Regeln; auf Seitenschutz irgendwelcher Art ist bei der gegen Frost wie Hitze nahezu unempfindlichen Schwarzkiefer wenig Rücksicht zu nehmen, und da keinerlei Wild dieselbe gefährdet, so kann ihre Erziehung auch im uneingefriedigten Kamp erfolgen.

Der Samen der Schwarzkiefer, einfarbig gelblich oder mehr bräunlich, bisweilen schwach punktiert, welcher wohl ausschließlich aus deren Heimat, Niederösterreich, bezogen wird, enthält nach Heß 46 000—55 000 Körner pro Kilogramm und besitzt eine Keimdauer von 3—4 Jahren, allerdings mit rasch sinkender Keimkraft. Letztere

---

[1]) v. Seckendorff, Mitt. I, S. 116.

[2]) Vergl. die Broschüre: Graf Uxkull-Gyllenband, Die Schwarzkiefer, 1845.

ist bei frischem Samen eine hohe, bis zu 80 % und mehr steigend. Es ist dies bei der Aussaat wohl zu beachten und zu dichte Saat im Interesse der kräftigen Entwicklung der Pflanzen zu vermeiden. Burckhardt rechnet 3,5 kg als das pro Ar zu verwendende Quantum; unsere eigenen Versuche ergaben einen Bedarf bis zu 4 kg.

Die Aussaat der Schwarzkiefer erfolgt in gleicher Weise wie beim Föhrensamen: im Frühjahre, in eingedrückte Rillen, deren Entfernung mit Rücksicht darauf, daß die Pflanzen fast stets einjährig verwendet oder verschult werden, 10—12 cm nicht zu übersteigen braucht, und mit einer 1½—2 cm starken Bedeckung mit gutem, lockerem Boden. Durch Schutzgitter oder Bedecken mit Nadelholzästen gibt man dem Samen den nötigen Schutz gegen Trocknis während der Keimperiode und gegen Vögel, gegen letztere etwa auch durch Mennige (§ 68).

Ein Einquellen des Samens ist unnötig, ja, nach einem von Dr. Möller angestellten Versuch[1]) scheint dasselbe für den Schwarzkiefernsamen sogar leicht nachteilig zu werden, indem bei 36 bis 40 Stunden dauerndem Einweichen das Keimprozent von 70 auf zirka 45 % zurückging.

Die Keimung erfolgt mit 6—8 langen, ganzrandigen, etwas blaugrünen Kotyledonen, während die Primärblätter beidkantig gezähnt sind. Die Entwicklung der jungen Pflanze gleicht in den ersten Lebensjahren jener der Föhre (erste Quirlbildung gleichfalls im dritten Lebensjahre); doch treten schon im ersten Lebensjahre vereinzelt Doppelnadeln auf.

Die sich kräftig entwickelnden Pflanzen, die schon im ersten Lebensjahre eine tiefgehende Pfahlwurzel zeigen, hierin unserer gewöhnlichen Föhre gleichend, werden entweder einjährig ins Freie ausgepflanzt, oder wenn man stärkere, reichbewurzelte Pflanzen bedarf, verschult. Nur einigermaßen dicht stehend zeigen sie außerdem im zweiten Jahre ihres Verbleibens im Saatbeet schon einen ganz entschiedenen Rückgang in der Entwicklung; dagegen wachsen sie, im Abstand von etwa 15 auf 20 cm verschult und zwei Jahre im Pflanzbeet verbleibend, zu sehr kräftigen, stufigen Pflanzen heran, die mit gutem Erfolge ballenlos zur Bepflanzung ungünstiger Örtlichkeiten verwendet werden. Sie im Pflanzbeet noch stärker werden zu lassen, dürfte nicht rätlich erscheinen, ihre Verpflanzung nur kostspieliger und unsicherer machen.

---

[1]) v. Seckendorff, Mitt. I, S. 118.

Das Verschulen erfolgt mit starkem Setzholz, und ist bei den oft sehr langen Wurzeln Bedacht auf das Vermeiden von Umstülpungen und Verkrümmungen derselben zu nehmen. Ein Einstutzen allzu langer Wurzeln wird zu empfehlen sein.

Die Pflege der Saat= und Pflanzbeete bietet keinerlei Besonder= heiten; Schutz gegen Hitze, Spätfröste, Barfrost ist bei der gegen Temperaturextreme unempfindlichen, langwurzeligen Schwarzkiefer nicht nötig.

Enthält der Boden, auf welchem man die Pflanzen erzieht, wenig Kalk, so dürfte sich eine Kalkdüngung vor der Ansaat oder Ver= schulung bei der eine besondere Vorliebe für Kalkboden zeigenden Schwarzkiefer besonders empfehlen.

§ 122. Die Weymouthskiefer[1].

Dieser schöne Baum, zu Anfang des 18. Jahrhunderts zuerst in England und etwas später bei uns aus Nordamerika eingeführt, ist entschieden die wichtigste unter den ausländischen Holzarten, die man in unsern deutschen Waldungen einzubürgern gesucht hat, und seine forstliche Bedeutung wird wohl vielfach noch zu wenig beachtet. Der geringe Wert des Holzes wird meist als Grund dieser Nichtbeachtung angegeben, — und doch ist die Verwendbarkeit desselben als Nutzholz eine gar mannigfaltige[2]), wenn auch von jener unserer einheimischen Nadelhölzer verschiedene; auch sonstige gute Eigenschaften mancher Art lassen sich zugunsten der Weymouthskiefer hervorheben, und sie hat denn auch schon manchen warmen Vertreter gefunden[3]). Ihre Schnell= wüchsigkeit, ihre mäßigen Ansprüche an die Bodengüte, ihr starker Nadelabwurf, ihre Unempfindlichkeit gegen Frost jeder Art stellen sie an die Seite der Föhre, vor welcher sie aber die mindere Gefährdung durch Duft= und Schneebruch in höheren Lagen, ein viel höheres Schattenerträgnis und infolge letzterer Eigenschaft auch die Erhaltung eines dichteren Schlusses im reinen Horst oder Bestand voraus hat. Insbesondere macht sie ihr Schattenerträgnis zu Nachbesserungen und Lückenpflanzungen geeignet. Diese Eigenschaften, verbunden mit hoher

---

[1]) Bekanntlich wird statt des längeren Namens vielfach die Bezeichnung „Strobe" gebraucht.

[2]) Burckhardt, Säen und Pflanzen, S. 427. Wappes, Forstl. naturw. Zeitschr. 1896, S. 205. Mayr, Forstw. Zentralbl. 1907, S. 66.

[3]) Forstw. Zentralbl. 1866, S. 251 und 1867, S. 294. Bericht über die XII. Versammlung deutscher Forstmänner zu Straßburg, 1883.

Maſſenproduktion, ſind wohl geeignet, der Weymouthskiefer einen dauernden Platz in unſerm deutſchen Wald zu ſichern; im Park hat ſie ſich denſelben durch ihren Habitus, durch ihre zierliche Be⸗ nadelung längſt errungen.

Vielfach haben, wie ſchon berührt, dieſe Vorzüge denn auch bereits Anerkennung gefunden, und wir finden die Weymouthskiefer vielfach als eine Bewohnerin unſerer Forſtgärten, da deren An⸗ bau mit Rückſicht auf den teuern Samen, die Sicherheit der Ver⸗ pflanzung und die in der Regel beſtehende Abſicht, ſie den Schlägen nur beizumiſchen, lediglich durch die Pflanzung zu geſchehen pflegt.

Der große Samen, von dem nach Heß 45 000—60 000 Körner auf 1 kg gehen, iſt gelblichbraun, glänzend und etwas durch dunklere Punkte marmoriert, beſitzt eine etwa dreijährige, aber raſch abnehmende Keimbauer und im friſchen Zuſtand eine Keimkraft bis zu etwa 60 %. Die Prüfung des Samens in den bekannten Apparaten ſtößt durch die ſehr langſame Keimung auf Schwierigkeiten, da ein Teil des Samens erſt nach Monaten keimt; von Wert für die Praxis wird aber dieſer ſpät nachkeimende Samen nicht ſein, und Schwappach[1] glaubt daher, die Keimproben mit acht Wochen abſchließen zu ſollen.

Die Ausſaat des Samens erfolgt ſtets im Frühjahre und kann ganz in gleicher Weiſe wie bei der gewöhnlichen Föhre geſchehen. Man ſät ihn demnach in ſchmale Rillen, die je 10—12 cm von der nächſten Doppelrille entfernt ſind, und drückt die Rillen ſo tief ein, daß der Samen eine Bedeckung von 1,5—2 cm erhält; der Samen kann ebenfalls mittelſt einfacher Säevorrichtungen geſät werden, und bedarf man pro Ar etwa das doppelte Quantum als bei der Föhre, dank ſeiner viel bedeutenderen Größe und geringeren Keimkraft, alſo etwa 3—4 kg. Der Samen keimt minder ſicher als jener der Föhre, liegt bisweilen teilweiſe ein volles Jahr bis zur Keimung im Boden, was vielleicht in der Miſchung alten und friſchen Samens ſeinen Grund haben dürfte, und wird vor allem durch anhaltende Trocknis in ſeiner Keimkraft beeinträchtigt[2]), weshalb Erhaltung der Feuchtig⸗

---

[1]) Zeitſchr. f. F.⸗ u. J.⸗W. 1906, S. 508.

[2]) Im trockenen Sommer 1887 keimte der Weymouthskieferſamen in einem kleinen Beet unſeres botaniſchen Gartens, woſelbſt tägliches Begießen erfolgen konnte, vorzüglich auf, während derſelbe Samen in den Saatbeeten im Walde, wo dies Gießen nicht möglich war, vollſtändig verſagte. — Es würde dieſe Er⸗ fahrung für die von Fiſchbach empfohlene Methode (Forſtw. Zentralbl. 1882, S. 397) der Ausſaat des Weymouthskiefernſamens in Frühbeetkäſten ſprechen, wenn ſich dem im Forſtbetrieb nicht doch oft größere Schwierigkeiten entgegenſtellten.

keit durch Decken mit Ästen, Stroh oder durch Anwendung von Schutzgittern angezeigt erscheint; durch diese Mittel wird gleichzeitig der Samen gegen Vögel geschützt. Einweichen des Samens zeigt ebenfalls guten Erfolg. Weise[1] glaubt, daß die Aufbewahrung des Samens über Winter meist eine naturwidrige sei, und daher nach einem mit gutem Erfolg gemachten Versuch dessen Aufbewahrung über Winter im Freien unter leichter Moosdeckung empfehlen zu sollen.

Auch die noch schwache Pflanze ist gegen Trocknis empfindlicher als jene der Föhre, hinter welcher sie überhaupt im ersten Lebensjahre bezüglich der Entwicklung des Stämmchens und mehr noch der Wurzeln nach unsern Erfahrungen etwas zurückbleibt.

Die Keimung erfolgt mit 8—10 Kotyledonen, die dreikantig, mattgrün und an der Innenkante etwas gesägt sind; sie vertrocknen im Frühjahr des nächsten Jahres. Die Primärblätter sind beidkantig gesägt. Nadelbüschel erscheinen im zweiten, die Quirlbildung beginnt im dritten Lebensjahre, mit dem vierten beginnt die kräftigere Ent=wicklung.

Mit Rücksicht auf den wünschenswerten Schutz gegen Trocknis wird man den Weymouthskiefer=Saatbeeten im Forstgarten gerne einen gegen die grelle Einwirkung der Mittagssonne geschützten Platz zuweisen.

Bisweilen pflanzt man nun solche einjährige oder besser zweijährige Weymouthskiefern, die nach unsern Erfahrungen sich mit sehr gutem Erfolg zu Freikulturen verwenden lassen, unmittelbar aus dem Saatbeet ins Freie; öfter aber, und namentlich wenn man sie zur Lückenpflanzung in Schläge oder auf in der Oberfläche etwas trockenem Boden verwenden will, verschult man sie zur Erziehung kräftiger, gut bewurzelter Pflanzen.

Zur Verschulung verwendet man am besten kräftige, einjährige Pflanzen, die man mittelst des Setzholzes in Entfernungen von 15 auf 15 cm einschult, was bei der noch geringen Wurzelentwicklung rasch und sicher vor sich geht. Sie schlagen leicht an, entwickeln im ersten Jahre einen nur mäßigen, im zweiten aber einen kräftigeren Höhentrieb nebst entsprechendem Astquirl und haben als vierjährige, kräftige, zwischen 30 und 40 cm hohe Pflanzen die zum Auspflanzen nötige und zweckmäßige Stärke erreicht. Zwar lassen sich auch noch stärkere Weymouthskiefern ballenlos mit Erfolg verpflanzen, doch wird dies nur ausnahmsweise geschehen. — Doch lassen sich auch zwei=

---

[1] Mündener Hefte II, S. 22.

jährige Weymouthskiefern mit gutem Erfolg verschulen und sind schwach entwickelten einjährigen Pflanzen sogar vorzuziehen.

Schutz und Pflege der Weymouthskiefer im Saat= und Pflanz=beet bieten keine Besonderheiten. Weder Spät= noch Frühfrost werden den Pflanzen gefährlich, und gehört die Weymouthskiefer zu unsern frosthärtesten Holzarten[1]); auch gegen Trocknis sind die Pflanzen vom zweiten Lebensjahre an wenig empfindlich. Dagegen leiden dieselben sehr durch Verbeißen seitens des Rehwildes, und wird man daher bei Vorhandensein eines, wenn auch geringen Rehstandes zur Erziehung der Pflanzen in eingefriedigtem Kamp genötigt sein. An den ver=schulten drei= und vierjährigen Pflanzen unseres Forstgartens fanden wir wiederholt eine Kotsackblattwespe (Lyda campestris) in größerer Menge, die übrigens durch Abstreifen der Kotsäcke leicht zu ent=fernen war.

Als ein Feind der Weymouthskiefer, der in neuerer Zeit nament=lich in Pflanzbeeten und Kulturen öfter verderblich aufgetreten ist, erscheint der Blasenrost (Peridermium pini)[1]). Er bedeckt die Rinde junger, vier= bis fünfjähriger Pflanzen mit hellgelben Blasen, welche die dunkelgelben Sporen in großer Menge verstäuben; diese erzeugen auf den Blättern von Stachel= und Johannisbeeren, und zwar auf deren Unterseite, gelbe Pilzhäufchen, und es ist dieser auf Ribesarten erscheinende Pilz (Cronartium ribicolum) die sog. Teleuto=sporenform des Weymouthskiefern=Blasenrostes, der als die Äcidien=form bezeichnet wird. Die verstäubenden Sporen des ersteren Pilzes erzeugen nun wieder den Blasenrost in den Weymouthskiefernpflanzen, verursachen Anschwellungen der Rinden, die dann rissig werden, ver=trocknen und das Absterben der über ihnen befindlichen Pflanzenteile verursachen.

Der Schaden kann bei massenhafterem Auftreten ein nicht un=bedeutender sein; es ist daher darauf zu achten, daß in der Nähe von Weymouthskiefernpflanzen sich keine Ribesstauden befinden, beim Auftreten des Blasenrostes die Nachzucht der Weymouthskiefer in der betreffenden Örtlichkeit wenigstens vorübergehend einzustellen, beim Bezug von Pflanzen auf Vermeidung von Orten, wo der Blasenrost verbreitet ist, Bedacht zu nehmen.

Befallene Pflanzen wird man ausschneiden und verbrennen.

---

[1]) Hartig, Lehrbuch der Pflanzenkrankheiten 1900, S. 148, dann Flugblatt der Biologischen Abteilung des Reichsgesundheitsamtes Nr. 5, 1900 (von Freiherrn v. Tubeuf).

§ 123. Die Arve (Zirbelkiefer).

Diese schöne und wertvolle Holzart unseres Alpengebietes hat trotz ihres wertvollen und zu mannigfachen Zwecken wohl geeigneten Holzes und ihrer Widerstandskraft gegen die mannigfachen Gefahren der Hochlagen, in denen sie zu Hause ist, leider bisher seitens der Forstwirte nur wenig Berücksichtigung gefunden und schwindet darum dort mehr und mehr!

Ihrer natürlichen Ansamung und Verbreitung steht die große Gefährdung des nährstoffreichen Samens am Baume (durch Vögel, Eichhörnchen, selbst Menschen) und während des langsamen Keimprozesses im Boden (durch Mäuse), dann die langsame Jugendentwicklung und die Gefährdung während dieser durch Wild und Weidevieh entgegen, der künstlichen Nachzucht aber die Schwierigkeit der Pflanzenerziehung und der vielfach geringe Erfolg der Kulturen. Letztere ist deshalb auch in Bayern und in der Schweiz bisher fast völlig unterblieben; in Österreich dagegen wurde im Jahre 1885 von der Regierung die Nachzucht der Zirbelkiefer im Salzkammergut energisch in die Hand genommen, in entsprechender Lage (800 m über dem Meere) ein 0,73 ha großer Zentral-Zirbenpflanzgarten angelegt und die Nachzucht der Zirbe im großen — es sollten jährlich etwa 100 000 Keimlinge verschult werden — betrieben.

Mangels eigener Erfahrung entnehmen wir die nachstehenden Mitteilungen einer Veröffentlichung in der „Österreichischen Vierteljahrsschrift für das Forstwesen“ [1]), in der Hoffnung, hierdurch vielleicht dem einen oder andern Gebirgsforstwirt einen Dienst zu erweisen!

Die eßbaren, ungeflügelten Samen (Zirbelnüsse) reifen im Herbst des zweiten Jahres, und sind die Zapfen noch im Spätherbst zu sammeln. Auf 1 kg gehen etwa 4000 Nüsse; der Samen hat eine Keimdauer von 2—3 Jahren, ein Keimprozent von 40—60. Der im Frühjahr ausgesäte Samen liegt zumeist ein Jahr lang unentwickelt im Boden, und es erwies sich die Aussaat im Herbst mit Samen der vorjährigen Ernte als am vorteilhaftesten.

Mit Rücksicht auf die Gefahren, denen der Samen durch Vögel und Mäuse ausgesetzt ist, erfolgt die Erziehung der Keimlinge am besten in Saatkästen, die 1 m tief und breit, 4—6 m lang aus 8 cm starken, geschnittenen Bohlen gefertigt, 80 cm tief in den Boden ver-

---

[1]) XVI. Band, 1899, S. 228; auszugsweise mitgeteilt im Forstw. Zentralbl. 1899, S. 333.

senkt und zum Schutz gegen Mäuse mit einem Lehmboden, dem Glas=
scherben beigemischt waren, versehen wurden. Lockere Holzmodererde
erwies sich als das für die Keimung günstigste Füllmaterial für diese
Kästen, die oben etwas nach Süden abgedacht und mit einem eng=
maschigen Gitter gedeckt waren, auf welches noch abnehmbare Holz=
deckel kamen.

Das Einlegen des Samens erfolgt im Herbst aus der Hand,
nicht zu dicht, etwa in Abständen von Kornbreite, und wird der
Samen leicht mit Erde übersiebt; als weitere Deckung erwies sich nach
verschiedenen Versuchen eine solche mit Langstroh unter Schließung
der Kästen mit Gitter und Deckel als die beste. Die atmosphärische
Feuchtigkeit ist durch letzteren abgehalten; die nötige Feuchtigkeit wird
durch Überbrausen mit der Gießkanne in mäßigem Grade gegeben.

Aus dem im Oktober eingelegten Samen erscheinen etwa Mitte
Mai die Keimlinge, die nach 5—6 Wochen, also etwa Anfang Juli,
in Abständen von 10 auf 10 cm verschult werden; ein etwas
weiterer Abstand empfiehlt sich, wenn starke, fünf= bis sechsjährige
Pflanzen erzogen werden sollen. Die verschulten Pflanzen werden
zunächst durch Schutzgitter geschützt, in den nächsten Jahren durch
Jäten, Hacken, wenn nötig Gießen gepflegt, gegen Auffrieren durch
Zwischenlagen von Moos oder Sägespänen bewahrt.

Derartig erzogene Pflanzen erreichten

vierjährig eine Höhe von 15—25 cm,
fünfjährig   „   „   „ 20—40 „
sechsjährig   „   „   „ 30—50 „

Die Verwendung gut entwickelter vierjähriger, außerdem fünf=
jähriger Pflanzen zu den Kulturen hat sich am zweckmäßigsten er=
wiesen, während die sechsjährigen Pflanzen doch beim Ausheben schon
zu starke Wurzelbeschädigungen erleiden.

Die Erfolge, welche seitens der österreichischen Forstverwaltung
nach manchen anfänglichen Mißerfolgen durch die Pflanzenerziehung
in oben geschilderter Weise erreicht wurden, werden als sehr be=
friedigende bezeichnet und dürften auch andern Orts Nachahmung ver=
dienen.

Altenburg
Pierersche Hofbuchdruckerei
Stephan Geibel & Co.

Forst= und Jagdkalender. Begründet von **Judeich** (Tharandt) und **Schneider** (Eberswalde). Bearbeitet von **Dr. M. Neumeister**, Geh. Oberforstrat und Oberforstmeister in Dresden, und **M. Retzlaff**, Geh. exp. Sekretär und Kalkulator im Kgl. Preuß. Minist. f. Landw., Domänen und Forsten. In zwei Teilen.

Erster Teil: Ausgabe A. Schreibkalender, 7 Tage auf der linken Seite, rechte Seite frei. Preis in Leinwand geb. M. 2.—; in Leder geb. M. 2.50.

Ausgabe B. Schreibkalender, auf jeder Seite nur 2 Tage.
Preis in Leinwand geb. M. 2.20; in Leder geb. M. 2.70.

Zweiter Teil: Für die Käufer des ersten Teiles M. 2.—; sonst M. 3.—.

Die Forsteinrichtung. Ein Grundriß zu Vorlesungen mit besonderer Berücksichtigung der Verhältnisse Preußens. Von **Dr. H. Martin**, Kgl. Preuß. Forstmeister und Professor. Zweite Auflage. Preis M. 2.60.

Der Ausbau der wirtschaftlichen Einteilung des Wege= und Schneisennetzes im Walde. Von **Otto Kaiser**, Regierungs= und Forstrat a. D. Mit 16 Textfiguren und 14 lithogr. Tafeln.
Preis M. 6.—; in Leinwand geb. M. 7.—.

Die wirtschaftliche Einteilung der Forsten mit besonderer Berücksichtigung des Gebirges in Verbindung mit der Wegnetzlegung. Von **Otto Kaiser**, Regierungs= und Forstrat a. D. Mit 30 Textfiguren, 10 lithogr. Tafeln und 4 Karten. Preis M. 6.—; in Leinwand geb. M. 7.—.

Freie Durchforstung. Von **Dr. Carl Robert Heck**, Kgl. Württ. Oberförster in Adelsberg. Mit 31 Übersichten und 6 Tafeln. Preis M. 3.—.

Leitfaden für Vorlesungen aus dem Gebiete der Ertrags= regelung. Von **W. Weise**, Kgl. Preuß. Oberforstmeister und Direktor der Forstakademie zu Hann. Münden. Mit 8 Abbildungen im Text.
Preis M. 4.—; geb. M. 5.—.

Die Forstliche Statik. Ein Handbuch für leitende und ausführende Forstwirte sowie zum Studium und Unterricht. Von **Dr. H. Martin**, Kgl. Preuß. Forstmeister und Professor. Preis M. 7.—; in Leinwand geb. M. 8.20.

Taschenbuch zu Erdmassen=Berechnungen bei Waldwege= bauten in ebenem und geneigtem Terrain. Von **Dr. F. Grundner.** Mit in den Text gedruckten Holzschnitten. Preis M. 3.—.

Leitfaden der Holzmeßkunde. Von **Dr. Adam Schwappach**, Kgl. Preuß. Forstmeister, Professor an der Kgl. Forstakademie Eberswalde und Abteilungsdirigent bei der preuß. Hauptstation des forstlichen Versuchs= wesens. Zweite, umgearbeitete Auflage. Mit 22 in den Text ge= druckten Abbildungen. Preis M. 3.—; in Leinwand geb. M. 4.—.

Die natürliche Verjüngung des Buchen=Hochwaldes. Von **C. Frömbling**, Kgl. Preuß. Forstmeister. Preis M. 1.40.

Untersuchungen im Buchenhochwalde über Wachstums= gang und Massenertrag. Nach den Aufnahmen der Herzoglich Braun= schweigischen Forstlichen Versuchsanstalt. Von **Dr. F. Grundner,** Herzogl. Braunschweigischer Kammerrat und Vorstand der Herzoglichen forstlichen Versuchsanstalt. Mit 2 lithogr. Tafeln. Preis M. 3.—.

Der deutsche Eichenschälwald und seine Zukunft. Von Dr. **Fr. Jentsch,** Forstmeister und Dozent an der Forstakademie Münden. Preis M. 5.—.

Die nordwestdeutsche Heide in forstlicher Beziehung. Von **F. Erdmann,** Forstmeister zu Neubruchhausen. Preis M. 1.60.

Maßregeln zur Verhütung von Waldbränden. Von Dr. **Kienitz,** Kgl. Forstmeister, Lehrer der Forstwissenschaft an der Forstakademie Eberswalde. Mit Abbildungen. Preis M. —.50.

Entstehung und Rückgang des landwirtschaftlichen Groß= betriebes in England. Wirtschaftliche und sozialpolitische Studien über die landwirtschaftliche Betriebsfrage. Von **Dr. Hermann Levy.** Preis M. 5.—.

Bodenkunde. Von **Dr. E. Ramann,** o. ö. Professor an der Universität München. Zweite Auflage. Mit in den Text gedruckten Abbildungen. Preis M. 10 —; in Leinwand geb. M. 11.20.

Leitfaden für die Försterprüfungen. Ein Handbuch für den Unterricht und Selbstunterricht unter Berücksichtigung der preußischen Ver= hältnisse, sowie für den praktischen Forstwirt. Mit 145 Holzschnitten und 1 Spurentafel. Von **G. Westermeier,** Kgl. Preuß. Forstmeister zu Schkeuditz. Zehnte, zum Teil umgearbeitete Auflage des Leitfadens für das preußische Jäger= und Försterexamen. Preis M. 5.—; in Leinwand geb. M. 6.—.

Maßtafel für Grubenhölzer von 1—2,5 m Länge und 5—32 cm Zopfstärke zur Bestimmung des Festgehalts aus Länge und Zopfstärke. Von **Max Lehnpfuhl,** Kgl. Preuß. Forstmeister zu Zinna. Preis M. 1.60.

Die Fischerei im Walde. Ein Lehrbuch der Binnenfischerei für Unter= richt und Praxis. Von **Hugo Borgmann,** Kgl. Preuß. Forstmeister. Mit zahlreichen in den Text gedruckten Abbildungen. Preis M. 7.—; in Leinwand geb. M. 8.—.

Forstästhetik. Von **Heinrich von Salisch.** Zweite, vermehrte Auflage. Mit 16 Lichtdruckbildern und zahlreichen Abbildungen im Text. Preis M. 7.—; in Leinwand geb. M. 8.—.

Elemente der Botanik. Von **Dr. H. Potonié.** Dritte, wesent= lich verbesserte und vermehrte Auflage. Mit 507 Textabbildungen. Preis M. 4.—; in Leinwand geb. M. 5.—.

Die Einführung ausländischer Holzarten in die preußischen Staatsforsten unter Bismarck und Anderes. Von **John Booth**, Besitzer der Pflanzschulen und der forstlichen Versuchsstation zu Klein=Flottbeck in Holstein. Mit 24 Abbildungen. In Leinwand geb. Preis M. 5.—.

Die nordamerikanischen Holzarten und ihre Gegner. Von **John Booth**, Besitzer der Pflanzschulen und der forstlichen Versuchs= station zu Klein=Flottbeck in Holstein. Mit 2 Tafeln in Lichtdruck. Preis M. 2.—.

Lehrbuch der Anatomie und Physiologie der Pflanzen mit besonderer Berücksichtigung der Forstgewächse. Von **Dr. Robert Hartig**, o. ö. Professor an der Universität München. Mit 103 Text= abbildungen. Preis M. 7.—; in Leinwand geb. M. 8.—.

Lehrbuch der Pflanzenkrankheiten. Für Botaniker, Forstleute, Landwirte und Gärtner. Von **Dr. Robert Hartig**, o. ö. Professor an der Universität München. Dritte, völlig neu bearbeitete Auflage des Lehrbuchs der Baumkrankheiten. Mit 280 Textabbildungen und 1 Tafel in Farbendruck. In Leinwand geb. Preis M. 10.—.

Pflanzenkrankheiten durch kryptogame Parasiten ver= ursacht. Eine Einführung in das Studium der parasitären Pilze, Schleim= pilze, Spaltpilze und Algen. Zugleich eine Anleitung zur Bekämpfung von Krankheiten der Kulturpflanzen. Von **Dr. Carl Freiherr von Tubeuf,** Professor an der Universität München. Mit 306 Textabbildungen. Preis M. 16.—; in Leinwand geb. M. 17.20.

Anatomische und mykologische Untersuchungen über die Zersetzung und Konservierung des Rotbuchenholzes. Von **J. Tuzson**, Privatdozent am Polytechnikum in Budapest. Mit 17 Text= figuren und 3 farbigen Tafeln. Preis M. 5.—.

Das Mikroskop und seine Anwendung. Handbuch der prak= tischen Mikroskopie und Anleitung zu mikroskopischen Untersuchungen von **Dr. Hermann Hager.** Nach dessen Tode vollständig umgearbeitet und in Gemeinschaft mit **Dr. O. Appel,** Regierungsrat und Mitglied der bio= logischen Abteilung am Kaiserl. Gesundheitsamt zu Berlin, **Dr. G. Brandes,** Privatdozent der Zoologie an der Universität und Direktor des zoologischen Gartens zu Halle, und **Dr. P. Stolper,** Professor der gerichtlichen Medizin an der Universität und Kreisarzt zu Göttingen, neu herausgegeben von **Dr. Carl Mez,** Professor der Botanik an der Universität Halle. Neunte, stark vermehrte Auflage. Mit 401 in den Text gedruckten Figuren. In Leinwand geb. Preis M. 8.—.

Über die Notwendigkeit und Möglichkeit wirksamer Bekämpfung des Kiefernbaumschwammes, Trametes Pini (Thore) Fries. Von **Dr. A. Möller.** Mit 2 Tafeln. Sonderabdruck aus der „Zeitschrift für Forst= und Jagdwesen" 1904. Preis M. 2.—.

Die Nonnenraupe und ihre Bakterien. Untersuchungen, ausgeführt in den zoologischen und botanischen Instituten der Königl. Preuß. Forstakademie Münden. Von **Dr. A. Metzger** und **Dr. N. J. C. Müller.** Mit 45 Tafeln in Farbendruck. Preis M. 16.—.

Lehrbuch der Forstwissenschaft. Für Forstmänner und Waldbesitzer. Von **Karl v. Fischbach**, Fürstlich Hohenzollerscher Ober-Forstrat. Vierte, vermehrte Auflage. Preis M. 10.—; in Leinwand geb. M. 12.—.

Lehrbuch der Forsteinrichtung mit besonderer Berücksichtigung der Zuwachsgesetze der Waldbäume. Von **Dr. Rudolf Weber**, Professor an der Universität München. Mit 139 graphischen Darstellungen im Text und auf 3 Tafeln. Preis M. 12.—; in Leinwand geb. M. 13.20.

Leitfaden für den Waldbau. Von **W. Weise**, Kgl. Oberforstmeister und Direktor der Forstakademie zu Hann. Münden. Dritte, vermehrte und verbesserte Auflage.
Preis M. 3.—; in Leinwand geb. M. 4.—.

Lehrbuch der Waldwertrechnung und Forststatik. Von **Dr. Max Endres**, Professor der Forstwissenschaft an der Technischen Hochschule zu Karlsruhe. Mit 4 in den Text gedruckten Figuren.
Preis M. 7.—; in Leinwand geb. M. 8.20.

Handbuch der Forstpolitik mit besonderer Berücksichtigung der Gesetzgebung und Statistik. Von **Dr. Max Endres**, o. ö. Professor an der Universität München. Preis M. 16.—; in Leinwand geb. M. 17.20.

Die Geschichte der Holzzoll- und Holzhandelsgesetzgebung in Bayern. Von **Dr. Wilhelm Jucht**, Assistent an der Kgl. Bayr. forstlichen Versuchsanstalt in München. Preis M. 4.—.

Die forstlichen Verhältnisse Preußens. Von **Otto v. Hagen**, w. Oberlandforstmeister. Dritte Auflage, bearbeitet nach amtlichem Material von **K. Donner**, Oberlandforstmeister und Ministerialdirektor. In zwei Bänden. Preis M. 20.—; in 1 Leinwandband geb. M. 21.50; in 2 Leinwandbände geb. M. 22.50.
Als Ergänzung hierzu erschienen:
Amtliche Mitteilungen aus der Abteilung für Forsten des Kgl. Preuß. Ministeriums für Landwirtschaft, Domänen und Forsten. 1. Heft 1893—1900. 2. Heft 1900—1903. 3. Heft 1905. Preis je M. 2.—.

Zeitschrift für Forst- und Jagdwesen. Zugleich Organ für forstliches Versuchswesen. Begründet von **Bernhard Danckelmann.** Herausgegeben in Verbindung mit den Lehrern der Forstakademien zu Eberswalde und Münden, sowie nach amtlichen Mitteilungen von **Paul Riebel**, Kgl. Preuß. Oberforstmeister und Direktor der Forstakademie zu Hann. Münden, und Professor **Dr. Alfred Möller**, Kgl. Preuß. Oberforstmeister und Direktor der Forstakademie zu Eberswalde. Jährlich 12 Hefte. Preis M. 16.—.